ENCYCLOPÉDIE

DES

TRAVAUX PUBLICS

Fondée par **M.-C. LECHALAS**, Insp^r gén^{al} des Ponts et Chaussées

Médaille d'or à l'Exposition universelle de 1889

COURS DE L'ÉCOLE DES PONTS & CHAUSSÉES

1850

RÉSISTANCE

DES

MATÉRIAUX

PAR

JEAN RÉSAL

INGÉNIEUR EN CHEF DES PONTS ET CHAUSSÉES

PARIS

LIBRAIRIE POLYTECHNIQUE

BAUDRY & Cie, LIBRAIRES-ÉDITEURS

15, RUE DES SAINTS-PÈRES, 15

MÊME MAISON A LIÈGE

ENCYCLOPÉDIE DES TRAVAUX PUBLICS

Directeur : M.-C. LECHALAS, 12, *rue Alphonse de Neuville*, PARIS

Volumes grand in-8°, avec de nombreuses figures.

Médaille d'or à l'Exposition universelle de 1889

OUVRAGES DE PROFESSEURS A L'ÉCOLE DES PONTS ET CHAUSSÉES

M. BECHMANN. *Distributions d'eau et Assainissement.* 2ᵉ édit., 2 vol. à 20 fr........ 40 fr.

M. BRICKA. *Cours de chemins de fer de l'École des ponts et chaussées.* 2 vol., 1.343 pages et 514 figures... 40 fr.

M. L. DURAND-CLAYE. *Chimie appliquée à l'art de l'ingénieur,* en collaboration avec MM. Derôme et Feret, 2ᵉ édit. considérablement augmentée, 15 fr. — *Cours de routes de l'École des ponts et chaussées,* 606 pages et 234 figures, 2ᵉ édit., 20 fr. — *Lever des plans et nivellement,* en collaboration avec MM. Pelleton et Lallemand. 1 vol., 703 pages et 280 figures (cours des Écoles des ponts et chaussées et des mines, etc.)..................... 25 fr.

M. FLAMANT. *Mécanique générale (Cours de l'École centrale),* 1 vol. de 544 pages, avec 203 figures, 20 fr. — *Stabilité des constructions et résistance des matériaux.* 2ᵉ édit., 670 pages avec 270 figures, 25 fr. — *Hydraulique (Cours de l'École des ponts et chaussées),* 1 vol., 716 pages et 129 figures.. 25 fr.

M. GARIEL. *Traité de physique.* 2 vol., 448 figures.............................. 20 fr.

M. GUILLEMAIN. *Navigation intérieure, rivières et canaux.* 2 vol. (1.172 pages, avec 200 figures ; cours de l'École des ponts et chaussées)............................ 40 fr.

M. F. LAROCHE. *Travaux maritimes.* 1 vol. de 490 pages, avec 116 figures et un atlas de 46 grandes planches, 40 fr. — *Ports maritimes.* 2 vol. de 1006 pages, avec 524 figures et 2 atlas de 37 planches, double in-4° (*Cours de l'École des ponts et chaussées*)...... 50 fr.

M. NIVOIT. *Géologie appliquée à l'art de l'ingénieur,* cours professé à l'École des ponts et chaussées. 2 vol. de 1.274 pages, avec 555 figures................................ 40 fr.

M. M. D'OCAGNE. *Géométrie descriptive et Géométrie infinitésimale* (cours de l'École des ponts et chaussées), 1 vol., 340 fig. .... 12 fr.

M. J. RÉSAL. *Traité des Ponts en maçonnerie,* en collaboration avec M. Degrand. 2 vol., avec 600 figures, 40 fr. — *Traité des Ponts métalliques.* 2 vol., avec 500 figures, 40 fr. — *Constructions métalliques, élasticité et résistance des matériaux : fonte, fer et acier.* 1 vol. de 652 pages, avec 203 figures. 20 fr. — Le 1ᵉʳ volume des *Ponts métalliques* est à sa seconde édition (revue, corrigée et très augmentée) — *Cours de ponts,* professé à l'École des ponts et chaussées, 1 vol. de 410 pages, avec 284 figures. (*Études générales et ponts en maçonnerie,* 14 fr.). — *Cours de résistance des matériaux* (École des ponts et chaussées).. 16 fr.

OUVRAGES DE PROFESSEURS A L'ÉCOLE CENTRALE DES ARTS ET MANUFACTURES

M. DEHARME. *Chemins de fer. Superstructure* ; première partie du cours de chemins de fer de l'École centrale. 1 vol. de 696 pages, avec 310 figures et 1 atlas de 73 grandes planches in-4° doubles (voir *Encyclopédie industrielle* pour la suite de ce cours)... 50 fr.

M. DENFER. *Architecture et constructions civiles.* Cours d'architecture de l'École centrale : *Maçonnerie.* 2 vol., avec 794 figures, 40 fr. — *Charpente en bois et menuiserie.* 1 vol., avec 680 figures, 25 fr. — *Couverture des édifices* 1 vol., avec 423 figures, 20 fr. — *Charpenterie métallique, menuiserie en fer et serrurerie.* 2 vol., avec 1.050 figures, 40 fr. — *Fumisterie (Chauffage et ventilation).* 1 vol. de 726 pages, avec 734 figures (numérotées de 1 à 375, l'auteur affectant chaque groupe de figures d'un numéro seulement). 25 fr. — *Plomberie : Eau, Assainissement, Gaz,* 1 vol. de 568 p. avec 391 fig........... 20 fr.

M. DONION. *Cours d'Exploitation des mines.* 1 vol. de 692 pages, avec 1.100 figures. 25 fr. Ce Cours, professé à l'École centrale, est suivi du recueil complet des documents officiels, actuellement en vigueur, relatifs à l'exploitation des mines (lois, ordonnances et décrets, circulaires).

M. MONNIER. *Électricité industrielle,* cours professé à l'École centrale, 2ᵉ édit. considérablement augmentée, 2 vol., à 12 fr. le volume (*sous presse*).

M. Mᵉˡ PELLETIER *Droit industriel,* cours professé à l'École centrale. 1 vol....... 15 fr.

MM. F. ROUCHÉ, ancien professeur de géométrie descriptive à l'École centrale, et C. BRISSE, professeur du même cours : *Coupe des pierres,* 1 vol. et un grand atlas............. 25 fr.

MM. C. BRISSE, et H. PICQUET : *Cours de géométrie descriptive de l'École centrale,* 1 vol. grand in-8° avec figures (Voir ci-dessous : *Encyclopédie industrielle*)........ 17 fr. 50

OUVRAGE D'UN PROFESSEUR AU CONSERVATOIRE DES ARTS ET MÉTIERS

M. E. ROUCHÉ, membre de l'Institut. *Éléments de statique graphique.* 1 vol., 12 fr. 50

OUVRAGES DE PROFESSEURS A L'ÉCOLE NATIONALE SUPÉRIEURE DES MINES

M. AGUILLON. *Législation des mines, française et étrangère.* 3 vol............... 40 fr.

M. PELLETAN. *Lever des plans et nivellement souterrains* (Voir ci-dessus : *Durand-Claye*).

OUVRAGE D'UN PROFESSEUR A L'ÉCOLE NATIONALE FORESTIÈRE

M. THIÉRY. *Restauration des montagnes,* avec une *Introduction* par M. LECHALAS père. vol. de 442 pages, avec 173 figures.. 15 fr.

(*Voir la suite ci-après*)

RÉSISTANCE

MATÉRIAUX

Tous les exemplaires de la RÉSISTANCE DES MA-
TÉRIAUX *devront être revêtus de la signature de*
M. Jean Résal.

ENCYCLOPÉDIE

DES

TRAVAUX PUBLICS

Fondée par **M.-C. LECHALAS**, Insp^r gén^{al} des Ponts et Chaussées

Médaille d'or à l'Exposition universelle de 1889

COURS DE L'ÉCOLE DES PONTS & CHAUSSÉES

RÉSISTANCE

DES

MATÉRIAUX

PAR

JEAN RÉSAL

INGÉNIEUR EN CHEF DES PONTS ET CHAUSSÉES

PARIS

LIBRAIRIE POLYTECHNIQUE

BAUDRY & Cie, LIBRAIRES-ÉDITEURS

15, RUE DES SAINTS-PÈRES, 15

MÊME MAISON A LIÈGE

1898

AVANT-PROPOS

Le cours que nous professons à l'Ecole des Ponts et Chaussées nous a paru devoir logiquement être divisé en deux parties distinctes :

1° La *Résistance des Matériaux* proprement dite, qui offre, au premier abord, le caractère d'une science abstraite, et a pour objet l'étude des conditions d'équilibre élastique des corps naturels. Etant donné la forme d'un corps, les propriétés élastiques de la matière qui le constitue et la distribution des forces extérieures qui lui sont appliquées, cette science permet, dans certains cas nettement définis, de déterminer, tantôt d'une manière rigoureuse, et tantôt de façon approximative, la direction et l'intensité (ou *travail élastique*) de l'*action moléculaire* qui s'exerce sur un élément plan choisi arbitrairement à l'intérieur de ce corps. Elle permet également de déterminer la déformation élastique corrélative des actions moléculaires.

2° La *Stabilité des Constructions*, science d'application, dont l'objet est d'utiliser les formules de la « Résistance des Matériaux » dans un but pratique : il s'agit d'assurer l'exécution d'ouvrages stables, c'est-à-dire susceptibles de résister sans dislocation ni détérioration aux forces extérieures, à action permanente ou intermittente, qui les sollicitent, en tenant compte de toutes les circonstances de fait qui compliquent plus ou moins le problème soumis à l'ingénieur.

La Stabilité des Constructions fournit des méthodes pratiques pour la recherche des forces extérieures inconnues *a priori*, ou forces de *liaison*, qui, dans certains cas, sont appliquées aux éléments des constructions, concurremment avec les forces extérieures connues. Elle permet de calculer, pour une section plane quelconque d'un élément de l'ouvrage, les résultantes d'actions moléculaires qui figurent comme données dans les formules de la « Résistance des Matériaux », relatives soit à la détermination du travail élastique, soit à la recherche de la déformation. Elle met enfin les Ingénieurs en mesure d'arrêter les directions et les dimensions à attribuer aux divers éléments constitutifs d'une construction, pour lui assurer la solidité et la durée que l'on désire, en tenant compte de la nature et des propriétés des matériaux à mettre en œuvre.

Le présent ouvrage est le résumé des leçons consacrées à la première partie du Cours, c'est-à-dire à la « Résistance des Matériaux » proprement dite.

Cette science, semi-analytique et semi-naturelle, se rattache :

1° D'une part, à la *Théorie de l'Elasticité*, science mathématique, dont toutes les démonstrations sont rigoureuses, et se déduisent analytiquement de deux principes fondamentaux : la définition de l'*élasticité parfaite* (loi de *Hooke*), et la loi de *continuité*.

La Théorie de l'Elasticité est demeurée jusqu'à présent impuissante à fournir des solutions pratiques pour la presque totalité des problèmes à envisager dans l'art des constructions. C'est une science abstraite qui, pour le moment, n'est pas susceptible d'applications utilitaires.

2º D'autre part, à la connaissance expérimentale que l'on possède des propriétés physiques et élastiques (résistance et déformation) des matériaux naturels que l'on emploie dans les constructions.

Aussi avons-nous dû faire dans le cours une large place à la théorie de l'élasticité et à l'étude des propriétés des matériaux, parce qu'elles constituent la base de fondation sur laquelle repose la « Résistance des Matériaux ».

Le premier chapitre de l'ouvrage est un simple préambule, consacré à différentes notions de géométrie et de statique graphique, auxquelles on a sans cesse besoin de recourir dans l'étude des problèmes de stabilité.

Le deuxième chapitre est un exposé sommaire de la Théorie de l'Elasticité. Nous n'avons fait qu'énoncer les principes fondamentaux de cette science, et donner, ou même simplement indiquer, les démonstrations essentielles qu'il est nécessaire de connaître pour bien comprendre la « Résistance des Matériaux ». Mais nous avons cru devoir laisser de côté tous les développements analytiques et tous les problèmes d'élasticité, qui offrent un grand intérêt scientifique à titre d'applications du calcul intégral, mais ne paraissent pas, quant à présent, susceptibles d'être utilisés en ce qui touche du moins l'art des constructions. Nous avons d'ailleurs fait une place aux rares solutions pratiques que l'on ait tirées de la Théorie de l'Elasticité (torsion des cylindres droits, résistance des enveloppes cylindriques ou sphériques), et nous nous sommes attaché à éviter toute omission qui pût être préjudiciable à la suite du cours en compromettant la solidité ou la clarté des démonstrations.

Le premier paragraphe du troisième chapitre a pour objet l'étude générale des propriétés physiques et élastiques des corps naturels, envisagés au point de vue spécial de leur emploi comme matériaux de construction.

Le second paragraphe du troisième chapitre comprend uniquement la résolution du problème fondamental de la « Résistance des Matériaux » : étant donné un corps en repos, — parfaitement élastique, — doué de l'isotropie transversale ; — dont la forme géométrique réponde à certaines conditions énoncées dans la définition des pièces *prismatiques* ; — qui soit enfin sollicité par des forces extérieures connues, dont la répartition soit conforme à certaines règles nettement formulées ; — il s'agit d'établir une méthode générale pour la détermination du travail élastique relatif à un élément plan quelconque du corps, et pour la recherche de sa déformation.

Nous avons eu recours, toutes les fois que cela nous a paru possible, aux lois de la Théorie de l'Elasticité pour bien asseoir nos démonstrations, ou, le cas échéant, pour discuter la rigueur scientifique ou pratique des résultats obtenus.

Nous sommes arrivé de la sorte à énoncer les formules générales de résistance, dont on fait un usage constant et presqu'exclusif dans tous les problèmes de stabilité.

La théorie du ressort à boudin, qui termine ce paragraphe, a été donnée à titre d'exemple et d'application, parce qu'elle nécessite l'emploi simultané de toutes les formules établies précédemment.

Le troisième et dernier paragraphe du chapitre III a pour objet de signaler les erreurs auxquelles on s'expose en appliquant de façon inconsidérée les formules générales du paragraphe précédent, toutes les fois que les données de la question s'écartent sensiblement des conditions posées dans l'énoncé du problème général de la Résistance des Matériaux. Il peut se faire que le corps envisagé ne réponde pas à la définition de l'élasticité parfaite, soit en raison de la nature de la matière qui le constitue (semi-élasticité — hétérogénéité — hétérotropie), soit par suite de l'importance de sa déformation (défiguration des corps élastiques). Il arrive que sa forme s'écarte de celle correspondant à la définition des pièces prismatiques. On peut enfin avoir affaire à des forces extérieures dont la distribution ne soit pas celle que l'on avait supposée.

Nous avons fait une étude méthodique et raisonnée des conséquences que peuvent entraîner toutes ces dérogations à l'énoncé du problème général, et nous avons cherché, toutes les fois que cela nous a paru possible, à rectifier les méthodes et les formules, en vue de nous rapprocher de la réalité : stabilité des ouvrages en maçonnerie ; — pièces chargées de bout rigoureusement rectilignes, imparfaitement rectilignes, courbes ; — flexion des pièces à forte courbure ; — pièces de hauteur variable, à section rectangulaire ou en double té, etc.

Enfin nous avons dit quelques mots des conditions d'équilibre élastique des corps en mouvement, en nous bornant à énoncer le problème et à donner, pour certains cas particuliers, des solutions rarement rigoureuses, mais le plus souvent approximatives, et dont nous avons discuté la valeur pratique.

Bien que ces règles spéciales ne présentent pas, au
point de vue de la Stabilité des Constructions, un intérêt comparable à celui des formules générales du paragraphe 2, dont on fait constamment usage dans tous
les problèmes pratiques, il est bien souvent nécessaire
d'y recourir, sous peine de commettre des erreurs graves et préjudiciables. Elles constituent donc un com-
plément indispensable de la « Résistance des Matériaux »,
et c'est pourquoi nous avons donné à cette partie du
Cours un grand développement, qui nous paraissait
justifié par l'importance du sujet traité.

Nous avons inséré à la suite de l'ouvrage, à titre
d'appendice, quelques renseignements sur les propriétés physiques et élastiques des matériaux usuels. Ce
sont là des connaissances obligatoires pour tout con-
structeur ; mais comme la question est traitée, avec
toute l'ampleur qu'elle mérite, dans un cours spécial,
celui de *Technologie des matériaux*, nous ne nous
sommes pas appesanti à son sujet, et nous n'avons
fourni que des indications très sommaires, et même
parfois insuffisantes, notamment en ce qui touche les
maçonneries.

C'est tout simplement un aide-mémoire, que nous
avons jugé utile d'ajouter au texte de nos leçons.

Nous avons signalé à la fin du volume, quelques erreurs de texte ou
d'impression qu'il nous paraissait utile de rectifier. Nous insisterons sur
une inexactitude d'une certaine gravité, qui se retrouve presqu'à chaque
ligne dans les pages 380, 381, 382 et 383 : pour calculer la limite de sécurité, ou évaluer le travail réel à la compression dans un support comprimé
ou une pièce chargée de bout, on doit faire usage du coefficient $\dfrac{Nl^2}{\pi^2 Er^2}$ ou

$\dfrac{Nl^2}{s^2\pi^2 Er^2}$, où N désigne la limite d'élasticité à la compression. C'est à tort que la lettre N a été remplacée, *dans ce facteur*, par la lettre R, qui désigne la limite de sécurité à la compression simple. Le lecteur se rendra compte aisément que si la longueur l de la pièce tend vers l'infini, on doit arriver à la formule limite : $R' = \dfrac{R}{N} \cdot \dfrac{s^2 \pi^2 E r^2}{l^2}$, ou le second terme est le produit du facteur $\dfrac{R}{N}$, coefficient de sécurité, par le facteur $\dfrac{s^2 \pi^2 E r^2}{l^2}$, limite d'élasticité fournie par l'équation d'Euler.

L'expression $\dfrac{N l^2}{\pi^2 E r^2}$ ou $\dfrac{N l^2}{s^2 \pi^2 E r^2}$ doit donc être substituée à $\dfrac{R l^2}{\pi^2 E r^2}$ ou $\dfrac{R l^2}{s^2 \pi^2 E r^2}$ dans *toutes* les équations ou inégalités que l'on rencontre dans les pages précitées.

CHAPITRE PREMIER

NOTIONS PRÉLIMINAIRES

DE GÉOMÉTRIE

ET DE STATIQUE GRAPHIQUE

CHAPITRE PREMIER

NOTIONS PRÉLIMINAIRES

DE GÉOMÉTRIE ET DE STATIQUE GRAPHIQUE

---

§ 1. — **Pièces prismatiques. Centres de gravité des aires planes. Moments statiques et moments d'inertie.**

1. Définition des pièces prismatiques. — On donne, en géométrie pure, le nom de surface *prismatique* ou *cylindrique* à la surface engendrée par une ligne plane animée d'un mouvement de translation rectiligne. Tous les points de cette ligne décrivent dans l'espace des droites parallèles à la direction du mouvement de translation : ces droites sont les arètes ou génératrices de la surface prismatique ou cylindrique, laquelle rentre par conséquent dans la catégorie des surfaces réglées développables.

Le *prisme* ou *cylindre* est le volume engendré par la portion de plan limitée par la ligne génératrice, dans le cas où celle-ci est un contour fermé.

Dans le langage de la *Résistance des Matériaux*, le mot de pièce prismatique a une signification toute différente. Il sert à désigner le volume engendré par une portion de plan que limite un contour fermé, dit *profil* de la pièce, lorsque cette surface plane est animée d'un mouvement de translation tel que son centre de gravité se déplace à un moment quelconque dans une direction normale au plan du profil.

La courbe décrite par le centre de gravité est *l'axe longitudinal* de la pièce : c'est par définition une trajectoire orthogonale des positions successives du plan du profil.

Comme, également par définition, le profil, soumis à une translation simple, n'est pas animé d'un mouvement de rotation dans son plan, un point quelconque de ce plan décrit une courbe parallèle à l'axe longitudinal.

La surface plane génératrice du volume, dont le profil de la pièce est le périmètre ou contour, est dite *section transversale*.

Pour que les formules de la Résistance des Matériaux soient applicables à une pièce prismatique, il faut que celle-ci remplisse les trois conditions suivantes :

1° Si le profil, qui n'est pas obligatoirement invariable, se déforme pendant que son plan se déplace normalement à l'axe longitudinal, la variation de ce profil doit être continue et peu rapide, de telle sorte que deux sections transversales voisines soient toujours presqu'identiques.

2° L'axe longitudinal ne doit présenter ni point anguleux ni point multiple. Il est nécessaire que la courbe continue décrite par lui ait toujours un rayon de courbure très grand comparativement à la dimension de la section transversale mesurée suivant ce rayon, dans le plan osculateur de la courbe.

3° Il ne faut pas qu'il y ait pénétration ou soudure de

deux sections transversales séparées l'une de l'autre par une distance finie mesurée sur l'axe longitudinal.

Si ces conditions sont remplies, il est permis d'assimiler, sans erreur appréciable, le volume compris entre deux sections transversales très voisines à un prisme droit, à bases égales et parallèles. On est alors en droit d'appliquer à la pièce considérée les formules de la Résistance des Matériaux.

On appelle *élément de fibre*, ou *fibre élémentaire*, le volume engendré par un élément superficiel infiniment petit de la section transversale se déplaçant infiniment peu dans une direction normale à son plan, et par conséquent parallèle à la tangente à l'axe longitudinal : le *prisme droit élémentaire*, compris entre deux sections transversales infiniment voisines, et par conséquent identiques, parallèles et de même orientation, est ainsi constitué par la réunion d'une infinité d'éléments de fibres parallèles entre eux et juxtaposés.

Une file d'éléments de fibre successifs, se prolongeant bout à bout d'une extrémité à l'autre de la pièce, constitue une *fibre*. Cette fibre ne serait rigoureusement, parallèle à l'axe longitudinal que si la section transversale était invariable. Mais, en vertu de la définition des pièces prismatiques, l'écart angulaire existant entre la direction de la fibre et celle de l'axe longitudinal, au droit d'une section transversale quelconque, est toujours extrêmement petit et négligeable.

On donne le nom de *fibre moyenne* à la fibre qui suit d'un bout à l'autre l'axe longitudinal, lieu géométrique des centres de gravité, et trajectoire orthogonale des plans des sections transversales successives.

On aura une idée exacte de ce que l'on doit entendre par une pièce prismatique en se représentant un tronc d'arbre, dans une région dépourvue de branches; l'axe longitudinal et les sections transversales successives remplissent les conditions prescrites, et la division du volume en fibres accolées est ici exactement réalisée par la nature.

Pour que la forme d'une pièce prismatique soit complètement déterminée, il est nécessaire de connaître :

1' La ligne qui constitue son axe longitudinal. En général, dans les applications que l'on fait des formules de la Résistance des Matériaux, cette ligne est à simple courbure, c'est-à-dire contenue dans un plan. Toutefois il peut arriver qu'elle soit à double courbure : c'est ainsi que, dans les ressorts à boudin, l'axe longitudinal décrit une hélice.

2° Une série de sections transversales successives et suffisamment rapprochés, ou bien la loi suivant laquelle varie le profil d'une extrémité à l'autre de la pièce, si cette loi peut être exprimée par une formule analytique ou une règle géométrique.

Nous allons énumérer ci-après les données essentielles, relatives au profil transversal de la pièce, qui interviennent dans les formules de résistance. On doit toujours être en mesure de calculer algébriquement ou graphiquement ces données, quel que soit le profil de la pièce considérée, si elles ne sont pas connues à l'avance.

2. Aire d'une section transversale. — Menons arbitrairement deux axes ox et oy dans le plan de la section transversale dont le profil sera figuré par la courbe MPNQ, que nous considèrerons comme une donnée. L'aire Ω de la section transversale aura pour expression analytique $\Omega = \int\!\int dx.\, dy$, l'intégrale double étant étendue à tous les éléments superficiels $dx. dy$ compris à l'intérieur du contour.

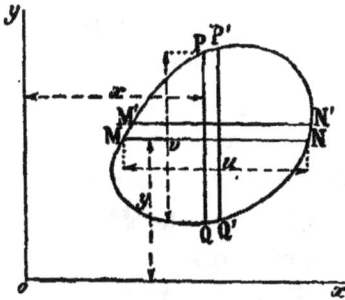

Soit u la longueur MN de la portion d'une droite parallèle à l'axe ox, qui se trouve située à l'intérieur du contour. Cette longueur MN est fonction de la distance y de la droite à l'axe ox.

L'aire Ω sera fournie par l'intégrale définie simple $\int u\,dy$, étendue à tous les éléments rectangulaires tels que MNM'N' de largeur variable u et de hauteur infiniment petite dy, qui se trouvent compris dans l'intérieur du contour.

Soit v la largeur de la portion PQ, comprise à l'intérieur du profil, d'une droite menée parallèlement à l'axe oy, à la distance x. On pourra également calculer l'aire à l'aide de la relation suivante, où v doit être considéré comme une fonction de $x : \Omega = \int v\,dx.$

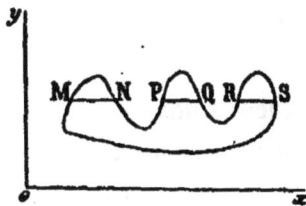

Si l'on a affaire à un profil tourmenté, il peut arriver qu'une droite parallèle à l'un des axes coupe le contour en plusieurs points, dont le nombre sera nécessairement pair. En ce cas, la variable dépendante u ou v représente la somme des segments de cette droite situés à l'intérieur du profil, à l'exclusion des segments placés en dehors de la section transversale. Par exemple, dans le cas de la figure 2, on aurait : $u = $ MN + PQ + RS. Il faudrait exclure les segments NP et QR.

On rencontre fréquemment des profils évidés : la
section transversale ne comprend que la surface comprise entre son contour fermé extérieur, et un ou plusieurs contours fermés intérieurs, correspondant aux
évidements de la pièce. La va-
riable u ou v représente encore
en ce cas la somme des segments rectilignes, tels que MN,
PQ, RS, compris dans la partie pleine de la section transversale, à l'exclusion des seg-
ments NP et QR qui traversent les vides intérieurs.

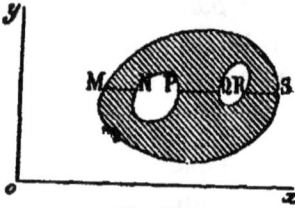

Fig. 3.

Il peut être commode en pareil cas de calculer l'aire
Ω en évaluant tout d'abord la surface limitée par le contour extérieur, comme s'il s'agissait d'un profil plein,
puis en retranchant les surfaces des contours intérieurs,
que l'on a calculées à part.

Il arrive bien souvent qu'on facilite et qu'on abrège
notablement les recherches en décomposant la section
transversale en surfaces *additives* et surfaces *soustractives*, dont on détermine séparément les aires : on attribue aux premières le signe +,
et aux autres le signe —. On fait
ensuite la somme de tous les résultats partiels, en tenant compte
des signes, ce qui donne finalement l'aire cherchée Ω.

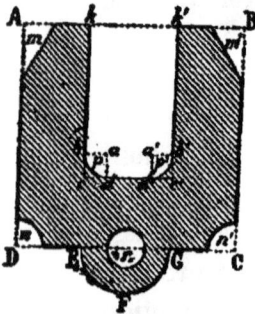

Fig. 4.

Dans le cas de la figure 4, les
aires partielles additives, à affecter du signe +, seraient les
suivantes : rectangle ABCD ; de-
mi-cercle EFG ; carrés *abcd* et *a'b'c'd'*. Les aires soustractives seraient : rectangle *kk'cc'* ; triangles m et m' ;
quarts de cercle p et p', n et n' ; cercle r.

Cette méthode de décomposition en surfaces additives et surfaces soustractives est tout indiquée lorsqu'elle permet, comme dans le cas précédent, de réduire le problème à l'évaluation des aires d'un certain nombre de profils dont la définition géométrique ou algébrique est simple. Elle conduit également, dans le cas d'un contour quelconque, à une formule analytique qui peut, le cas échéant, rendre des services.

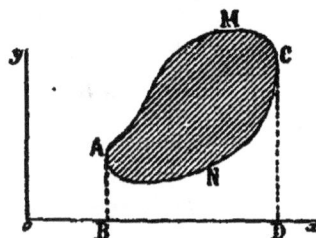

Soit AMCN le profil : traçons les parallèles AB et CD à l'axe oy qui correspond aux valeurs limites, maximum et minimum, de l'abscisse x pour le contour considéré. Si celui-ci

Fig. 5.

est une courbe continue, ces deux droites lui seront tangentes.

L'aire Ω peut être considérée comme la différence entre la surface additive BAMCD et la surface soustractive BANCD : désignons par y_1 l'ordonnée variable de la portion de contour AMC, et par y_2 celle de la portion du contour ANC. Nous aurons :

$$\Omega = \int_A^C y_1 \, dx - \int_A^C y_2 \, dx.$$

Cette relation peut s'écrire plus simplement :

$$\Omega = \int y \, dx,$$

en spécifiant que l'intégrale définie sera calculée pour toutes les valeurs de y correspondant aux différents points du contour, en parcourant celui-ci dans le sens du mouvement des aiguilles d'une montre, et affectant le facteur dx du signe $+$ ou du signe $-$, suivant que l'abscisse x ira en augmentant ou en diminuant pendant le trajet. Dans le parcours AMC, le facteur dx est toujours positif : donc chaque terme $y_1\, dx$ ou $y\, dx$ sera positif. Dans le parcours CNA, le facteur dx est négatif : donc chaque terme $y_1\, dx$ ou $y_1\, dx$ sera négatif. En définitive, la relation $\Omega = \int y\, dx$ sera, moyennant la convention posée, identique à la formule :

$$\Omega = \int y_1\, dx - \int y_1\, dx.$$

On pourrait également recourir à l'équation $\Omega = \int x\, dy$, mais à condition, dans le cas de la figure 5, de changer le sens du parcours, ainsi qu'il est facile de s'en assurer.

Cette formule est applicable à un contour fermé quelconque, quelque compliqué qu'il puisse être, et il est aisé de le reconnaître : si une même ordonnée rencontre le profil en plusieurs points, elle correspond à une série de termes $y\, dx$ alternativement positifs et négatifs en raison du signe à attribuer à dx, termes dont la somme algébrique correspond rigoureusement à la surface interceptée sur la section transversale par les deux ordonnées dont l'écartement mutuel est dx.

La position de l'origine o est indifférente ; il en est de même pour les directions attribuées aux axes ox et oy. Si l'axe ox coupe le contour, il est nécessaire de tenir compte, dans le calcul du terme $y\, dx$, du signe de y, qui peut être positif ou négatif suivant que le point considéré sur le profil est au-dessus ou au-dessous de l'axe des x. Que l'axe oy rencontre ou non le contour, le facteur dx sera positif quand on se déplacera dans le sens des x positifs, et négatif dans le cas contraire. On vérifiera sans peine que, pour toutes les surfaces élémentaires additives, y et dx, ou bien x et dy, sont de même signe, + ou —, et que leur produit est par suite positif ; que, pour toutes les surfaces élémentaires soustractives, les deux facteurs sont de signes opposés, et que leur produit est négatif.

Si la section transversale comporte des évidements, on devra appliquer séparément la méthode de calcul à chaque contour fermé pris en particulier, et faire ensuite la somme algébrique des surfaces additives et des surfaces soustractives ainsi évaluées, en tenant compte de leurs signes. On aura de la sorte : $\Omega = \int y\,dx - \int y'\,dx - \int y''\,dx\ldots$, l'ordonnée y correspondant au contour extérieur, et les ordonnées y' et y'' aux contours intérieurs.

Toutes les fois que la section transversale n'est pas décomposable en surfaces partielles additives ou soustractives que l'on sache évaluer par la géométrie ou par le calcul intégral, il faut recourir à la formule $\Omega = \int y\,dx = \int x\,dy$, qui se prête aisément, ainsi que nous le verrons plus tard, à une intégration par *quadrature*, à condition de calculer au préalable, ou de mesurer sur une épure, les ordonnées y d'un certain nombre de points du contour, qui devront être d'autant plus rapprochés que l'on désirera obtenir un résultat plus exact.

Le cas échéant, on pourrait trouver plus commode de recourir à des coordonnées polaires, au lieu des coordonnées rectangulaires x et y. L'expression de Ω est alors : $\Omega = \int\int \rho\,d\rho.d\theta = \int \frac{\rho^2}{2}\,d\theta$. On calculera cette intégrale en parcourant le contour, et tenant compte du signe de $d\theta$, qui est positif pour les surfaces additives, et négatif pour les surfaces soustractives.

3. — Moments statiques et centre de gravité. — Le moment statique d'une section transversale, par rapport à un axe ox mené arbitrairement dans son plan, est la somme des produits de ses éléments superficiels $dx.dy$ par leurs distances y à cet axe : $M_x = \int\int y dx.dy$. Le moment statique relatif à l'axe oy, perpendiculaire à ox, sera de même : $M_y = \int\int x dx.dy$.

On peut encore écrire, en reprenant les notations de l'article précédent :

$$M_x = \int u y dy, \text{ et } M_y = \int v x dx.$$

Le procédé de décomposition de la section transversale en surfaces partielles additives ou soustractives est ici également applicable.

De même que l'on obtient l'aire par la formule : $\Omega = \omega_1 + \omega_2 + \omega_3. - \omega'_1 - \omega'_2 - \omega'_3$, on calculera M_x et M_y à l'aide des relations :

$$M_x = m_{x_1} + m_{x_2} + m_{x_3} - m'_{x_1} - m'_{x_2} - m'_{x_3}\ldots$$
$$M_y = m_{y_1} + m_{y_2} + m_{y_3} - m'_{y_1} - m'_{y_2} - m'_{y_3}\ldots$$

Les termes positifs ω, m_x et m_y se rapportent à une surface additive, et les termes négatifs ω', m'_x et m'_y à une surface soustractive.

Enfin le procédé d'intégration suivant le contour, en affectant du signe convenable le facteur dx, ou le facteur dy, conduit aux expressions :

$$M_x = \int \frac{y^2 dx}{2}, \text{ et } M_y = \int \frac{x^2 dy}{2}.$$

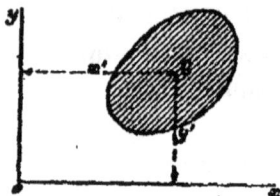

Fig. 6.

Nous jugeons inutile d'en donner la démonstration, qui serait la reproduction exacte de celle déjà exposée à propos de l'aire . En se reportant à la figure 5, on reconnaît immédiatement que :

$$M_x = \int \frac{y_1^2 dx}{2} - \int \frac{y_2^2 dx}{2}.$$

Les moments statiques peuvent être exprimés en coordonnées polaires :

$$M_x = \int\int \rho^2 \sin\theta d\theta . d\rho = \int \frac{\rho^3}{3} \sin\theta d\theta \; ;$$

$$M_y = \int\int \rho^2 \cos\theta d\theta . d\rho = \int \frac{\rho^3}{3} \cos\theta d\theta .$$

Le centre de gravité G de la section transversale est défini par la condition que le moment statique de la section, par rapport à un axe quelconque, soit égal au produit de son aire par la distance à l'axe du point G. On calculera donc sans difficulté les coordonnées x' et y' du centre de gravité par les relations :

$$x' = \frac{M_y}{\Omega} = \frac{\int\int x dx . dy}{\int\int dx . dy} = \frac{1}{2} \frac{\int x^2 dy}{\int x dy}$$
$$= \frac{2}{3} \frac{\int \rho^3 \cos\theta d\theta}{\int \rho^2 d\theta} .$$

$$y' = \frac{M_x}{\Omega} = \frac{\int\int y dx . dy}{\int\int dx dy} = \frac{1}{2} \frac{\int y^2 dy}{\int y dy}$$
$$= \frac{2}{3} \frac{\int \rho^3 \sin\theta d\theta}{\int \rho^2 d\theta} .$$

Si l'on trouve $x' = o$, le point G est sur l'axe des y. Si x' et y' sont nuls, le centre de gravité coïncide avec l'origine des coordonnées.

La recherche du centre de gravité peut être facilitée par la remarque suivante : quand le profil de la section possède un axe de symétrie, le point G est nécessairement sur cet axe ; quand le profil comporte deux axes de symétrie, le centre de gravité coïncide avec le point de rencontre de ces deux axes, qui est alors un centre de symétrie.

Il est évident, en effet, que si l'axe $o\dot{x}$ est un axe de symétrie, l'intégrale $\int\int y dx . dy$ sera nécessairement nulle, puisqu'à chaque terme $y dx . dy$ correspondra un

terme égal et de signe contraire, en vertu de la symétrie. Donc l'ordonnée x' sera nulle.

4. — Moments d'inertie. — Le *moment d'inertie* I_x
de la section transversale, par rapport à un axe *ox*
mené dans son plan, est la somme des produits de
l'aire *dx.dy* de chacun de ses éléments superficiels
par le carré de la distance y de cet élément à l'axe
considéré :

$$I_x = \int\int y^2 dx.dy.$$

Le moment d'inertie I_y relatif à l'axe *oy*, perpendiculaire au premier, sera de même fourni par la relation :

$$I_y = \int\int x^2 dx.dy.$$

On appelle *rayons de gyration* Υ_x et Υ_y de la section, par rapport à ces deux axes *ox* et *oy*, les longueurs correspondant aux racines carrées des rapports
$\frac{I_x}{\Omega}$ et $\frac{I_y}{\Omega}$ des moments d'inertie à l'aire de la section :

$$\Upsilon_x = \frac{I_x}{\Omega}, \text{ et } \Upsilon_y = \frac{I_y}{\Omega}.$$

Soient m et n les coordonnées du centre de gravité
G de la section.

Menons par ce point G deux axes Gx' et Gy' parallèles respectivement aux axes
primitifs *ox* et *oy*, et effectuons le changement de coordonnées.

On a :

$$x = x' + m, \; y = y' + n.$$

D'où, en substituant dans
les intégrales I_x et I_y, et rem-

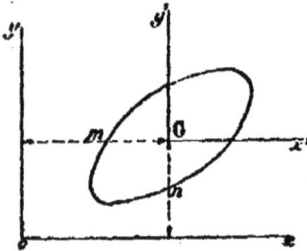

Fig. 7.

plaçant l'expression $dx.dy$ de l'aire $d\Omega$ de l'élément superficiel de la section par l'expression équivalente $dx'.dy'$:

$$I_x = \iint y'^2 dx.dy = \iint (y' + n)^2 dx'.dy'$$
$$= \iint y'^2 dx'.dy' + 2n \iint y' dx'.dy' + n^2 \iint dx'.dy'.$$

En vertu des propriétés du centre de gravité, l'intégrale double $\iint y' dx' dy'$ est nulle.

D'où :

$$I_x = \iint y'^2 dx'.dy' + n^2 \iint dx'.dy'$$
$$= I_{x'} + n^2 \Omega.$$

On trouverait de même :

$$I_y = I_{y'} + m^2 \Omega.$$

Remplaçons I_x, I_y, $I_{x'}$ et $I_{y'}$ par les expressions équivalentes $\Omega \Upsilon_x{}^2$, $\Omega \Upsilon_y{}^2$, Ωc^2 et Ωd^2, où c et d désigneront les rayons de gyration relatifs aux axes Gx' et Gy'.

Il vient :

$$\Upsilon_x{}^2 = c^2 + n^2 ;$$
$$\Upsilon_y{}^2 = d^2 + n^2.$$

Le carré du rayon de gyration relatif à un axe quelconque est égal au carré du rayon de gyration relatif à l'axe parallèle mené par le centre de gravité de la section, augmenté du carré de la distance mutuelle de ces deux axes, ou, si l'on veut, du carré de la distance du point G à l'axe considéré.

Dans ces conditions, il suffit de savoir déterminer la valeur du moment d'inertie, ou du rayon de gyration, par rapport à une droite passant par le centre de gravité, pour qu'on soit en mesure de calculer le moment d'inertie, ou le rayon de gyration, relatif à une droite quelconque située dans le plan de la section.

Nous considérerons encore l'intégrale double $I_{xy} = \int\int xy\,dx.dy$, dont il sera question plus loin. En effectuant le changement de coordonnées dont il a été parlé ci-dessus, on trouve :

$$I_{xy} = \int\int (x' + m)(y' + n)\, dx'.dy'$$
$$= \int\int x'y'\,dx'.dy' + mn \int\int dx'.dy' + m \int\int y'\,dx'.dy'$$
$$+ n \int\int x'\,dx'dy'.$$

Les deux derniers termes sont nuls, en vertu des propriétés du centre de gravité.

D'où :

$$I_{xy} = I_{x'y'} + mn\Omega.$$

Il est donc facile, connaissant la valeur de l'intégrale $I_{x'y'}$, relative à deux axes rectangulaires menés par le centre de gravité G, d'en déduire la valeur de l'intégrale I_{xy} relative à deux axes parallèles aux premiers et menés par un point O du plan, défini par ses distances m et n aux axes Gx' et Gy'.

Nous donnerons à la quantité I_{xy} le nom de *moment d'inertie composée* par rapport aux deux axes Ox et Oy.

5. — Axes principaux et moments principaux d'inertie.

— Considérons deux axes rectangulaires Gx et Gy passant par le centre de gravité de la surface, et supposons que l'on ait calculé pour ces deux axes les moments d'inertie correspondants, I_x ou $\int\int y'\,dx.dy$, I_y ou $\int\int x'\,dx.dy$, ainsi que l'intégrale double I_{xy} ou $\int\int xy\,dx.dy$.

Menons deux autres axes rectangulaires Gx' et Gy' par le même point G, en les définissant par l'angle α que fait l'axe Gx' avec l'axe Gx : pour fixer les idées, cet angle sera mesuré positivement au-dessus de Gx dans le sens inverse du mouvement des aiguilles d'une

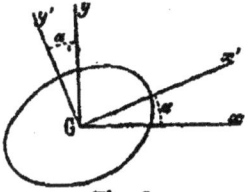

Fig. 8.

montre.

Effectuons un changement de coordonnées, en remplaçant, dans les expressions analytiques de I_x, I_y et I_{xy}, les variables x et y par leurs expressions en fonction de x' et y', et substituant, pour représenter l'élément superficiel $d\Omega$, le produit $dx'.dy'$ au produit $dx.dy$.

On a :

$$x = x' \cos \alpha - y' \sin \alpha,$$
$$\text{et } y = y' \cos \alpha + x' \sin \alpha.$$

D'où :

(1) $\quad I_x = \int\int y^2 dx.dy = \cos^2\alpha \int\int y'^2\, dx'.dy'$
$+ \sin^2\alpha \int\int x'^2 dx'.dy' + 2 \sin\alpha \cos\alpha \int\int x'y'dx'dy'$
$= \cos^2\alpha\, I_{x'} + \sin^2\alpha\, I_{y'} + 2\sin\alpha \cos\alpha\, I_{x'y'}.$

On trouvera de même :

(2) $\quad I_y = \cos^2\alpha\, I_{y'} + \sin^2\alpha\, I_{x'} - 2\sin\alpha \cos\alpha\, I_{x'y'}$;

(3) $\quad I_{xy} = -\sin\alpha\, \cos\alpha\, I_{x'} + \sin\alpha \cos\alpha\, I_{y'}$
$\qquad + (\cos^2\alpha - \sin^2\alpha)\, I_{x'y'}.$

En effectuant un changement de coordonnées inverse, on obtiendra les relations correspondantes, fournissant les valeurs de $I_{x'}$, $I_{y'}$ et $I_{x'y'}$ en fonction de I_x, I_y et I_{xy}.

(4) $\quad I_{x'} = \cos^2\alpha\, I_x + \sin^2\alpha\, I_y - 2\sin\alpha \cos\alpha\, I_{xy}$;

(5) $\quad I_{y'} = \cos^2\alpha\, I_y + \sin^2\alpha\, I_x + 2\sin\alpha \cos\alpha\, I_{xy}$;

(6) $\quad I_{x'y'} = \sin\alpha \cos\alpha\, I_x - \sin\alpha \cos\alpha\, I_y + (\cos^2\alpha$
$\qquad - \sin^2\alpha)\, I_{xy}.$

Nous voyons que, si l'on a calculé tout d'abord les

2

valeurs numériques des trois intégrales I_x, I_y et I_{xy}, relatives aux axes rectangulaires Gx et Gy, il sera toujours aisé de se procurer les valeurs des intégrales relatives à deux autres axes rectangulaires Gx' et Gy', définis par l'angle α que fait la direction Gx' avec la direction Gx.

Cet angle α peut être choisi arbitrairement, puisque nous n'avons fait aucune hypothèse sur l'orientation de l'axe Gx'. Profitons de cette indétermination pour rendre nul le moment d'inertie composée $I_{x'y'}$, en attribuant à α la valeur fournie par la relation de condition :

$$I_{x'y'} = o,$$

ou :

$$\sin \alpha \cos \alpha \, I_x - \sin \alpha \cos \alpha \, I_y + (\cos^2 \alpha - \sin^2 \alpha) \, I_{xy} = o,$$

ce qui donne :

$$(7) \qquad Tg \, 2\alpha = \frac{2 \, I_{xy}}{I_y - I_x}.$$

Cette équation fournit pour α une série de valeurs successives, différant entre elles de $\frac{\pi}{2}$ ou d'un multiple de $\frac{\pi}{2}$, qui correspondent à deux directions rectangulaires issues du point G.

Il existe donc deux axes rectangulaires, et seulement deux, pour lesquels l'intégrale I_{xy} est nulle ; pour tout autre système d'axes, le moment d'inertie composée est différent de zéro.

Nous qualifierons ces deux directions d'*axes principaux d'inertie*, et nous appellerons *moments principaux* de la surface les valeurs que prennent I_x et I_y pour les axes principaux.

Les équations (4) et (5) nous permettront de calculer

les moments d'inertie principaux I_b et I_a en fonction des moments I_x, I_y et I_{xy} relatifs aux axes primitifs Gx et Gy, ou bien en fonction de I_x, I_y et de l'angle α précédemment défini ; réciproquement, les équations (1), (2) et (3) donnent les valeurs de I_x, I_y et I_{xy} en fonction de I_a et I_b, et de l'angle α.

On trouve :

$$(8) \quad I_b = \frac{I_x \cos^2\alpha - I_y \sin^2\alpha}{\cos^2\alpha}, \quad I_a = \frac{I_y \cos^2\alpha - I_x \sin^2\alpha}{\cos^2\alpha} ;$$

ou

$$\left.\begin{matrix} I_b \\ I_a \end{matrix}\right\} = \frac{I_x + I_y}{2} \pm \sqrt{\frac{(I_x - I_y)^2}{4} - I_{xy}^2} ;$$

$$(9) \quad I_x = I_b \cos^2\alpha + I_a \sin^2\alpha ;$$

$$(10) \quad I_y = I_a \cos^2\alpha + I_b \sin^2\alpha ;$$

$$(11) \quad I_{xy} = \frac{\sin 2\alpha}{2} (I_a - I_b).$$

On peut déduire de ces relations celles qui existent entre les rayons de gyration correspondant respectivement aux différents axes. Nous désignerons par b et a les rayons de gyration *principaux*.

$$(12) \quad r_x^2 = b^2 \cos^2\alpha + a^2 \sin^2\alpha ;$$

$$(13) \quad r_y^2 = a^2 \cos^2\alpha + b^2 \sin^2\alpha.$$

Nous remarquons en terminant que l'on a :

$$I_x + I_y = I_a + I_b ;$$
$$r_x^2 + r_y^2 = b^2 + a^2.$$

La somme des carrés des rayons de gyration relatifs à deux directions rectangulaires est une constante.

Nous concluons de tout ceci que, si l'on a calculé les valeurs des intégrales I_x, I_y et I_{xy} pour deux axes rectangulaires menés arbitrairement par le centre de gravité G, on pourra sans difficulté déterminer l'orientation des axes principaux, ainsi que les valeurs numériques des moments principaux d'inertie et des rayons de gyration principaux. On se procurera ensuite aisément le moment d'inertie relatif à un axe quelconque passant par G, et enfin en dernier lieu le moment d'inertie relatif à une droite du plan parallèle à cet axe.

Nous ferons encore observer que, dans les démonstrations précédentes, *nous n'avons jamais dû invoquer les propriétés du centre de gravité*, et que, par suite, les relations trouvées (1), (2), (3)....... (11), (12), (13), sont également vraies pour les axes issus d'un point quelconque du plan. Nous aurions bien pu nous dispenser de spécifier au début de l'article que l'origine des coordonnées coïncidait avec le centre de gravité. Si nous ne l'avons pas fait, c'est qu'on a l'habitude de réserver la qualification d'axes principaux d'inertie aux deux directions rectangulaires issues du point G pour lesquelles le moment d'inertie composée I_{xy} est nul. Dans la pratique, en effet, on n'a jamais à faire intervenir dans les recherches de stabilité que les moments d'inertie relatifs à des droites passant par le centre de gravité. La généralisation du théorème précédent ne présente donc qu'un *intérêt purement spéculatif*.

6. — Ellipse centrale d'inertie. — Considérons une ellipse ABA'B' rapportée à ses deux axes, dont l'équation est :

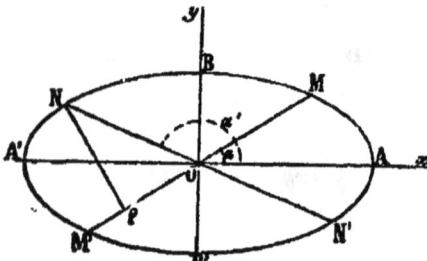

Fig. 9.

$$\frac{x^2}{a^2} + \frac{y^2}{b^2} = 1.$$

Les angles α et α' que font avec l'axe

ox les deux diamètres conjugués OM et ON sont liés entre eux par la relation connue :

$$\text{Tg } \alpha \text{ Tg } \alpha' = - \frac{b^2}{a^2}.$$

Le diamètre ON a pour équation :

$$\frac{y}{x} = \text{Tg } \alpha' = - \frac{b^2}{a^2 \text{Tg} \alpha}.$$

Les coordonnées du point de rencontre N de ce diamètre et de l'ellipse ont pour expressions :

$$x_n = - \sqrt{\frac{a^4 tg^2\alpha}{a^2 Tg^2\alpha + b^2}}, \; y_n = + \sqrt{\frac{b^4}{a^2 Tg^2\alpha + b^2}}.$$

La distance NP de l'extrémité du diamètre ON au diamètre conjugué OM, que nous désignerons par la lettre r, sera fournie par l'équation :

$$r = - x_n \sin \alpha + y_n \cos \alpha.$$

D'où :

$$r^2 = a^2 \sin^2\alpha + b^2 \cos^2 \alpha.$$

Nous retombons précisément sur la formule (12), qui exprime la relation existant entre les rayons de gyration principaux a et b, et le rayon de gyration relatif à une droite définie par l'angle α qu'elle fait avec l'axe principal pour lequel le rayon de gyration est b.

En conséquence, si, après avoir déterminé les directions des axes principaux et calculé les moments d'inertie correspondants, on porte à partir de G sur chacun de ces axes la longueur représentative du rayon de gyration relatif à l'autre, puis que l'on trace l'ellipse, dite *ellipse centrale d'inertie*, qui a pour centre G et pour sommets les points marqués sur les axes principaux, cette courbe permettra de se procurer très aisément la valeur du rayon de gyration relatif à une droite quelconque GM passant par le centre de gravité. Il suffira

de mener le diamètre GN conjugué de la droite précitée, et d'abaisser de son extrémité N sur la droite GM
une perpendiculaire NP, dont la longueur sera précisément égale à celle du rayon de gyration cherché.

La considération de cette ellipse centrale d'inertie
facilitera donc notablement la recherche des moments
d'inertie relatifs aux axes passant par le centre de gravité.

Les propriétés géométriques de l'ellipse permettent
d'établir une autre expression du rayon de gyration r
relatif au diamètre GM.

Les coordonnées du point M sont :

$$x_m = \frac{ab}{\sqrt{a^2 tg^2\alpha + b^2}} \qquad y_m = \frac{ab\, tg\,\alpha}{\sqrt{a^2 tg^2\alpha + b^2}}.$$

La longueur du demi-diamètre OM est fournie par
l'expression :

$$\rho = x_m \cos\alpha + y_m \sin\alpha$$

$$= \frac{ab}{\sqrt{a^2 \sin^2\alpha + b^2 \cos^2\alpha}} = \frac{ab}{r}.$$

D'où :

$$r = \frac{ab}{\rho}.$$

Cette formule dispense de tracer le diamètre conjugué de la direction OM. Connaissant les longueurs des
demi-axes a et b, et celle du demi-diamètre considéré ρ,
on calculera le rayon de gyration r en résolvant algébriquement ou graphiquement la proportion géométrique :

$$\frac{r}{b} = \frac{a}{\rho}.$$

La recherche des axes principaux d'inertie peut être
facilitée par la remarque suivante : si la section transversale possède un axe de symétrie, c'est nécessairement

un axe principal d'inertie, car, en raison même de la symétrie, l'intégrale double $\int\int xy\,dx.dy$ est nulle.

L'autre axe principal est perpendiculaire au premier.

Si la section possède deux axes de symétrie se croisant à angle droit, ce sont les axes principaux d'inertie. S'il existe deux axes de symétrie dont l'angle mutuel θ soit aigu, et que θ soit un sous-multiple de π, la section possède autant d'axes de symétrie que θ est compris de fois dans π. Si π n'est pas un multiple exact de θ, la section est un cercle, dont tous les diamètres sont des axes de symétrie.

Il suffit d'ailleurs de constater que la section possède deux axes de symétrie dont l'angle mutuel soit différent de $\frac{\pi}{2}$, pour avoir la certitude que l'ellipse centrale d'inertie se réduira à un cercle, dont le rayon a représentera le rayon de gyration pour une direction quelconque : l'intégrale $\int\int xy\,dx.dy$ sera nulle pour tout axe passant par le centre de gravité.

Pour que l'ellipse centrale d'inertie soit un cercle, il n'est pas nécessaire que la section possède plus de deux axes de symétrie. Il suffit que le calcul ait fourni des valeurs égales pour les moments I_x et I_y relatifs à deux directions rectangulaires, et qu'en même temps l'intégrale I_{xy} ou $\int\int xy\,dx.dy$ ait été trouvée nulle. Dans le cas général, il y a bien toujours deux directions rectangulaires pour lesquelles $I_x = I_y$; ce sont les bissectrices des angles droits formés par les axes principaux d'inertie. Mais, à moins que l'ellipse ne se réduise à un cercle, l'intégrale $\int\int xy\,dx.dy$ n'est pas nulle pour ces deux directions.

Nous remarquons encore ici que, dans toute les démonstrations qui précèdent, nous n'avons jamais mis à profit les propriétés du centre de gravité. Les résultats obtenus doivent donc être étendus aux moments d'inertie relatifs aux droites issues d'un point quelconque du plan. Il existe par conséquent pour ce point une ellipse d'inertie, fournissant, en ce qui touche les rayons de gyration, les mêmes indications que l'ellipse *centrale* pour les droites issues du centre de gravité.

Supposons que l'ellipse centrale d'inertie ait été déterminée. Soient a et b les demi-longueurs de ses axes, qui représentent les rayons de gyration principaux.

Considérons le point M du plan, défini par ses coordonnées m et n, rapportées aux directions des axes principaux d'inertie.

Menons par M les axes rectangulaires Mx' et My' parallèles aux axes principaux. Les moments d'inertie relatifs à ces directions seront :

$$I_{x'} = \Omega\,(b^2 + n^2);$$
$$I_{y'} = \Omega\,(a^2 + m^2);$$
$$I_{x'y'} = \Omega\,mn.$$

L'angle α' que fait la droite Mx' avec un des axes de cette ellipse d'inertie sera fourni par la relation :

$$\mathrm{Tg}\ 2\,\alpha' = \frac{2I_{x'y'}}{I_{x'} - I_{y'}} = \frac{2mn}{b^2 - a^2 + n^2 - m^2}.$$

Les moments d'inertie relatifs aux axes de l'ellipse se calculeront par les formules :

$$\left.\begin{array}{l}\Omega b''^2\\\Omega a''^2\end{array}\right\} = \frac{I_{x'} + I_{y'}}{2} \pm \sqrt{\frac{(I_{x'} - I_{y'})^2}{4} - I_{x'y'}^2}$$
$$= \Omega\left(\frac{a^2 + b^2 + m^2 + n^2}{2} \pm \sqrt{\frac{(b^2 - a^2 + n^2 - m^2)^2}{4} - m^2 n^2}\right).$$

Si le point M est sur la direction d'un des axes principaux d'inertie, l'une des coordonnées, m ou n, est nulle. Donc Tg $2\,\alpha$ l'est aussi, et les axes de l'ellipse d'inertie M sont parallèles aux axes principaux.

Pour que cette ellipse M soit un cercle, il faut que l'on ait :

$$I_x' = I_y' \text{ et } L_{x'y'} = o.$$

D'où :

$$mn = o, \text{ et } b^2 + n^2 = a^2 + m^2.$$

Il existe donc toujours dans le plan deux points, et seulement deux, qui jouissent de cette propriété, savoir :
si $a > b$, les points définis par les coordonnées :

$$n = o, m = \pm \sqrt{a^2 - b^2} \,;$$

si $a < b$, les points définis par les coordonnées :

$$m = o, n = \pm \sqrt{b^2 - a^2}.$$

Pour $b = a$, ces deux points se confondent avec le centre de gravité de la section.

7. — Moment d'inertie polaire.

— Le moment d'inertie *polaire* d'une section transversale par rapport à un point O de son plan est la somme des produits des aires de ses éléments superficiels par les carrés des distances de ces éléments au pôle O.

On a, en coordonnées polaires :

$$I_p = \int\int \rho^2 \delta\theta \delta\rho.$$

On exprimera dans ce même système de coordonnées les moments d'inertie relatifs à l'axe ox, origine des angles θ, et à l'axe perpendiculaire oy, en remplaçant y par $\rho \sin \theta$, x par $\rho \cos \theta$, et l'élément superficiel $dx.dy$ par l'équivalent en coordonnées polaires $\rho\delta\theta\delta\rho$.

$$I_x = \int\int y^2 \, dx.dy = \int\int \rho^3 \sin^2\theta\delta\theta\delta\rho \,;$$
$$I_y = \int\int x^2 \, dx.dy = \int\int \rho^3 \cos^2\theta\delta\theta\delta\rho \,;$$

D'où :

$$I_x + I_y = \int\int \rho^3 (\cos^2\theta + \sin^2\theta) \, \delta\theta\delta\rho = I_p.$$

Le moment d'inertie polaire est égal à la somme des moments d'inertie relatifs à deux axes rectangulaires menés par le pôle, et par conséquent à la somme des moments relatifs aux axes de l'ellipse d'inertie.

Dans la pratique, on n'a jamais besoin de connaître que le moment d'inertie polaire relatif au centre de gravité de la section : $I_p = \Omega\,(a^2 + b^2)$, a et b étant les rayons de gyration principaux.

Si d'ailleurs on voulait déduire de ce moment central d'inertie polaire, relatif au centre de gravité G, celui I'_p qui correspond au point M du plan dont la distance d au point G serait connue, on n'aurait qu'à appliquer la formule simple :

$$I'_p = I_p + \Omega d^2.$$

On a en effet :

$$I'_x = I_x + \Omega m^2,$$
$$I'_y = I_y + \Omega n^2,$$

m et n étant les coordonnées du point M par rapport aux axes Gx et Gy.

D'où :

$$I'_p = I'_x + I'_y = I_x + I_y + \Omega\,(m^2 + n^2) = I_p + \Omega d^2.$$

8. — Calcul des moments d'inertie et détermination de l'ellipse centrale d'inertie. — Le profil de la section transversale étant donné, on commencera par évaluer son aire et par déterminer la position de son centre de gravité. Si la section possède un axe de symétrie, on connaîtra immédiatement les directions des axes principaux d'inertie : c'est le cas général de la pratique. Sinon, on mènera par le point G deux droites rectangulaires quelconques, Gx et Gy, pour lesquels il faudra calculer les intégrales I_x, I_y et I_{xy}, cette dernière n'étant nulle que si les directions choisies correspondent aux axes de l'ellipse d'inertie. Après quoi, la recherche des axes principaux et des moments correspondants s'effectuera par la méthode exposée précédemment. Il ne restera plus ensuite qu'à tracer l'ellipse centrale d'inertie.

Si nous nous reportons aux notations déjà employées pour le calcul des aires et des moments statiques, nous remarquerons que les intégrales I_x, I_y et I_{xy} peuvent s'écrire :

$$I_x = \int y^2 u dy \, ; \; I_y = \int x^2 v dx \, ;$$
$$I_{xy} = \int x y u dy = \int x y v dx.$$

Si u et v sont des fonctions algébriques connues de y et de x, il arrive fréquemment que les intégrations peuvent être effectuées immédiatement par les procédés de l'analyse. Tous les Traités de Résistance des Matériaux et les Aide-mémoires de l'Ingénieur renferment des tableaux fournissant immédiatement les aires et les moments d'inertie pour un certain nombre de sections transversales définies géométriquement : cercle, ellipse, polygones réguliers, etc. Nous croyons inutile de reproduire ici des renseignements que l'on trouve partout.

On peut dans bien des cas appliquer avec succès la méthode de décomposition de la section en surfaces additives et surfaces soustractives.

Soient ω_1, ω_2, ω_3.... ω'_1, ω'_2, ω'_3 les aires de ces surfaces partielles ;

i_1, i_2, i_3..... i'_1, i'_2, i'_3 leurs moments d'inertie *propres*, c'est-à-dire relatifs pour chacune d'elles à la parallèle à Gx menée par son centre de gravité, g_1, g_2, g_3...... g'_1, g'_2, g'_3...... ; enfin d_1, d_2, d_3..... d'_1, d'_2, d'_3......, les distances de ces centres de gravité d'aires partielles à l'axe Gx mené par le centre de gravité de l'aire totale.

On a :

$$\Omega = \omega_1 + \omega_2 + \omega_3 \ldots - \omega'_1 - \omega'_2 - \omega'_3;$$

$$\text{et } I = i_1 + \omega_1 d_1^2 + \ldots - i'_1 - \omega'_1 d''^2_1 - i_2 - \omega'_2 d''^2_2 \ldots$$

Considérons, à titre d'exemple, un cercle évidé par un cercle non concentrique. La droite OO′, qui joint les

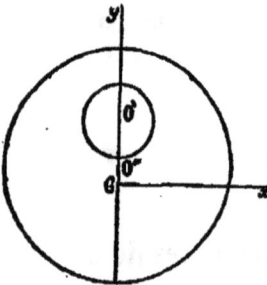

centres des deux cercles, est un axe de symétrie, et donne la direction d'un axe principal d'inertie. Soient ρ et ρ' les rayons des deux cercles, et s la distance mutuelle de leurs centres O et O′. Désignons par n la distance du centre de gravité G de la section au centre O′ du cercle extérieur.

Fig. 10

On a $\Omega = \pi (\rho^2 - \rho'^2)$; $n = \dfrac{\rho'^2}{\rho^2 - \rho'^2} s.$

Le moment d'inertie propre du cercle O est $\dfrac{\pi \rho^4}{4}$; pour le cercle O′, ce moment est $\dfrac{\pi \rho'^4}{4}.$

D'où :

$$I_x = \frac{\pi \rho^4}{4} + \pi \rho^2 n^2 - \frac{\pi \rho'^4}{4} - \pi \rho'^2 (s+n)^2$$

$$= \frac{\pi \rho^4}{4} - \frac{\pi \rho'^4}{4} - \frac{\pi \rho^2 \rho'^2}{\rho^2 - \rho'^2} s^2;$$

$$I_y = \frac{\pi \rho^4}{4} - \frac{\pi \rho'^4}{4}.$$

Les rayons de gyration principaux sont :

$$r_x^2 = b = \frac{\rho^2 + \rho'^2}{4} - \frac{\rho^2 \rho'^2 s^2}{(\rho^2 - \rho'^2)^2} ;$$

$$r_y^2 = a^2 = \frac{\rho^2 + \rho'^2}{4}.$$

Considérons encore un double té symétrique, et pro-posons-nous de calculer le moment d'inertie relatif à l'axe principal d'inertie Gx, perpendiculaire à l'âme du double té. On peut décomposer la section de deux façons différentes :

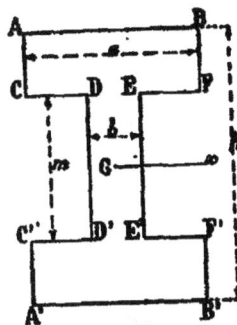

Fig. 11

1° Rectangle ABCF : $\omega_1 = a\left(\dfrac{h-m}{2}\right)$,

$$d_1 = \frac{h+m}{4},\ i_1 = \frac{1}{12}\,a\left(\frac{h-m}{2}\right)^3 ;$$

Rectangle A'B'C'F' : $\omega_2 = a\left(\dfrac{h-m}{2}\right)$,

$$d_2 = -\frac{h+m}{4},\ i_2 = \frac{1}{12}\,a\left(\frac{h-m}{2}\right)^3 ;$$

Rectangle DEE'D' : $\omega_3 = bm,\ d_3 = 0,\ i_3 = \dfrac{1}{12}\,bm^3$.

Toutes ces surfaces partielles sont additives :

D'où :

$$I_x = \frac{1}{6}\,a\left(\frac{h-m}{2}\right)^3 + \frac{1}{12}\,bm^3 + a\,(h-m)\left(\frac{h+m}{4}\right)^2.$$

2° *Surface additive* : Rectangle ABB'A' : $\omega_1 = a\,h$,

$$d_1 = 0,\ i_1 = \frac{1}{12}\,ah^3 ;$$

Surfaces soustractives : Rectangle CDD'C' :

$$\omega_2 = \left(\frac{a-b}{2}\right)m,\ d_2 = 0,\ i_2 = \frac{1}{12}\left(\frac{a-b}{2}\right)m^3 ;$$

Rectangle EFF'E' : $\omega_3 = \left(\dfrac{a-b}{2}\right)m,\ d_3 = 0,$

$$i_3 = \frac{1}{12}\left(\frac{a-b}{2}\right)m^3 ;$$

D'où $I_x = \dfrac{1}{12}\left[ah^3 - (a-b)\,m^3\right].$

On reconnaîtra sans difficulté que les résultats four-nis par les deux modes de décomposition sont iden-tiques.

On trouve dans les Traités de Résistance des Matériaux et dans les Aide-mémoires un grand nombre d'applications de cette méthode, basée sur la décomposition
des sections transversales en figures géométriques
simples, qui ramène le problème posé à l'emploi des formules connues de géométrie ou de calcul intégral, pour
l'évaluation des aires et des moments d'inertie des surfaces partielles.

9. — Calcul par quadrature des moments d'inertie. —

Nous avons démontré précédemment qu'on peut représenter l'aire d'une section par l'intégrale définie simple
$\int y\,dx$ ou $\int x\,dy$, à condition d'effectuer cette intégrale
en suivant dans un sens déterminé le contour de la
section. De même les moments statiques sont fournis
par les expressions $\int \frac{y^2 dx}{2}$ et $\int \frac{x^2 dy}{2}$, intégrales définies à
effectuer également suivant le contour de la section.

Appliquons la même méthode au calcul des moments
d'inertie, et considérons le rectangle $M_1M'_1M'_2M_2$ découpé
dans la section par deux ordonnées infiniment voisines
M_1N et M'_1N'.

Désignons par y_1 l'ordonnée M_1N, par y_2 l'ordonnée
M_2N, par dx la distance mutuelle NN' des deux droites
M_1N et M'_1N'.

Le moment d'inertie par rapport à ox du rectangle
$M_1M'_1N'N$, de hauteur y_1 et de longueur dx, dont le centre de gravité est au milieu de la hauteur
y_1, a pour expression :

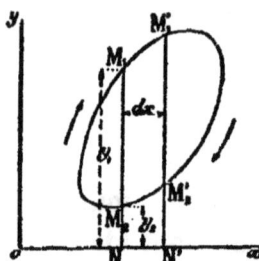

Fig. 12

$\frac{1}{12} y_1^3 dx$ (moment d'inertie propre

du rectangle) $+ y_1\,dx \times \left(\frac{y_1}{2}\right)^2$

$= \frac{1}{3} y_1^3\,dx.$

De même le moment d'inertie par rapport à NN′ du rectangle $M_1M'_1,NN'$ est $\frac{1}{3}\, y_1^3\, dx$.

Le moment d'inertie de la surface $M_1M'_1M'_2M_2$ sera ainsi : $\frac{1}{3}\, (y_1^3 - y_2^3)\, dx$.

Nous en concluons immédiatement que l'intégrale $\int \frac{y^3 dx}{3}$, effectuée suivant le contour dans le sens indiqué sur la figure par une flèche, fournira le moment d'inertie de la section par rapport à l'axe ox.

On peut de même remplacer I_y ou $\iint x^2 dx.dy$ par $\int \frac{x^3}{3}\, dy$, et I_{xy} ou $\iint xy dx.dy$ par $\int \frac{x^2}{2}\, y dy$ ou bien par $\int \frac{y^2}{2}\, x dx$, les intégrales simples devant être effectuées suivant le contour de la section (1).

Il arrive parfois que les expressions $\int y dx$, $\int \frac{y^2 dx}{2}$, $\int \frac{y^3 dx}{3}$, etc., sont susceptibles d'être résolues sous une forme générale par les procédés du calcul intégral, quand y est une fonction algébrique de x, ou inverse-

1. Considérons l'intégrale double $\iint x^m y^n dx.\, dy$. On peut lui appliquer comme il suit le procédé de l'intégration par parties :

$$\iint x^m y^n dx.dy = \frac{x^{m+1}}{m+1} \int y^n dy - \int \frac{x^{m+1} y^n dy}{m+1}.$$

Supposons que l'on effectue l'intégration suivant un contour fermé : le premier terme du second membre de l'équation qui précède, conduira à un résultat nul, l'abscisse x ayant même valeur pour l'origine et le point d'arrivée. On n'aura donc qu'à calculer la valeur de l'intégrale définie :

$$\int \frac{x^{m+1} y^n dy}{m+1}.$$

Les règles précédemment indiquées pour l'évaluation de l'aire, des moments statiques et des moments d'inertie ne sont donc que des cas particuliers de cette loi analytique générale, qui permet de remplacer une intégrale double définie de la classe indiquée par une intégrale simple effectuée suivant un contour fermé.

ment. Mais le plus souvent on est obligé, la géométrie étant impuissante à résoudre le problème posé, de procéder par quadrature pour la détermination de l'aire, du centre de gravité, et des moments d'inertie. Par exemple, les rails de chemins de fer ont un profil qui, bien qu'en général défini géométriquement, se prêterait malaisément à un calcul rigoureux.

Pour évaluer par quadrature une expression de la forme $\int \varphi(x) dx$, on commencera par déterminer par le calcul, ou mesurer sur une épure, un certain nombre de valeurs distinctes de la fonction $\varphi(x)$, correspondant autant que possible à une succession d'abscisses x en progression arithmétique. On multipliera chacune de ces valeurs, correspondant à une abscisse x_n, par la moitié de l'écart existant entre l''abscisse précédente x_{n-1} et l'abscisse suivante x_{n+1}, et on totalisera les résultats.

Cela revient à remplacer l'intégrale $\int \varphi(x) dx$ par la somme $\Sigma \varphi(x_n) \left(\dfrac{x_{n+1} - x_{n-1}}{2} \right)$. On obtient ainsi une valeur approchée de l'inconnue cherchée, et le résultat est d'autant plus exact que l'on a calculé tout d'abord un plus grand nombre de valeurs distinctes de la fonction $\varphi(x)$, et que, par suite, l'écart entre deux abscisses consécutives x_n et x_{n+1} est moindre.

On pourrait, à la rigueur, tirer des mêmes données un résultat plus voisin de la réalité en recourant aux méthodes de quadrature de *Simpson* ou de *Poncelet*, qui sont enseignées dans les traités d'analyse. Mais, dans la pratique, on ne s'astreint guère à cette complication, le bénéfice à en tirer ne paraissant pas en rapport avec la besogne supplémentaire qu'elle comporte; l'on se contente de l'approximation fournie par la somme $\Sigma\varphi\ (.x_n)\ \left(\dfrac{x_{n+1}-x_{n-1}}{2}\right)$, qui est en général bien suffisante.

Au lieu de cette méthode algébrique, on peut recourir pour le calcul des moments statiques et des moments d'inertie à des procédés purement géométriques ou graphiques. On a indiqué dans cet ordre d'idées un grand nombre de solutions du problème posé. Nous nous en tiendrons à la méthode basée sur l'emploi des *polygones dynamiques* et des *polygones funiculaires*, parce qu'elle constitue la base de la *Statique graphique*, dont on fera grand usage dans la suite du cours. Nous l'exposerons dans le second paragraphe du présent chapitre.

Enfin on a imaginé différents appareils *(Planimètre* et *Intégrateur* d'*Amsler* ; *Intégromètre* de M. *Marcel Deprez)*, analogues aux machines à calculer, qui, manœuvrés convenablement, fournissent par de simples lectures les aires, les moments statiques et les moments d'inertie d'un profil tracé sur le papier. Ces appareils ingénieux peuvent rendre des services dans les bureaux de dessinateurs. Nous nous bornerons à les signaler, comme une solution mécanique intéressante d'un problème d'analyse pure, mais sans les décrire ni en donner la théorie, exposée dans un grand nombre d'ouvrages de calcul intégral ou de mécanique : cette théorie en somme ne se rattache que très incidemment à la Résistance des Matériaux.

§ 2. — Polygones des forces et polygones funiculaires.

1° Polygone des forces. — En *Statique graphique*, on représente un système de forces toutes situées dans un même plan à l'aide de deux figures distinctes.

Sur la première, on trace la ligne droite indéfinie suivant laquelle agit chaque force, et qui est sa *ligne d'action*. On indique généralement par une flèche le sens dans lequel agit la force.

On marque souvent sur la ligne d'action le *point d'application* de la force : dans les *solides invariables* qu'on étudie en *Mécanique rationnelle*, ce point d'application est, le cas échéant, un point fixe par lequel la ligne d'action est assujettie à passer lorsque sa direction varie (centre de gravité d'un solide, d'une surface ou d'une ligne), ou bien l'intersection de deux lignes d'action successives d'une force variable, ou bien encore un point mobile de cette ligne d'action, dont le mouvement est défini par l'énoncé du problème, etc. *(machines* et *mécanismes)* : le point d'application de l'effort de traction exercée sur une poulie par une corde enroulée autour d'elle est sur la circonférence de cette poulie. Le point d'application est en ce cas un point de la ligne d'action que l'on sait déterminer à un moment quelconque, et qui permet par conséquent de tracer cette ligne, si son orientation est connue.

Dans les *solides élastiques*, dont l'étude fait l'objet de la Théorie de l'Elasticité et de la Résistance des matériaux, le point d'application d'une force est le plus souvent le point du corps étudié sur lequel agit *effectivement* la force en question. Nous verrons plus tard que, dans le cas envisagé, la position, sur la ligne d'action, du point d'application de la force n'est pas indifférente, et peut exercer une influence importante sur les résultats auxquels conduit la résolution du problème posé.

Il est donc indispensable de connaître exactement ce point d'application.

Sur la seconde figure de *Statique graphique*, on porte bout à bout des portions de droites, dont chacune est parallèle à la ligne d'action d'une force, est orientée dans le sens où elle agit, et doit enfin avoir une longueur proportionnelle à la grandeur de cette force. On obtient de la sorte une ligne brisée, polygone de *Varignon*, polygone des *forces*, ou polygone *dynamique*, qui ne se ferme que si la résultante de toutes les forces considérées est nulle. Sinon, la droite qui joint les extrémités de cette ligne brisée et ferme le polygone, fournit en grandeur, sens et direction, la résultante de toutes les forces en question : le sens de cette résultante se détermine en allant du point de départ de la ligne brisée à son point d'arrivée.

Quand les lignes d'action de toutes les forces passent par un même point, il est nécessaire et suffisant, pour que ces forces constituent un système en équilibre statique, que leur polygone soit fermé : en ce cas, en effet, leur résultante est nulle.

Si toutes les forces ne passent pas par un même point, la condition indiquée est encore nécessaire, mais elle n'est plus suffisante : la résultante est bien encore nulle, mais il peut se faire que la composition des forces considérées donne un couple résultant.

Dans le cas de forces concourantes, la résultante que le polygone dynamique fait connaître en grandeur, sens et direction, passe par le point commun à toutes les lignes d'action.

Dans le cas de forces non concourantes, on ignore *a priori* quelle sera la droite du plan, parallèle à la ligne de fermeture du polygone dynamique, qui constituera la ligne d'action de la résultante. A supposer que cette dernière soit nulle, le polygone dynamique se fermant de lui-même, on n'a pas d'indication sur le moment du couple résultant des forces considérées. Il est donc nécessaire de faire à cet égard des recherches complémentaires, pour la détermination d'un point de la ligne d'action de la résultante, ou l'évaluation du couple résultant.

A cet effet, on recourt à une nouvelle construction graphique, qui est celle du *polygone funiculaire.*

11. — Polygone funiculaire d'un système de forces parallèles. — Nous supposerons d'abord que toutes les forces considérées dans le plan aient leurs lignes d'action parallèles à une même direction. Le polygone des forces se réduit en ce cas à une droite, parallèle à la direction commune, sur laquelle on porte bout à bout et dans *leur ordre de succession* (de gauche à droite, par exemple, pour fixer les idées) les longueurs représentatives de ces forces, en tenant compte, bien entendu, du sens dans lequel chacune d'elles agit. La grandeur et le sens de la résultante F, qui a même direction que ses composantes, sont fournis par la portion de droite comprise entre le point de départ S et le point d'arrivée E (fig. 13).

Supposons que nous ajoutions au système de forces parallèles considéré deux forces T et T', égales et directement opposées, dont la ligne d'action coupe toutes les autres.

Cette addition de deux forces s'équilibrant mutuellement ne changera pas la résultante du système primitif.

Menons par le point de départ S du polygone une parallèle à la ligne d'action des forces T et T', et portons sur cette droite la longueur OS représentant, à l'échelle convenue pour les autres forces, la grandeur de T. Joignons le point O, que nous qualifierons de *pôle* de la figure, à tous les sommets du polygone, qui sont les points A, B, C, D et E correspondant aux extrémités des segments représentatifs des forces 1, 2, 3, 4 et 5.

Chacun des rayons polaires issus du pôle O représentera en grandeur, direction et sens, une des résultantes obtenues en composant la force T d'abord avec la force 1 (rayon OA), puis avec les forces 1 et 2 (rayon OB), etc., jusqu'au dernier rayon OE, qui sera la résultante de T et de toutes les forces parallèles 1, 2, 3, 4 et 5.

Menons par le point de rencontre *a* des lignes d'action des forces T et 1 une parallèle au rayon polaire OA : ce sera la ligne d'action de la résultante de T et de 1.

Par le point *b'* où cette ligne d'action coupe celle de la force 2, menons une parallèle au rayon polaire OB : ce sera de même la ligne d'action de la résultante de T, 1 et 2. Poursuivons notre construction graphique jusqu'à la dernière force 5 ; la droite *e'm'*, parallèle au dernier rayon polaire OE, sera la ligne d'action de la résultante de T et de toutes les forces parallèles, 1, 2, 3, 4 et 5.

La ligne brisée *a b'c'd'e'm'* est le *polygone funiculaire* relatif au système des forces parallèles 1, 2, 3, 4 et 5, et de la force additionnelle T. Si l'on suppose que ces

forces soient appliquées aux différents points d'un câble
flexible, ce câble, assujetti en vertu de sa flexibilité à

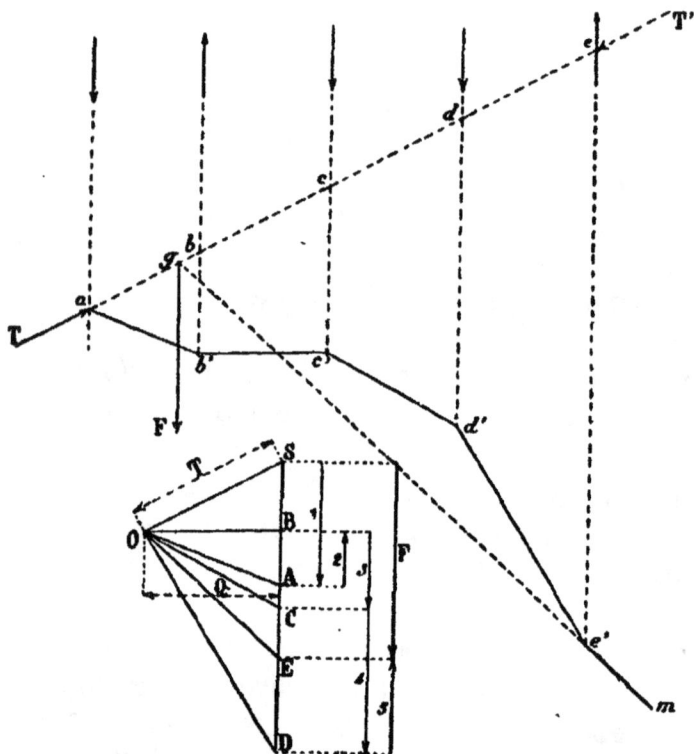

Fig. 13.

suivre en tous ses points la direction de la ligne d'action de la force qui le sollicite, décrira effectivement le
polygone $ab'c'd'e'm'$.

Comme on peut choisir arbitrairement la ligne d'action, le sens et la grandeur de la force T, on voit qu'à
un même système de forces parallèles correspond une
infinité de polygones funiculaires.

On peut se donner a priori la position du pôle O ;
en joignant ce pôle à tous les points de division de la
droite SD, on obtiendra la figure de composition des

forces correspondant à la force additionnelle représentée en grandeur, direction et sens, par le premier rayon polaire OS.

Dans la figure OSD, qu'on appelle le polygone des forces correspondant au polygone funiculaire a b'c'd'e'm', on désigne sous le nom de *distance polaire* Q la distance du pôle O à la droite SD, mesurée sur une perpendiculaire à cette droite : c'est la projection de la force T sur la normale à la direction commune des forces parallèles 1, 2, 3, 4 et 5. Si le point O se déplace sur une parallèle à SD, la distance polaire Q reste invariable, le changement éprouvé par la grandeur de la force T ne portant que sur sa composante parallèle aux forces 1, 2, 3, 4 et 5.

Nous avons remarqué que le dernier élément rectiligne e'm' du polygone funiculaire, qui est parallèle au dernier rayon polaire OE, est la ligne d'action de la résultante de la force T et de toutes les forces parallèles du système. Si nous composons cette résultante avec la force T', égale et directement opposée à la force T, nous retomberons sur la résultante des forces 1, 2, 3, 4 et 5, dont la direction, le sens et la grandeur sont fournis par le segment SE, côté de fermeture du polygone de Varignon. La ligne d'action de cette résultante de deux forces OE et T' doit passer par le point de rencontre de leurs lignes d'action e'm' et ae.

Si donc nous prolongeons la droite e'm' jusqu'à sa rencontre en g avec la droite ae, nous aurons un point de la ligne d'action de la résultante F du système des forces parallèles : la direction de cette ligne étant connue, nous pourrons la tracer immédiatement.

On démontrerait de même que le point de rencontre de la droite ae avec un côté quelconque du polygone funiculaire, $c'd'$ par exemple, donne un point de la résultante des forces 1, 2 et 3, dont les lignes d'action coupent le polygone aux sommets a, b' et c'.

Enfin le point de rencontre de deux côtés non consécutifs du polygone est sur la ligne d'action de la résultante des forces appliquées aux sommets intermédiaires entre les deux côtés considérés.

Nous voyons ainsi que le polygone funiculaire permet de déterminer un point de la ligne d'action de la résultante d'un système quelconque de forces parallèles successives : c'est le point de rencontre des deux côtés extrêmes de la région du polygone funiculaire dont les sommets intermédiaires sont sur les lignes d'action des forces envisagées.

Il peut arriver que les forces parallèles données aient une résultante nulle. En ce cas, le dernier rayon polaire OE du polygone des forces se superpose au premier rayon OS, puisque le segment SE représentatif de la résultante se réduit à zéro.

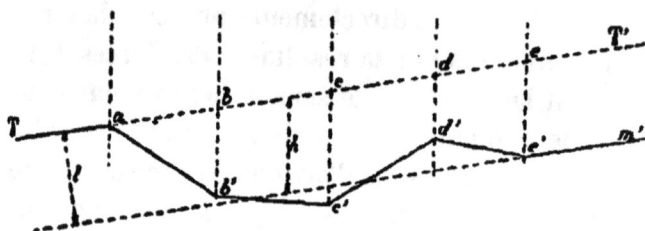

Fig. 14.

Le dernier côté $e'm'$ du polygone funiculaire est alors parallèle à la ligne d'action ae des forces T et T', et le point g se trouve rejeté à l'infini.

La composition des forces 1, 2, 3, 4 et 5 conduit dans ce cas particulier à un couple résultant, dont le moment est fourni par le produit Tl de la force T par la distance mutuelle l des parallèles ae et $e'm'$. Si cette distance est nulle, $e'm'$ étant superposé à ae, toutes les forces constituent un système en équilibre statique.

On peut remplacer le produit Tl par le produit de la distance polaire Q du polygone des forces, considérée elle-même comme *une force*, par la distance mutuelle des parallèles ab et $e'm'$, mesurée non plus sur la perpendiculaire commune à ces deux droites, mais sur une parallèle aux lignes d'action des forces 1, 2, 3, 4 et 5.

On a en effet :

$$\frac{Q}{T} = \frac{l}{h}.$$

D'ou :

$$Qh = Tl.$$

De même le moment du couple résultant des forces appliquées aux sommets successifs d'une portion du polygone funiculaire comprise entre deux côtés parallèles entre eux, est égal au produit de la distance polaire par la distance de ces deux côtés, mesurée sur une parallèle à la direction commune de toutes les forces.

En définitive, la construction du polygone funiculaire, basée sur les indications fournies par un polygone des forces établi avec une distance polaire choisie arbitrairement, permet de déterminer la ligne d'action de la résultante d'un certain nombre de forces parallèles données, ou, si la résultante trouvée est nulle, de calculer le moment du couple résultant de ces forces.

Nous remarquerons encore que si, par le point de rencontre n de deux côtés quelconques non consécutifs du polygone funiculaire, on mène une perpendiculaire à la direction commune des forces parallèles, et qu'on porte sur cette droite une longueur nq égale à la distance polaire ; qu'enfin par le point q on trace une

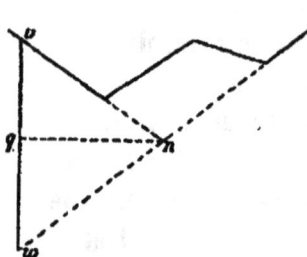

Fig. 15.

parallèle à la direction des tor-
ces, le segment vw, intercepté
sur cette droite par les deux
côtés du polygone, fournira, à
l'échelle des forces, la grandeur de la résultante qui passe
en n. La figure $nvqw$ repro-
duit en effet identiquement le
triangle du polygone des forces qui se rapporte à cette
résultante partielle.

En conséquence, si l'on se donne un polygone funiculaire et la distance polaire du polygone des forces
correspondant, on pourra déterminer, par une construction géométrique simple, la grandeur de la force
passant par un sommet quelconque du polygone. Si
l'on modifie la distance polaire, toutes les longueurs
représentatives des forces subiront une variation proportionnelle.

Enfin supposons que l'on remplace la série des forces
consécutives dont les lignes d'action passent par les

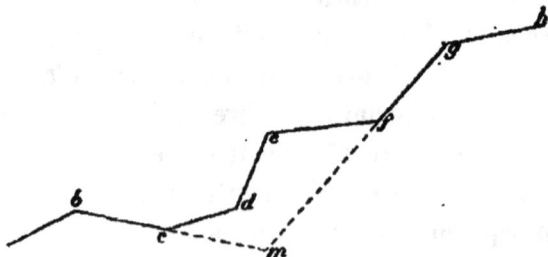

Fig. 16.

sommets c, d, e, f du polygone funiculaire $abcdefgh$,
par la résultante de ces forces, dont la ligne d'action
passe par le point de rencontre m des côtés bc et fg.
La seule modification que subira le polygone consis-

tera dans la substitution des droites *bm* et *mg* à la ligne brisée *bcdefg*. Mais en deçà du point *c* comme au delà du point *f*, c'est-à-dire en dehors du champ d'action des forces remplacées par leur résultante, le polygone funiculaire n'aura éprouvé aucun changement.

Il arrive parfois que l'on a affaire à des forces parallèles infiniment petites et infiniment rapprochées, correspondant, pour prendre un exemple, à l'action de la pesanteur sur toutes les molécules d'un fil situé dans un plan. Dans ces conditions, les rayons polaires sont infiniment rapprochés et se succèdent d'une façon continue. Le polygone funiculaire se transforme en une *courbe funiculaire*, enveloppe des parallèles menées aux rayons polaires successifs, suivant la règle indiquée pour la construction du polygone funiculaire. Si, par exemple, toutes les forces du système sont égales et infiniment rapprochées (charge uniformément répartie), la courbe funiculaire est une parabole, dont l'axe est parallèle à la direction commune des forces.

Les propriétés démontrées pour les côtés du polygone funiculaire se retrouvent dans les tangentes à la courbe funiculaire. La résultante des forces appliquées à un arc de la courbe passe par le point de rencontre de ses tangentes extrêmes ; la grandeur de cette résultante est représentée à l'échelle convenue pour les forces par la longueur du segment intercepté par ces deux tangentes sur une parallèle à la direction commune des forces, menée à une distance du point de rencontre des dites tangentes égale à la distance polaire.

12. — Polygone funiculaire d'un système de forces non parallèles. — Considérons un certain nombre de forces

1, 2, 3, 4, 5 dont les lignes d'action ne soient pas parallèles. Construisons le polygone de *Varignon* SABCDE : la droite de fermeture SE fournit la grandeur et la direction de la résultante, dont le sens est dirigé de S vers E.

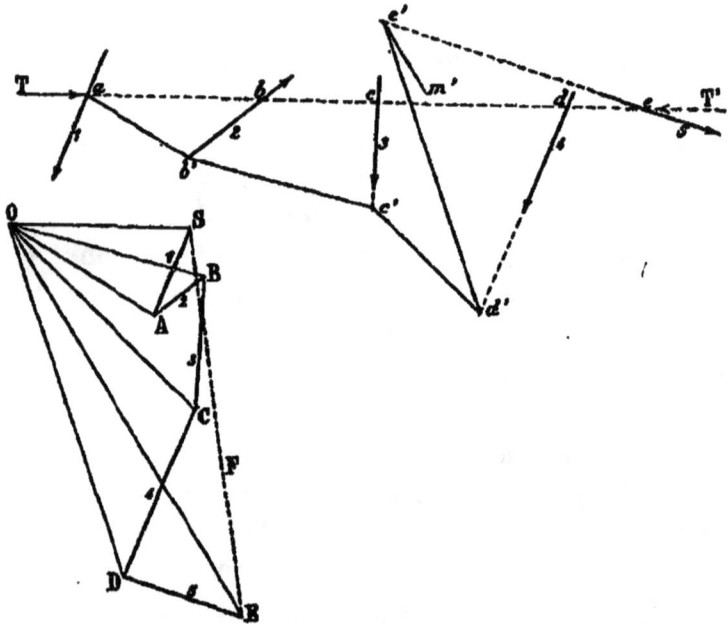

Fig. 17.

Joignons un point O du plan à tous les sommets du polygone des forces : les rayons issus de ce pôle et aboutissant en A, B, C et D, fourniront les grandeurs et les directions des résultantes de la force additionnelle OS ou T et de la force 1, de OS et des forces 1 et 2, etc. Le dernier rayon polaire OE représentera la résultante de la force OS et de toutes les forces 1, 2, 3, 4 et 5.

Construisons à partir d'un point *a* choisi arbitrairement sur la ligne d'action de la force 1 un polygone funiculaire, dont les côtés seront parallèles aux rayons

polaires successifs, et dont les sommets se trouveront
sur les lignes d'action des différentes forces. Ce sera
un polygone funiculaire relatif au système des forces
1, 2, 3, 4 et 5, qui jouira de toutes les propriétés déjà
énoncées pour le cas des forces parallèles. La démonstration en serait faite absolument comme dans le cas
précité, et c'est pourquoi nous jugeons inutile de la
reproduire.

Nous remarquerons que les sommets du polygone
funiculaire, situés sur les lignes d'action des forces,
doivent se succéder dans l'ordre adopté pour le polygone de Varignon. Le premier sommet *a* étant sur la

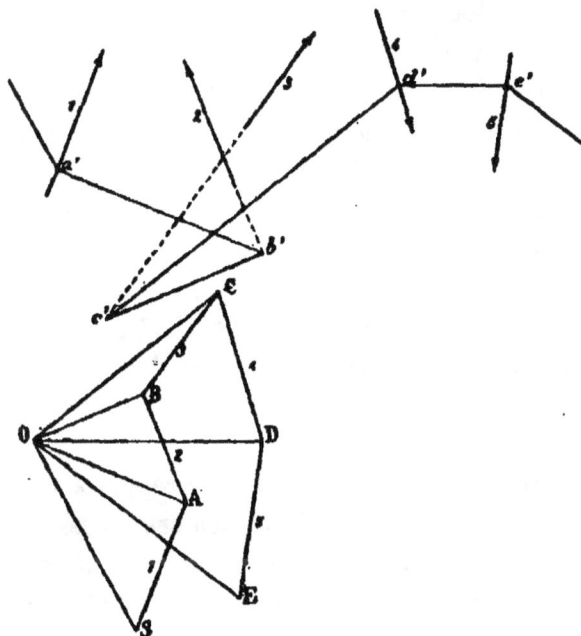

Fig. 18.

ligne d'action de la force 1, le second sommet *b'* doit
être sur la ligne d'action de la force 2, alors même (fig.
18) que le côté *ab'* rencontrerait tout d'abord la ligne

d'action de la force 3. Il peut se faire, dans ces conditions, que le polygone funiculaire revienne en arrière, et que deux côtés non consécutifs se croisent en un point qui n'est pas un sommet. Il convient de bien veiller à l'application de cette règle, pour qu'il y ait correspondance entre les deux figures géométriques : le n^e sommet du polygone funiculaire est toujours sur la ligne d'action de la n^e force du polygone de Varignon.

Le point de rencontre de deux côtés non consécutifs du polygone est sur la ligne d'action de la résultante des différentes forces passant par les sommets intermédiaires entre ces deux côtés. Si les deux côtés sont parallèles, les forces intermédiaires ont pour résultantes un couple dont le moment est égal au produit du rayon polaire parallèle à la direction commune des deux côtés, par la distance mutuelle de ces côtés.

Le polygone des forces, complété par l'addition d'un pôle choisi arbitrairement, et le polygone funiculaire correspondant permettent ainsi de déterminer graphiquement la grandeur, le sens et la ligne d'action de la résultante d'un certain nombre de forces données, à condition que ces forces soient situées dans un même plan.

Si l'on connaît un polygone funiculaire relatif à un système de forces, les directions de toutes ces forces et la grandeur de l'une d'elles, on pourra toujours, par une construction géométrique simple, qui est celle du polygone des forces, déterminer les grandeurs et les sens de toutes les autres.

Considérons deux polygones funiculaires relatifs au même système de forces 1, 2, 3, 4, 5 : l'un $a\ b\ c\ d\ e$ correspondant à la force additionnelle T (premier rayon polaire du polygone des forces), et ayant son point de départ en a sur la ligne d'action de la force 1 ; l'autre

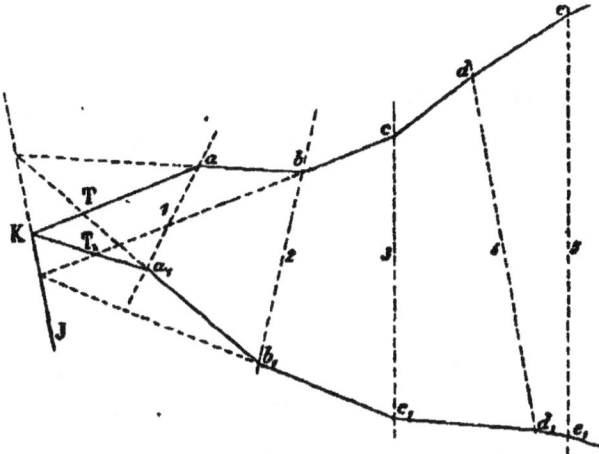

Fig. 19.

$a_1b_1c_1d_1e_1$ correspondant à la force additionnelle T_1, et ayant son point de départ en a_1.

Soit K le point de rencontre des lignes d'action des force T et T_1, et J la force qui, composée avec T, donnerait pour résultante T_1. On peut, dans les polygones de composition des forces, remplacer cette force T_1 par ses deux composantes T et J, sans rien changer aux résultats.

La force ab est la résultante de T et de 1.

La force a_1b_1 est la résultante de T, de 1 et de J, et par conséquent la résultante de ab et de J. Donc sa ligne d'action passe par le point de rencontre des lignes d'action ab et J.

On démontrerait de même que le côté b_1c_1 passe par le point de rencontre de bc et de J, etc. En conséquence, si deux polygones funiculaires correspondent à un même système de forces, leurs côtés *homologues*, c'est-à-dire compris entre les lignes d'action des deux mêmes forces

successives du système, se coupent toutes sur une droite
du plan, qui est la ligne d'action de la résultante des
deux forces additionnelles correspondant aux premiers
rayons polaires des deux polygones des forces. Si deux
courbes funiculaires sont relatives aux mêmes forces à
répartition continue, leurs tangentes homologues se
coupent sur une même droite du plan.

Ce théorème, démontré pour le cas général des forces
non parallèles, s'étend évidemment au cas particulier
des forces parallèles.

13. — Polygone des forces à distance polaire variable.
— Considérons le polygone des forces OSABCDE, dont
nous nous sommes servi dans l'article précédent. Il ne
comporte pas, comme dans le cas des forces parallèles,
de distance polaire déterminée, car la distance du pôle
aux différents côtés du polygone est variable. Menons
par chaque sommet du polygone une parallèle au premier côté SA, relatif à la force 1, et arrêtons cette droite

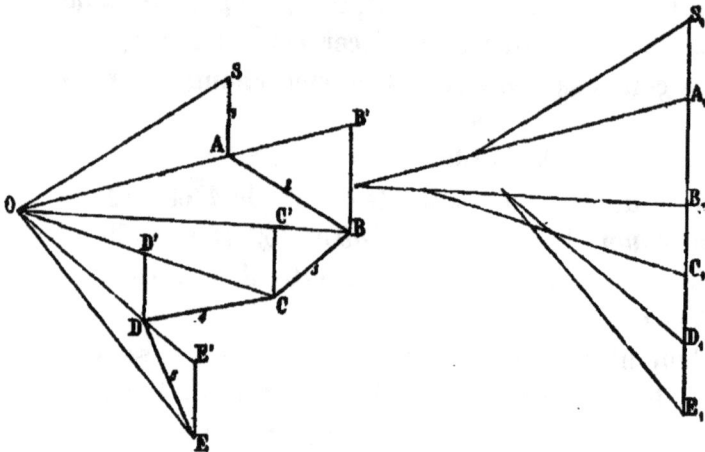

Fig. 20.

à son point de rencontre avec le rayon polaire relatif au

sommet précédent : pour le côté AB, par exemple, nous tracerons la parallèle BB' à SA, et nous l'arrêterons en B' sur le rayon polaire OA.

Nous pourrons remplacer la force AB par ses composantes BB' parallèle à SA, et AB' dirigée suivant le rayon polaire OA.

Si nous effectuons la même construction pour tous les côtés du polygone, nous aurons substitué à ce polygone une figure composée d'une série de triangles successifs, ayant chacun son sommet en O et un côté parallèle à la direction de la force 1 ; les deux autres côtés du triangle sont des rayons polaires consécutifs.

On reconnaîtra sans peine que, dans cette figure, la distance du pôle O à un côté opposé n'est plus constante : elle varie, quand on passe d'un triangle à celui qui le suit, de la composante de la force considérée suivant la direction perpendiculaire à la ligne d'action de la force 1.

C'est ainsi que lorsque l'on a affaire à des forces non parallèles, on peut recourir pour le tracé du polygone funiculaire à un polygone dynamique analogue à celui déjà indiqué pour les forces parallèles, avec cette seule différence que la distance polaire est variable.

On peut d'ailleurs, sans rien changer aux directions et aux longueurs des rayons polaires, modifier cette figure en ramenant sur une même droite tous les côtés parallèles à la force 1. Les points de rencontre de deux rayons polaires successifs ne sont plus alors concentrés en O : on a une série de pôles différents, dont chacun a sa position définie par la distance polaire correspondant au côté du polygone considéré.

Dans le cas de forces à répartition continue et de directions variables, la ligne brisée opposée au pôle est dans la première figure remplacée par une courbe ; la dis-

4

tance polaire est fournie par la distance variable du
pôle O à la tangente à cette courbe.

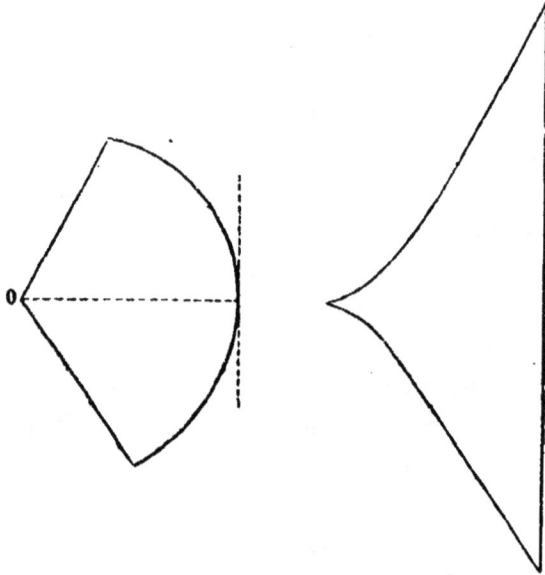

Fig. 21.

Dans la seconde figure, les positions successives du
pôle variable ont pour lieu géométrique une enveloppe
continue des rayons polaires. La distance polaire variable est représentée par la distance d'un point de cette
courbe à la droite parallèle à la force 1.

Nous en concluons que lorsqu'il s'agit de tracer un

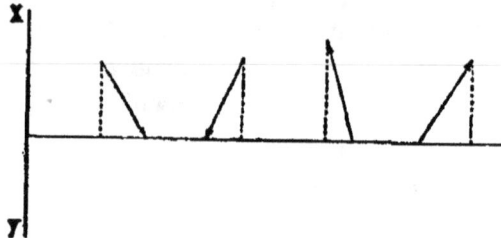

Fig. 22.

polygone funiculaire relatif à un système de forces non

parallèles, on peut recourir à l'emploi d'un polygone à distance polaire variable, dont les côtés opposés aux pôles aient une direction commune XY, que l'on a pu choisir arbitrairement : la distance polaire varie quand on passe d'une force à la suivante de la longueur représentant la projection de cette force sur une direction perpendiculaire à la droite XY.

Nous verrons ci-après l'utilité que présente ce genre de construction pour les applications que l'on peut faire du polygone funiculaire dans les recherches de statique graphique.

14. Représentation graphique de l'intégrale $\int_0^x dx \int_0^x \frac{\varphi(x)}{\psi(x)} dx$ **au moyen des courbes funiculaires.** — Considérons les courbes représentées par les équations :

$$y = \varphi(x);$$
$$u = \int_0^x y\,dx = \int_0^x \varphi(x)dx;$$
$$v = \frac{1}{Q}\int_0^x u\,dx = \frac{1}{Q}\int_0^x dx \int_0^x \varphi(x)dx.$$

Q est une constante.

Supposons que l'on ait tracé ces trois courbes, et relevons sur l'épure les valeurs de y, u et v correspondant aux deux abscisses x' et $x' + dx$, et relatives aux points M et M' de la 1re courbe, N et N' de la seconde, P et P' de la troisième.

On a :

$$y' = \varphi(x');$$
$$y' + dy' = \varphi(x') + \frac{d\varphi(x')}{dx}\,dx;$$
$$u' = \int_0^{x'} y\,dx;$$
$$u' + du' = \int_0^{x'} y\,dx + y'dx.$$

D'où :

$$du' = y'dx.$$

La différence entre les deux ordonnées Nn et N'n' est la représentation linéaire de la surface du trapèze Mmm'M' compris entre les ordonnées Mm et M'm', ce qui était d'ailleurs évident *a priori*.

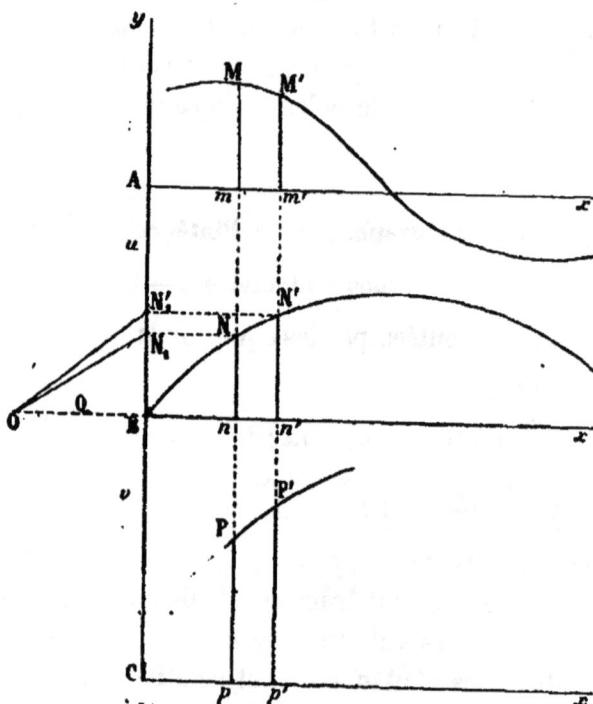

Fig. 23.

Projetons les points N et N' sur l'axe Bu, et portons sur le prolongement de l'axe Bx une longueur OB représentant la donnée numérique Q. La tangente trigonométrique de l'angle N$_1$OB a pour valeur : $\dfrac{N_1 B}{OB} = \dfrac{u'}{Q}$.

Or le coefficient angulaire de la tangente à la courbe $v = \dfrac{1}{Q} \displaystyle\int_0^v u\,dx$ a cette même valeur pour le point d'abscisse x'. Donc cette tangente est parallèle à ON_1. Par conséquent, si nous projetons sur l'axe Bu un certain nombre de points de la courbe BNN', et si nous joignons au point O les points de division obtenus sur l'axe, les rayons issus de ce pôle O seront parallèles aux tangentes successives de la courbe CPP'. D'autre part, l'écart N_1N_1' existant entre deux points de division successifs représentera l'aire d'un trapèze tel que MM'$m'm$, découpé entre l'axe Ax et la première courbe MM' par les ordonnées correspondant aux abscisses des points N et N'.

Nous en concluons que si l'on assimile les aires élémentaires ydx de la surface AMM' à des forces parallèles successives à répartition continue, la ligne CPP' sera une courbe funiculaire relative à ce système de forces.

Au lieu de placer le point O sur le prolongement de l'axe Bx, on pourrait lui donner une position quelconque sur la parallèle à Bu située à la distance Q de cet axe. Dans ces conditions, les ordonnées de la courbe funiculaire représentative de v devraient être mesurées à partir d'une parallèle à OB (premier rayon polaire) menée par le point C. A part ce changement *de la ligne de fermeture*, il n'y aurait rien à modifier dans ce qui a été dit ci-dessus.

Considérons encore l'intégrale double

$$v = \int_0^x dx \int_0^x \frac{\varphi(x)}{\psi(x)} dx,$$

$\psi(x)$ étant une fonction connue de x.

Construisons la courbe MM' représentative de :
$y = \varphi(x)$, et la courbe BNN' représentative de :

$$u = \int_0^x ydx = \int_0^x \varphi(x)dx.$$

Projetons sur l'axe Bu les points N et N' de la

seconde courbe, qui ont pour abscisses x' et $x'+dx$, et

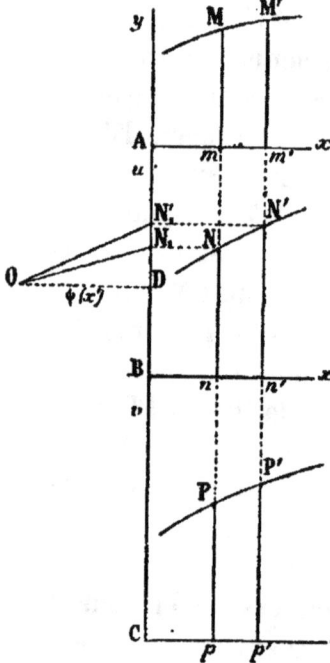

pour ordonnées u' et $u'+du'$. $N_1N'_1$ est la longueur représentative de du', ou $\varphi(x')dx$.

Joignons les points N_1 et N'_1 à un point O du plan, dont la distance OD à l'axe Bu représente la valeur particulière que prend la fonction $\psi(x)$ pour $x = x'$.

L'angle N_1OD a pour tangente trigonométrique :

$$\frac{N_1D}{OD} = \frac{N_1D}{\psi(x')}.$$

L'angle $N_1'OD$ a pour tangente trigonométrique :

$$\frac{N_1'D}{(\psi x')}.$$

La différence de ces deux tangentes trigonométriques a donc pour expression :

$$\frac{N_1'D - N_1D}{\psi(x')} = \frac{N'_1N_1}{\psi(x')} = \frac{du'}{\psi(x')} = \frac{\varphi(x')}{\psi(x')}dx = \frac{d^2v'}{dx^2}dx.$$

C'est la variation subie par le coefficient angulaire de la tangente à la courbe ayant pour équation $v = \int_0^x dx$ $\int_0^x \frac{\varphi(x)}{\psi(x)}\,dx$, quand on passe du point d'abscisse x' au point d'abscisse $x' + dx$.

Nous en concluons immédiatement que cette ligne PP' est la courbe funiculaire tracée en considérant les aires successives ydx comme des forces, et adoptant dans la construction du polygone des forces une *distance polaire variable* fournie par la relation :

Fig. 22.

$$Q = \psi(x).$$

En conséquence, la variable $v = \int_0^x dx \int_0^x \frac{\varphi x}{\psi x} dx$ peut être représentée par une courbe funiculaire correspondant au système des forces successives $\varphi(x)dx$, pour lesquelles on construirait un polygone dynamique à distance polaire variable $\psi(x)$ (1).

Il est aisé de démontrer par l'analyse le théorème relatif à la ligne d'action de la résultante d'une série de forces successives.

L'intégrale double $\int_0^x dx \int_0^x \frac{\varphi(x)dx}{\psi(x)}$ peut être remplacée, au moyen d'une intégration par parties, par la différence de deux intégrales simples :

$$v = \int_0^x dx \int_0^x \frac{\varphi(x)dx}{\psi(x)} = x \int_0^x \frac{\varphi(x)dx}{\psi(x)} - \int_0^x x \frac{\varphi(x)}{\psi(x)} dx.$$

L'équation de la tangente menée à cette courbe par le point de coordonnées x_1 et v_1, est :

$$v' = v_1 + (x - x_1)\frac{dv_1}{dx} = x_1 \int_0^{x_1} \frac{\varphi(x)dx}{\psi(x)}$$

$$- \int_0^{x_1} x \frac{\varphi(x)}{\psi x} dx + x \int_0^{x_1} \frac{\varphi(x)}{\psi(x)} dx - x_1 \int_0^{x_1} \frac{\varphi(x)}{\psi(x)} dx$$

$$= x \int_0^{x_1} \frac{\varphi(x)}{\psi(x)} dx - \int_0^{x_1} x \frac{\varphi(x)}{\psi(x)} dx.$$

(1) Nous remarquerons que cette même courbe funiculaire correspond également au système des forces successives $\frac{\varphi(x)}{\psi(x)} dx$, avec un polygone dynamique à distance polaire constante égale à l'unité. L'avantage du procédé graphique basé sur l'emploi de la distance polaire variable $\psi(x)$, est qu'on se trouve dispensé de tracer la courbe représentative de la fonction $\frac{\varphi(x)}{\psi(x)}$. Il suffit de connaître séparément les valeurs successives correspondantes des deux fonctions $\varphi(x)$ et $\psi(x)$, considérées isolément.

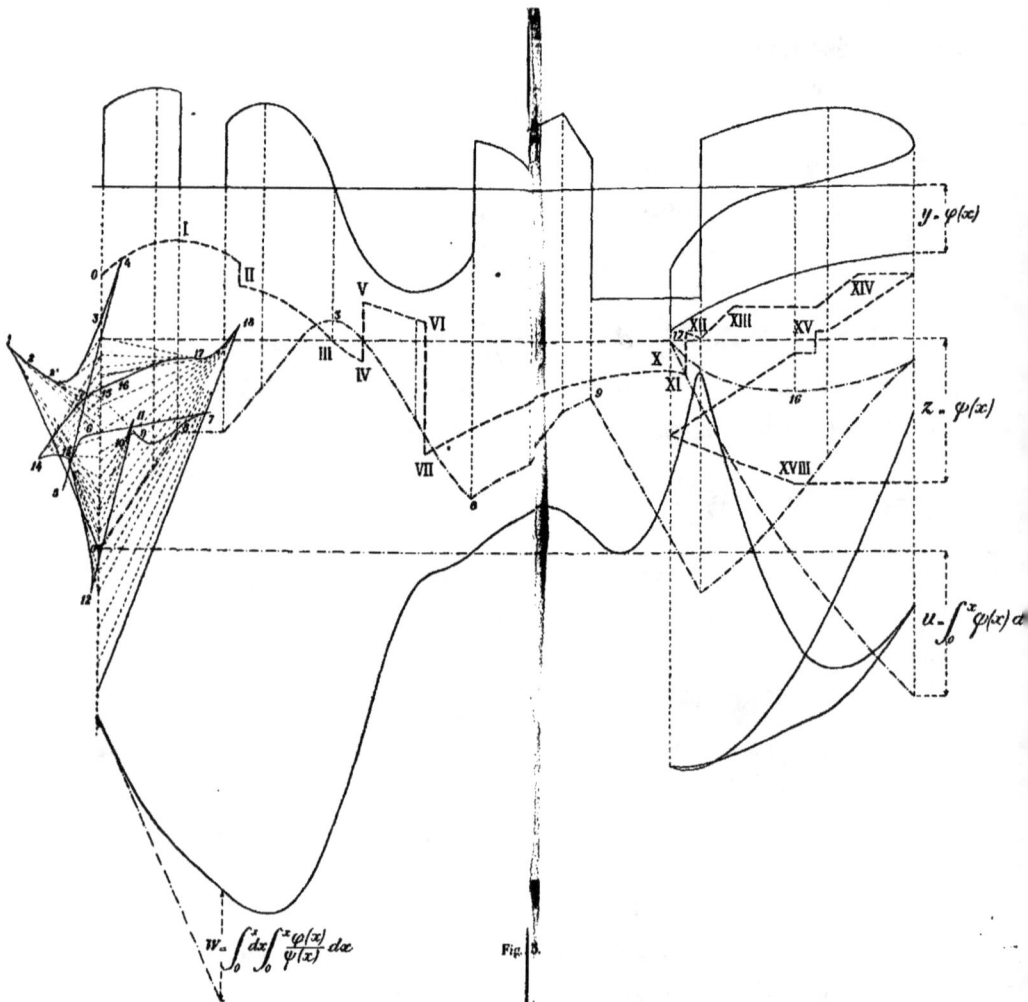

$y = \varphi(x)$

$z = \varphi(x)$

$u = \int_0^x \varphi(x)\, dx$

$w = \int_0^x dx \int_0^x \frac{\varphi(x)}{\psi(x)}\, dx$

Fig. 5.

L'équation de la tangente à la courbe, menée par le point de coordonnées x_2 et v_1, sera de même :

$$v'' = x \int_0^{x_2} \frac{\varphi(x)}{\psi(x)} dx - \int_0^{x_2} x \frac{\varphi(x)}{\psi(x)} dx.$$

L'abscisse x' du point de rencontre des deux tangentes s'obtient en posant $v' = v''$.

D'où :

$$x' \int_0^{x_1} \frac{\varphi(x)}{\psi(x)} dx - \int_0^{x_1} x \frac{\varphi(x)}{\psi(x)} dx = x' \int_0^{x_2} \frac{\varphi(x)}{\psi(x)} dx$$
$$- \int_0^{x_2} x \frac{\varphi(x)}{\psi(x)} dx ;$$

$$x' \int_{x_1}^{x_2} \frac{\varphi(x)}{\psi(x)} dx = \int_{x_1}^{x_2} x \frac{\varphi(x)}{\psi(x)} dx ;$$

$$x' = \frac{\int_{x_1}^{x_2} x \frac{\varphi(x)}{\psi(x)} dx}{\int_{x_1}^{x_2} \frac{\varphi(x)}{\psi(x)} dx}.$$

Cette expression est précisément celle de l'abscisse du centre de gravité de la surface comprise entre la courbe $y = \frac{\varphi(x)}{\psi(x)}$, l'axe des x et les ordonnées définies par les abscisses x_1 et x_2.

Donc la ligne d'action de la résultante du système des forces considérées $\frac{\varphi(x)}{\psi(x)} dx$ passe par le point de rencontre des tangentes à la courbe funiculaire menées par les points extrêmes de l'arc relatif à ces forces.

Nous remarquerons en terminant que les démonstrations analytiques exposées ci-dessus ne sont subordonnées à aucune hypothèse sur les fonctions $\varphi(x)$ et $\psi(x)$. Elles doivent être considérées comme absolument générales.

La figure 25 donne une idée sommaire des circonstances exceptionnelles que l'on rencontre dans le tracé des épures de statique graphique.

Si $\varphi(x)$ devient négatif, on doit admettre que la force élémentaire $\varphi(x)dx$ change de signe, et se trouve dirigée de bas en haut. On devra donc lui attribuer dans le polygone des forces un sens opposé à celui des forces positives. La courbe $u = \int \varphi(x)dx$ passe par un maximum, correspondant à un point d'inflexion pour le polygone dynamique et la courbe funiculaire.

Si $\varphi(x)$ change brusquement de valeur, on a un point anguleux sur la courbe des u.

Si $\varphi(x)$ s'annule entre les abscisses x_1 et x_2, la courbe des u présente un élément rectiligne horizontal, correspondant à un élément rectiligne du polygone dynamique et de la courbe funiculaire.

Si $\varphi(x)$ passe par l'infini, $\varphi(x)dx$ ayant une valeur finie (force concentrée), la courbe des u présente un élément rectiligne vertical, correspondant à un point anguleux du polygone dynamique et de la courbe funiculaire.

Si $\psi(x)$ change de signe, il faut transporter le pôle du polygone dynamique de l'autre côté de l'axe Bu, la distance polaire négative devant être mesurée dans la direction opposée à celle des distances polaires positives. Le polygone dynamique coupe l'axe Bu, et présente un point d'inflexion, qui se retrouve sur la courbe funiculaire.

Quand $\psi(x)$ passe par un maximum, le polygone dynamique présente un point de rebroussement.

Si $\psi(x)$ demeure constant entre les abscisses x_1 et x_2, le polygone dynamique présente un point anguleux.

Si $\psi(x)$ change brusquement de valeur, le polygone

dynamique présente un élément rectiligne, ayant la direction d'un rayon polaire.

Si $\psi(x)$ s'annule, le polygone dynamique comporte un élément vertical dirigé suivant l'axe Bu ; la courbe funiculaire est discontinue, et présente un point anguleux.

Si $\psi(x)$ passe par l'infini, le polygone dynamique comporte une branche asymptotique au rayon de longueur infinie ; le rayon de courbure de la courbe funiculaire est infini.

Quand l'abcisse x de la courbe $y = \varphi(x)$ passe par un maximum, cette courbe se repliant sur elle-même pour revenir vers l'axe Ay, le facteur dx devient négatif, et $\varphi(x)dx$ change de signe. Le polygone dynamique présente un point d'inflexion. La courbe des u présente un point de rebroussement, et la courbe funiculaire un point de rebroussement avec inflexion, c'est-à-dire sans renversement du rayon de courbure.

Nous avons cru devoir nous étendre sur ces considérations de géométrie élémentaire, parce qu'on se trouve parfois embarrassé dans les épures de statique graphique, lorsqu'on rencontre un point singulier correspondant à l'une des circonstances énumérées ci-dessus.

15. Calcul par quadrature des intégrales. — Le calcul de l'intégrale $\frac{1}{Q} \int_0^x dx \int_0^x \varphi(x)dx$, ou de l'intégrale plus générale $\int_0^x dx \int_0^x \frac{\varphi(x)dx}{\psi x}$, peut donc s'effectuer graphiquement, en traçant la courbe funiculaire correspondant au polygone des forces parallèles successives $\varphi(x)dx$, dont la distance polaire serait soit la constante Q, soit la variable $\psi(x)$: les ordonnées de cette courbe, mesurées à partir de la tangente à l'origine, fourniront les valeurs successives de l'intégrale définie. Pour effectuer ce tracé, on divisera la surface comprise entre l'axe des x et le profil $\varphi(x)$ par un certain nombre d'ordonnées, dont l'équidistance sera choisie arbitrairement; plus ces ordonnées seront rapprochées, et plus le résultat final sera exact. On calculera l'aire de chaque trapèze partiel ainsi déterminé, et l'on construira son centre de gravité, par lequel on fera passer la ligne d'action de la force représentative de cette aire partielle. Puis, à l'aide d'un polygone dynamique à distance polaire constante Q, ou à distance polaire variable $\psi(x)$, on tracera un polygone funiculaire, dont la droite de fermeture, qui est la tangente à l'origine, sera menée parallèlement au premier rayon polaire. C'est à partir de cette droite qu'on mesurera, parallèlement aux ordonnées du profil $\varphi(x)$, les distances au polygone funiculaire, qui donneront les valeurs successives de l'intégrale $\int_0^x dx \int_0^x \frac{\varphi(x)}{\psi(x)}$.

En procédant de la sorte, on aura substitué une ligne brisée à la courbe funiculaire exacte. Mais, en vertu d'un théorème précédent (page 42), cette ligne brisée, qui aura ses sommets sur les verticales des centres de gravité des trapèzes partiels découpés dans le profil $y = \varphi(x)$, sera circonscrite à la courbe funiculaire exacte, les points de contact étant sur les ordonnées séparatives de ces trapèzes. L'écart entre la courbe et le polygone circonscrit sera maximum au droit de chaque sommet, et nul au droit de chaque point de tangence. En rapprochant les ordonnées qui divisent le profil $y = \varphi(x)$, on pourra réduire autant qu'on le voudra l'erreur commise.

16. Calcul graphique des aires, des moments statitiques et des moments d'inertie. — Pour évaluer l'aire comprise à l'intérieur d'un profil fermé, on décomposera cette surface, au moyen d'une succession de droites parallèles, en une série de trapèzes juxtaposés, dont on calculera les aires, et dont on déterminera les centres de gravité. Chaque aire partielle sera considérée comme une force isolée, dont la ligne d'action sera une parallèle aux droites de division de la surface, menée par le centre de gravité du trapèze. On construira avec toutes ces forces prises dans leur ordre de succession et représentées par des longueurs à une échelle convenue, un polygone dynamique ayant pour distance polaire une longueur arbitrairement choisie Q. Enfin on tracera le polygone funiculaire correspondant.

La ligne d'action de la résultante de ces forces, qui passe par le centre de gravité de la section considérée, s'obtiendra en menant une parallèle à la direction commune des composantes par le point de rencontre des côtés extrêmes du polygone funiculaire, parallèles respectivement au premier et au dernier rayon polaire du polygone dynamique.

En effectuant la même construction avec des droites de division ayant une direction commune différente de la première, on pourra mener une seconde droite passant également par le centre de gravité du profil : le point de rencontre des deux résultantes donnera en fin de compte la position du centre de gravité cherché.

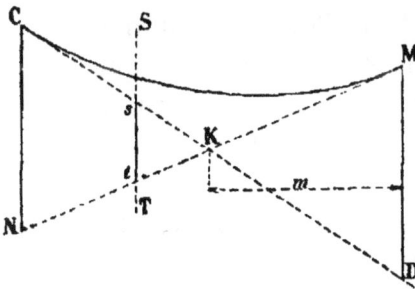

Fig. 26.

de gravité cherché.

Considérons à présent l'arc C M de la courbe funiculaire compris entre l'origine C et le point M dont nous désignerons l'abscisse par x'. Le centre de gravité de l'aire représenté par l'intégrale $\int_0^{x'} \varphi(x)dx$ devra se trouver, comme nous venons de le voir, sur la parallèle à l'axe des y menée par le point de rencontre K des tangentes à la courbe funiculaire en C et en M.

La distance verticale du point M à la tangente C D fournit la valeur de l'intégrale $\int_0^{x'} dx \int_0^{x} \varphi(x)dx$, qui peut s'écrire, en intégrant par parties :

$$x' \int_0^{x'} \varphi(x)dx - \int_0^{x'} x\varphi(x)dx = \int_0^{x'} (x' - x)\varphi(x)dx.$$

Or cette dernière expression représente le moment statique de l'aire $\int_0^{x'} \varphi(x)dx$ par rapport à la verticale MD. C'est d'ailleurs un résultat que nous connaissions déjà, en vertu des propriétés des courbes funiculaires. De même, la longueur CN représente le moment statique de la surface par rapport à la verticale CN.

Le moment statique de l'aire $\int_0^{x'} \varphi(x)dx$ par rapport à une droite donnée étant proportionnel à la distance de son centre de gravité à cette droite, on voit immédiatement qu'il suffira pour avoir le moment statique relatif à une droite ST, parallèle à MD, de mesurer la longueur du segment st intercepté sur cette droite par les lignes *en croix* CD et MN.

Evaluons maintenant l'aire du triangle mixtiligne CMD. La distance verticale variable v de la courbe CM à la droite CD est fournie par l'intégrale :

$$\int_0^x dx \int_0^x \varphi(x)dx.$$

La surface cherchée aura donc pour expression :

$$\int_0^{x'} dx \int_0^x dx \int_0^x \varphi(x)dx.$$

Ce qui peut s'écrire, en effectuant des intégrations par parties successives :

$$\int_0^{x'} dx \int_0^x dx \int_0^x \varphi(x)dx = \int_0^{x'} dx \left(x \int_0^x \varphi(x)dx \right.$$
$$- \int_0^x x\varphi(x)dx \right) = \frac{x'^2}{2} \int_0^{x'} \varphi(x)dx - \int_0^{x'} \frac{x^2}{2} \varphi(x)dx$$
$$- x' \int_0^{x'} x\varphi(x)dx + \int_0^x x^2\varphi(x)dx = \int_0^{x'} \varphi(x)\left(\frac{x'^2}{2} - x.x' \right.$$
$$+ \frac{x^2}{2} \right) = \frac{1}{2} \int_0^{x'} (x' - x)^2\varphi(x)dx.$$

On voit que l'aire du triangle mixtiligne CMD est égale à la moitié du moment d'inertie

$$\int_0^{x'} (x' - x)^2\varphi(x)dx$$

de la surface $\int_0^{x'} \varphi(x)dx$ par rapport à la droite MD.

De même l'aire du triangle mixtiligne CMN représente la moitié du moment d'inertie par rapport à la droite CN.

Désignons par m la distance horizontale du point K à la droite MD.

Le moment statique par rapport à MD de la surface $\int_0^{x'} \varphi(x)dx$, dont le centre de gravité est sur la verticale passant en K, a pour expression $m \int_0^{x'} \varphi(x)dx$; il est d'ailleurs représenté par la longueur du segment MD. L'aire du triangle KMD a ainsi pour valeur $m \times \frac{\text{MD}}{2} = \frac{m^2}{2} \int_0^{x'} \varphi(x)dx$. C'est la moitié du produit de la surface $\int_0^{x'} \varphi(x)dx$ par le carré de la distance m de son centre de gravité à la droite MD. Soit I le moment d'inertie de cette surface par rapport à la verticale, menée par K, qui passe par son centre de gravité. Il sera égal à la différence du moment d'inertie relatif à la droite DM, et de la quantité $m^2 \int_0^{x'} \varphi(x)dx$.

Donc si l'on retranche l'aire KMD de l'aire CMD, la différence, c'est-à-dire l'aire du triangle mixtiligne CKM, représentera la moitié du moment d'inertie de la surface $\int_0^{x'} \varphi(x)dx$ par rapport à la verticale passant par son centre de gravité. Il suffira, pour obtenir ce moment d'inertie, d'évaluer par quadrature la surface CMD, et de doubler le résultat.

En conséquence, il est possible, à l'aide d'opérations graphiques simples, de déterminer le centre de gravité et de calculer les moments statiques et les moments d'inertie de la surface $\int_0^{x'} \varphi(x)dx$, lorsqu'on a préalablement construit une courbe funiculaire correspondant aux forces représentant les surfaces élémentaires $\varphi(x)dx$, obtenues en découpant la section au moyen de droites perpendiculaires à l'axe des x.

En appliquant cette méthode aux directions des axes principaux d'inertie, on obtiendra les moments principaux, et l'on pourra ensuite tracer l'ellipse centrale d'inertie. Cette *construction graphique* peut rendre des services toutes les fois que la section transversale n'est pas décomposable en figures géométriques simples, dont les aires et les moments d'inertie se prêtent au calcul algébrique (profils des rails de chemins de fer).

CHAPITRE DEUXIÈME

PRINCIPES GÉNÉRAUX
DE LA THÉORIE MATHÉMATIQUE
DE L'ÉLASTICITÉ

SOMMAIRE :

PRINCIPES GÉNÉRAUX

DE LA THÉORIE MATHÉMATIQUE DE L'ÉLASTICITÉ

---

17. Solides invariables et solides naturels. — *La Mécanique rationnelle* ou *générale* a pour objet la recherche et l'étude des lois de l'équilibre statique et de l'équilibre dynamique, qui régissent les phénomènes produits par l'action des forces sur les *solides invariables*, c'est-à-dire non susceptibles de se déformer sous l'influence de ces forces. Il peut bien y avoir déplacement relatif de différents corps associés ensemble, si les liaisons établies entre eux ne suffisent pas pour maintenir fixes leurs positions mutuelles (lois de la gravitation ; mécanismes et machines). Mais, dans un solide invariable constitué par un système de points matériels à *liaisons complètes*, la distance relative de deux de ces points doit être considérée comme absolument immuable, quelle que soit la grandeur des forces qui tendraient à les écarter ou à les rapprocher l'un de l'autre.

Il n'existe pas dans la nature de solides répondant rigoureusement à ce postulatum fondamental de la Mécanique rationnelle. Tous les corps existants, sans aucune exception, se déforment, dans une mesure plus ou moins grande mais toujours appréciable, lorsqu'ils sont soumis à l'action de forces extérieures. Il en résulte que les lois générales établies en Mécanique rationnelle pour des solides hypothétiques constitués par des points matériels dont les positions relatives ne sont pas susceptibles d'être modifiées, peuvent être faussées dans les applications, toutes les fois que l'invariabilité absolue de forme du corps envisagé est une donnée essentielle du problème traité.

C'est ainsi qu'il n'est pas toujours permis, quand on étudie les conditions de stabilité d'une construction métallique, ou qu'on cherche à déterminer sa déformation, de remplacer par une résultante unique plusieurs forces appliquées en différents points de la construction, de déplacer le point d'application d'une force sur sa ligne d'action, etc.. L'effet produit par deux forces égales et directement opposés n'étant pas toujours nul si leurs points d'application, bien que situés sur la ligne d'action commune, ne coïncident pas, on n'a pas le droit ou de négliger ces deux forces, si elles existent effectivement, ou de les introduire conventionnellement si elles ne figurent pas dans les données du problème.

Par contre, les règles relatives à l'équilibre statique ou au mouvement d'un corps dans l'espace, aux déplacements mutuels de plusieurs corps entre lesquels il existe des liaisons, subsistent encore, parce qu'elles ne supposent pas expressément que ces corps soient absolument indéformables.

Il convient donc de bien distinguer, dans les applications qu'on peut faire des principes de la Mécanique rationnelle à la construction des édifices et des machines, les circonstances où l'invariabilité de forme est une donnée fondamentale, et celles où il en est autrement. Dans le premier cas, la stricte observation des lois de la Mécanique conduirait bien souvent à des résultats inexacts ou complètement erronés. On n'a pas toujours pris la précaution de bien vérifier ce point, et on est arrivé parfois à des conclusions absolument contraires à la réalité des faits.

Nous aurons occasion d'en signaler quelques exemples dans le présent cours (Stabilité des voûtes et des culées en maçonneries. — Calcul des ponts suspendus, etc.), et c'est pourquoi il nous a paru indispensable de mettre dès à présent le lecteur en garde contre les conséquences fâcheuses que peut entraîner l'extension inconsidérée, faite aux corps naturels, de lois mathématiques établies pour les solides invariables.

18. Déformation plastique et déformation élastique des corps naturels. — Limite d'élasticité et limite de rupture. — Considérons un corps solide naturel soumis à l'action d'un certain nombre de forces extérieures constituant un système en équilibre statique ; ce qui signifie que l'une quelconque d'entre elles est égale et directement opposée à la résultante de toutes les autres. Ces forces sont appliquées en des points déterminés du corps, qui peuvent être situés soit sur sa périphérie, ce qui est le cas habituel, soit à son intérieur même : l'action de la pesanteur, par exemple, est assimilable à celle d'une infinité de forces parallèles infiniment petites, appliquées chacune à une des molécules du corps, et dont la résultante passe par son centre de gravité.

Une force peut être concentrée en un point, ou répartie sur une ligne, sur une surface ou sur un volume : en ce cas, elle est la résultante d'un nombre infini de

forces infiniment petites, dont chacune est appliquée
à un élément linéaire ou superficiel, ou à un volume
élémentaire. Si toutes les forces appliquées à des éléments linéaires ou superficiels sont égales et parallèles, on dit qu'il y a répartition uniforme de la force sur
la ligne ou la surface.

Toutes les forces extérieures se faisant équilibre par
hypothèse, le corps devra rester immobile dans l'espace. Son centre de gravité ne bougera pas, et trois
axes rectangulaires passant par ce centre de gravité et
liés au corps, resteront fixes. Mais si le solide est constitué par une des matières que l'on rencontre dans la
nature, sa forme éprouvera, au moment où les forces
commenceront à agir sur lui, un changement susceptible d'être constaté et mesuré. Les différentes molécules subiront, comme conséquence de l'action des forces, certains déplacements limités, que l'on pourra
définir en les rapportant à trois axes rectangulaires
fixes menés arbitrairement dans l'espace par un point
quelconque, lequel peut être, si l'on veut, le centre de
gravité immobile du solide.

Supposons que les forces extérieures cessent toutes
en même temps de solliciter le corps ; si la déformation constatée antérieurement persiste sans modification, on dira que le corps est formé d'une matière
plastique, dont la terre glaise mouillée fournit un
exemple-type.

Si, au contraire, l'effet disparaît avec la cause qui
l'a fait naître, et si, chaque molécule reprenant sa position première, le corps revient exactement à sa forme
primitive, on dira qu'il est formé d'une matière *élastique*. C'est ainsi qu'un morceau de caoutchouc qu'on
a allongé en tirant sur ses bords, reprend sa longueur
initiale lorsqu'on cesse de le distendre.

Si enfin la déformation, sans disparaître en totalité, se trouve atténuée dans une mesure sensible, et si le corps s'est rapproché de sa figure primitive sans y revenir exactement, on dira que la matière est *semiélastique*.

Presque tous les matériaux naturels ou artificiels employés dans les constructions présentent tout d'abord, sous l'action de forces extérieures de grandeurs croissantes, le caractère de l'élasticité parfaite : la déformation plastique est, sinon absolument nulle, du moins inappréciable aux moyens d'investigation dont on dispose, et peut être négligée devant la déformation élastique.

Mais si les forces extérieures continuent à croître, il arrive un moment où cette déformation plastique devient perceptible, et où la matière présente le caractère de semi-élasticité, ce que l'on exprime en disant que la *limite d'élasticité* du corps a été dépassée. Enfin la déformation plastique, après avoir atteint l'ordre de grandeur de la déformation élastique, le dépasse et devient prépondérante. Le corps se comporte comme s'il était constitué par une matière plastique, la déformation élastique ne jouant plus qu'un rôle insignifiant dans son changement de figure.

En dernier lieu enfin, le corps se rompt ou se désagrège : on dit alors que l'on a atteint sa limite de *rupture*.

La période de semi-élasticité et la période de plasticité sont très caractérisées pour le fer, l'acier et la plupart des métaux durs. Elles sont plus courtes pour la fonte, et davantage encore pour les bois et les matériaux pierreux naturels ou artificiels, dont la limite de rupture suit d'assez près la limite d'élasticité.

L'existence d'une déformation permanente ou plastique démontre que l'action des forces extérieures a eu pour effet de modifier à titre définitif, dans une mesure plus ou moins grande, l'arrangement des molécules et, par suite, la structure interne du corps.

19. Actions moléculaires et déplacements élastiques. Corps parfaitement élastiques. Travail élastique. Loi de Hooke. — Considérons un corps solide ABCD, et imaginons une section plane AC qui diviserait son volume en deux parties ABC et ADC. La déformation subie par le corps sous l'influence de forces extérieures a pour conséquence de faire naître dans la matière des *forces intérieures* ou *actions moléculaires*, qui, dans le plan AC, s'exercent en sens opposés entre les deux parties du solide et se font équilibre

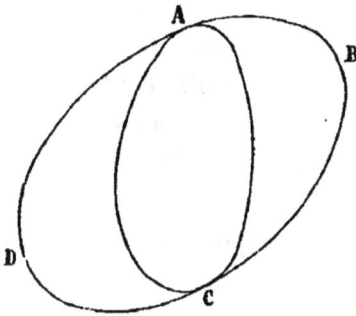

Fig. 27.

deux à deux, puisque chaque molécule correspondant à un point du plan demeure immobile dans l'espace.

Pour prendre un exemple simple, admettons que les forces extérieures se réduisent à deux égales et de sens opposés, appliquées respectivement aux points B et D, qu'elles tendraient à écarter l'un de l'autre. Puisque la portion de corps ABC ne se met pas en mouvement sous l'action de la force F appliquée en B, il faut bien reconnaître que les actions moléculaires exercées sur elle, à travers le plan AC, par l'autre portion ADC, ont nécessairement une résultante égale et opposée à F. On peut se représenter l'existence et la distribution de ces forces intérieures en imaginant que, le corps ayant été scié en deux suivant le plan AC, on ait rattaché ses deux parties par une série de fils parallèles à la direction BD. Tous les fils seront tendus, et la résultante de tous ces efforts partiels de tension fera équilibre à la force extérieure F.

Les actions moléculaires opposées correspondent aux réactions exercées par les extrémités d'un même fil sur les deux parties du solide.

Supposons maintenant que les deux forces F cessent d'agir sur le corps : les fils de jonction se détendront, et les actions moléculaires, dont la résultante se trouvera réduite à zéro, s'annuleront. Il est donc *vraisemblable* que les forces intérieures déterminées dans la matière par l'action des forces extérieures doivent disparaître dès que ces dernières cessent de solliciter le corps. Il en sera ainsi du moins si le solide n'a subi qu'une déformation élastique : les forces intérieures étant les conséquences des déplacements mutuels subis par les molécules voisines, on doit supposer que si ces molécules reviennent à leur arrangement primitif, les actions moléculaires, corrélatives des déplacements élastiques, disparaîtront avec eux. Ce *postulatum*, qui *a priori* semble évident, ne saurait d'ailleurs être étendu au cas d'un solide ayant éprouvé une déformation plastique : du moment que les molécules ne reprennent pas leurs positions initiales, et que certains déplacements subsistent, on doit prévoir que les actions moléculaires, déterminées par l'action des forces extérieures, persisteront dans la même mesure que la déformation. L'action des forces extérieures aura déterminé dans la matière des actions moléculaires *permanentes* ou *latentes*.

La *Théorie mathématique de l'Elasticité* a pour objet la recherche des relations analytiques qui existent ; — d'une part entre les forces extérieures appliquées en des points déterminés d'un corps parfaitement élastique, c'est-à-dire non susceptible d'éprouver une déformation permanente ou plastique ; — et, d'autre part, entre : 1° la déformation élastique, que l'on peut définir par les *déplacements élastiques* des différents points du corps par rapport à trois axes fixes ; 2° les actions moléculaires, corrélatives de la déformation élastique, qui prennent naissance à l'intérieur du corps.

Une action moléculaire est définie par son *point d'application*, sa *direction* et son *intensité*, c'est-à-dire sa grandeur rapportée à l'unité de surface d'application. Soit f la grandeur de la force intérieure qui agit sur un élément superficiel ω. Son intensité sera mesurée par le rapport $\frac{f}{\omega}$. On qualifie aussi cette intensité de *travail élastique*, et l'on emploie indifféremment les deux dénominations. Pour définir complètement l'intensité d'une action moléculaire, il convient donc d'indiquer à la fois un poids et une surface d'application. L'emploi du système métrique conduit à prendre d'une manière générale pour unité de travail élastique le kilogramme par mètre carré ; mais, dans les applications pratiques, on trouve souvent plus commode, pour réduire à un ou deux chiffres les nombres représentant les intensités des actions moléculaires, de recourir à des unités différentes, dont le choix dépend des matériaux que l'on a en vue : on remplace le kilogramme par un de ses multiples, quintal ou tonne, ou bien l'on substitue au mètre carré l'un de ses sous-

multiples, centimètre ou millimètre carré, de façon à
ramener au même ordre de grandeur les nombres qui
représentent la valeur de la force et l'étendue de la surface, et à représenter leur rapport par un nombre inférieur à 100.

C'est ainsi que pour les métaux, fer, acier, fonte,
etc., l'unité usuelle est le kilogr. par millimètre carré;
pour les bois et les maçonneries, c'est le kilogr. par
centimètre carré. Quand on dit que, en un point d'une
barre de fer, le travail élastique atteint le chiffre de 5 k.,
cela signifie que le rapport de l'action moléculaire à
l'étendue de sa surface d'application est égal à celui
d'un poids de 5 k. uniformément réparti sur une aire
de un millimètre carré.

Si l'on a pu démontrer que toutes les forces intérieures appliquées sur une surface d'étendue finie sont
parallèles et de même intensité (charge hydraulique
sur une surface horizontale), le travail correspondant
est représenté par le rapport $\frac{F}{a}$ de la résultante de ces
forces intérieures à l'aire de la surface d'application.

Il faut bien se garder de confondre cette notion du
travail élastique, qui est le rapport d'un poids à une
surface, notion qui est d'un usage courant dans la
Théorie de l'Elasticité et la Résistance des Matériaux,
avec la notion du *Travail mécanique*, usitée dans le
langage de la Mécanique rationnelle, qui correspond
au produit d'une force par une longueur.

La Théorie Mathématique de l'Elasticité est basée sur
l'axiome fondamental suivant, connu sous le nom de
loi de Hooke.

Les relations analytiques qui existent entre les forces extérieures sollicitant un corps élastique, les dépla-

cements élastiques et les actions moléculaires, qui sont les deux effets produits par les forces extérieures, sont des équations linéaires, dont chaque terme contient une de ces quantités, forces extérieures, forces intérieures ou déplacements élastiques, et *une seule à la première puissance*, ou avec l'exposant 1.

Cette loi, qui comprend le postulatum déjà énoncé plus haut, en ce qui touche la corrélation des déformations élastiques et des actions moléculaires, pourrait être considérée comme une simple hypothèse ou convention, analogue à celle relative à l'existence supposée de solides invariables, qui sert de base à la Mécanique rationnelle. Mais, en réalité, c'est une *loi physique*, justifiée tant par les résultats d'expérience, en ce qui touche les matériaux usuels, que par les considérations théoriques sur la structure atomique de la matière, laquelle est universellement admise comme une vérité démontrée.

Toutefois, cette loi ne se vérifie expérimentalement que si la déformation élastique du corps est peu sensible, et ne modifie ses dimensions que dans une mesure à peine appréciable. Il n'en serait plus de même si le corps était *défiguré*, sa forme nouvelle étant toute différente de sa forme primitive. Or, pour que cette condition soit remplie, il est tout d'abord nécessaire que le changement élastique subi par la distance mutuelle de deux points du corps soit, si on la compare à cette distance elle-même, une longueur très petite, assimilable à un infiniment petit.

Nous définirons donc comme il suit les corps parfaitement élastiques, auxquels s'appliquent les règles établies par la Théorie de l'Elasticité.

Soit *l* une longueur mesurée entre deux points d'un

corps, à son intérieur ou sur sa périphérie, δl sa variation élastique, $\delta' l$ sa variation plastique. La déformation plastique doit être négligeable devant la déforma-
tion élastique : $\left(\frac{\delta' l}{\delta l}\right)^2$ est un infiniment petit par rapport à $\frac{\delta' l}{\delta l}$.

La déformation élastique doit être à peine apprécia-
ble : $\left(\frac{\delta l}{l}\right)^2$ est un infiniment petit par rapport à $\frac{\delta l}{l}$.

Si cette double condition est remplie par un corps
de la nature, l'expérience fait connaître que la loi de
Hooke est toujours vérifiée : δl est une fonction linéaire
des forces extérieures, ou des actions moléculaires
déterminées dans la matière par l'action de ces forces.

Nous noterons encore que si, les dimensions du corps
étant rapportées à trois directions rectangulaires, l'une
d'elles est extrêmement grande par rapport à une autre, ou aux deux autres, la déformation élastique peut
avoir pour effet de défigurer le solide, bien que celui-ci
soit formé d'une matière parfaitement élastique : fils
métalliques, plaques minces dont l'épaisseur ne représente, par exemple, que le millième de la longueur.

Dans ces conditions, la loi de Hooke peut se trouver
violée, parce que la plus petite dimension du solide est
du même ordre de grandeur que la variation élastique
de la plus grande : les relations existant entre les
déplacements élastiques, les actions moléculaires et les
forces extérieures ne sont plus alors linéaires, bien
que l'on ait affaire à une matière parfaitement élastique. Il y a lieu en pareil cas de ne pas appliquer incon-
sidérément les règles de la Théorie de l'Elasticité et de
la Résistance des Matériaux, et de bien s'assurer de
l'exactitude des résultats obtenus. Nous verrons d'ail-

leurs que, si la matière constitutive du corps est parfaitement élastique, le problème posé peut, moyennant des précautions convenables et en tenant compte de la défiguration du solide, être traité aussi rigoureusement que si toutes ses dimensions étaient du même ordre de grandeur (ponts suspendus, ressorts, etc.).

La Théorie de l'Elasticité est une science exacte, dont les démonstrations, fournies par des méthodes rigoureuses, sont mathématiquement vraies en tant qu'elles visent les corps parfaitement élastiques dont nous venons de donner la définition, sous la réserve relative à la forme qui vient d'être mentionnée, et sous certaines autres réserves, se rapportant à la continuité des actions moléculaires, dont il sera parlé plus loin.

20. Continuité des actions moléculaires. — Soient x, y et z les coordonnées d'un point M appartenant à un corps parfaitement élastique, par rapport à trois axes rectangulaires choisis de façon que les longueurs x, y et z soient finies et du même ordre de grandeur que les dimensions du corps.

Soient δx, δy et δz les composantes suivant les directions des axes du déplacement élastique du point M, résultant de la déformation éprouvée par le solide sous l'influence de forces extérieures. Ce sont des fonctions des coordonnées du point x, y et z, prises pour variables indépendantes :

$$\delta x = f_1(x.y.z)\ ;\ \delta y = f_2(x.y.z)\ ;\ \delta z = f_3(x.y.z).$$

Considérons le point M' $(x + dx, y + dy, z + dz)$ infiniment voisin de M.

Son déplacement élastique aura pour composantes suivant les axes :

$$\delta (x + dx) = \delta x + \delta dx = f_1 + \frac{df_1}{dx} dx + \frac{df_1}{dy} dy$$
$$+ \frac{df_1}{dz} dz \; ;$$

$$\delta (y + dy) = \delta y + \delta dy = f_2 + \frac{df_2}{dx} dx + \frac{df_2}{dy} dy$$
$$+ \frac{df_2}{dz} dz \; ;$$

$$\delta (z + dz) = \delta z + \delta dz = f_3 + \frac{df_3}{dx} dx + \frac{df_3}{dy} dy$$
$$+ \frac{df_3}{dz} dz.$$

En vertu de la définition de l'élasticité parfaite, δx, δy et δz sont infiniment petits par rapport à x, y et z, et par conséquent de l'ordre de grandeur de dx, dy et dz. D'autre part la variation subie par la distance mutuelle des points M et M', qui a passé de la valeur

$$\sqrt{dx^2 + dy^2 + dz^2}$$

à la valeur

$$\sqrt{(dx + \delta dx)^2 + (dy + \delta dy)^2 + (dz + \delta dz)^2},$$

doit être infiniment petite par rapport à cette distance elle-même. Il en résulte immédiatement que δdx, δdy et δdz sont des infiniment petits du deuxième ordre, dx, dy et dz étant du premier ordre comme δx, δy et δz.

Nous en conclurons que lorsqu'on passe du point M au point M', les fonctions f_1, f_2 et f_3 varient d'une façon progressive : leurs différentielles étant toujours infiniment petites par rapport à ces fonctions elles-mêmes, les valeurs de leurs dérivées par rapport à x, y et z sont nécessairement du même ordre de grandeur que δx, δy et δz.

Or le problème de la recherche des conditions d'équilibre élastique d'un corps ne comporte que trois données, dont dépendent les fonctions dont il s'agit : propriétés élastiques de la matière ; forme du corps ; distribution des forces extérieures qui le sollicitent. Si l'on admet : 1° que la matière soit homogène, c'est-à-dire que ses propriétés élastiques soient invariables, ou du moins ne se modifient que suivant une loi continue, quand on se déplace à l'intérieur du corps, la différence constatée à cet égard entre deux points infiniment voisins étant infiniment petite ; 2° que la périphérie du corps soit une surface continue ; 3° que la loi de distribution des forces extérieures sur la périphérie ou à l'intérieur du corps soit également représentée par une fonction continue de x, y et z ; — il sera bien évident que chacune des fonctions f_1, f_2 et f_3, qui varie d'une façon progressive avec les variables indépendantes x, y et z, et dont les coefficients dépendent de données toutes représentées par des fonctions continues de x, y et z, sera nécessairement elle-même une fonction continue. Les déplacements élastiques δx, δy et δz, étant ainsi des fonctions continues de x, y et z, il en sera de même de leurs différentielles δdx, δdy et δdz.

D'autre part, les actions moléculaires qui, en vertu de la loi de Hooke, sont des fonctions linéaires des déplacements élastiques mutuels des molécules infiniment voisines, δdx, δdy et δdz, jouiront encore de la même propriété et seront des fonctions continues de x, y et z.

En vertu de cette *loi de la continuité*, si nous considérons à l'intérieur du corps deux éléments plans infiniment petits, parallèles et infiniment voisins, les actions moléculaires appliquées respectivement à ces deux éléments différeront infiniment peu l'une de l'autre comme intensité et direction : si les deux éléments ont même aire, ces actions seront deux forces égales et parallèles, ou du moins les différences constatées entre elles au double point de vue de la direction et de l'intensité seront infiniment petites.

Nous en conclurons que la résultante des actions moléculaires qui sollicitent les différents points d'un élément plan infiniment petit, est égale à leur somme et appliquée au centre de gravité de l'élément plan, puisque toutes les composantes sont parallèles et d'égale intensité.

Nous rappellerons que cette loi de la continuité des actions moléculaires n'est démontrée que pour un corps remplissant les conditions essentielles énoncées ci-dessus : continuité de la surface périphérique ; continuité de la loi de distribution des forces extérieures ; homogénéité de la matière, suivant la définition que nous avons donnée.

La Théorie de l'Elasticité suppose expressément que toutes ces exigences sont satisfaites, et nous admettrons dans ce qui va suivre que le corps parfaitement élastique considéré remplit à ce point de vue les conditions énumérées. Nous verrons plus tard quelles sont les réserves à faire en ce qui touche l'application des formules établies par cette science, dans le cas d'une dérogation entraînant une discontinuité dans les actions moléculaires : les fonctions f_1, f_2 et f_3 varient encore d'une façon *progressive* avec x, y et z, car leurs différentielles sont toujours infiniment petites, mais ces fonctions ne sont plus continues ; les valeurs de leurs dérivées par rapport à x, y et z, bien que toujours *finies*, peuvent varier brusquement d'une quantité également finie, quand on passe d'un point du corps à un point infiniment voisin.

21. Décomposition des actions moléculaires. — Considérons un élément de volume infiniment petit, de forme cubique, situé à l'intérieur d'un corps élastique soumis à l'action de forces extérieures. Une action moléculaire est appliquée au centre de gravité de chacune des six faces du cube. Ce volume élémentaire étant immobile dans l'espace, les six forces intérieures doivent se faire équilibre.

Remplaçons chacune d'elles par ses trois composantes parallèles respectivement aux directions ox, oy et oz des arêtes du cube. Nous appellerons composante *normale* celle qui est perpendiculaire à la face envi-

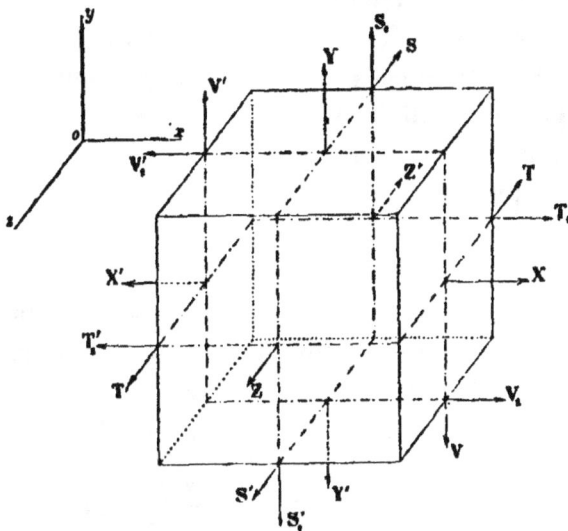

Fig. 28.

sagée, et composantes *tangentielles* les deux autres, situées dans le plan de la face. Cela nous fera en tout six composantes normales, à raison d'une par face, et douze composantes tangentielles, à raison de deux par face, parallèles respectivement aux côtés de cette face.

Menons les trois plans diamétraux du cube, qui passent par son centre de gravité et sont parallèles à ses faces. Chacun de ces plans diamétraux renfermera quatre actions tangentielles, dirigées suivant ses droites d'intersection avec les faces qui lui sont perpendiculaires, et quatre actions normales dirigées suivant ses droites d'intersection avec les deux autres plans diamétraux.

Considérons, pour fixer les idées, le plan diamétral parallèle au plan de coordonnées yoz. Pour que le cube soit en équilibre dans l'espace, il faut que la résultante et le couple résultant des huit actions moléculaires contenues dans ce plan diamétral soient nuls.

D'autre part, en vertu de la loi de continuité, les intensités respectives de deux actions parallèles et de même espèce, qui agissent sur deux faces opposées au cube élémentaire, diffèrent *infiniment peu*, et ces actions sont dirigées en sens opposés.

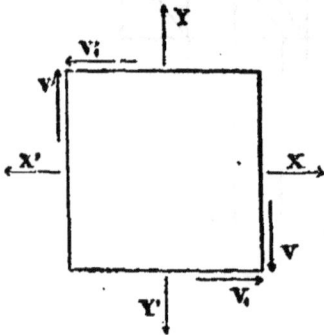

Fig. 29.

Cette double condition entraîne les conséquences suivantes :

1° Les actions normales appliquées à deux faces opposées du cube sont égales et de sens contraires : $Y + Y' = o$, $Z + Z' = o$;

2° Les quatre actions tangentielles situées dans le même plan diamétral sont toutes de même intensité, et peuvent être réparties en deux groupes de deux forces convergeant respectivement vers deux sommets opposés du carré diamétral :

$$V \text{ et } V_1, \quad V' \text{ et } V'_1.$$

Le couple VV' fait équilibre au couple $V_1V'_1$, puisque les quatre actions ont même intensité.

Pour définir complètement l'état élastique du cube, il suffira en définitive de déterminer les intensités et les sens respectifs de six actions moléculaires, savoir :

1° Les trois actions normales, dirigées perpendiculairement aux trois faces issues d'un même sommet du cube, que nous désignerons par X, Y et Z ;

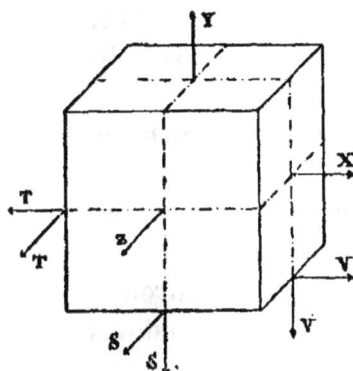

Fig. 30.

2° Les trois actions tangentielles, situées respectivement dans les trois plans diamétraux du cube, et dirigées suivant les droites d'intersection de ces plans avec les faces du cube qui leur sont perpendiculaires. Nous les désignerons par les lettres S (plan diamétral yoz), T (plan diamétral xoz) et V (plan diamétral xoy). Chacun de ces plans contient quatre actions tangentielles égales, qui convergent deux à deux vers deux sommets opposés du carré d'intersection du plan et des faces du cube, et constituent ainsi deux couples égaux et de sens opposés.

Pour évaluer le travail élastique, nous devons rapporter les grandeurs de ces forces à l'unité de surface d'application ; en conséquence, nous les calculerons comme si une arête du cube élémentaire avait pour longueur l'unité. Dans ces conditions, le nombre représentant l'intensité d'une action moléculaire tangentielle mesurera également le moment du couple où figure cette action, puisque le bras de levier du couple aura pour longueur l'unité. Cela nous permettra de désigner indifféremment par la lettre S, T ou V, soit une action tangentielle, soit le moment du couple de *glissement* dont elle fait partie.

Pour fixer les idées relativement aux signes à attribuer aux actions normales, nous conviendrons que le signe soit positif quand ces actions, tendant à écarter l'une de l'autre deux faces opposées, donneront lieu à un travail d'*extension* : les flèches de la figure 28 correspondent à ce cas. Si, au contraire, les deux forces opposées tendent à rapprocher l'une de l'autre les faces du cube, il y aura *compression* de la matière, et le travail élastique devra être affecté du signe —.

En ce qui concerne les actions tangentielles, nous ne formulerons aucune règle quant à présent.

Nous indiquerons plus loin comment l'on doit se baser sur les signes attribués aux déformations élémentaires corrélatives de ces actions, de façon à satisfaire aux équations linéaires qui lient ensemble les déformations et les actions moléculaires.

Remarquons en terminant que les forces intérieures appliquées aux centres des trois faces du cube, xoy, xoz et yoz, ont les composantes normales et tangentielles indiquées au tableau suivant.

	Composante normale		Composantes tangentielles	
	Intensité	Direction	Intensité	Direction
Face xoy	Z	oz	T	ox
			S	oy
Face xoz	Y	oy	V	ox
			S	oz
Face yoz	X	ox	V	oy
			T	oz

22. Surface directrice et ellipsoïde des actions molécu·laires. — Si l'on connaît pour un point déterminé d'un corps les six résultantes d'actions normales X, Y et Z, et tangentielles S, T et V, correspondant, pour l'unité de surface d'application, à trois plans rectangulaires menés par ce point, l'état de la matière y est complétement défini, et l'on peut toujours déterminer la direction et calculer l'intensité de l'action moléculaire qui s'exerce sur un plan d'orientation arbitrairement choisie, que l'on fait passer par ce point.

Il suffit en effet d'imaginer un tétraèdre ayant le point considéré pour centre de gravité et dont les faces soient respectivement parallèles aux plans rectangulaires xoy, yoz, xoz, et au plan oblique choisi. En écrivant que le tétraèdre est en équilibre statique sous l'action des forces intérieures appliquées aux centres de gravité de ses quatre faces, on arrive à la conclusion suivante : l'action moléculaire qui sollicite un élément plan est la résultante des actions que subissent les projections de cet élément sur trois plans rectangulaires passant par le même point du corps. Nous ne donnerons pas ici, malgré sa simplicité, la solution analytique de ce problème, dit du *tétraèdre des actions moléculaires*, et nous nous bornerons à énoncer divers résultats intéressants que l'on obtient par la discussion des formules auxquelles on arrive. Ces résultats sont relatifs aux directions et aux intensités des actions moléculaires exercées sur les éléments plans d'orientations différentes menés par un point d'un corps élastique.

— Il existe toujours une surface du second degré, dite *surface directrice des actions moléculaires*, qui a son centre au point considéré et jouit de la propriété suivante :

Un diamètre quelconque de cette surface donne la direction de l'action moléculaire exercée sur le plan diamétral conjugué de ce diamètre dans ladite surface.

— Il existe toujours un ellipsoïde, dit *ellipsoïde des actions moléculaires*, qui a son centre au point considéré et jouit de la propriété suivante :

Un diamètre quelconque de cet ellipsoïde à une longueur proportionnelle à l'intensité de l'action moléculaire dirigée suivant ce diamètre (action qui s'exerce sur le plan diamétral conjugué de sa direction dans la surface directrice des actions moléculaires). On convient de représenter l'intensité d'une action moléculaire par la demi-longueur du diamètre correspondant.

— Les directions des axes principaux sont les mêmes pour ces deux surfaces. Les longueurs des demi-axes de l'ellipsoïde fournissent les valeurs des trois *actions moléculaires principales*, dirigées normalement aux plans sur lesquels elles agissent, puisque ces axes sont, dans la surface directrice, perpendiculaires à leurs plans diamétraux conjugués. Les composantes tangentielles des actions moléculaires principales sont par conséquent nulles.

Désignons les intensités de ces actions principales par les lettres A, B et C.

L'équation de l'ellipsoïde des actions moléculaires, rapporté à ses trois axes, sera :

$$\frac{x^2}{A^2} + \frac{y^2}{B^2} + \frac{z^2}{C^2} = 1.$$

L'équation de la surface directrice des actions moléculaires, rapportée aux mêmes axes sera :

$$\frac{x^2}{A} + \frac{y^2}{B} + \frac{z^2}{C} = \pm K,$$

K étant une constante arbitraire, qu'il est permis, si l'on veut, de prendre égale à l'unité. Il faut affecter cette constante du signe convenable, + ou —, de façon à obtenir pour une quelconque des variables, z par exemple, deux valeurs réelles, et non imaginaires, quand on se donne les deux autres x et y.

— Quand les trois actions moléculaires sont de même signe (+ tension, ou — pression), la surface directrice est un ellipsoïde. Il faut attribuer à K le signe + si A, B et C sont des tensions, ou le signe — si ce sont des pressions.

— Quand une des actions moléculaires, A par exemple, est de signe contraire aux deux autres B et C, la surface se compose de deux hyperboloïdes conjugués, l'un a deux nappes dont les deux sommets sont sur la direction de l'action A, et l'autre a une seule nappe dont les quatre sommets sont sur les directions des actions B et C.

Si nous supposons que A soit une tension, B et C des pressions, les équations des deux surfaces conjuguées seront :

Hyperboloïde à deux nappes : $\dfrac{x^2}{A} + \dfrac{y^2}{B} + \dfrac{z^2}{C} = +1$;

Hyperboloïde à une nappe : $\dfrac{x^2}{A} + \dfrac{y^2}{B} + \dfrac{z^2}{C} = -1$.

A est un nombre positif, B et C des nombres négatifs.

Si A était négatif, B et C positifs, il faudrait permuter les signes des seconds membres de ces deux équations.

— Quand la surface directrice est un ellipsoïde, toutes les actions moléculaires normales sont de même signe (+ tension, ou — pression). L'action moléculaire normale a pour une direction quelconque une valeur différente de zéro (à moins qu'une des actions princi-

pales ne soit nulle, cas particulier que nous examinerons ci-après).

— Quand la surface directrice se compose de deux
hyperboloïdes, les diamètres rencontrant l'un des deux
correspondent tous à des actions moléculaires normales
de même signe, et ce signe est opposé à celui des actions
moléculaires dirigées suivant les diamètres qui rencon-
trent l'autre hyperboloïde. L'un des deux hyperboloïdes correspond aux actions normales positives, et
l'autre aux actions normales négatives.

— Pour tout plan tangent au cône asymptotique
commun des deux hyperboloïdes, dont l'équation est
$\frac{x^2}{A} + \frac{y^2}{B} + \frac{z^2}{C} = o$, l'action moléculaire se réduit à une
force tangentielle, dirigée suivant la génératrice de con-
tact de ce plan et du cône : la composante normale est
nulle.

La surface directrice fait donc connaître à la fois la
direction de l'action moléculaire agissant sur un plan
d'orientation déterminée, et le signe de sa composante
normale. L'ellipsoïde des actions moléculaires fournit
son intensité.

Nous ajouterons encore que les directions des actions
moléculaires relatives à trois plans rectangulaires entre
eux sont celles de trois diamètres conjugués de la surface directrice.

On remarquera que les actions moléculaires d'intensités maximum et minimum correspondent aux directions du plus grand et du plus petit axes pour l'une et
l'autre surface.

— Quand deux actions moléculaires principales ont
même intensité, l'ellipsoïde des actions moléculaire est
une surface de révolution ; il en est de même de la surface directrice. Si les trois actions moléculaires prin-

cipales sont égales entre elles, l'ellipsoïde devient une sphère : l'intensité d'une action moléculaire est alors indépendante de sa direction, puisqu'elle est toujours représentée par le rayon de la sphère.

Si, en ce cas, les trois actions principales sont de même signe, la surface directrice est aussi une sphère : les actions moléculaires, toutes égales entre elles, sont perpendiculaires à leurs plans conjugués, et l'action tangentielle est nulle dans une direction quelconque.

Si l'une des actions moléculaires principales, A par exemple, est de signe contraire aux deux autres, la surface directrice se compose de deux hyperboloïdes, dont le cône asymptotique commun est de révolution, et a son angle au sommet égal à $\frac{\pi}{2}$. L'action moléculaire tangentielle dirigée suivant une génératrice de ce cône a même intensité qu'une des actions moléculaires principales.

— Quand une des actions principales, A par exemple, est nulle, les deux surfaces se réduisent à des courbes du 2^d degré situées dans le plan des deux autres actions principales B et C. Toutes les résultantes d'actions moléculaires sont parallèles à ce plan.

Considérons un plan oblique, faisant l'angle α avec celui des deux courbes. On déterminera la direction et le signe de l'action moléculaire correspondante en traçant le diamètre de la courbe directrice (ellipse ou système de deux hyperboles), qui est conjugué de la trace du plan envisagé sur le plan de la courbe. Soit m la demi-longueur du diamètre de l'ellipse des actions moléculaires, dont la direction vient d'être déterminée. L'action moléculaire cherchée aura pour intensité m sin α. Pour $\alpha = \frac{\pi}{2}$, le plan considéré est perpendiculaire à celui des courbes, et l'action moléculaire est m. Pour $\alpha = o$, le plan considéré coïncide avec celui des courbes, et l'action moléculaire est nulle.

Quand deux actions moléculaires principales, par exemple A et B, sont nulles, la surface directrice se réduit à une droite, à laquelle sont parallèles toutes les actions moléculaires relatives aux plans passant par le point considéré.

L'ellipsoïde des actions moléculaires se réduit à deux points de cette droite, placés de part et d'autre du point du corps à la distance C.

Considérons un plan faisant avec cette droite l'angle α: l'action moléculaire correspondante aura pour intensité C sin α.

Ces propriétés géométriques des corps élastiques peuvent être interprétés analytiquement ; elles conduisent à des formules donnant les composantes suivant les axes des coordonnées (ou, si on le préfère, la composante normale et les composantes tangentielles) de l'action moléculaire exercée sur un plan quelconque, en fonction des actions moléculaires, supposées connues, qui sont relatives à trois plans rectangulaires définis. Nous n'énoncerons pas ces formules passablement compliquées, dont nous n'aurons à faire usage que pour deux cas particuliers : celui de l'étude des pièces prismatiques fléchies, et celui de la recherche de la poussée des terres.

28. Variation des actions moléculaires. — Considérons deux points d'un corps élastique infiniment rapprochés : M (x, y, z) et M' $(x + dx, y + dy, z + dz)$. En vertu de la loi de continuité, lorsqu'on passe de l'un à l'autre, les intensités des actions moléculaires normales et tangentielles, relatives, pour chacun d'eux, à un élément plan d'orientation déterminée, doivent varier infiniment peu. Construisons un parallélipipède rectangle dont les arêtes, parallèles aux axes, aient respectivement pour longueurs dx, dy et dz, et dont les points M et M′ soient deux sommets opposés. Quand on se transporte d'une face passant par M à une face parallèle passant par M′, chaque action moléculaire tangentielle ou normale relative à cette face éprouve un changement infiniment petit du premier ordre. Nous allons chercher les relations qui peuvent exister entre ces variations des différentes actions moléculaires.

Considérons les deux faces, passant par M et M′, qui sont parallèles à yoz. Leurs centres de gravité ont même coordonnées y et z : mais la troisième est x pour le plan passant par M, et $x + dx$ pour le plan passant par M′. Les actions moléculaires relatives à la face M : X, V et T, deviennent ainsi pour la face M′ : $X + \frac{dX}{dx} dx$, $V + \frac{dV}{dx} dx$, et $T + \frac{dT}{dx} dx$, puisque, dans ces fonctions de x, y et z, les coordonnées y et z n'ont pas subi de changement, et que l'abscisse x a seule éprouvé un accroissement dx.

De même les actions moléculaires relatives aux faces parallèles au plan xoz passeront respectivement de Y, V et S, à $Y + \frac{dY}{dy} dy$, $V + \frac{dV}{dy} dy$, $S + \frac{dV}{dy} dy$; et celles relatives aux faces parallèles au plan xoy passeront de Z, T et S, à $Z + \frac{dZ}{dz} dz$, $T + \frac{dT}{dz} dz$, $S + \frac{dS}{dz} dz$

Le parallélipipède infinitésimal MM′ étant immobile dans l'espace, toutes les forces appliquées sur ses faces se font équilibre, et par conséquent les sommes de leurs

projections sur les trois axes sont séparément nulles.
Dans les relations qui expriment cet équilibre, il faudra
faire figurer, non pas les *intensités* des actions moléculaires, que fournissent les expressions énoncées ci-dessus, mais leurs *grandeurs*, qui sont proportionnelles
aux aires des faces d'application. Il conviendra donc de
multiplier l'intensité par le produit $dy.dz$ pour les forces appliquées aux faces parallèles à yoz, $dx.dz$ pour celles appliquées aux faces parallèles à xoz, $dx.dy$ pour
celles appliquées aux faces parallèles à xoy. Les parties
principales des actions moléculaires, relatives aux intensités X, Y, Z, V, S et T disparaîtront, puisqu'elles
fournissent dans chaque équation deux termes égaux
et de signes opposés; il ne restera plus que les termes
renfermant les différentielles de ces actions molécu laires. Nous obtiendrons en définitive les relations d'é-
quilibre suivantes :

Forces parallèles à ox :

$$\frac{dX}{dx}dx \times dy.dz + \frac{dV}{dy}dy \times dx.dz + \frac{dT}{dz}dz \times dx.dy = 0 ;$$

Forces parallèles à oy :

$$\frac{dY}{dy}dy \times dx.dz + \frac{dV}{dx}dx \times dy.dz + \frac{dS}{dz}dz \times dx.dy = 0 ;$$

Forces parallèles à oz :

$$\frac{dZ}{dz}dz \times dx.dy + \frac{dT}{dx}dx \times dy.dz + \frac{dS}{dy}dy \times dx.dz = 0.$$

Supprimons dans chaque équation le facteur commun $dx.dy.dz$, volume du parallélipipède. Il restera :

$$\frac{dX}{dx} + \frac{dV}{dy} + \frac{dT}{dz} = 0 ;$$

$$\frac{dY}{dy} + \frac{dV}{dx} + \frac{dS}{dz} = 0 ;$$

$$\frac{dZ}{dz} + \frac{dT}{dx} + \frac{dS}{dy} = 0.$$

Telles sont les relations qui existent entre les dérivées des fonctions de x, y et z, représentant les six actions moléculaires X, Y, Z, S, T, et V. Ce sont des conséquences directes et immédiates de la *loi de continuité*, et elles cessent d'être vraies dans le cas d'une dérogation à cette loi.

Dans les raisonnements qui précèdent, nous avons admis que le cube n'était pas directement sollicité par une force extérieure F. Il peut se faire qu'il en soit autrement, et qu'une force soit appliquée au centre de gravité du solide élémentaire. Il faut en ce cas ajouter à chacune des trois équations d'équilibre un terme représentant la composante de la force en question suivant l'axe considéré: F_x, F_y, F_z.

Par exemple, dans nombre de problèmes (poussée des terres), il convient de tenir compte du poids propre du cube. Admettons que l'axe oy soit dirigé suivant la verticale. Soit Δ la densité de la matière. Le poids du cube sera $\Delta.d_x.d_y.d_z$, et l'équation d'équilibre relative aux forces parallèles à oy deviendra :

$$\frac{d\mathrm{Y}}{dy}+\frac{d\mathrm{V}}{dx}+\frac{d\mathrm{S}}{dz}+\Delta = 0.$$

Les autres relations ne seront pas modifiées, puisque les composantes du poids suivant les axes ox et oz sont supposées nulles.

Il peut se faire qu'une des faces du cube soit sur la périphérie du solide, par exemple la face parallèle à xoy et passant par le point M. En ce cas les lettres Z, S et T représenteront les composantes normale et tangentielles de la force extérieure directement appliquée au centre de gravité de cette face périphérique : si la force extérieure est perpendiculaire à la face, S et T seront nuls ; s'il n'existe pas de force directement appliquée à la périphérie, Z, S et T seront nuls.

24. Déformations élémentaires d'un cube élastique. —

Sous l'influence des actions moléculaires appliquées sur ses six faces, le cube élastique élémentaire subit, en vertu des propriétés de la matière, une déformation qui s'opère symétriquement par rapport à son centre de gravité, lequel est un centre de symétrie pour le volume lui-même et pour les forces qui le sollicitent.

Les faces opposées restent planes, parallèles et identiques entre elles ; les arêtes homologues demeurent rectilignes, parallèles entre elles et de même longueur. Ce résultat est évident, car on peut, en menant les trois plans diamétraux du cube, le décomposer en 16 cubes partiels égaux qui, soumis en vertu de la loi de continuité à des systèmes de forces identiques, se déforment de la même manière et se transforment en 16 parallélipipèdes identiques, dont la juxtaposition constitue nécessairement un parallélipipède semblable à chacun d'eux.

Dans ces conditions, la déformation du solide, telle que nous venons de la décrire, peut être interprétée géométriquement comme le résultat de six déformations *élémentaires*, savoir :

1° Trois déformations *longitudinales* ou *directes*, *u*, *v* et *w*, qui sont les changements respectifs, rapportés à l'unité de longueur, qu'ont éprouvés les arêtes parallèles à *ox*, *oy* et *oz*.

Quand ces déformations correspondent à des allongements, on leur attribue le signe + ; pour les raccourcissements, on adopte le signe —.

2° Trois déformations *transversales* ou *tangentielles*,

α, β et γ, que l'on peut définir par les changements qu'ont subis les angles des faces du cube, ces faces, primitivement carrées, s'étant transformées en losanges. On convient du signe à attribuer à chaque déformation pour définir le sens dans lequel elle se manifeste, et on la mesure par la tangente trigonométrique de la différence angulaire existant entre un angle du losange et l'angle primitif $\frac{\pi}{2}$, ou, ce qui revient au même puisque cet angle de déformation est infiniment petit, par la longueur de l'arc que ses côtés interceptent sur la circonférence de rayon égal à l'unité.

Nous donnerons, d'après *Rankine*, le nom de *distorsion* à cette déformation transversale.

Supposons que le carré *abcd* se soit transformé en un losange *a'b'c'd'*, que nous superposerons au premier, en faisant coïncider les sommets *a'* et *b'* avec les sommets *a* et *b*.

La distorsion α sera l'angle *d'ad*, représentant l'accroissement des angles aux sommets *a* et *c*, et la diminution des angles aux sommets *b* et *d*. Cet angle α, étant infiniment petit en vertu de la définition des corps parfaitement élastiques, peut être remplacé par sa tangente.

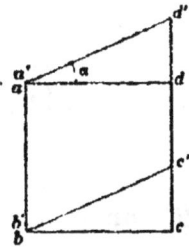

Fig. 31.

D'où :

$$\alpha = \frac{dd'}{ad}.$$

On peut considérer la déformation du carré comme résultant du déplacement *dd'* subi par le sommet *d*, qui s'est transporté de *d* en *d'* : c'est ce que l'on appelle le *glissement* éprouvé par le côté *cd* par rapport au côté *ab*, ou par la face projetée sur *cd* par rapport à la face projetée sur *ab*.

Si nous rapportons ce glissement à l'unité, prise pour longueur d'une arête du cube d'après la convention déjà admise dans l'article précédent, nous voyons que *ad* étant représenté par 1, α et *dd'* auront même valeur numérique. On peut donc, dans ces conditions, considérer à volonté la déformation tangentielle comme correspondant soit à une *distorsion*, ou variation angulaire d'une face du cube *abcd*, soit à un *glissement* d'une des deux faces qui lui sont perpendiculaires, par rapport à la face opposée. On a dans ce dernier cas le choix entre la face projetée sur *cd*, qui a glissé de *dd'* par rapport à la face opposée *ab*, ou la face projetée sur *bd*, qui a glissé de *bb'* par rapport à la face opposée *ac* : on s'en rendra compte en superposant le losange au carré de façon à faire coïncider les sommets *a* et *a'*, *c* et *c'*.

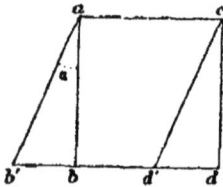
Fig. 32.

En résumé la distorsion α de la face parallèle au plan *xoy* est corrélative d'un glissement α, parallèle à *o.x*, de la face parallèle au plan *xoy*, ou d'un glissement α, parallèle à *oy*, de la face parallèle au plan *yoz*.

25. Relations entre les déformations élémentaires et les actions moléculaires. — Coefficients de souplesse et coefficients d'élasticité.

— En vertu de la loi de Hooke, les six déformations élémentaires du cube sont des fonctions linéaires des six résultantes d'actions moléculaires définies précédemment.

Une déformation directe ou longitudinale *u*, correspondant à un allongement ou à un raccourcissement, sera assujettie à une relation de la forme :

$$u = aX + bY + cZ + dS + eT + fV.$$

Une déformation transversale ou tangentielle α, correspondant à un glissement ou à une distorsion, devra également satisfaire à une équation linéaire :

$$α = mX + nY + pZ + gS + kT + hV.$$

Les facteurs a, b, c..... m, n, p, etc... sont des coefficients numériques, qui définissent les propriétés élastiques de la matière dans les trois directions ox, oy et oz, correspondant aux arêtes du cube. En vertu de la loi de Hooke, ils sont indépendants des intensités des actions moléculaires.

Si l'on prend pour unité de force le kilogramme et pour unité de longueur le mètre, on constate que ces coefficients numériques sont des nombres très petits pour tous les matériaux employés dans les constructions : métaux, bois et pierres naturelles ou artificielles.

Coefficients de souplesse. — Nous conviendrons, d'après *Rankine*, d'appeler *coefficients de souplesse* les facteurs numériques qui multiplient les intensités des actions moléculaires dans les expressions analytiques des déformations élémentaires.

Le coefficient de souplesse *directe* relatif à la direction ox est le facteur a qui multiplie, dans l'expression de la déformation directe u subie par l'arête parallèle à ox, l'action normale X, dont la direction est également parallèle à ox.

Ce coefficient est un nombre positif, par suite des conventions déjà admises pour les signes à attribuer à X et à u : X est positif lorsqu'il représente un travail d'extension, et, dans ce cas, le terme aX doit l'être aussi, puisque ce genre de travail détermine un allongement de l'arête du cube parallèle à ox.

Le coefficient de souplesse *latérale* relatif à la direction *ox* et au plan *xoy*, est le facteur *b* qui, dans l'expression de la déformation directe *u* de l'arête parallèle à *ox*, multiplie l'action normale Y, parallèle à *oy*.

Le coefficient de souplesse latérale relatif à la direction *ox* et au plan *xoz*, est le facteur *c* qui, dans l'expression de la déformation directe *u*, multiplie l'action normale Z.

L'effet produit sur l'arête parallèle à *ox* par une action normale positive Y parallèle à *oy*, est un raccourcissement de cette arête : le terme *b*Y doit donc être de signe contraire à Y, ce qui oblige à attribuer une valeur négative au facteur *b*. Les coefficients de souplesse latérale sont donc précédés du signe — .

Le coefficient de souplesse *transversale* ou *tangentielle* relatif à la direction *ox*, est le facteur *g* qui, dans l'expression de la distorsion α de la face perpendiculaire à l'axe *ox*, multiplie le couple d'actions tangentielles S situé dans le plan diamétral également perpendiculaire à *ox* ; si on le trouve préférable, on peut également dire que le facteur *g* multiplie l'action tangentielle S perpendiculaire à *ox*, et située dans celui des plans *xoy* ou *xoz* dont on veut calculer le glissement α.

Le coefficient de souplesse transversale ou tangentielle est *par convention* un nombre positif : on est par là même conduit à attribuer le signe + à toute action tangentielle dont le sens correspond à un glissement qui, en vertu d'une règle que nous énoncerons plus tard (art. 30), serait lui-même positif.

Nous appellerons enfin coefficients de souplesse *oblique* tous les autres facteurs numériques, tels que *d*, *e* et *f* dans l'expression de *u*, et *m*, *n*, *p*, *k*, *h* dans l'expression de α.

· *Coefficients d'élasticité.*— Les six déformations élémentaires du cube étant des fonctions linéaires des six
actions moléculaires, celles-ci peuvent réciproquement
être représentées par des fonctions linéaires des six déformations, fonctions que l'on obtiendra en résolvant
le système des six équations précédentes par rapport à
X, Y, Z, S, T et V, pris pour inconnues.

Nous appellerons coefficients d'*élasticité* les facteurs
numériques, déduits des coefficients de souplesse, qui,
dans ces six nouvelles relations, multiplieront les déformations élémentaires.

Par analogie avec ce qui a été convenu précédemment, le coefficient d'élasticité *directe*, relatif à la
direction *ox*, sera le facteur de *u* dans l'expression
de X.

Le coefficient d'élasticité *latérale*, relatif à la direction *ox* et au plan *xoy*, sera le facteur de *v* dans
l'expression de X. Pour la direction *ox* et le plan *xoz*,
ce sera le facteur de *w* dans l'expression de X.

Le coefficient d'élasticité *transversale* ou *langen-
tielle* relatif à la direction *ox*, sera le facteur de α dans
l'expression de S.

Les autres facteurs seront des coefficients d'élasticité
oblique.

Tous ces coefficients sont des nombres positifs ; étant
donné les unités de longueur et de force que l'on a
admises, ce sont toujours des nombres très grands.

26. Ellipsoïde des déformations. — En vertu de la
corrélation existant entre les actions moléculaires et
les déformations élémentaires, que relient ensemble
des équations linéaires, tout élément de volume infiniment petit de forme sphérique, considéré à l'intérieur

du corps, se transforme sous l'action des forces intérieures en un ellipsoïde, dit ellipsoïde *des déformations élémentaires*.

Connaissant les six déformations relatives à trois directions rectangulaires passant par un point, on peut donc aisément, en utilisant les propriétés de l'ellipsoïde, déterminer les déformations relatives à trois autres directions rectangulaires menées arbitrairement par le même point.

27. Corps hétérotropes. — Dans les corps *hétérotropes*, la structure moléculaire varie en un point quelconque avec la direction passant par le point que l'on considère ; les valeurs numériques des coefficients de souplesse et d'élasticité se modifient lorsqu'on change l'orientation des arêtes du cube élémentaire.

Dans un corps hétérotrope, il existe au moins trois directions, dites axes *d'élasticité directe*, pour lesquels tous les coefficients de souplesse oblique ou d'élasticité oblique sont nuls. Il peut en exister un nombre plus considérable (cristaux).

Tout axe de symétrie de la matière est un axe d'élasticité directe.

Il peut exister un plan dont toutes les directions jouissent de cette propriété (*isotropie transversale*), auquel cas la perpendiculaire à ce plan est un axe de symétrie de la matière, et par suite un axe d'élasticité directe.

28. Corps isotropes. — Enfin il peut se faire que toutes les directions menées par un point soient des axes d'élasticité directe : tous les coefficients de souplesse ou d'élasticité oblique sont alors nuls. Le corps est *isotrope* ou *amorphe* : sa structure intérieure considérée en un point est identique dans toutes les directions.

Les valeurs numériques des trois coefficients de souplesse directe, latérale et transversale, ainsi que celles des trois coefficient d'élasticité directe, latérale et transversale, sont alors indépendantes de la direction choisie. Si le corps est parfaitement *homogène*, ces coefficients ne dépendent pas non plus de la position du point considéré.

Soient a, b et g les cofficients de souplesse, et A, B et G les coefficients d'élasticité, qui définissent ainsi d'une manière complète les propriétés élastiques de la matière isotrope.

On a entre u, v et w, α, β et γ, d'une part, X, Y et Z, S, T et V, d'autre part, les relations suivantes qui sont indépendantes des directions ox, oy et oz attribuées respectivement aux arêtes du cube élémentaire :

$$u = aX - b(Y + Z) \qquad X = Au + B(v + w)$$
$$v = aY - b(X + Z) \qquad Y = Av + B(u + w)$$
$$w = aZ - b(X + Y) \qquad Z = Aw + B(u + v)$$
$$\alpha = gS \qquad\qquad S = G\alpha$$
$$\beta = gT \qquad\qquad T = G\beta$$
$$\gamma = gV \qquad\qquad V = G\gamma$$

On en déduit les relations suivantes entre les coefficients de souplesse et ceux d'élasticité :

$$a = \frac{A+B}{A^2 + AB - 2B^2} \qquad A = \frac{a-b}{a^2 - ab - 2b^2}$$

$$b = \frac{B}{A^2 + AB - 2B^2} \qquad B = \frac{b}{a^2 - ab - 2b^2}$$

$$g = \frac{1}{G} \qquad\qquad G = \frac{1}{g}$$

On appelle coefficient de souplesse *cubique* le rapport d qui existe entre la variation de volume d'un cube soumis sur toutes ses faces à la même pression ($X = Y = Z$), et l'action normale, X, Y ou Z, qui sollicite une face :

$$d = 3a - 6b.$$

Le coefficient d'élasticité *cubique* D est l'inverse de d :

$$D = \frac{1}{d} = \frac{A + 2B}{3}.$$

On donne le nom de coefficient d'élasticité *longitudinale* à l'inverse du coefficient de souplesse directe :

$$E = \frac{1}{a} = \frac{A^2 + AB - 2B^2}{A + B} = A - \frac{2B^2}{A + B}.$$

Enfin le coefficient de *contraction latérale* est le rapport du coefficient de souplesse latérale au coefficient de souplesse directe :

$$\eta = \frac{b}{a} = \frac{B}{A + B}.$$

Supposons Y et Z nuls. Le coefficient d'élasticité longitudinale E est la valeur numérique du rapport $\frac{X}{u}$, et le coefficient de contraction latérale η est la valeur numérique du rapport $-\frac{v}{u}$ ou $-\frac{w}{u}$.

Relations existant entre les coefficients A, B, G, E et η.

Supposons que, les actions normales X et Y étant égales et de signes opposés, l'action normale Z et les actions tangentielles S, T et V soient nulles. D'après ce qui a été dit précédemment, on sait que l'ellipsoïde des actions moléculaires se réduit dans le cas présent à un cercle situé dans le plan *xoy*, qui contient les deux actions X et Y. La surface directrice se compose de deux hyperboles équilatères, dont les asymptotes sont les bissectrices des angles droits formés par les axes ox et oy : l'action moléculaire dirigée suivant une de ces bissectrices est une action tangentielle V, de même intensité que les actions normales X et Y.

Considérons un cube élémentaire ayant ses arêtes parallèles aux directions ox, oy et oz. L'allongement subi par l'arête AB, parallèle à X, sera, puisque Z est nul :

$$u = aX - bY.$$

Comme d'ailleurs Y est égal à — X, on peut écrire :

$$u = (a + b)X.$$

On trouverait de même que l'arête AD, parallèle à Y, subira un raccourcissement :

$$v = - (a + b)X.$$

Considérons maintenant, sans rien changer à la distribution des actions moléculaires, le cube élémentaire dont les arêtes sont respectivement parallèles à oz, et aux bissectrices des axes ox et oy. Soit MNPQ la sec-

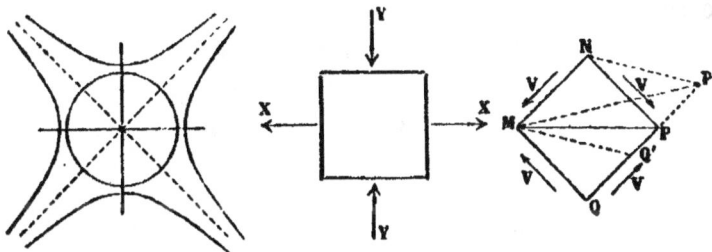

Fig. 23

tion diamétrale de ce cube par le plan xoy. Les faces projetées sur les côtés de ce carré sont sollicitées par les forces tangentielles V, d'intensité égale à X et Y.

Le glissement PP' éprouvé par la face QP a pour valeur :

$$\gamma = g\mathrm{V} \; ;$$

ou, puisque $\mathrm{V} = \mathrm{X}$:

$$\gamma = g\mathrm{X}.$$

Par suite de ce glissement, la diagonale MP de ce carré s'est allongée.

Sa longueur qui était primitivement $\sqrt{2}$, est devenue

$$\sqrt{2} + \frac{\gamma}{\sqrt{2}} \cdot$$

L'allongement proportionnel que cette diagonale a subi, est donc :

$$\frac{\gamma}{\sqrt{2}} : \sqrt{2} = \frac{\gamma}{2} \cdot$$

De même la diagonale NQ a éprouvé un raccourcissement proportionnel $-\frac{\gamma}{2} \cdot$

On voit de cette façon que la distorsion γ d'un carré élémentaire est équivalente, au point de vue géométrique, à deux déformations directes $+\frac{\gamma}{2}$ et $-\frac{\gamma}{2}$ orientées suivant les diagonales du carré.

Or nous avons déjà obtenu deux expressions différentes des déformations directes u et v relatives à la direction ox du côté AB ou de la diagonale MP, et à la direction oy du côté AB ou de la diagonale NQ. En les égalant à celles que nous venons de trouver, nous obtiendrons les équations :

$$\frac{\gamma}{2} = u \text{ et } -\frac{\gamma}{2} = -v,$$

qui peuvent s'écrire :

$$g\frac{\mathrm{X}}{2} = (a + b)\mathrm{X}, \text{ et } -g\frac{\mathrm{X}}{2} = -(a + b)\mathrm{X}.$$

D'où :

$$g = 2(a + b).$$

Telle est la relation qui existe, *dans un corps isotrope*, entre le coefficient de souplesse transversale et les coefficients de souplesse directe et latérale.

Nous en déduisons finalement :

$$G = \frac{1}{g} = \frac{1}{2(a+b)} = \frac{A - B}{2} = \frac{E}{2(1+n)}.$$

Ainsi, dans les corps isotropes, le coefficient d'élasticité *transversale* est égal à la moitié de la différence existant entre le coefficient d'élasticité *directe* et le coefficient d'élasticité *latérale* ; ou bien égal au coefficient d'élasticité *longitudinale* divisé par deux fois la somme de l'unité et du coefficient de contraction latérale.

Cette relation permet d'exprimer tous les coefficients de souplesse ou d'élasticité du corps isotrope en fonction de E et de n. On trouve :

$$a = \frac{1}{E}; \qquad A = E\frac{1-n}{1-n-2n^2};$$

$$b = \frac{n}{E}; \qquad B = \frac{En}{1-n-2n^2};$$

$$g = \frac{2(1+n)}{E}; \quad G = \frac{E}{2(1+n)}.$$

Pour définir complètement les propriétés élastiques de la matière, il suffit donc des deux données E et n.

On a reconnu d'autre part, en vertu de considérations que nous ne développerons pas ici, parce qu'elles nous entraîneraient beaucoup trop loin (1), que, dans les corps isotropes, le coefficient d'élasticité latérale B est égal au coefficient d'élasticité transversale G, ce qui entraîne la conséquence :

(1) Théorie de l'Élasticité des corps solides par *Clebsch*, traduite par *Barré de St-Venant* et *Flamant*. — Chapitre premier : Principe de *Green* ou de *la conservation des forces vives*.

$$\eta = \tfrac{1}{4}.$$

Dans ces conditions, la valeur du coefficient E définit à elle seule et d'une façon complète les propriétés
élastiques de la matière, et l'on trouve :

$$a = \tfrac{1}{E} \, ; \qquad A = \tfrac{6}{5} E \, ;$$

$$b = \tfrac{1}{4E} \, ; \qquad B = \tfrac{2}{5} E \, ;$$

$$g = \tfrac{5}{2E} \, ; \qquad G = B = \tfrac{2}{5} E \, ;$$

$$\tau = 0,25.$$

Quand on étudie par la Théorie de l'Elasticité l'équilibre élastique d'un corps isotrope, on a l'habitude de
ne faire figurer dans les relations établies entre les
actions moléculaires et les déformations élémentaires
que les coefficients E et η.

Si d'ailleurs l'on admet en outre que $\eta = \tfrac{1}{4}$, il ne
reste plus dans ces équations d'autre donnée numérique variable avec la matière considérée, que le coefficient E.

29. Isotropie transversale. — Supposons que la
structure moléculaire du corps soit symétrique par
rapport à tous les plans parallèles à une direction
donnée, qui est alors un axe de symétrie complète, et
par conséquent un axe d'élasticité directe. Comme on
l'a déjà remarqué, il en est aussi de même pour toutes
les directions qui lui sont perpendiculaires.

Prenons pour axe des z du cube élémentaire cet axe
de symétrie complète ; les valeurs des coefficients
d'élasticité et de souplesse seront, en vertu de la symé-

trie, indépendantes des directions attribuées aux axes ox et oy dans le plan perpendiculaire à oz.

Les relations existant entre les déformations élémentaires et les actions moléculaires seront alors les suivantes :

$$u = a'X - b'Y - bZ ;$$
$$v = a'Y - b'X - bZ ;$$
$$w = aZ - b''X - b''Y ;$$
$$\alpha = gS ;$$
$$\beta = gT ;$$
$$\gamma = g'V.$$

Nous n'avons plus à considérer ici que sept coefficients de souplesse distincts, dont les valeurs, indépendantes des directions ox et oy, supposent uniquement que l'axe oz coïncide avec l'axe de symétrie complète.

Ce nombre peut être encore réduit. On trouve effectivement, par des considérations que nous ne développerons pas ici (*Clebsch*, Théorie de l'Elasticité, Chap. 1er) que : $b'' = b$.

D'autre part, en effectuant dans le plan xoy la démonstration déjà faite ci-dessus, on trouve de la même façon que :

$$g' = 2(a' + b').$$

Posons :

$$E = \frac{1}{a} = \frac{\eta}{b} ; \quad E' = \frac{1}{a'} = \frac{\eta'}{b'} ;$$
$$G = \frac{1}{g} ; \quad G' = \frac{1}{g'}.$$

La condition $g' = 2(a' + b')$ conduit à la conséquence :

$$G' = \frac{E'}{2(1 + \eta')}.$$

Les relations existant entre les déformations élé-

mentaires et les actions moléculaires peuvent alors
s'écrire :

$$u = \frac{1}{E'} (X - \eta' Y) - \frac{\eta}{E} Z ;$$

$$v = \frac{1}{E'} (Y - \eta' X) - \frac{\eta}{E} Z ;$$

$$w = \frac{1}{E} (Z - \eta X - \eta Y) ;$$

$$\alpha = \frac{S}{G} ;$$

$$\beta = \frac{T}{G} ;$$

$$\gamma = 2 \frac{(1 + \eta')}{E'} V.$$

Ces relations renferment cinq coefficients numéri-
ques, E, η, G, E' et η', qui définissent complètement les
propriétés élastiques du corps, du moment que la
direction oz est un axe de symétrie complète. Nous
remarquerons d'ailleurs que η et η' n'ont pas nécessairement la valeur 0,25, puisque la matière n'est pas
douée de l'isotropie complète ; d'autre part, le coefficient d'élasticité transversale G ne peut être remplacé
par l'expression :

$$\frac{E}{2(1 + \eta)}.$$

Il arrive fréquemment que, dans les problèmes à
résoudre, les actions moléculaires X, Y et V sont nulles. Les formules à employer sont alors les suivantes :

$$u = -\frac{\eta}{E} Z ;$$

$$v = -\frac{\eta}{E} Z ;$$

$$w = \frac{Z}{E} ;$$

$$\alpha = \frac{S}{G} ;$$

$$\beta = \frac{T}{G}.$$

Les données numériques qui définissent les propriétés élastiques de la matière ne sont plus qu'au nombre de trois : E, η et G.

Nous verrons plus tard que dans les problèmes traités par la *Résistance des Matériaux*, on suppose : 1° que les actions moléculaires X, Y et V sont nulles ; 2° que la matière est douée de l'isotropie transversale avec un axe de symétrie ayant la direction *oz*. Il en résulte qu'il suffit de connaître les trois coefficients d'élasticité E, η et G. Comme la matière ne possède pas l'isotropie complète, η peut être différent de $\frac{1}{4}$, et G n'est pas égal à $\frac{E}{2(1+\eta)}$. La détermination expérimentale de ces trois coefficients est donc généralement nécessaire pour les applications pratiques que l'on fait des formules de la Résistance des Matériaux.

Il arrive parfois que l'action tangentielle γ n'est pas nulle, ce qui oblige à faire usage du coefficient d'élasticité transversale G' ou $\frac{2(1+\eta')}{E'}$.

En pratique, on admet que G' ne diffère pas sensiblement de G, hypothèse suffisamment rapprochée de la vérité expérimentale, étant donné surtout que l'isotropie transversale, dont on suppose l'existence, n'est jamais rigoureusement réalisée dans la nature. On remplace donc G' par G. Cette simplification admise, on voit que, dans les problèmes traités par la Résistance des Matériaux, on n'a besoin de reconnaître que les trois facteurs numériques E, η et G (1).

(1) M. *Wertheim* a déterminé expérimentalement les coefficients d'élasticité et de souplesse pour des tiges de laiton et de cristal. Le tableau suivant renferme les résultats obtenus par ce savant, en regard des coefficients théoriques qui se rapporteraient à une matière parfaitement isotrope et ayant même coefficient d'élasticité longitudinale E :

30. Expression des déplacements élastiques en fonction des déformations élémentaires. — Reprenons le cube élémentaire, mais en attribuant à ses arêtes les longueurs respectives dx, dy et dz, c'est-à-dire en lui substituant un parallélipipède rectangle de dimensions infiniment petites.

Soient x, y et z les coordonnées d'un sommet M du cube. Celles du sommet opposé M' sont $x + dx$, $y + dy$ et $z + dz$.

Appelons x', y' et z' les déplacements élastiques du point M dans les directions des trois axes ; $x' + dx'$, $y' + dy'$, $z' + dz'$ ceux du point M'.

La quantité dx' est égale à l'accroissement subi par la distance mutuelle dx des deux faces du cube perpendiculaires à ox. Or on peut représenter cet accroissement par udx, u étant l'allongement par unité de longueur de l'arête parallèle à ox.

		LAITON		CRISTAL	
		Coefficients réels	Coefficients théoriques	Coefficients réels	Coefficients théoriques
ÉLASTICITÉ	Longitud. : E	1610×10^7	1010×10^7	400×10^7	400×10^7
	Directe : A..	1560×10^7	1212×10^7	599×10^7	480×10^7
	Latérale : B.	814×10^7	404×10^7	296×10^7	160×10^7
	Transvers. :G	375×10^7	404×20^7	152×10^7	160×10^7
	Cubique : D..	1060×10^7	673×10^7	390×10^7	267×10^7
SOUPLESSE	Directe : a...	994×10^{-13}	990×10^{-13}	2470×10^{-13}	2500×10^{-13}
	Latérale : b.	340×10^{-13}	248×10^{-13}	818×10^{-13}	625×10^{-13}
	Transvers.:g	2670×10^{-13}	2475×10^{-13}	6180×10^{-13}	6250×10^{-13}
	Cubique : d..	940×10^{-13}	1485×10^{-13}	2480×10^{-13}	3750×10^{-13}
	Contraction latérale : n..	0,34	0,25	0,32	0,25

D'où :

$$u\,d.x = dx' \; ; \; u = \frac{dx'}{dx} \cdot$$

On trouverait de même :

$$v = \frac{dy'}{dz}, \text{ et } w = \frac{dz'}{dz} \cdot$$

Considérons à présent la distorsion α, relative au plan diamétral perpendiculaire à ox. Cette déformation transversale a pour effet de remplacer le rectangle ABCD par un parallélogramme AB'C'D'. Le déplacement relatif, par rapport au sommet A supposé fixe, du sommet C qui est venu en C', peut être interprété géométriquement comme la résultante des deux déplacements CC_1 ou dy', et CC_2 ou dz', effectués suivant les directions des axes ; en effet, les coordonnées du point A, qui étaient primitivement y et z, sont devenues $y + y'$ et $z + z'$; celles du point C sont passées de $y + dy$ et $z + dz$ à $y + dy + y' + dy'$, et $z + dz + z' + dz'$.

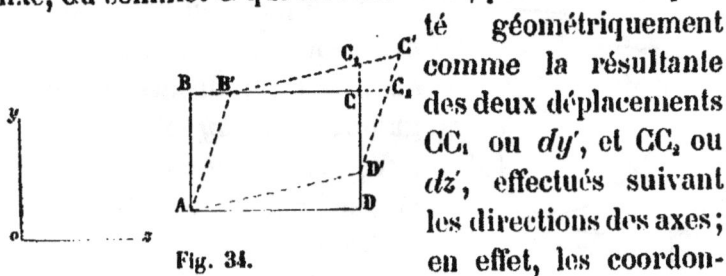

Fig. 34.

L'angle C'BC a pour valeur $\frac{CC_1}{BC}$ ou $\frac{dy'}{dz}$; l'angle C'DC a pour valeur $\frac{CC_2}{CD}$ ou $\frac{dz'}{dy} \cdot$ La somme de ces deux angles est précisément égale à la variation angulaire de l'angle BCD, qui est devenu B'C'D', c'est-à-dire à la distorsion α.

D'où :

$$\alpha = \frac{dy'}{dz} + \frac{dz'}{dy} \cdot$$

On trouverait de même :

$$\beta = \frac{dx'}{dz} + \frac{dz'}{dx}, \text{ et } \gamma = \frac{dx'}{dy} + \frac{dy'}{dx}.$$

Telles sont les relations qui existent entre les déformations élémentaires u, v, w, α, β et γ, et les déplacements élastiques x', y' et z', relatifs à un point du corps élastique.

31. Equations générales de l'équilibre élastique. — Considérons un corps ABCD homogène et parfaitement élastique, et proposons-nous de rechercher les intensités et les directions des actions moléculaires qui s'exercent sur la section de ce corps faite par un plan AC arbitrairement choisi. Nous prendrons pour axes de coordonnées trois droites rectangulaires ox, oy et oz, dont l'une, par exemple oz, sera perpendiculaire au plan considéré AC.

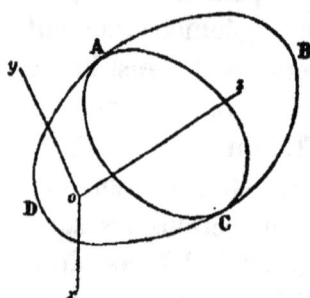

Fig. 35.

Un élément infiniment petit de la section AC sera sollicité par trois composantes d'actions moléculaires, l'action normale Z parallèle à oz, et les actions tangentielles T et S respectivement parallèles à ox et oy.

La portion ABC du corps est immobile dans l'espace. Elle est donc en équilibre statique sous l'influence des forces qui la sollicitent, savoir :

1° Les forces extérieures qui lui sont directement appliquées, forces dont le système peut être remplacé par une résultante R passant par l'origine des coordonnées, que nous définirons par ses composantes R_x, R_y et R_z suivant les axes ; et par un couple résultant M, que nous définirons par ses moments M_x, M_y et M_z par rapport aux mêmes axes.

2° Les forces intérieures Z, T et S appliquées à chacun des éléments plans $dx.dy$, dont la réunion constitue la section AC.

Les conditions de l'équilibre statique de ces forces nous seront fournies par la Mécanique rationnelle :

$$\iint T dx.dy = R_x \; ; \quad \iint Z y dx.dy = M_x \; ;$$
$$\iint S dx.dy = R_y \; ; \quad \iint Z x dx.dy = M_y \; ;$$
$$\iint Z dx.dy = R_z \; ; \quad \iint (S x + T y)\, dx.dy = M_z.$$

Les limites d'intégration des premiers membres dépendent du profil de la section AC. On pourra écrire six équations d'équilibre analogues pour toute autre section parallèle au plan xoy.

Si nous considérons maintenant la section faite dans le corps par un plan parallèle à xoz, nous aurons six équations de même forme renfermant les actions moléculaires Y, S et V. Nous pourrons faire de même pour un plan parallèle à yoz, les actions moléculaires inconnues étant alors X, T et V.

En définitive, nous pourrons écrire une infinité de relations semblables, relatives à trois systèmes de plans rectangulaires parallèles respectivement à xoy, xoz et yoz, où figureront comme inconnues les actions moléculaires X, Y, Z, S, T et V, relatives aux directions des trois axes.

Si la fonction continue qui représente la distribution des forces extérieures appliquées aux corps est susceptible d'être exprimée analytiquement, et s'il en est de même pour la surface périphérique du corps, il sera possible de réunir en une seule formule générale toutes les équations de même espèce relatives à un des systèmes de plans.

Par exemple, une même relation $\iint T dx.dy = R_x$

s'appliquera aux sections faites par tous les plans parallèles à *xoy*, le terme R_x ainsi que les limites d'intégration de l'intégrale double pouvant être exprimées en fonction de la distance variable z du plan à l'origine. On n'aura plus à envisager que dix-huit équations générales visant les trois systèmes de plans *xoy*, *xoz* et *yoz*.

Ces équations sont *nécessaires* et *suffisantes* pour la détermination des actions moléculaires inconnues X, Y, Z, S, T et V.

Elles sont nécessaires, puisque chacune d'elles exprime une condition indispensable pour qu'une fraction déterminée du corps soit immobile dans l'espace, ce qui est une donnée du problème.

Elles sont suffisantes, en ce qu'il ne peut exister qu'un seul mode de distribution des actions moléculaires qui les satisfasse. Si en effet le problème comportait deux solutions différentes, et si, par conséquent, il était possible de satisfaire à ces équations avec deux systèmes différents d'actions moléculaires X, Y, Z, S, T et V, on arriverait à cette conclusion que, en changeant tous les signes des forces extérieures et des forces intérieures dans l'une des solutions, et la superposant à l'autre, les forces extérieures se détruiraient mutuellement sans qu'il en fût de même des forces intérieures. Le corps cesserait par conséquent d'être sollicité par des forces extérieures, et cependant des actions moléculaires continueraient à persister dans la matière, ce qui est contraire à la loi de Hooke ; on n'aurait donc plus affaire à un corps *parfaitement élastique*.

En conséquence, pour déterminer les conditions d'équilibre élastique d'un corps, il suffit d'intégrer les équations dont nous venons de parler ; elles conduisent forcément à une solution *complète* et *unique*.

Ces équations, étant déduites des lois de l'équilibre statique, sont linéaires en fonction de toutes les forces, extérieures ou intérieures, qui y figurent. Elles comportent donc comme corollaire le principe de l'*indépendance des effets des forces agissant simultanément sur un même corps*, déjà démontré en Mécanique rationnelle pour les solides invariables. Mais il doit être bien entendu que ce dernier principe ne s'applique qu'aux corps parfaitement élastiques, dont la déformation est à peine appréciable. Si, en effet, la déformation était telle que le corps fût défiguré, il en résulterait un changement dans la distribution des forces extérieures, dont les lignes d'action seraient déplacées de façon sensible. Dans ces conditions, le système constitué par toutes les forces agissant simultanément ne serait plus la résultante géométrique des mêmes forces considérées chacune à part, et par suite le principe en question cesserait d'être applicable.

32. Résolution du problème de l'équilibre élastique par la Théorie de l'Elasticité. — Considérons un corps soumis à l'action de forces extérieures, dont les unes soient connues, et complètement déterminées comme grandeurs, directions et points d'application, tandis que les autres, inconnues *a priori*, seront définies par les effets qu'elles produisent en ce qui touche soit le déplacement dans l'espace, soit la déformation du corps, subordonnés à certaines gênes ou sujétions qui rentrent dans les données du problème. Le plus souvent ces gênes consistent : dans la fixité d'un point, ou *articulation sphérique* ; dans la fixité d'une droite, ou *arti-*

culation cylindrique; dans la fixité d'un plan, ou *encastrement*. On peut d'ailleurs en imaginer une infinité d'autres, correspondant par exemple à l'obligation imposée à un point de se déplacer sur une ligne ou sur une surface, ou bien à une gène apportée à ce déplacement par un ressort, etc...

Nous admettrons que le corps remplisse les quatre conditions suivantes : 1° la matière dont il est constitué est parfaitement élastique (loi de Hooke) et homogène ; 2° sa périphérie est une surface continue ; 3° les forces extérieures qui le sollicitent sont également des fonctions continues des coordonnées x, y et z de leurs points d'application ; 4° la déformation du corps élastique n'est pas suffisante pour le *défigurer*, et modifier par suite dans une mesure sensible la distribution dans l'espace, c'est-à-dire les directions, distances mutuelles des points d'application, et intensités des forces extérieures.

La théorie de l'élasticité a pour objet la recherche du travail élastique et du déplacement élastique résultant de l'action des forces extérieures, pour un point du corps et une direction choisis arbitrairement. Dans le cas où les forces extérieures ne seraient pas toutes connues *a priori*, la résolution du problème comporterait également la détermination des forces inconnues, ou forces de *liaison*, qui naissent des gènes apportées au déplacement dans l'espace ou à la libre déformation de corps.

Les données du problème sont : 1° la définition géométrique ou l'équation de la surface périphérique du corps ; 2° la fonction qui représente le mode de répartition des forces extérieures connues ; 3° les indications relatives aux gènes apportées au déplacement dans l'es-

pace ou à la libre déformation du corps, qui définissent les effets produits par les forces extérieures inconnues, ou *forces de liaison* ; 4° les coefficients de souplesse ou d'élasticité définissant en un point quelconque et dans des directions déterminées les propriétés
élastiques de la matière, supposée homogène. Si celle-
ci est isotrope, les renseignements nécessaires se réduisent à un coefficient unique, par exemple E.

Si la matière est douée de l'isotropie transversale,
dans les conditions indiquées à l'article 29, il suffit en
général de connaitre trois coefficients, E, η et G.

Pour résoudre le problème, on dispose :

a) Des équations universelles d'équilibre, fournies
par la Mécanique rationnelle, qui expriment que
toutes les forces extérieures, connues ou inconnues, ont
une résultante et un couple résultant nuls, puisque le
corps est immobile dans l'espace.

Il arrive parfois (constructions *isostatiques*) que ces
équations suffisent pour déterminer complètement les
forces extérieures inconnues, ou forces de liaison.

b) Des équations d'équilibre élastique, établies pour
les sections déterminées dans le corps par trois systèmes de plans rectangulaires, comme on l'a indiqué
dans l'article précédent, à raison de six équations pour
chaque section plane.

c) Des relations mutuelles existant, pour un point
quelconque du corps, entre les dérivées des fonctions
d'*x*, *y* et *z* qui expriment les valeurs des actions moléculaires, et, s'il y a lieu, les forces extérieures agissant
directement sur les molécules du corps (art. 23).

d) Des relations exprimant que, pour un élément
plan quelconque de la périphérie du corps, les actions
extérieures directement appliquées sont équilibrées par

les actions intérieures développées dans la couche périphérique (art. 23).

e) Des équations, relatives aux gênes apportées au déplacement ou à la libre déformation du corps, qui définissent les effets produits par les forces extérieures inconnues, ou forces de liaison.

f) Des relations mutuelles existant, en vertu de la loi de Hooke et de la loi de continuité, entre les actions moléculaires et les déformations élémentaires correspondantes en un point quelconque du corps élastique. Les coefficients numériques de ces relations sont des données du problème, puisqu'ils définissent les propriétés élastiques de la matière, supposées connues (art. 25, 27, 28 et 29).

g) Enfin des relations existant entre les déformations élémentai.es et les déplacements élastiques (art. 30).

En éliminant les déformations élémentaires entre les équations *f* et *g*, on arrive à représenter les actions moléculaires par des fonctions différentielles linéaires des déplacements élastiques. Cela fait, on élimine les actions moléculaires des relations *b* et *c*, en substituant leurs valeurs en fonction des déplacements élastiques, et on se trouve finalement en présence d'un système d'équations différentielles linéaires ne renfermant plus d'autres inconnues que les déplacements élastiques et les forces de liaison.

Dès que cette élimination a été effectuée, le problème est résolu au point de vue de la Théorie de l'Elasticité. Il reste à intégrer les équations, à les résoudre et à en tirer les forces extérieures inconnues et les déplacements élastiques; on calculera ensuite sans difficulté les déformations élémentaires, au moyen des relations *f*, et enfin en dernier lieu les actions moléculaires en se servant des formules *g*. Les forces intérieures étant connues pour trois directions rectangulaires, il est aisé de se les procurer pour toute autre direction, en utilisant les propriétés de l'ellipsoïde et de la surface directrice.

Les opérations analytiques à effectuer sur les équations différentielles simultanées fournies par la Théorie de l'Elasticité ne relèvent pas de cette science, mais bien de l'analyse mathématique.

Or, dans la presque totalité des cas, le calcul intégral est impuissant à fournir la solution complète que l'on en a vue, c'est-à-dire qu'il ne peut conduire à des équations algébriques permettant de calculer les déplacements élastiques ou les actions moléculaires en fonction des données du problème. Ce n'est pas la Théorie de l'Elasticité qui tombe ici en défaut, puisqu'elle fournit le nombre voulu d'équations différentielles entre les inconnues et les données. C'est l'analyse qui ne parvient pas à intégrer et à résoudre ces équations, pour en extraire les renseignements intéressants qu'elles renferment. Là est la véritable difficulté, et c'est pourquoi les traités sur la Théorie de l'Elasticité sont presque entièrement consacrés à l'exposé des méthodes de calcul qui, dans un petit nombre de cas simples, ont permis d'aboutir à un résultat satisfaisant, bien que ce soient là en définitive des problèmes d'analyse pure, qui ne se rattachent qu'occasionnellement à la Théorie de l'Elasticité.

33. Torsion d'un cylindre droit. — Nous donnerons à titre d'exemple l'application des méthodes de la Théorie de l'Elasticité à un cas particulier, celui de la torsion d'un cylindre droit.

Considérons une pièce prismatique dont l'axe longitudinal soit rectiligne, et dont les sections transversales successives aient des profils identiques. Nous conviendrons que la matière soit douée d'isotropie transversale, de façon à n'avoir à envisager que trois coefficiens d'élasticité : E, η et G.

Nous admettrons que les forces extérieures sollicitant le corps soient exclusivement des forces tangentielles appliquées aux différents points des deux sections d'about, ou bases du cylindre, et que ces deux systèmes de forces tangentielles soient équivalents, au point de vue de la Mécanique rationnelle, a deux couples égaux et de sens opposés situés dans les plans de ces bases. Aucune force extérieure ne sera appliquée sur la périphérie cylindrique du corps, ou ne sollicitera directement les molécules de la matière : nous négligerons par conséquent l'action de la pesanteur.

Prenons, pour axe des z une parallèle à l'axe du cylindre, qui est, par hypothèse, l'axe d'isotropie transversale de la matière. Cet axe des z est perpendiculaire aux bases du cylindre et par conséquent aux plans des couples résultants des forces extérieures. Les deux autres axes ox et oy, rectangulaires entre eux et avec le premier, seront menés arbitrairement dans l'espace : leur plan xoy sera parallèle aux sections transversales du cylindre, et par conséquent aux plans des couples résultants des forces extérieures.

Nous nous proposons de rechercher les actions moléculaires développées dans ce cylindre, et de déterminer en même temps la déformation qu'il éprouvera sous l'influence des forces extérieures.

I. Appliquons à une section transversale choisie arbitrairement les formules générales de l'équilibre élastique. Les forces extérieures sollicitant la portion du cylindre comprise entre la section considérée et une extrémité, se réduisent au couple de torsion M_z, dont le plan coïncide avec celui de la section d'about.

On a donc :

(1) $\int\int T dx.dy = R_x = o$;   (4) $\int\int Zy dx.dy = M_x = o$;

(2) $\int\int S dx.dy = R_y = o$;   (5) $\int\int Zx dx.dy = M_y = o$;

(3) $\int\int Z dx.dy = R_z = o$;   (6) $\int\int (Sx + Ty) dx.dy = M_z$.

Les sections transversales du cylindre étant toutes identiques comme profil et orientation, les limites des intégrales doubles définies, qui constituent les premiers membres de ces relations, sont indépendantes de z. Les seconds membres sont des constantes. Il en résulte que si l'on a déterminé pour une section transversale le système d'actions moléculaires satisfaisant aux six équations d'équilibre élastique, la même solution conviendra à toute autre section, y compris les sections d'about, où l'action moléculaire appliquée en un point quelconque doit être directement équilibrée par une force intérieure égale et opposée.

En d'autres termes, on peut satisfaire aux six équations d'équilibre en considérant T, S et Z comme des fonctions de x et de y, indépendantes de la variable z qui ne figure pas dans ces équations. Cela est évident au point de vue analytique. Or, nous savons qu'il n'existe pour un corps élastique placé dans des conditions définies qu'un seul système d'actions moléculaires correspondant à des forces extérieures données. Du moment que l'on a trouvé une solution dans laquelle toutes ces actions sont indépendantes de z, il n'y en a pas d'autre.

D'autre part, en vertu des données, Z est nul pour un

point quelconque d'une section d'about, l'action moléculaire n'ayant que des composantes tangentielles S
et T. Donc Z, étant indépendant de la variable z, sera
également nul pour un point quelconque d'une section
intermédiaire.

Nous arrivons donc aux conclusions suivantes :

$$S = f_1(x, y) ;$$
$$T = f_2(x, y) ;$$
$$Z = 0.$$

Le système des forces intérieures qui sollicitent une
section transversale quelconque est identique au système des forces extérieures appliquées sur une des deux
bases.

II. — Coupons le cylindre par un plan parallèle à
yoz, qui déterminera une section rectangulaire, dont
le côté parallèle à oz
sera égal à la lon-
gueur l du cylindre
mesurée parallèle-
ment à oz, et l'autre,
parallèle à oy, aura
une longueur varia-
ble avec l'abscisse x
du plan de la sec-
tion.

Les actions mo-
léculaires figurant
dans les six équations d'équilibre relatives à cette section
seront X, T et V.

Les sections transversales d'about de la pièce sont sollicitées, comme nous venons de le voir, par des actions
moléculaires tangentielles $\sqrt{S^2 + T^2}$, égales deux à deux

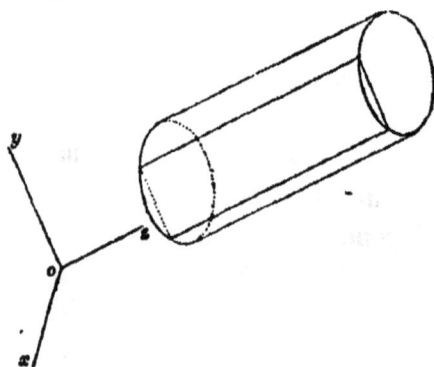

Fig. 36.

et de directions opposées pour les points correspondants,
c'est-à-dire définis par les mêmes valeurs de x et de
y. Les faces extrêmes de la portion du cylindre, déta-
chée par le plan parallèle à yoz, sont des fractions identiques des sections d'about : les forces extérieures appliquées à ces deux faces sont par conséquent deux à deux
égales et de sens opposés pour les points correspondants
des deux bases.

Si on les compose ensemble, on obtiendra donc une
résultante parallèle à ox nulle ; un couple résultant parallèle à xoy également nul ; et enfin deux couples résultants N et N′ parallèles à xoz et yoz, qui, a priori,
ne sont pas nécessairement nuls.

Les six équations d'équilibre élastique à considérer
sont alors :

$$\int\int X dy.dz = o \quad ; \quad \int\int Xy\ dy.dz = o ;$$
$$\int\int T dy.dz = o \quad ; \quad \int\int Xz\ dy.dz = N ;$$
$$\int\int V dy.dz = o \quad ; \quad \int\int (Vz + Ty) dy.dz = N'.$$

Considérons à présent deux sections transversales infiniment voisines, et séparées par la distance dz. Ainsi
que nous l'avons vu, les actions moléculaires qui s'exercent sur ces sections sont identiques comme directions,
intensités et distribution, aux forces extérieures agissant sur les bases du cylindre. Nous pourrons donc
appliquer à ce cylindre élémentaire les mêmes équations d'équilibre, relatives à la section faite par un
plan parallèle à yoz, que celles déjà énoncées pour le
cylindre complet, avec cette seule différence que les
moments des couples N et N′ seront réduits dans le
rapport des bras de levier des forces qui les constituent,
c'est-à-dire dans le rapport de la longueur dz du cylindre élémentaire à la longueur l du cylindre complet.

Nous obtiendrons les six équations suivantes, où dz, représentant la longueur du cylindre, sort du signe $\int$, et où z devient une constante, distance de la base du cylindre élémentaire à l'origine des coordonnées.

$$dz\int X dy = o \quad ; \quad dz\int X\, y\, dy = o;$$

$$dz\int T dy = o \quad ; \quad z dz\int X dy = \frac{N dz}{l};$$

$$dz\int V dy = o \quad ; \quad z dz\int V dy + dz\int T y.dy = \frac{N' dz}{l}.$$

On ne peut satisfaire à ces équations qu'en posant $N = o$ et $X = o$. En effet, les forces parallèles X, appliquées à un rectangle élémentaire dont l'un des côtés est dz, ont une résultante nulle $\int X dy$ et un couple résultant nul $\int X\, y dy$. Or, en vertu du principe fondamental de l'Elasticité, qui implique la non-existence d'actions moléculaires *latentes*, il ne peut exister dans le corps élastique un système d'actions moléculaires dont la résultante et le couple résultant soient nuls, et qui, par suite, soient indépendants des forces extérieures.

Si nous appliquons la même démonstration à une section du cylindre faite par un plan parallèle à *xoz*, nous conclurons également que Y est nul en un point quelconque du corps.

III. — Considérons les deux relations existant entre les dérivées des fonctions représentatives des actions moléculaires, qui sollicitent en un point d'un corps élastique les éléments plans parallèles respectivement à *yoz* et *xoz* (art. 23) :

$$\frac{dX}{dx} + \frac{dV}{dy} + \frac{dT}{dz} = o;$$

$$\frac{dY}{dy} + \frac{dV}{dx} + \frac{dS}{dz} = o.$$

X et Y étant toujours nuls, il en est de même de

$$\frac{dX}{dx} \text{ et } \frac{dY}{dy}.$$

S et T étant indépendants de la variable z, $\frac{dT}{dz}$ et $\frac{dS}{dz}$ sont nuls.

D'où :

$$\frac{dV}{dy} = o, \text{ et } \frac{dV}{dx} = o.$$

L'action moléculaire tangentielle V est indépendante de x et de y; elle a donc même valeur pour tous les points situés sur une même section transversale.

Si nous nous reportons à l'équation d'équilibre établie dans le paragraphe précédent :

$$dz\!\int\!V dy = o,$$

et que nous y introduisions la condition que V est indépendant de y, nous constaterons immédiatement qu'elle ne peut être satisfaite qu'en posant : $V = o$.

En définitive, nous venons de démontrer que, pour un point quelconque du corps étudié, les actions moléculaires normales X, Y et Z, et l'action moléculaire tangentielle V sont nulles. S et T sont des fonctions de x et de y, indépendantes de la variable z : la force intérieure qui agit sur un élément plan d'une section transversale a même direction et même intensité que la force extérieure appliquée sur l'élément correspondant d'une base du cylindre.

IV. — Nous allons à présent étudier la déformation élastique du corps, que nous définirons par les déplacements élastiques x', y' et z', mesurés parallèlement aux axes.

Écrivons les relations qui, dans un corps doué de l'isotropie transversale, existent entre les déformations

élémentaires et les actions moléculaires, quand l'axe oz
coïncide avec l'axe de symétrie de la matière :

$$u = \frac{1}{E'}\left(X - \eta'Y\right) - \frac{\eta}{E}Z,$$

$$v = \frac{1}{E'}\left(Y - \eta'X\right) - \frac{\eta}{E}Z,$$

$$w = \frac{1}{E}\left(Z - \eta X - \eta Y\right),$$

$$\alpha = \frac{S}{G},$$

$$\beta = \frac{T}{G},$$

$$\gamma = \frac{2(1 + \eta')}{E'}V.$$

X, Y, Z et V sont nuls. D'où, en substituant à u, v, w,
α, β et γ leurs valeurs en fonction des dérivées des déplacements élastiques :

$$u = \frac{dx'}{dx} = 0,$$

$$v = \frac{dy'}{dy} = 0,$$

$$w = \frac{dz'}{dz} = 0;$$

$$\alpha = \frac{dy'}{dz} + \frac{dz'}{dy} = \frac{S}{G},$$

$$\beta = \frac{dx'}{dz} + \frac{dz'}{dx} = \frac{T}{G},$$

$$\gamma = \frac{dx'}{dy} + \frac{dy'}{dx} = 0.$$

On voit que x' est indépendant de x, y' est indépendant de y, et z' indépendant de z.

Par conséquent $\frac{dz'}{dy}$ et $\frac{dz'}{dx}$ sont également indépendants de z ; or, ainsi qu'on l'a vu précédemment, il en
est de même pour les actions moléculaires S et T.

9

Donc $\dfrac{dy'}{dz}$, égal à $\dfrac{S}{G} - \dfrac{dz'}{dy}$, et $\dfrac{dx'}{dz}$, égal à $\dfrac{T}{G} - \dfrac{dz'}{dx}$, sont aussi indépendants de z.

Par suite, la fonction x', qui est indépendante de x, et dont la dérivée par rapport à z ne dépend pas de z, est de la forme :

$$x' = z\varphi_1(y) + \varphi_2(y),$$

φ_1 et φ_2 étant des fonctions à déterminer.

On voit de même que :

$$y' = zf_1(x) + f_2(x).$$

La condition $\dfrac{dx'}{dy} + \dfrac{dy'}{dx} = o$ peut ainsi s'écrire :

$$z\,\frac{d\varphi_1(y)}{dy} + \frac{d\varphi_2(y)}{dy} + z\,\frac{df_1(x)}{dx} + \frac{df_2(x)}{dx} = 0.$$

Cette équation doit être satisfaite pour toutes les valeurs qu'on pourra attribuer aux variables indépendantes x, y et z.

On en conclut immédiatement que :

$$x' = -Ayz - By + Cz + D;$$
$$y' = Axz + Bx + C'z + D'.$$

A, B, C, D, C' et D' sont des constantes à déterminer.

V. — Nous n'avons jusqu'à présent formulé aucune hypothèse sur les directions attribuées aux axes de coordonnées, sauf l'unique condition que la droite oz soit parallèle à l'axe du cylindre.

Pour pouvoir définir la déformation du corps, il est nécessaire d'établir une correspondance entre lui et les axes ox et oy. Nous prendrons pour origine O des coordonnées un point arbitrairement choisi sur la première base, et nous admettrons que l'axe ox passe invariablement par un second point M de cette base, dont nous désignerons par m la distance à l'origine. Cela suffit pour définir complètement les directions des trois axes par rapport au corps.

Les conditions ainsi posées s'expriment comme il suit :

Origine O : $x = 0$, $y = 0$, $z = 0$; x' et y' sont nuls.
Point M : $x = 0$, $y = m$, $z = 0$; y' est nul.

Ce qui entraîne immédiatement les conséquences suivantes :

$$D = o, \ D' = o, \ B = o.$$

Si donc les axes sont rattachés à deux points arbitrairement choisis sur une base du cylindre, les équations fournissant x' et y' prennent la forme :

$$x' = -Ayz + Cz ;$$
$$y' = \ Axz + C'z.$$

Les positions des points O et M ayant été choisies arbitrairement dans la section d'about, nous pourrons effectuer un changement de coordonnées en déplaçant l'origine dans la section, sans d'ailleurs modifier l'orientation des axes ox et oy. Les formules de transformation seront : $x = x_i + s$, et $y = y_i + t$, et nous obtiendrons les formules :

$$x' = -Ay_iz - Atz + Cz ;$$
$$y' = \ Ax_iz + Asz + C'z.$$

Les distances s et t peuvent être choisies arbitrairement. Attribuons-leur les valeurs respectives $-\dfrac{C'}{A}$ et $+\dfrac{C}{A}$. Les deux derniers termes de chaque équation se détruiront mutuellement, et les expressions des déplacements élastiques deviendront :

$$x' = -Ayz\,;$$
$$y' = A xz.$$

On voit que les déplacements élastiques x' et y' d'un point quelconque sont, au point de vue géométrique, le résultat d'une rotation de ce point autour de l'axe oz, dans la position particulière que nous venons de lui attribuer. L'angle Az de l'arc décrit est le même pour tous les points situés sur une section transversale ; il croît proportionnellement à la distance z à l'origine de la section considérée.

Le coefficient numérique A est appelé *angle de torsion* du cylindre ; on le désigne d'habitude par la lettre θ qui, conventionnellement, représente un angle.

L'angle θ est l'angle dont a tourné une section par rapport à une autre, dont la distance à la première est l'unité de longueur.

Nous remarquerons à présent que les formules $x' = -\theta yz$ et $y' = \theta xz$ supposent expressément que l'origine O a été placée en un point déterminé de la section d'about. Mais, comme on n'a fait aucune hypothèse en ce qui touche les orientations dans l'espace des axes ox et oy, ces deux formules s'appliquent à tous les systèmes de deux axes rectangulaires ayant leur origine au point en question, dont nous allons chercher à définir géométriquement la position dans le plan de base du cylindre.

Remplaçons les actions moléculaires S et T par leurs expressions en fonction des déplacements élastiques :

$$S = G\left(\frac{dy'}{dz} + \frac{dz'}{dy}\right),\ \text{et}\ T = G\left(\frac{dx'}{dz} + \frac{dz'}{dx}\right),$$

dans les équations d'équilibre élastique $\int\int S dy.dx = 0$

et $\int\int Tdy.dx = o$, établies précédemment pour les sections transversales du cylindre.

Ces équations deviennent, en supprimant le facteur commun G :

$$\int\int \frac{dy'}{dz}dx.dy + \int\int \frac{dz'}{dy}dx.dy = o\,;$$

$$\int\int \frac{dx'}{dz}dx.dy + \int\int \frac{dz'}{dx}dx.dy = o.$$

Etant donné la position particulière que nous avons attribuée à l'origine des axes, nous pourrons remplacer x' et y' par leurs expressions $- \theta yz$ et $+ \theta xz$, en fonction des coordonnées du point considéré.

On a :

$$\frac{dx'}{dz} = - \theta y\,; \quad \frac{dy'}{dz} = + \theta x.$$

Les équations précédentes deviennent :

$$(a) \qquad \theta\int\int xd.x.dy + \int\int \frac{dz'}{dy}dx.dy = o\,;$$

$$- \theta\int\int ydx.dy + \int\int \frac{dz'}{dx}dx.dy = o.$$

Elles s'appliquent à tous les systèmes de deux axes rectangulaires dont l'origine est placée au point O, dont nous cherchons à définir la position dans la section d'origine.

Effectuons un changement de coordonnées, en faisant tourner les deux axes de l'angle ω, sans déplacer l'origine.

$$x = x_1 \cos \omega - y_1 \sin \omega\,; \quad y = y_1 \cos \omega + x_1 \sin \omega\,;$$
$$x_1 = x \cos \omega + y \sin \omega\,; \quad y_1 = y \cos \omega - x \sin \omega.$$

On sait qu'il faut poser :

$$\frac{dz'}{dy} = \frac{dz'}{dx_1} \cdot \frac{dx_1}{dy} + \frac{dz'}{dy_1} \cdot \frac{dy_1}{dy};$$

$$\frac{dz'}{dx} = \frac{dz'}{dx_1} \cdot \frac{dx_1}{dx} + \frac{dz'}{dy} \cdot \frac{dy_1}{dx}.$$

Ce qui peut s'écrire :

$$\frac{dz'}{dy} = \cos \omega \, \frac{dz'}{dx_1} - \sin \omega \, \frac{dz'}{dy_1};$$

$$\frac{dz'}{dy} = -\sin \omega \, \frac{dz'}{dx_1} - \cos \omega \, \frac{dz'}{dy_1}.$$

Les équations précédentes (*a*) deviennent, en substituant à x et y leurs valeurs en fonction de x_1 et y_1 :

$$(b) \qquad \theta \cos \omega \int \int x_1 \, dx_1 . dy_1 - \theta \sin \omega \int \int y_1 dx_1 . dy_1$$

$$+ \cos \omega \int \int \frac{dz'}{dx_1} \, dx_1 . dy_1 - \sin \omega \int \int \frac{dz'}{dy_1} \, dx_1 . dy_1 = 0;$$

$$\theta \cos \omega \int \int y_1 dx_1 . dy_1 + \theta \sin \omega \int \int x_1 dx_1 . dy_1$$

$$+ \sin \omega \int \int \frac{dz'}{dx_1} \, dx_1 . dy_1 + \cos \omega \int \int \frac{dz'}{dy_1} \, dx_1 . dy_1 = 0.$$

Mais comme les équations (*a*) s'appliquent à tous les systèmes d'axes ayant la même origine *o*, et, par suite, aux axes ox_1 et oy_1, on a également les conditions :

$$(c) \qquad \theta \int \int x_1 dx_1 . dy_1 + \int \int \frac{dz'}{dy_1} \, dx_1 . dy_1 = 0;$$

$$- \theta \int \int y_1 dx_1 . dy_1 + \int \int \frac{dz}{dx_1} \, dx_1 . dy_1 = 0.$$

Si on élimine $\int \int \frac{dz'}{dy_1} \, dx_1 . dy_1$ et $\int \int \frac{dz'}{dy_1} \, dx_1 . dy_1$ entre les équations (*b*) et (*c*), on obtient entre $\int \int x_1 dx_1 . dy_1$ et $\int \int y_1 dx_1 dy_1$ deux relations qui ne peuvent être satisfaites, l'angle ω étant *arbitraire*, que si ces deux intégrales définies sont séparément nulles.

On a donc :

$$\int\int x_1 dx_1 . dy_1 = o \; ; \; = \int\int y_1 dx_1 . dy_1 = o,$$

ce qui signifie que l'axe oz passe par le centre de gravité de la section de base et, par suite, par les centres de gravité de toutes les sections du cylindre : c'est l'axe longitudinal de la pièce prismatique.

En conséquence, la déformation correspondant aux déplacements élastiques x' et y' résulte d'une rotation opérée par chaque section transversale autour de son centre de gravité. Pour avoir l'angle dont a tourné une section, on multipliera l'angle de torsion θ par la distance z de cette section à la base prise pour origine.

VI. Il nous reste à déterminer le déplacement élastique z' parallèle à l'axe longitudinal du cylindre.

Considérons l'équation relative à la variation des actions moléculaires agissant sur un élément plan parallèle à xoy :

$$\frac{dZ}{dz} + \frac{dT}{dx} + \frac{dS}{dy} = o.$$

qui devient, puisque Z est nul :

$$\frac{dT}{dx} + \frac{dS}{o} = o.$$

Remplaçons T et S par leurs valeurs en fonction des déplacements élastiques, et supprimons le facteur numérique commun G.

Il vient :

$$\frac{d^2 x'}{dx\,dz} + \frac{d^2 z'}{dx^2} + \frac{d^2 y'}{dy\,dz} + \frac{d^2 z'}{dy^2} = o.$$

x' est indépendant de x, et y' est indépendant de y ; donc les termes $\frac{d^2 x'}{dx\,dz}$ et $\frac{d^2 y'}{dy\,dz}$ sont nuls.

Il reste :

$$\frac{d^2z'}{dx^2} + \frac{d^2z'}{dy^2} = 0.$$

C'est l'équation différentielle de la surface affectée par la section transversale dans le solide déformé. On voit que cette section a cessé d'être plane, sauf le cas particulier ou z' serait nul pour tous ses points.

L'équation de cette surface est liée au profil de la section transversale. En vertu de cette donnée du problème qu'il n'y a pas de forces extérieures appliquées sur la surface périphérique du cylindre, l'action tangentielle, résultante de S et T, doit, dans le voisinage immédiat du contour de la section, avoir sa direction parallèle à la tangente à ce contour. En d'autres termes, la composante de l'action tangentielle perpendiculaire au contour de la section est forcément nulle, sans quoi elle correspondrait à une action tangentielle égale, située dans un élément plan de la surface périphérique, qui devrait être équilibrée par une force extérieure appliquée sur cette surface. On a vu, en effet, dans l'étude du cube élastique (fig. 28), qu'il y a égalité entre les actions moléculaires tangentielles situées dans deux faces du cube et perpendiculaires à l'intersection de ces faces.

Considérons un point M du contour de la section transversale, et désignons par α l'angle que fait avec l'axe ox la tangente à ce contour au point considéré. La condition précédent s'exprimera en posant : S cos α + T sin $\alpha = o$. En effet S cos α + T sin α représente la projection de la résultante des deux actions moléculaires S et T sur la normale au profil, définie par l'angle α qu'elle fait avec l'axe oy.

Désignons par x et y les coordonnées du point M dans le plan de la section transversale.

On a :

$$\text{Tg } \alpha = -\frac{dy}{dx}.$$

D'où :

$$T\,dy - S\,dx = 0,$$

ce qui peut s'écrire, en subtituant à T et S leurs valeurs connues en fonction des déplacements élastiques, et éliminant le facteur commun G.

$$(1) \qquad \theta x\,dx + \theta y\,dy + \frac{dz'}{dy}\,dx - \frac{dz'}{dx}\,dy = 0.$$

Cette équation différentielle, jointe à la précédente

$$(2) \qquad \frac{d^2z'}{dx^2} + \frac{dz'}{dy^2} = 0,$$

permet, connaissant le profil de la section, d'établir l'équation de la surface affectée par la section transversale dans le cylindre déformé.

Considérons le cas particulier où z serait nul. L'équation (1) devient :

$$\theta x\,dx + \theta y\,dy = 0,$$

et s'intègre sans difficulté :

$$\theta x^2 + \theta y^2 = K^2.$$

C'est l'équation d'un cercle. En conséquence, les sections transversales d'un cylindre de révolution soumis à un effort de torsion restent planes après la déformation.

Examinons encore le cas particulier où la surface définie par z' serait le paraboloïde hyperbolique :

$$z' = Axy.$$

L'équation (1) devient :

$$\theta xdx + \theta ydy + Axdx - Aydy = o,$$

et s'intègre aisément :

$$(\theta + A)\, x^2 + (\theta - A)\, y^2 = o.$$

C'est une ellipse. Quand on fait travailler à la torsion un cylindre à section elliptique, les plans des sections transversales se transforment en paraboloïdes hyperboliques.

VII. Il nous reste à calculer le coefficient θ. Nous nous servirons à cet effet de l'équation d'équilibre élastique :

$$\int\int(Sx + Ty)dx.dy = M_z.$$

Seulement il faut veiller à ne pas commettre d'erreur sur les signes des actions moléculaires S et T. Tant que nous avions affaire à des équations ne renfermant qu'une seule force intérieure, la chose était sans importance. Il n'en est plus de même ici.

Or, lorsque nous avons écrit les relations entre les actions moléculaires tangentielles S et T et les dérivées des déplacements élastiques, $\frac{dy'}{dz}$, $\frac{dz'}{dy}$, etc., nous avons par là même fixé les signes à attribuer à ces actions, en établissant une corrélation entre eux et les signes des déplacements élastiques. On reconnaîtra facilement que S et T sont positifs lorsque dans le plan de la section transversale leurs sens correspondent aux sens positifs des axes ox et oy, et sont par conséquent indiqués par les flèches de la figure 37.

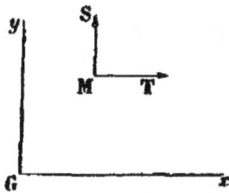
Fig. 37.

Mais alors si S et T sont en ce cas positifs, leurs moments par rapport au centre de gravité G de la section sont de signes opposés, puisque l'une de ces forces **T** tend à faire tourner la section dans le sens des aiguilles d'une montre, et que l'autre S tend à la faire tourner dans le sens inverse.

Donc si S et T sont l'un et l'autre positifs, les moments Sx et Ty doivent être considérés comme de signes contraires. Il conviendra par conséquent d'écrire l'équation d'équilibre élastique précitée sous la forme exacte suivante, qui correspond fidèlement aux conventions admises en ce qui touche les signes des actions tangentielles :

$$\int\int (Sx - Ty)\,dx.dy + M_z = o,$$

ou :

$$M_z = \int\int (Ty - S'x)\,dx.dy.$$

Nous aurions pu dès le principe éviter ce remaniement de formule, en définissant les signes des actions moléculaires et du couple de torsion M_z avant d'écrire les équations d'équilibre élastique, de manière à les faire concorder avec les conventions résultant des relations établies entre les déplacements élastiques et les forces intérieures. Mais nous avons préféré laisser la discordance se produire, afin de bien mettre en relief la nécessité où l'on se trouve, dans les problèmes d'élasticité, de vérifier avec soin les signes à attribuer aux actions tangentielles et aux moments des couples dont elles font partie, sous peine de commettre de graves erreurs.

Si l'on se donne *a priori* les sens dans lesquels sont mesurés les déplacements élastiques positifs, ainsi que la relation existant entre ces déplacements et les actions tangentielles, les signes de celles-ci et les signes des moments de leurs couples sont complètement déterminés. Il s'agit de les reconnaitre, et de ne pas se tromper en écrivant les équations d'équilibre où figurent, soit ces actions, soit les moments des couples tangentiels.

Remplaçons maintenant, dans l'équation d'équilibre, les actions S et T par leurs expressions connues en fonction des déplacements élastiques.

$$M_z = G \int \int (\theta x^2 + \theta y^2) dx.dy + G \int \int \left(x \frac{dz'}{dy} - y \frac{dz'}{dx} \right) dx.dy.$$

D'où :

$$\theta = \frac{M_z}{G} \frac{1}{\int\int(x^2 + y^2)dx.dy} + \frac{\int\int\left(\left(y \frac{dz'}{dx} - x \frac{dz'}{dy} \right) dx.dy \right)}{\int\int(x^2 + y^2)\,dx.dy}.$$

L'origine des coordonnées étant placée au centre de gravité de la section, l'intégrale double $\int\int(x^2+y^2)dx.dy$ représente le moment d'inertie polaire I_p de cette section :

$$\theta = \frac{M_z}{GI_p} + \frac{1}{I_p} \int \int \left(y \frac{dz'}{dx} - x \frac{dz'}{dy} \right) dx.dy.$$

Si l'on connait l'équation de la surface déformée de la section transversale, entre z', x et y, on pourra calculer les intégrales définies du second membre, et en déduire la valeur numérique de θ.

VIII.— Connaissant θ, on évaluera le travail au glissement développé en un point de la section transversale dans la direction ox, ou dans la direction oy, par les formules :

$$S = -\ G\theta x + G \frac{dz'}{dy}; \quad T = G\theta y + G \frac{dz'}{dx}.$$

La résultante de ces deux forces intérieures, qui correspond pour le point considéré au maximum du travail au glissement, a pour intensité :

$$\sqrt{S^2+T^2}=$$

$$G\theta\sqrt{x^2+y^2}\sqrt{1+\dfrac{2y\dfrac{dz'}{dx}-2x\dfrac{dz'}{dy}+\left(\dfrac{dz'}{dy}\right)^2+\left(\dfrac{dz'}{dx}\right)^2}{\theta^2(x^2+y^2)}}=$$

$$G\theta\rho\sqrt{1+\dfrac{2y\dfrac{dz'}{dx}-2x\dfrac{dz'}{dy}+\left(\dfrac{dz'}{dy}\right)^2+\left(\dfrac{dz'}{dx}\right)^2}{\theta^2\rho^2}},$$

en désignant par ρ la distance $\sqrt{x^2+y^2}$ du point considéré au centre de gravité de la section.

La direction de cette action moléculaire tangentielle $\sqrt{S^2+T^2}$ est définie par l'angle ω qu'elle fait avec l'axe *ox*. On a :

$$\text{Tg } \omega = \frac{S}{T} = \frac{-\theta x + \dfrac{dz'}{dy}}{\theta y + \dfrac{dz'}{dx}}.$$

On peut encore définir la direction de l'action tangentielle totale par l'angle ε qu'elle fait avec le rayon vecteur, de longueur ρ, qui réunit le centre de gravité de la section au point considéré M. On trouve aisément :

$$\text{Tg } \varepsilon = \frac{-\theta\rho - y\dfrac{dz'}{dx}+x\dfrac{dz'}{dy}}{y\dfrac{dz'}{dy}+x\dfrac{dz'}{dx}}.$$

Dans la direction perpendiculaire à celle définie par l'angle ω, ou par l'angle ε, l'action moléculaire tangentielle est nulle.

Quand z′ est nul pour tous les points de la section transversale (cylindre de révolution), l'action moléculaire est perpendiculaire au rayon vecteur :

$$\text{Tg } \omega = -\frac{x}{y}, \text{ et Tg } \varepsilon = \pm \infty.$$

Conclusions. — Nous avons énoncé les équations différentielles qui, dans un cylindre droit soumis à un effort de torsion, permettent de calculer, pour un point quelconque de la section, les actions moléculaires S, T et $\sqrt{S^2 + T^2}$, ainsi que les déplacements élastiques x', y' et z'. Le problème est donc complètement résolu au point de vue de la théorie de l'Elasticité.

Mais il s'agit maintenant d'intégrer ces équations, ce que l'analyse ne permet de faire que dans un petit nombre de cas particuliers simples.

Cylindre de révolution. — Nous avons déjà signalé que la section reste plane :

$$z' = 0 ; I_p = \frac{\pi a^4}{2}.$$

D'où :

$$M = G \theta I_p = G \theta \frac{\pi a^4}{2} ; \; \theta = \frac{M}{G I_p} = \frac{2M}{G \pi a^4}.$$

$$S = \frac{2M}{\pi a^4} x ; \; T = \frac{2M}{\pi a^4} y,$$

$$\sqrt{S^2 + T^2} = \frac{2M}{\pi a^4} \rho ; \; \text{Tg}\, \omega = -\frac{x}{y} , \; \varepsilon = \frac{\pi}{2}.$$

L'action moléculaire est proportionnelle au rayon vecteur ρ, et a sa direction perpendiculaire à celle de ce rayon. Elle atteint donc sa valeur maximum sur le profil circulaire de la section transversale, dont nous avons désigné le rayon par a :

$$\frac{M a}{I_p} = \frac{2M}{\pi a^3}.$$

Dans le cas présent, l'aire Ω de la section transversale a pour expression πa^2.

On peut donc écrire :

$$M = G\theta I_p = G\theta \frac{\pi a^4}{2}$$

$$= G\theta . \frac{(\pi a^2)^4}{4\pi^2 \times \frac{\pi a^4}{2}}$$

$$= \frac{1}{4\pi^2} . \frac{\Omega^4}{I_p} G\theta.$$

Cylindre elliptique.— Désignons par a et b les demi-axes de la section transversale. On trouve sans difficulté, en partant de l'équation $z' = \frac{a^2 - b^2}{a^2 + b^2} \theta xy$, les résultats suivants :

$$S = - G\theta x + G \frac{dz'}{dy} = - \frac{2b^2}{a^2 + b^2} G\theta x ;$$

$$T = G\theta y + G \frac{dz'}{dx} = \frac{2a^2}{a^2 + b^2} G\theta y ;$$

$$M = \int\int (Ty - Sx) dx.dy = \frac{2G\theta}{a^2 + b^2} \int\int (b^2 x^2 + a^2 y^2) \, dx dy$$

$$= \frac{G\theta}{a^2 + b^2} . \pi a^3 b^3 = \frac{1}{4\pi^2} . \frac{\Omega^4}{I_p}. G\theta.$$

C'est la formule déjà obtenue pour le cylindre de révolution.

Enfin :

$$\sqrt{S^2 + T^2} = \frac{2\sqrt{a^4 y^2 + b^4 x^2}}{a^2 + b^2} . G\theta.$$

Cette expression prend, lorsque le point de coordonnées x et y est sur le contour elliptique de la section, la forme plus simple :

$$\frac{2b\sqrt{a^4 - x^2(a^2 - b^2)}}{a^2 + b^2} G\theta.$$

La plus grande valeur de l'action moléculaire correspond aux extrémités du petit axe $2b$ de la section :

$$G\theta \frac{2a^2 b}{a^2 + b^2} = \frac{2M}{b\Omega} = \frac{2M}{\pi a b^2}.$$

M. de *Saint-Venant*, qui a étudié les effets de la torsion pour un grand nombre de cylindres à profils variés, a reconnu que la relation : $M = \frac{1}{40} \frac{\Omega^4}{I_p}$. $G\theta$, démontrée plus haut pour le cercle et l'ellipse, peut être étendue avec une exactitude presque parfaite à tous les profils qu'il a passés en revue.

Mais en ce qui touche la valeur du travail maximum au glissement $\sqrt{S^2 + T^2}$, qui est, au point de vue de la stabilité des constructions, le renseignement intéressant à connaître, M. de *Saint-Venant* n'a pu établir de formule générale applicable à tous les profils.

La méthode exposée ci-dessus et les formules auxquelles elle a conduit, sont applicables aux pièces prismatiques, définies dans l'article 1, dont l'étude fait l'objet de la Résistance des Matériaux, étant bien entendu que l'on suppose toujours ces pièces douées de l'isotropie transversale, l'axe de symétrie complète coïncidant avec la fibre moyenne.

Enfin nous ajouterons, en terminant, que dans le cylindre droit soumis à un couple de torsion, l'ellipsoïde des actions moléculaires se réduit à un cercle, situé dans le plan perpendiculaire à la section transversale qui renferme l'action tangentielle $\sqrt{S^2 + T^2}$. La surface directrice se réduit à deux hyperboles équilatères, dont les asymptotes sont respectivement parallèle et perpendiculaire à l'action tangentielle $\sqrt{S^2 + T^2}$; ces hyperboles sont, bien entendu, dans le même plan que le cercle des actions moléculaires.

34. Enveloppes cylindriques. — Nous traiterons encore le cas des enveloppes cylindriques, pour montrer le parti que l'on peut tirer, dans les problèmes d'élasticité, des conditions particulières de symétrie que présentent la forme du corps étudié et la distribution des forces extérieures.

Considérons une pièce cylindrique indéfinie, à profil annulaire compris entre deux cercles concentriques. La matière est douée de l'isotropie tranversale, et l'axe de révolution de l'enveloppe est son axe de symétrie complète.

Nous admettons que la surface intérieure et la surface extérieure de cette enveloppe soient soumises respectivément à des pressions uniformes P_0 et P_1, exercées normalement à ces surfaces. Nous supposons, en outre, que le corps est absolument libre dans la direction des génératrices des surfaces cylindriques.

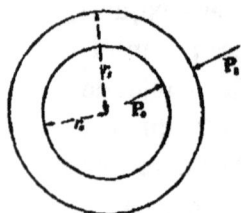

Fig. 38.

Nous nous proposons de calculer les actions moléculaires qui se développent dans la matière sous l'influence des pressions P_0 et P_1.

Constatons d'abord, comme conséquence de la symétrie existant dans la forme du corps et la distribution des forces : 1° qu'en un point quelconque l'ellipsoïde des actions moléculaires se réduit à une ellipse située dans le plan de la section transversale annulaire, ce plan, qui contient toutes les forces extérieures, étant un plan de symétrie de l'enveloppe ; 2° que cette ellipse a un de ses axes orientés suivant le rayon commun des surfaces cylindriques, lequel est un axe de symétrie de la section et des forces extérieures ; l'autre axe de l'ellipse, perpendiculaire au premier, est tangent à un cercle concentrique au contour de l'anneau ; 3° que les ellipses relatives à deux points situés à la même distance de l'axe du réservoir sont identiques.

Soient : r le rayon d'un cercle intermédiaire entre les cercles intérieur de rayon r_o, et extérieur de rayon r_1 ; $r + dr$ le rayon d'un cercle infiniment voisin du premier ; P et X les actions moléculaires principales relatives à un point M, situé sur la circonférence de rayon r ; P + dP et X + dX les actions principales relatives à un point M' situé sur la circonférence de rayon $r + dr$. Écrivons l'équation d'équilibre élastique pour la partie de l'enveloppe comprise entre ces deux circonférences infiniment voisines et un diamètre A'ABB'.

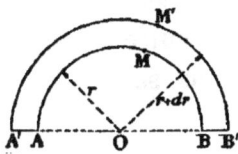

Fig. 39.

La résultante des forces P, dirigées suivant les rayons du cercle et réparties uniformément sur la demi-circonférence de diamètre AB ou $2r$, est égale au produit de P par ce diamètre : 2Pr.

Les actions moléculaires X sont appliquées normalement sur les segments de diamètre A'A ou dr, et BB' : leur résultante est 2Xdr.

L'équation d'équilibre élastique du demi-anneau A'ABB', sera donc, en lui attribuant l'unité pour dimension parallèle à l'axe de l'enveloppe :

$$2(P + d\text{P})(r + dr) - 2\text{P}r = 2\text{X}dr.$$

D'où :

(1) $$\text{X} = \text{P} + r\frac{d\text{P}}{dr}.$$

Considérons maintenant l'élément plan MM'NN' compris entre les deux circonférences de rayons r et $r + dr$,

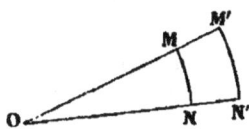

Fig. 40.

et deux rayons OMM' et ONN' faisant entre eux l'angle infiniment petit ε. Cherchons les expressions des déformations élémentaires subies par les quatre côtés de ce qua-

drilatère, en fonction des actions moléculaires principales P et X dirigées normalement à ces côtés (1).

Le côté MN est passé, sous l'influence des actions X
et P, de la longueur r_ε à la longueur $r_\varepsilon \left(1 + \dfrac{X}{E} - \eta \dfrac{P}{E}\right)$.

De même le côté M'N' est passé de la longueur $(r + dr)_\varepsilon$
à la longueur :

$$(r + dr)_\varepsilon \left(1 + \frac{X + dX}{E} - \eta \frac{P + dP}{E}\right).$$

En vertu de la symétrie du corps et des forces que le
sollicitent, les deux côtés MN et M'N' sont encore deux
arcs, correspondant au même angle au centre ε, de
deux cercles concentriques, dont les rayons sont par
conséquent passés respectivement :

$$\text{de } r \text{ à } r \left(1 + \frac{X}{E} - \eta \frac{P}{X}\right),$$

et de $r + dr$ à $(r + dr)\left(1 + \dfrac{X + dX}{E} - \eta \dfrac{P + dP}{E}\right)$.

Le côté MM', ou le côté NN', est passé, sous l'influence
des actions X et P, de la longueur dr à la longueur
$dr\left(1 + \dfrac{P}{E} - \eta \dfrac{X}{E}\right)$. Or cette nouvelle longueur représente
la différence des rayons des deux cercles MN et M'N',
après déformation.

D'où :

$$(r + dr)\left(1 + \frac{X dX}{E} - \eta \frac{P + dP}{E}\right) - r\left(1 + \frac{X}{E} - \eta \frac{P}{E}\right) =$$
$$dr\left(1 + \frac{P}{E} - \eta \frac{X}{E}\right).$$

---

1. Dans ces équations générales de déformation, nous ne formulons aucune hypothèse sur les signes de X et de P. Nous admettons, suivant la
règle générale à appliquer en toute circonstance, que la lettre X ou P représente la valeur numérique de l'action moléculaire *précédée du signe
convenable*.

Réduisons cette équation, en supprimant les infiniment petits de 2e ordre, et multipliant tous les termes par le facteur $\frac{E}{dr}$. Il vient :

$$(2) \qquad r\left(\frac{dX}{dr} - \eta\frac{dP}{dr}\right) + (X - P)(1 + \eta) = 0.$$

Reportons-nous à l'équation (1) :

$$X - P = r \cdot \frac{dP}{dr}.$$

En substituant $r \cdot \frac{dP}{dr}$ dans l'équation (2) et réduisant, nous trouvons finalement :

$$\frac{dX}{dr} + \frac{dP}{dr} = 0.$$

D'où, en intégrant :

$$(3) \qquad\qquad X + P = \text{Const. K.}$$

Remplaçons, dans la relation (1), X par K — P. Elle devient :

$$2P + r \cdot \frac{dP}{dr} - K = 0.$$

Cette équation s'intègre sans difficulté. On trouve :

$$P = \frac{K}{2} - \frac{C}{r^2}, \text{ et } X = \frac{K}{2} + \frac{C}{r^2},$$

où C est une nouvelle constante à déterminer.

Les constantes K et C se calculeront facilement en écrivant les conditions limites, en vertu desquelles pour $r = r_0$ (surface intérieure de l'enveloppe), on doit trouver : $P = P_0$; et pour $r = r_1$ (surface extérieure de l'enveloppe) : $P = P_1$.

Cela nous conduit aux formules définitives :

$$P = \frac{P_1 r_1{}^2 - P_0 r_0{}^2}{r_1{}^2 - r_0{}^2} - \frac{(P_1 - P_0) r_1{}^2 r_0{}^2}{r^2(r_1{}^2 - r_0{}^2)}$$

$$= \frac{P_1 r_1{}^2}{r_1{}^2 - r_0{}^2}\left(1 - \frac{r_0{}^2}{r^2}\right) - \frac{P_0 r_0{}^2}{r_1{}^2 - r_0{}^2}\left(1 - \frac{r_1{}^2}{r^2}\right);$$

$$X = \frac{P_1 r_1{}^2 - P_0 r_0{}^2}{r_1{}^2 - r_0{}^2} + \frac{(P_1 - P_0) r_1{}^2 r_0{}^2}{r^2(r_1{}^2 - r_0{}^2)}$$

$$= \frac{P_1 r_1{}^2}{r_1{}^2 - r_0{}^2}\left(1 + \frac{r_0{}^2}{r^2}\right) - \frac{P_0 r_0{}^2}{r_1{}^2 - r_0{}^2}\left(1 + \frac{r_1{}^2}{r^2}\right).$$

Dans ces formules, il faut représenter les actions moléculaires par leurs valeurs numériques précédées des signes convenables. Dans les applications pratiques, P_1 et P_0 sont toujours des pressions, et leurs valeurs numériques doivent être par conséquent affectées des signes −. Presque toujours P_0 est supérieur à P_1 : chaudières, récipients de gaz comprimés, d'eau sous pression, etc. Le cas contraire peut toutefois se présenter : tubes de chaudières, etc.

Il peut être intéressant d'examiner comment varie le travail du métal lorsque, partant d'une pression intérieure déterminée P_0, on fait croître la pression extérieure P_1 de o à l'infini.

Nous nous servirons à cet effet des relations suivantes, tirées de la formule générale où l'on a posé successivement : $r = r_0$ et $r = r_1$.

$$X_0 = \frac{1}{r_1{}^2 - r_0{}^2}\left[2 P_1 r_1{}^2 - P_0(r_0{}^2 + r_1{}^2)\right];$$

$$X_1 = \frac{1}{r_1{}^2 - r_0{}^2}\left[P_1(r_1{}^2 + r_0{}^2) - 2 P_0 r_0{}^2\right].$$

Pour $P_1 = o$, l'action moléculaire X est toujours positive et correspond, pour toute valeur de r, à un travail d'*extension* qui va en décroissant depuis la surface intérieure $(r = r_0)$:

$$X_0 = -\frac{P_0(r_1^2 + r_0^2)}{r_1^2 - r_0^2},$$

jusqu'à la surface extérieure $(r = r_1)$:

$$X_1 = -\frac{2P_0 r_0^2}{r_1^2 - r_0^2}.$$

Si l'on fait croître P_1, X_0 et X_1 diminuent sans changer de signe, jusqu'à ce que l'on ait :

$$P_1 = \frac{2P_0 r_0^2}{r_1^2 + r_0^2};$$

$$X_0 = -P_0 \frac{r_1^2 - r_0^2}{r_1^2 + r_0^2};$$

$$X_1 = o.$$

Pour $P_1 > \frac{2P_0 r_0^2}{r_1^2 + r_0^2}$, X devient négatif. Le travail transversal du métal est une compression sur la surface *extérieure*, et une tension sur la surface *intérieure*.

Si $\qquad P_1 = P_0 \frac{r_1^2 + r_0^2}{2r_1^2}$, on trouve :

$$X_0 = o,$$

$$X_1 = \frac{P_0(r_1^2 - r_0^2)}{2r_1^2} \quad \text{(compression)}.$$

Pour $P_1 > P_0 \frac{r_1^2 + r_0^2}{2r_1^2}$, le travail transversal est en tous les points une compression.

Pour $P_1 = P_0$.

$$X_0 = X = X_1 = P_0.$$

Le métal supporte une compression transversale uniforme égale à la pression P_0 ou P_1, exercée sur les deux surfaces.

Enfin, pour $P_1 > P_0$, le travail à la compression est

plus considérable sur la surface intérieure que sur la surface extérieure. A la limite, pour $P_0 = o$, on trouve :

$$X_0 = \frac{2P_1 r_1^2}{r_1^2 - r_0^2},$$

$$X_1 = P_1 \frac{r_1^2 + r_0^2}{r_1^2 - r_0^2}.$$

Quand l'enveloppe cylindrique est mince, l'épaisseur $r_1 - r_0$. ou e, étant très petite comparativement au rayon r_0, on peut simplifier les relations précédentes :
La formule générale

$$X = \frac{P_1 r_1^2 - P_0 r_0^2}{r_1^2 - r_0^2} + \frac{(P_1 - P_0) r_1^2 r_0^2}{r^2 (r_1^2 - r_0^2)}$$

s'écrit comme il suit :

$$X = X_0 = X_1 = \frac{(P_1 - P_0) r_0}{r_1 - r_0} = \frac{(P_1 - P_0) r}{e}.$$

35. Enveloppes sphériques. — Le problème des enveloppes sphériques se traite de la même manière. L'ellipsoïde des actions moléculaires est alors de révolution autour du rayon de la sphère. Désignons par X l'action moléculaire principale correspondant à toutes les directions perpendiculaires à l'axe de révolution, et par P la pression normale à la surface sphérique. A l'aide de calculs basés sur la même méthode que celle déjà employée pour les enveloppes cylindriques, on trouve :

Équation d'équilibre élastique :

$$\pi (r + dr)^2 (P + dP) - \pi r^2 P = 2\pi r \, dr \, X ;$$

D'où :

$$(1) \qquad X = P + \frac{r}{2} \frac{dP}{dr}.$$

Equation des déformations :

$$(r+dr)\left(1+\frac{X+dX}{E}-\eta\,\frac{X+dX}{E}-\eta\,\frac{P+dP}{E}\right).$$

$$-r\left(1+\frac{X}{E}-\eta\frac{X}{E}-\eta\frac{P}{E}\right)=dr\left(1+\frac{P}{E}-\frac{2\eta X}{E}\right);$$

ou :

$$(2)\qquad(1+\eta)\,(X-P)+(1-\eta)r\,\frac{dX}{dr}-r\,\frac{dP}{dr}=0.$$

En combinant les équations (1) et (2), on trouve :

$$\frac{dX}{dr}+\frac{1}{2}\frac{dP}{dr}=0.$$

D'où : $2X+P=$ const. K ; et en substituant dans l'équation (1) :

$3P+r\dfrac{dP}{dr}=K$, relation que l'on intègre sans difficulté :

$$P=\frac{1}{3}\,K-\frac{C}{3r^3}.$$

On déterminera les constantes par la condition que P soit égal à P_0 pour $r=r_0$,

et   à P_1 pour $r=r_1$.

D'où :

$$P=\frac{P_1r_1^3-P_0r_0^3}{r_1^3-r_0^3}-\frac{(P_1-P_0)r_1^3r_0^3}{r^3(r_1^3-r_0^3)}$$

$$=\frac{P_1r_1^3}{r_1^3-r_0^3}\left(1-\frac{r_0^3}{r^3}\right)-\frac{P_0r_0^3}{r_1^3-r_0^3}\left(1-\frac{r_1^3}{r^3}\right);$$

$$X=\frac{P_1r_1^3-P_0r_0^3}{r_1^3-r_0^3}+\frac{(P_1-P_0)r_1^3r_0^3}{2r^3(r_1^3-r_0^3)}$$

$$=\frac{P_1r_1^3}{r_1^3-r_0^3}\left(1+\frac{r_0^3}{2r^3}\right)-\frac{P_0r_0^3}{r_1^3-r_0^3}\left(1+\frac{r_1^3}{2r^3}\right).$$

Si l'enveloppe sphérique est mince, on peut recourir à la formule simplifiée suivante, où l'épaisseur $r_1 - r_0$ est désignée par e :

$$X = \frac{(P_1 - P_0)r}{2e}.$$

36. Distribution des actions moléculaires dans le cas d'une dérogation à la loi de continuité. — Nous avons supposé jusqu'à présent : que le corps étudié était homogène ; que la loi de répartition des forces extérieures pouvait être exprimée par une fonction continue de x et y ; enfin que la périphérie du corps était également une surface continue. Quand ces conditions sont remplies, il y a continuité dans la distribution des actions moléculaires. Si on coupe le corps par un plan sur lequel on indique par des courbes de niveau les lieux géométriques des points où le travail maximum direct ou tangentiel a une valeur déterminée, ces courbes sont continues. Elles engendrent à l'intérieur du corps des surfaces *de niveau* également continues, correspondant à des valeurs constantes des actions moléculaires maxima.

Nous allons chercher à présent à nous rendre compte de ce qui se passe à l'intérieur des corps élastiques, lorsque les conditions nécessaires pour assurer la continuité des actions moléculaires ne sont pas remplies.

Si l'on place, dans des conditions déterminées, un cube formé d'une matière transparente douée de la double réfraction entre deux *nicols*, un faisceau de lumière blanche dirigé sur le premier nicol prend, après avoir traversé tout le système, une coloration dont la nuance correspond à la biréfringence du corps étudié. C'est une expérience d'optique, basée sur l'interférence des rayons polarisés ordinaire et extraordinaire, dont il nous paraît inutile de donner ici l'explication.

Wertheim a constaté que si l'on soumet une barre de verre recuit, matière bien homogène et douée d'une isotropie presque parfaite, à l'action de forces extérieures, le verre, en raison de la modification que subit de ce chef son arrangement moléculaire, devient biréfringent, et cette propriété s'accentue proportionnellement aux intensités des actions moléculaires développées, ou ce qui revient au même, aux amplitudes des déformations élémentaires corrélatives de ces forces intérieures.

Si donc on soumet la barre en question à l'expérience d'optique mentionnée plus haut, on obtient, en recevant sur un écran le faisceau de lumière polarisée, une image colorée dont la teinte correspond en chaque point au travail élastique développé dans la partie du corps traversée par le rayon lumineux. Toute région où le travail est constant, est accusée sur l'image par une zone de coloration uniforme, et la graduation des teintes successives met en évidence la variation des actions moléculaires.

Fresnel et ensuite M. *Léger* ont fait usage de l'appareil inventé par *Wertheim* et qualifié par lui de *dynamomètre chromatique*, pour étudier les lois de répartition des actions moléculaires développées dans des barreaux de verre soumis à l'action de forces déterminées. Ils ont reconnu que les lignes d'égale compression sont des courbes continues qui se succèdent de façon régulière, et ont pu démontrer expérimentalement l'exactitude *pratique* des formules de la Résistance des Matériaux, en ce qui touche la flexion et la compression des corps prismatiques.

37. Discontinuité dans les forces extérieures ou dans la forme du corps. — Il arrive souvent que les forces extérieures appliquées à un corps élastique ne sont pas réparties suivant une loi qui puisse être exprimée par une fonction continue des coordonnées du point d'application. Il peut se faire notamment que ces forces soient concentrées en certains points isolés, les régions intermédiaires n'étant sollicitées par aucune action extérieure.

Nous avons déjà remarqué que, dans ce cas, la loi de la continuité des actions moléculaires tombe en défaut.

MM. *Fresnel* et *Léger* ont étudié, à l'aide de l'appareil décrit plus haut, les effets produits par des charges concentrées en des points isolés d'une barre de verre. Ils ont reconnu qu'en ce cas un grand nombre de courbes d'égale pression viennent passer, en se confondant les unes avec les autres, au point d'application de la force isolée, qui devient, d'après M. *Léger*, le centre d'un *œil-de-paon*. Il y a donc indétermination en ce qui touche la valeur exacte du travail en ce point, et la Théorie de l'Elasticité ne permet plus de résoudre le problème, puisque pour deux points infiniment voisins,

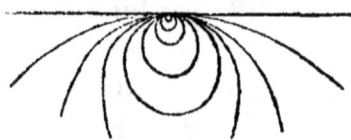

Fig. 41

on trouve pour la même action moléculaire deux valeurs présentant une différence finie. La discontinuité des actions moléculaires est d'ailleurs limitée à une région peu étendue, de telle sorte que les résultats des calculs effectués par la méthode de la Théorie de l'Elasticité sont encore suffisamment exacts en dehors de la région critique qui avoisine le point d'application de la force. Les figures ci-jointes représentent les œils-de-paon observés sur une barre plate pressée en un point, et sur un cylindre

de révolution pressé aux deux extrémités d'un diamètre.

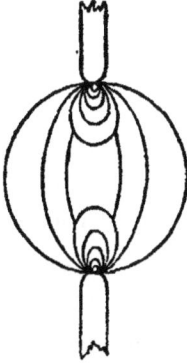

Fig. 42

La discontinuité de forme du corps
entraîne des conséquences du même
genre. C'est ainsi que les sommets
des angles rentrants (barreau de verre
appuyé à son extrémité sur une barre
transversale), ou saillants (prisme
hexagonal soumis par une clef an-
glaise à un effort de torsion) sont des
points critiques, centres d'œils-de-
paon formés par les courbes d'égale
pression.

Il y a donc lieu d'éviter dans les constructions l'emploi de pièces présentant des angles vifs, *surtout des angles rentrants*, parce que ce sont des régions critiques
où le travail ne saurait être calculé par les méthodes

Fig. 43

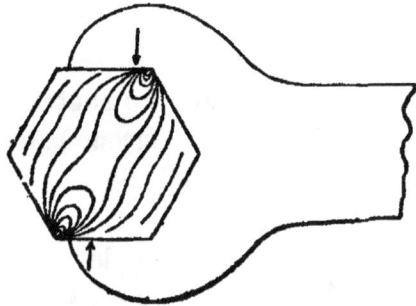

Fig. 44

de la Théorie de l'Elasticité. L'expérience démontre que
ce travail peut dépasser de beaucoup les valeurs maxima atteintes dans le voisinage de la région critique. Il
est d'ailleurs souvent possible de se rendre compte par
un calcul approximatif, basé sur des formules suffisamment exactes ou sur des résultats d'expérience, de la va-

leur limite qu'atteint le travail élastique en un point critique. Nous reviendrons sur ce sujet en parlant des formes à attribuer aux éléments de constructions.

38. Hétérogénéité de la matière.

— Supposons que l'on soude longitudinalement deux tiges rectangulaires de dimensions identiques, mais de métaux différents, par exemple fer et cuivre, et que la barre unique ainsi constituée soit soumise à un effort de traction, qui détermine un allongement égal des deux tiges liées invariablement l'un à l'autre. Comme une même augmentation de longueur correspond pour le cuivre (E est compris entre 10×10^9 et 11×10^9) à un travail élastique à peu près moitié moindre que pour le fer (E est compris entre 18×10^9 et 21×10^9), il y aura discontinuité dans les actions moléculaires normales au droit de la soudure, le travail à l'extension diminuant de 50 % au passage du fer au cuivre.

Supposons que les deux tiges étant séparées à une petite distance de leurs extrémités inférieures, on applique au bout de chacune d'elles le poids P, de façon à leur faire subir le même travail d'extension. La partie libre de la tige de cuivre s'allongera deux fois plus que celle de la tige de fer. Mais, à partir du point où la soudure réunira les deux pièces, leurs déformations ne seront plus indépendantes. La tige de cuivre exercera une traction sur la tige de fer, et lui transmettra une partie de sa charge. Au-dessus de l'origine A de la soudure, constituant un point critique, le travail direct à l'extension ira en croissant rapidement dans le fer, et en décroissant dans le cuivre.

Fig. 45

Cette transmission de charge déterminera, d'autre part, un travail tangentiel sur la surface de soudure des deux tiges, tandis que, si la barre était homogène, le travail de glissement serait nul en tous ses points. Si l'on fait croître le poids P, il pourra arriver que ce travail tangentiel dépasse la limite de résistance de la soudure, et que les deux tiges se disjoignent.

Enfin à ces efforts tangentiels correspondront des phénomènes de distorsion, qui donneront lieu à une déformation spéciale consistant en une incurvation de l'axe de la barre ; cet axe décrira une ligne concave du côté du fer, convexe du côté du cuivre.

On voit que, dans l'exemple choisi, les formules établies par la Théorie de l'Elasticité, pour le calcul du travail et la recherche de la déformation dans le cas d'un corps homogène, fourniraient des indications absolument inexactes en ce qui touche le barreau hétérogène.

Considérons maintenant un corps formé par l'agglomération d'une quantité de petits fragments de matières différentes, mélangés et parfaitement soudés les uns aux autres. D'après ce qui a été dit, il y aura discontinuité dans les actions moléculaires quand on passera d'un fragment au fragment voisin, de propriétés élastiques différentes ; par suite, les efforts de tension ou de compression changeront brusquement d'intensité. Il se manifestera d'autre part des actions tangentielles notables sur les surfaces de soudure, de telle sorte que les valeurs de travail fournies par la Théorie de l'Elasticité, dans l'hypothèse de l'homogénéité, n'auront aucun rapport avec les valeurs effectives.

Nous verrons plus loin que cette hétérogénéité *de constitution* se retrouve dans la presque totalité des ma-

tériaux de construction, et nous examinerons les conséquences qui en résultent au point de vue de leur résistance aux forces extérieures.

Nous insisterons en terminant sur la conclusion suivante : toutes les fois que les conditions énoncées à l'article 20 du présent chapitre ne sont pas *toutes remplies*,
on n'a plus le droit d'admettre qu'il y ait continuité
dans les actions moléculaires et dans les déformations
élémentaires correspondantes. Par suite, toutes les lois
et règles de calcul déduites mathématiquement de cette
donnée fondamentale et exposées dans les articles 21 à
35, cessent d'être applicables en toute rigueur à l'étude
de l'équilibre élastique du corps envisagé. Toutefois,
pour une matière hétérogène, ces formules donnent des
résultats moyens, qui seraient exacts pour un corps homogène dont les propriétés élastiques seraient une
moyenne de celles des éléments divers de la matière
hétérogène. Si la discontinuité, résultant de la forme
du corps ou de la distribution des forces extérieures, se
trouve localisée (œil-de-paon), les résultats du calcul
sont toujours voisins de la réalité, en dehors de la région
critique très limitée où les effets de la discontinuité sont
particulièrement accentués. De sorte qu'en définitive la
Théorie de l'Elasticité fournit encore des renseignements, non plus rigoureusement exacts, mais suffisamment rapprochés de la réalité pour qu'on puisse les utiliser dans les applications pratiques.

CHAPITRE TROISIÈME

CLASSIFICATION

ET

PROPRIÉTÉS ÉLASTIQUES DES MATÉRIAUX

RÉSISTANCE DES MATÉRIAUX

SOMMAIRE :

CHAPITRE TROISIÈME

CLASSIFICATION
ET PROPRIÉTÉS ÉLASTIQUES DES MATÉRIAUX.
RÉSISTANCE DES MATÉRIAUX

---

§ 1. — Classification et propriétés élastiques des matériaux de construction.

39. Classification des matériaux. — Les corps solides, naturels ou fabriqués, que l'on emploie dans les constructions, peuvent être répartis en trois catégories :

1° Les corps *plastiques* ou *mous*, qui, sous l'influence de forces extérieures relativement peu intenses, présentent à un haut degré le phénomène de la déformation plastique : argile mouillée, métaux mous tels que le plomb, mortier avant la prise, etc. Ces corps n'ont le plus souvent qu'une résistance insignifiante à la traction directe, et on ne les fait guère travailler qu'à la compression. Leur limite d'élasticité est peu élevée, et on la dépasse presque toujours dans les constructions : il se manifeste donc en général une déformation permanente au moment de leur emploi.

Un grand nombre d'entre eux, les corps *pâteux*, offrent cette propriété caractéristique de se souder par simple contact (argiles, mortier), de telle sorte qu'ils s'écrasent sous la pression sans s'émietter, et qu'il n'y a jamais disjonction définitive et irréparable de leurs fragments.

2° Les corps *souples* ou dépourvus de *raideur*, qui, sans être sujets à des déformations permanentes notables, subissent des déformations élastiques extrêmement considérables, de sorte que les déplacements dus à l'action des forces extérieures sont de grandeurs comparables aux dimensions mêmes de ces corps : caoutchouc, gutta-percha, cuir, carton, étoffes, cordages, câbles, etc...

La loi de Hooke ne se vérifie pas pour ces corps, auxquels les formules de la Théorie de l'Elasticité ne sont pas applicables, parce que, les résultantes des forces extérieures étant fonctions des déplacements élastiques, le principe de la linéarité des équations d'équilibre et de déformation ne peut plus être invoqué.

3° Les corps *durs* ou *rigides*, qui ne sont pas susceptibles de subir des déformations considérables : métaux durs, bois, matériaux pierreux naturels ou artificiels. A supposer que l'on fasse croître indéfiniment les forces extérieures qui sollicitent un corps de cette catégorie, la rupture du solide, ou la désagrégation de la matière, se manifeste avant que ses dimensions linéaires aient subi des variations comparables à leurs longueurs initiales.

L'expérience fait connaître que la loi de Hooke se vérifie pour les corps durs avec une exactitude presque absolue, tant que les intensités des actions moléculaires, évaluées conventionnellement comme si la matière était parfaitement homogène, ne dépassent pas certaines limites que l'on peut déterminer par expérience. On dit alors que la matière travaille au-dessous de la *li-mite d'élasticité*.

On constate également, dans les mêmes conditions, que la déformation permanente est sinon absolument nulle, du moins négligeable devant la déformation élastique.

Dès que la limite d'élasticité est dépassée, la déformation n'est plus régie par la loi de Hooke, et une fraction notable en demeure permanente après que les forces extérieures ont cessé d'agir. Il s'est donc produit un changement dans l'arrangement des molécules de la matière.

Enfin, si l'on fait croître indéfiniment les grandeurs des forces extérieures, il vient un moment où, la limite de rupture étant atteinte, le corps se brise ou se désagrège.

Il resulte de cet exposé que les lois et les formules de la Théorie de l'Elasticité, établies mathématiquement pour les corps parfaitement homogènes et parfaitement élastiques, sont applicables aux matériaux durs de la nature, tant que, la limite d'élasticité n'étant pas dépassée, la déformation permanente est sinon absolument nulle, ce qui ne peut être considéré comme une vérité rigoureusement démontrée par l'expérience, du moins extrêmement petite, et négligeable comparativement à la déformation élastique.

Nous rappellerons en terminant que les corps constitués par une matière rigide, telle que le fer ou l'acier, présentent les caractères des corps souples quand une de leurs dimensions est très petite par rapport à une autre : fils métalliques de grande longueur, plaques très minces, etc. Dans ce cas, les formules de la Théorie de l'Elasticité peuvent cesser d'être applicables jusqu'à

la limite d'élasticité, parce que les équations fondamentales d'équilibre élastique ne sont plus linéaires.

Considérons par exemple un fil AB
encastré à son extrémité A et supportant à l'autre une charge P, qui
le déforme par flexion et lui fait dé-
décrire la courbe AB'. Si le fil est
très fin par rapport à sa longueur

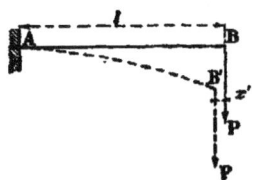

Fig. 46.

l, il pourra arriver que la distance
horizontale x' du point B' au point B ne soit pas négligeable devant la longueur l, bien que le travail du métal ne dépasse pas la limite d'élasticité. Le moment de
la force P par rapport à la section d'encastrement A,
qui était avant la déformation représenté par le produit Pl, sera devenu pour le fil courbe AB' : $P(l - x')$,
expression où figurent simultanément la force extérieure P et le déplacement élastique x', et qui est par
suite du 2e degré, du moment que le terme Px' ne peut
être négligé comme infiniment petit devant Pl.

Certains corps durs, tels que le fer et l'acier, deviennent plastiques et pâteux à une température élevée
(rouge cerise), et acquièrent la propriété de se souder
par contact, bien avant de passer à l'état liquide (au
delà du blanc éblouissant). Durant cette période, ils ne
sont plus soumis aux règles de la Théorie de l'Elasticité. Quelques métaux, tels que la fonte, passent presqu'immédiatement de l'état solide à l'état liquide, sans
transition appréciable par l'état pâteux. Enfin d'autres
matériaux, comme les mortiers et bétons, s'emploient
à l'état pâteux, et ne durcissent qu'au bout d'un certain
temps.

40. Hétérogénéité des matériaux. — Limite d'élasti-

cité.— Ecrouissage. — Presque tous les matériaux de construction sont hétérogènes. Pour certains d'entre eux comme le bois, divisé en fibres et cellules accolées, comme le granit, formé d'une agglomération de minéraux différents, l'hétérogénéité est manifeste. Pour d'autres tels que le fer, l'acier et la fonte, ce caractère est mis en relief par l'examen au microscope ou par l'analyse chimique.

Or, nous avons vu que, dans un corps hétérogène, les actions moléculaires dérogent à la loi de continuité. Elles subissent des changements brusques et importants quand on passe d'une particule à une particule voisine de nature différente, et il peut se manifester des actions tangentielles, non prévues par le calcul, à la surface de soudure de deux fragments. On conçoit donc que les résultats fournis par la Théorie de l'Elasticité pour un corps parfaitement homogène, de forme déterminée et soumis à l'action de forces extérieures connues, puissent ne pas concorder exactement avec les conditions réelles d'équilibre élastique d'un solide hétérogène, comme le sont presque tous les matériaux de construction. Cependant, tant que les actions extérieures ne sont pas très intenses, les valeurs extrêmes du travail effectif ne s'écartent pas beaucoup de la valeur moyenne qui correspondrait à l'hypothèse de l'homogénéité. La déformation constatée expérimentalement est celle qui conviendrait à un corps homogène dont les propriétés élastiques représenteraient une moyenne de celles relatives aux divers éléments constitutifs du corps naturel. On peut donc encore recourir à la Théorie de l'Elasticité, étant bien entendu que les résultats fournis par elle ne donneront qu'une idée approchée des conditions d'équilibre élastique du solide considéré (1).

Mais supposons que les forces extérieures aillent en croissant indéfiniment. La limite de rupture, à partir de laquelle il y a séparation des molécules contiguës, sera atteinte tout d'abord dans les points ou le travail élastique passe par des maxima, et où l'adhérence mutuelle des molécules est la plus faible, c'est-à-dire sur les faces de séparation des particules de natures différentes, ainsi que nous l'avons déjà expliqué. Cette séparation des éléments s'opèrera par disjonction, si les actions moléculaires supérieures à l'adhérence sont des tractions, ou par glissement si ce sont des forces tangentielles. Ces phénomènes de rupture se manifesteront dans tous les points où la cohésion est la plus faible et le travail élastique le plus élevé, et il se produira ainsi dans la matière une série de petites fractures isolées. Les fractures en question étant définitives parce que la matière ne se soude pas à froid, ne disparaîtront pas si les forces extérieures cessent d'agir ; par suite, la déformation qui correspond à ce phénomène de dislocation intérieure demeurera permanente.

Ce raisonnement nous conduit à conclure que la limite d'élasticité des matériaux correspond au début de la période de désagrégation, caractérisé par des dis-

---

(1) On a imaginé récemment de substituer à la maçonnerie, dans certaines constructions où la matière est appelée à travailler à l'extension, un produit artificiel très hétérogène (*sidéro-ciment* ; *ciment armé*), constitué par une carcasse métallique ou par une sorte de treillis en fils de fer ou d'acier, noyée et empâtée dans du béton à mortier de ciment. Ce produit résulte de la combinaison de deux éléments dont les propriétés élastiques sont très différentes. Bien que l'expérience ne semble pas encore avoir permis de se prononcer d'une façon définitive sur la résistance et la durée du ciment armé, il semble bien que ses limites d'élasticité et de rupture, ainsi que son coefficient d'élasticité, sont intermédiaires entre celles de chacun de ses éléments considéré à part.

jonctions locales opérées entre les éléments différents dont l'agglomération constitue le produit hétérogène. A partir de ce moment, il y aura nécessairement discordance absolue entre les indications fournies par la Théorie de l'Elasticité pour les corps homogènes, et les phénomènes constatés expérimentalement sur le corps, soumis à des actions extérieures qui lui auront fait dépasser la limite d'élasticité.

Quand il s'agit de métaux, tels que le fer ou l'acier, on dit alors qu'ils sont *écrouis :* l'existence à l'intérieur de la masse, à partir du moment où la déformation permanente est devenue appréciable, de solutions de continuité, dues à la cause que nous venons d'exposer, nous paraît démontrée par certains faits d'expérience.

En premier lieu, le métal est devenu beaucoup plus attaquable aux acides, et beaucoup plus oxydable à l'air humide, ce qui semble impliquer l'existence de fissures imperceptibles où pénètrent les liquides corrosifs ou l'air : ces fissures augmentent notablement l'étendue de la surface d'attaque. MM. *Osmond* et *Werth* ont observé que, si l'on plonge dans l'acide chlorhydrique étendu deux fils d'acier de même métal et de mêmes dimensions, mais dont l'un soit *recuit*, et par suite à l'état naturel, et l'autre écroui, la perte de poids subie par le premier est la cinquantième partie de celle éprouvée par le second. On sait que, dans les chaudières à vapeur, on observe une corrosion plus rapide des tôles, dans les zones (joints et angles dièdres) où, par suite de déformations dues à la dilatation et à la pression intérieure, le travail de la matière peut dépasser la limite d'élasticité et produire un écrouissage local.

Sur les plaques de blindage en acier soumises à des essais de tir au canon et abandonnées ensuite en plein

air, on voit souvent apparaître au bout de quelques
jours des sillons de rouille, qui décrivent sur ces plaques deux systèmes de spirales d'*Archimède*, se coupant à peu près à angle droit, et ayant leur origine
commune au centre de l'excavation produite dans la plaque par le boulet. La théorie de l'élasticité montre que
ces spirales sont les courbes enveloppes des directions
suivies par les actions tangentielles maxima (asymptotes des hyperboles directrices). Elles sont donc l'indice d'un écrouissage produit par des actions moléculaires tangentielles supérieures à la limite d'élasticité.
Il est présumable que le métal s'est craquelé au droit
de chaque strie, car l'existence de fissures imperceptibles et multipliées est la seule explication que l'on
puisse donner de la rapidité avec laquelle la rouille
s'est manifestée et développée. Des phénomènes du
même genre s'observent sur les aciers laminés, quand
ils ont été soumis à des actions mécaniques brutales :
poinçonnage, cisaillage, martelage et laminage à froid
(pour le redressement des tôles et profilés). Si peu de
temps après sa fabrication, et avant que sa surface
n'ait été ternie par un commencement d'oxydation, on
travaille à froid une pièce d'acier laminé, puis qu'on
l'expose à l'air humide, on voit bientôt apparaître dans
la région écrouie des stries de rouille, toujours distribuées suivant deux réseaux de courbes, qui marquent
en chacun de leurs points de rencontre les directions
des actions tangentielles maxima. La bande de métal
ainsi désorganisée s'étend parfois jusqu'à 16 et 17 centimètres de la tranche obtenue par cisaillage. Un trou
de poinçon de 0 m. 02 apparaît entouré d'une colle-
rette ayant jusqu'à 15 centimètres de diamètre, sur
laquelle se dessinent les deux systèmes de spirales

d'Archimède, déjà signalés à propos des plaques de blindage.

Il est à remarquer que, dans une région déjà écrouie par un travail à froid, une action mécanique subséquente et moins brutale semble ne plus produire aucun effet. C'est ainsi que, si l'on a poinçonné une tôle dans le voisinage d'une tranche obtenue par cisaillage, on ne voit apparaître plus tard que les sillons correspondant à l'effet de la cisaille, sans superposition des stries caractéristiques du poinçonnage : la texture du métal, déjà modifiée par un écrouissage antérieur, semble donc n'avoir pas été influencée par le coup de poinçon.

Le phénomène que nous venons de décrire, ne reste apparent que pendant un temps limité. Au bout de peu de jours, les sillons de rouille s'élargissent, se rejoignent, et se perdent dans une tache qui va en se développant à partir du bord du trou de poinçon ou de la tranche cisaillée. Cette tache ne tarde pas à couvrir toute la région écrouie, que signalaient précédemment les stries. Après quoi sa marche en avant s'arrête, ou du moins se ralentit de façon très marquée ; l'attaque du métal sain, en dehors de la région primitivement striée, s'opère avec une grande lenteur.

A la suite de nombreuses expériences sur l'écrouissage des métaux, M. le commandant d'artillerie *Hartmann* a réussi à faire apparaître sur des éprouvettes à surface polie des stries (rides, sillons ou plissements) décrivant des courbes qui sont toujours les enveloppes des directions suivies par les actions moléculaires maxima. Sur la section transversale d'un tube de fer *mandriné* à l'intérieur, il a observé des régions successives, caractérisées : soit par des stries circulaires concentriques à l'axe du tube (action moléculaire prin-

cipale de compression); soit par des stries rectilignes radiales (action moléculaire principale d'extension) ; soit
par un double système de spirales d'Archimède se
croisant à peu près à angle droit, et rencontrant les
rayons du tube sous un angle voisin de 45° (actions
tangentielles maxima). Dans le cas envisagé, la désagrégation du métal était décelée par un changement
d'aspect de la surface, qui perdait son poli.

Il résulte également des expériences de *M. Hartmann*
que la déformation *élastique* d'une pièce, soumise à un
effort d'extension croissant, se manifeste instantanément, tandis que la déformation plastique exige pour
s'effectuer un temps appréciable. Il se produit une rupture d'équilibre, et un nouvel état d'équilibre n'est
atteint qu'après un certain laps, dans lequel le déplacement progressif des particules est accusé par des
rides mobiles, qui, partant de chaque extrémité de
l'éprouvette, circulent parallèlement à elles-mêmes
jusqu'à l'extrémité opposée.

Si, après avoir dépassé la limite d'élasticité, on continue à faire croître les forces extérieures, on finit par
atteindre la limite de rupture, et le corps se brise.
Mais on peut arriver à ce dernier résultat sans augmentation des forces extérieures, à la seule condition
de renverser à plusieurs reprises les sens dans lesquels
elles agissent. A la longue, cette alternance d'efforts
successifs, qui déterminent des actions moléculaires
de sens opposés, mais toutes supérieures à la limite
d'élasticité, fait progresser la dislocation du corps, et
amène finalement la désagrégation et la rupture de la
matière.

C'est ainsi qu'en ployant alternativement dans un
sens et dans l'autre une barre métallique, on parvient

assez rapidement à la casser, à condition que l'effort exercé suffise chaque fois pour déterminer une déformation permanente, quoique pendant la suite de ces opérations on soit toujours resté au-dessous de l'effort dit de rupture, qui d'un seul coup aurait entraîné la .fracture.

Tout ceci indique bien que la dislocation de la matière a commencé à se produire au moment même où la limite d'élasticité s'est trouvée dépassée ; elle a pu ensuite se poursuivre sous l'influence de forces extérieures relativement peu intenses, les solutions de continuité, déterminées dans la masse par le premier effort, s'étendant progressivement toutes les fois que les actions moléculaires changeaient de sens.

Cette tendance des fissures à se propager et à s'étendre est mise en évidence par un phénomène bien connu : si une fente vient à se manifester, à la suite d'un choc, dans une plaque de verre ou une pièce de fonte, cette fissure s'allonge peu à peu sans cause bien déterminée, jusqu'à ce que la pièce soit divisée en deux ; on ne peut arrêter cette propagation qu'en limitant les deux extrémités de la fente par un trou rond, qui en arrête le mouvement de progression.

On a même parfois obtenu la rupture finale d'une éprouvette métallique sans modifier les intensités ni les directions des forces extérieures, mais tout simplement en prolongeant leur action pendant un temps suffisant. *Vicat* et *Thurston* ont observé qu'un fil de fer soumis à un travail d'extension statique, permanent et invariable, supérieur à la limite d'élasticité, mais très inférieur à la limite de rupture, peut continuer à s'allonger lentement, puis finalement se brise au bout d'un temps plus ou moins long, qui, par exemple, a été supérieur à une année pour un fil portant un poids égal aux 0,65 de la charge de rupture, qui eût été capable de le briser au bout de quelques secondes.

Un dernier argument nous paraît confirmer l'opinion que nous cherchons à faire prévaloir. Tant que la limite d'élasticité n'est pas atteinte, la température du corps soumis à l'action de forces extérieures croissantes ne varie pas. Le travail mécanique dépensé, étant exactement égal à celui correspondant aux actions moléculaires et aux déformations élémentaires, reste emmagasiné dans la matière : il est restitué par le corps lorsque, les forces extérieures cessant d'agir, il revient à sa forme primitive. Mais dès que la limite d'élasticité est dépassée, le corps s'échauffe, jusqu'à devenir brûlant (rupture par traction des éprouvettes de fer ou d'acier, par flexion ou ploiement d'un fil métallique). Cette transformation immédiate du travail mécanique en chaleur ne nous semble explicable que par le frottement mutuel de particules disjointes, qui glissent les unes sur les autres pendant que s'opère la déformation plastique. Une fraction seulement du travail mécanique dépensé reste emmagasinée dans la matière ; le surplus, transformé en chaleur, ne peut plus être récupéré.

Nous conclurons de cette étude qu'il faut s'abstenir de faire travailler les matériaux de construction audelà de la limite d'élasticité, parce qu'il se produit alors en eux une rupture d'équilibre moléculaire, et un commencement de désagrégation.

Si les forces extérieures demeurent invariables, comme intensités et directions, le laps de temps nécessaire pour que le corps prenne un nouvel état d'équilibre moléculaire est généralement très court, quoique toujours appréciable. Mais on a pourtant constaté dans certaines expériences que ce laps de temps pouvait être long, la désagrégation de la matière progressant lentement, mais d'une façon continue, jusqu'à la rupture finale. Si les efforts subis par le corps sont sujets à des variations ou à des alternances répétées, les ruptures d'équilibre moléculaire se renouvellent à chaque changement ou inversion du travail, et la dislocation se poursuit jusqu'à ce que la fracture se produise.

Le but essentiel de la *Résistance des Matériaux* est de fournir aux ingénieurs le moyen de calculer les dimensions de toutes les pièces d'une construction soumise à l'action de forces extérieures connues, de façon que le travail élastique ne dépasse nulle part et en aucun cas la limite d'élasticité. C'est la condition nécessaire pour que les éléments de la construction conservent leurs formes initiales, et que la matière qui les constitue ne subisse aucun changement fâcheux dans ses propriétés élastiques. Quand elle est remplie, on dit que l'ouvrage est *stable*, au point de vue de la Résistance des Matériaux.

D'autre part, on doit se garder autant que possible de faire emploi de pièces qui, par suite même des procédés de fabrication, auraient été écrouies pendant leur préparation. L'usinage des métaux s'effectue presque toujours à haute température, quand la matière, plastique et pâteuse, peut être travaillée sans subir aucune détérioration. Mais certaines opérations se terminent parfois à une température trop basse, ou sont complètement effectuées à froid : emboutissage, forgeage, laminage, planage, etc. Le seul remède absolument

efficace est en pareil cas le *recuit* : on porte la pièce à
la température où le métal reprend l'état pâteux et devient *soudant*. Les fissures déterminées par le façonnage à froid se referment, et toute trace d'écrouissage
disparaît.

Quand la détérioration ne porte que sur des zones
restreintes (poinçonnage, cisaillage), on se contente le
plus souvent d'enlever au burin ou à l'alésoir les parties les plus atteintes, sur quelques millimètres de
profondeur à partir du bord du trou de poinçon ou de
la tranche de cisaille. Mais les renseignements produits ci-dessus montrent que ce n'est là qu'un palliatif.
Si, au point de vue de la résistance *immédiate*, l'expérience paraît indiquer que le remède est suffisant, les
exemples cités précédemment prouvent que les traces
d'écrouissage n'ont pas entièrement disparu : à supposer que ses qualités de résistance n'aient pas subi de
modification fâcheuse, le métal est en tout cas devenu
beaucoup plus attaquable par la rouille, ce qui peut
compromettre la durée de la construction.

S'il n'est pas possible de recuire les pièces après leur
façonnage, on ne pourra éviter l'écrouissage d'une
manière à peu près absolue qu'en substituant le forage
au poinçonnage pour le percement des trous de rivets, en sciant les tôles au lieu de les cisailler, enfin
en proscrivant d'une manière absolue le martelage à
froid.

Nous remarquerons toutefois que, dans les constructions en fer ou acier laminé, les rivets sont nécessairement écrouis, en raison même de leur mode d'emploi : leur refroidissement après la pose détermine,
par suite de la contraction du métal, un travail supérieur à la limite d'élasticité. On sait que ces pièces sont

sujettes, après un certain temps de service, à s'allonger et à se relâcher, ou bien à se rompre, généralement au collet de la tête façonnée sur place.

Cet accident s'explique par les résultats des expériences de *Vicat* et *Thurston*. C'est là un défaut grave des constructions métalliques, et jusqu'à présent on n'a pas trouvé le moyen de l'éviter de façon sûre, bien que le rivetage mécanique donne à cet égard des résultats bien supérieurs à la rivure faite à la main. On est obligé d'inspecter et de vérifier périodiquement l'état des rivets dans les constructions métalliques, et l'on trouve bien souvent des pièces relâchées ou rompues, dont le remplacement s'impose. C'est la plus grande sujétion que comporte l'entretien des ponts en fer.

En ce qui touche les constructions en maçonnerie, on recommande de ne jamais employer le mortier après qu'il a commencé à faire prise et n'a plus par suite q. ne plasticité imparfaite ; l'usage des marteaux en fer est interdit aux maçons, qui ne doivent se servir que de maillets en bois pour assujettir les pierres sur leur bain de mortier. Ces règles pratiques se justifient par la diminution de résistance qu'éprouvent les matériaux pierreux non plastiques quand on leur fait subir des actions mécaniques brutales, susceptibles de déterminer dans la matière un travail voisin de la limite de rupture. C'est là un phénomène assimilable à celui de l'écrouissage pour les métaux ; en frappant longtemps à petits coups sur une pierre avec un marteau en fer, on finit par la désagréger ou la briser, alors même que les premiers chocs n'auraient produit aucun résultat appréciable.

41. Actions moléculaires latentes. Fragilité. — Il peut
se faire que, dans un corps hétérogène non sollicité
par des forces extérieures, il existe entre certains éléments en contact des actions moléculaires mutuelles,
dont les directions et les intensités varient brusquement quand on passe par une face de transition. Envisageons, par exemple, le passage de l'état liquide à
l'état solide d'un mélange intime de deux matières
inégalement fusibles ; l'une d'elles se solidifiera tout
d'abord sous forme de grains isolés dans le liquide
constitué par l'autre, et ces grains se trouveront plus
tard soumis sur leur périphérie à un effort général de
compression, dû au retrait du réseau continu formé
par la solidification du liquide. Les parois des alvéoles
enveloppant les grains subiront au contraire un travail d'extension, faisant équilibre à la compression du
noyau intérieur.

Ces actions moléculaires latentes se composeront
avec celles dues aux forces extérieures sollicitant le
corps, et aggraveront ainsi la discontinuité des forces
intérieures.

Le même résultat est à prévoir lorsqu'un corps hétérogène passe de l'état liquide à l'état solide par voie de
cristallisation successive de ses éléments.

Des actions latentes peuvent encore se manifester
dans un corps hétérogène sans changement d'état, par
le seul fait d'une variation de température, quand les
éléments constitutifs sont inégalement dilatables. C'est
ainsi que l'on explique la désagrégation à l'air de certains granits à gros cristaux, dont le plus connu est le
rappakivi ou *granit de Finlande*, qui s'effrite et se
désagrège sous le climat rigoureux de la Russie, alors
qu'il se conserve indéfiniment dans les lieux où la tem-

pérature est à peu près constante, comme les caves. Presque tous les granits à gros grains sont d'ailleurs sujets, quoique à un moindre degré, à ce genre de détérioration superficielle : leurs surfaces se rongent et se corrodent à l'air libre.

Quand la température varie presqu'instantanément entre des limites très écartées, le phénomène de désagrégation est beaucoup plus marqué, en raison de l'effet dynamique qui résulte des vitesses prises par les molécules pendant la contraction. C'est ainsi que l'on transforme certains granits en une masse friable ou même pulvérulente, en les *étonnant*, c'est-à-dire en les plongeant dans l'eau après les avoir fait rougir au feu. Certaines scories liquides de hauts fourneaux, ou laitiers, qui, par refroidissement à l'air, donneraient des masses compactes ou caverneuses très résistantes, se granulent en sable quand on les fait tomber dans un bassin plein d'eau.

Des actions moléculaires latentes peuvent encore se développer dans un corps même homogène, lorsqu'il passe brusquement de l'état liquide à l'état solide, par suite d'un refroidissement rapide de sa périphérie. On s'explique ainsi la fragilité des *larmes bataviques*, obtenues en laissant tomber dans l'eau des gouttes de verre en fusion, dont la surface extérieure se trouve complètement solidifiée quand l'intérieur est encore liquide : le noyau de la larme ne peut donc effectuer librement son *retrait*, et il reste distendu tandis que la périphérie attirée par le noyau est comprimée. Des phénomènes du même ordre se constatent dans les pièces de fonte et dans les aciers moulés, si les parois du moule étaient froides au moment de la coulée : pour éviter la production d'actions latentes, il serait néces-

saire de réchauffer le moule à la température de fusion
du métal, et de n'opérer la solidification qu'au moyen
d'un refroidissement graduel et lent. La *trempe* des
aciers, qui consiste à plonger dans un liquide une pièce
de métal préalablement portée à une haute température, produit des effets analogues, parce que la périphérie se refroidit, et par suite se contracte plus rapidement que la partie intérieure.

Les actions moléculaires latentes, qui ne modifient
pas dans une mesure sensible les coefficients d'élasticité de la matière, sont susceptibles d'influer sur les
limites d'élasticité et de rupture : cette dernière est souvent abaissée dans une mesure notable. Mais leur propriété caractéristique est de rendre nécessairement les
corps *fragiles*, c'est-à-dire susceptibles de se rompre
aisément par le choc. On s'explique sans peine que,
dans la région où le choc a déterminé un commencement de fracture, l'expansion des éléments comprimés
et la contraction des éléments tendus (qui, devenus
libres par leur disjonction mutuelle, ont repris leurs
volumes naturels) dégagent un travail mécanique qui
vient s'ajouter à la force vive du choc. Les vibrations
produites par l'action mécanique initiale, au lieu d'aller
en s'atténuant au fur et à mesure que l'on s'éloigne de
la région directement choquée, se trouvent renforcées à
chaque instant par la force vive qui s'échappe du corps.
Il en résulte que la fracture se propage dans la matière jusqu'à rupture complète (art. 73).

Un corps soumis à l'influence d'actions latentes peut
offrir une grande résistance aux efforts statiques, et
néanmoins se briser au moindre choc, parce qu'il présente, pour ainsi dire, le caractère d'un explosif. Il se
comporte comme un enchevêtrement de ressorts, dont

les uns seraient comprimés et les autres tendus ; on
conçoit que la rupture d'un seul d'entre eux puisse entraîner successivement et sans arrêt celle de tous les
autres, par suite de la force vive dégagée par la détente de chacun d'eux.

Nous pouvons prendre comme exemple simple le cas
d'un réservoir contenant de l'acide carbonique liquéfié,
qui pourra offrir la même résistance aux efforts statiques qu'un réservoir identique renfermant de l'eau à
la même pression, mais sera beaucoup plus fragile, et
volera en éclats sous un choc qui n'eût déterminé dans
le second réservoir qu'une fissure peu étendue, par
laquelle l'eau aurait suinté.

En définitive, les limites d'élasticité et de rupture ne
fournissent pas de renseignement net et certain sur
l'importance des actions moléculaires latentes. C'est la
résistance aux chocs qui permet seule d'apprécier la
force vive emmagasinée de ce chef dans la matière.

En portant les pièces moulées ou trempées à une
température voisine de celle où le métal devient pâteux,
puis les laissant revenir lentement à la température
ordinaire, on fait disparaître les actions moléculaires
latentes, et on atténue la fragilité due à un refroidissement brusque et irrégulier. Le laminage et le forgeage à chaud, qui font glisser les particules les unes
sur les autres à une température où le métal est soudable, ont un effet encore plus marqué. C'est ainsi que
l'on procède pour augmenter la résistance aux chocs
des aciers moulés ou trempés.

Pour la fonte qui passe presque directement de l'état
liquide à l'état solide, sans transition appréciable par
l'état pâteux, on ne peut appliquer le procédé du recuit
ou celui du laminage. Aussi ce métal est-il fragile, et

sa période de *semi-élasticité*, comprise entre les limites
d'élasticité et de rupture, est-elle réduite. La fonte est
sujette à des ruptures spontanées, imputables parfois à
·des changements irréguliers de température, ou bien à
des chocs insignifiants qui ont porté sur des points critiques. La fonte *grise*, où les actions moléculaires latentes sont relativement peu intenses, peut être travaillée au burin, et écrasée au marteau ; mais la fonte
blanche, bien que sensiblement plus résistante aux
efforts statiques, ne saurait être usinée à froid sans
danger de rupture.

Les matériaux pierreux ne présentent pas toujours
de période de semi-élasticité bien marquée ; leur limite
de rupture semble souvent suivre d'assez près leur limite d'élasticité, la déformation plastique étant difficile
à discerner et à mesurer. Ils sont relativement peu
tenaces, parfois très fragiles, et se brisent alors par
éclats sous le marteau. En enfonçant à coups de masse
un coin de fer dans une entaille peu profonde, on fend
aisément un bloc de pierre dure, tandis que pour le fer
et l'acier laminés il faut couper les barres sur toute leur
épaisseur. Il est à supposer que ces propriétés sont dues
à l'influence d'actions latentes, développées dans la
matière pendant sa solidification. Le fait bien connu
que le béton, malgré sa faible résistance aux efforts
statiques de compression, résiste mieux aux chocs que
la maçonnerie ordinaire, semble indiquer qu'il se produit des actions latentes à la surface de contact des
moellons et du mortier, pendant la prise de celui-ci,
dont l'adhérence sur la pierre est souvent supérieure à
sa propre cohésion.

C'est vraisemblablement aussi l'explication à donner
de la *gélivité* de certaines pierres, qui ne paraît pas

toujours en relation directe avec leur composition chimique, leur structure et leur porosité. Cette gélivité s'atténue souvent par une exposition à l'air suffisamment prolongée. Les efforts de compression supérieurs à la limite d'élasticité, auxquels étaient soumises ces pierres dans les bancs d'où elles ont été tirées, seraient l'origine des actions latentes qui persistent dans la matière après leur extraction. Si on les expose à l'air pendant un temps suffisant, ces actions moléculaires s'atténuent, et il se produit un nouvel équilibre moléculaire, facilité par le départ de l'eau de carrière, qui laisse des vides imperceptibles où les éléments comprimés peuvent pénétrer, de façon à reprendre leur volume naturel. Si, au contraire, on met immédiatement les pierres en œuvre dans une construction où une seule de leurs faces demeure exposée à l'air, à l'humidité et aux changements de la température atmosphérique, alors que les autres faces sont masquées par la maçonnerie environnante et ne peuvent *ressuer* leur eau, l'équilibre ne se rétablit pas, et des ruptures se manifestent sur la face soumise à la gelée.

La fragilité des métaux écrouis, qui est en général très appréciable, doit être due à la fois aux fractures imperceptibles disséminées dans la masse et aux actions latentes, dues aux déplacements mutuels des particules qu'accuse la déformation permanente. Le recuit, qui amène le métal dans le voisinage de l'état pâteux, corrige à la fois ce double défaut, en ressoudant les fractures et atténuant les actions moléculaires latentes.

42. Hétérotropie des matériaux. — Tous les matériaux sont hétérotropes. Ceux qui *a priori* sembleraient devoir posséder une isotropie presque parfaite, ont pres-

que tous une structure granuleuse, ou cristalline, ou
schisteuse, ou bien présentent des plans de clivage ou
des plans de lit, qui sont l'indication d'une texture
hétérotrope. Toutefois, certains corps fabriqués par voie
de fusion, tels que le laiton, le verre, la fonte, l'acier
moulé, etc., se rapprochent de l'isotropie parfaite.

Dans nombre de cas, on peut admettre l'existence
d'une isotropie transversale ; on reconnaît parfois facilement la direction d'un axe d'élasticité directe : direction des fibres dans les bois ; direction perpendiculaire
au plan de lit ou de clivage dans les pierres ; direction
du laminage dans les fers et aciers. Il faut en tenir
compte dans les constructions, ne pas placer une pierre
en *délit*, ne faire travailler le bois à la traction ou à la
compression que dans le sens des fibres, etc., si l'on ne
veut pas s'exposer à des mécomptes. Pour les métaux
laminés, la résistance et principalement la ductilité
sont presque toujours plus grandes dans la direction du
laminage que dans une direction perpendiculaire.
Quand on veut obtenir des tôles ayant à peu près même
résistance dans deux directions rectangulaires, on leur
fait subir deux laminages successifs dans ces deux
sens : on peut admettre alors que les tôles sont douées
d'isotropie transversale, l'axe de symétrie étant perpendiculaire à leurs faces de laminage.

**43. Détermination des coefficients d'élasticité, des limites
d'élasticité et des limites de rupture.** — Pour déterminer
les coefficients d'élasticité, on soumet un corps à l'action
de forces extérieures, on mesure les déplacements élastiques subis par certains points de sa périphérie, et on
résout les équations de déformation par rapport aux
coefficients considérés comme inconnues. On est par-

venu de la sorte à évaluer avec une exactitude suffisante les valeurs extrêmes et moyennes des coefficients E, G, et η pour les métaux et certains corps fabriqués, comme le verre : vu leur hétérotropie, leur hétérogénéité et la variabilité, accidentelle ou résultant des procédés de fabrication, de leur composition chimique et de leur structure, on ne peut espérer aboutir toujours pour une même matière à des conclusions identiques. Dans les applications, un écart de 10 à 15 0/0 entre les nombres conventionnels admis et les valeurs réelles des coefficients, est considéré comme peu important (1).

Pour les matériaux pierreux, on ne possède que des renseignements vagues et incomplets : leur faible résistance à la traction rend les expériences difficiles à bien conduire, et, d'autre part, les écarts dus à la variabilité de composition et de structure deviennent considérables. Il est très fâcheux qu'on ne soit pas mieux documenté à ce point de vue.

Pour reconnaître la limite d'élasticité, on soumet un corps à l'action de forces extérieures croissantes et l'on observe l'instant où la déformation permanente apparaît. Il s'agit ensuite de calculer les valeurs maxima des actions moléculaires directes ou tangentielles, développées à ce moment dans le corps par les forces extérieures. Si l'on disposait pour cette recherche de formules rigoureusement exactes, comme celles que donne la théorie de l'élasticité pour le cylindre isotrope soumis à un effort de torsion, on en déduirait sans difficulté les valeurs des limites d'élasticité *spécifiques*, c'est-à-dire relatives aux intensités des actions molé-

---

1. Nous donnerons à la fin du présent volume un tableau numérique renfermant les principaux résultats d'expérience que l'on possède en ce qui touche les matériaux usuels.

culaires d'extension, de compression et de glissement, et ces valeurs, tirées d'expériences variées faites dans des conditions différentes, devraient toutes concorder.

Mais nous verrons plus tard que, la théorie de l'élasticité étant impuissante à résoudre la plupart des problèmes d'équilibre élastique que l'on est conduit à envisager, il devient nécessaire de recourir aux formules de la résistance des matériaux, dont l'exactitude, suffisante pour la pratique des constructions, n'est pas toujours rigoureuse : ces formules ne peuvent donc fournir qu'approximativement les résultats cherchés. Il s'en suit qu'en les utilisant pour interpréter les renseignements numériques obtenus par des expériences dissemblables, on trouvera parfois des valeurs différentes pour une même limite d'élasticité. On est généralement porté, en ce cas, à dire que la limite d'élasticité considérée varie pour le même métal suivant la forme du corps expérimenté, ou suivant la distribution des forces qui le sollicitent. C'est là un langage tout à fait vicieux. En réalité, pour une matière nettement définie, la limite d'élasticité dont il s'agit a une valeur fixe et invariable, quelles que soient les conditions particulières de l'expérience effectuée. Mais ce sont les formules de résistance qui, n'étant pas rigoureuses, conduisent *dans l'interprétation* des résultats observés à des valeurs de travail discordantes, dont l'écart en plus ou en moins, par rapport à la limite d'élasticité vraie ou *spécifique*, dépend non de la forme du corps ni de la distribution des actions extérieures, mais bien de l'insuffisance et de l'inexactitude des formules basées sur l'hypothèse fondamentale de la Résistance des matériaux, dont nous parlerons plus loin : on ne peut

alors déduire de ces formules qu'une limite d'élasticité
apparente ou *conventionnelle*.

On est arrivé, pour la plupart des métaux, à déterminer as..ez exactement la limite d'élasticité à *l'extension simple*, au moyen d'essais à la traction effectués
sur des barres *prismatiques*. On connaît également
assez bien la limite d'élasticité au glissement simple
(expériences de torsion sur un cylindre de révolution),
qui est d'un intérêt médiocre pour la pratique des
constructions.

En ce qui touche la compression simple, il n'en est
pas de même ; faute de connaissances suffisantes, on
admet très souvent (acier, fer) que cette limite a la même
valeur numérique que la limite à l'extension simple.
Nous verrons, à la fin du présent chapitre (art. 71),
par suite de quelles circonstances il est difficile de réaliser, dans les essais de compression, les conditions
qui permettraient d'interpréter convenablement les résultats observés, et d'en tirer la valeur de la limite d'é-
lasticité *spécifique* à la compression simple.

Dans ces deux hypothèses de travail *simple*, à l'extension ou à la compression, l'ellipsoïde des actions
moléculaires se réduit à deux points. Quand on a affaire
à un travail *double* ou *triple*, défini par un ellipsoïde
ayant deux axes, ou ses trois axes différents de zéro, la
question se complique. On n'a en fait, dans l'état actuel
des connaissances, *aucune* donnée expérimentale con-
cluante sur les valeurs numériques à attribuer, en pareil
cas, aux limites d'élasticité.

Soient A, B et C les actions moléculaires principales.
dont les intensités sont proportionnelles aux axes de l'ellipsoïde. L'opinion la plus *probable*, c'est-à-dire celle qui
semble le mieux concorder avec les faits d'observation.

nous paraît être que la limite d'élasticité est atteinte
dans la direction de l'un des axes, l'axe A par exemple,
quand la déformation élémentaire directe réalisée dans
cette direction a atteint une valeur déterminée, qui d'ailleurs ne sera sans doute pas la même pour le cas d'un
raccourcissement que pour celui d'un allongement. Si
l'on admet en outre que le corps soit isotrope, ou que
la direction A corresponde à un axe d'élasticité, on
se trouve conduit à définir la limite d'élasticité par la
condition :

$$A - \eta\, B - \eta'C = \text{const. N.}$$

Le coefficient numérique N serait précisément la
limite d'élasticité soit à l'extension, soit à la compression *simple*, correspondant au cas où, A étant soit positif, soit négatif, on supposerait B et C nuls. Mais cette
règle n'est pas, quant à présent, ratifiée par l'expérience.
Elle se justifie assez bien par des considérations théori·
ques, et n'est pas en contradiction avec les faits observés. C'est tout ce qu'on peut en dire.

Pour la fonte et les matériaux pierreux, on n'a que
des données vagues et incertaines. En raison des circonstances signalées précédemment, la limite de rupture à l'extension paraît suivre généralement d'assez
près la limite d'élasticité, et il est malaisé de bien reconnaître à quel moment cette dernière est atteinte. On se
contente le plus souvent, pour cette catégorie de matériaux de construction, de rechercher la limite de rupture, sans se préoccuper, comme on le fait pour l'acier
et le fer, de la limite d'élasticité, bien que ce soit pourtant, au point de vue théorique, le renseignement
essentiel à se procurer.

Pour déterminer la limite de rupture d'un corps, on

le soumet à l'action de forces extérieures croissantes
jusqu'à ce qu'il se brise ou se désagrège. On calcule à
ce moment le travail définissant la limite de rupture,
en appliquant les formules de la Théorie de l'Elasticité
ou de la Résistance des matériaux. Mais il doit être bien
entendu que les résultats fournis par ce procédé sont
purement *conventionnels*, et ne représentent en aucune
façon les intensités vraies des actions moléculaires
développées dans le corps à l'instant précis où la rupture s'est manifestée. En effet, dès que la limite d'élasticité est dépassée, la loi de Hooke ne se vérifie plus, et
les principes fondamentaux de la Théorie de l'Elasticité
ne peuvent plus être invoqués. Par conséquent, abstraction faite des causes spéciales d'erreur qui résulte-
raient de l'inexactitude théorique de la Résistance des
matériaux, on ne saurait rien tirer de certain, pour un
corps qui n'est plus élastique, de formules établies pour
les solides élastiques.

Il n'est donc pas surprenant que les renseignements
numériques, auxquels conduit cet emploi systématique
de formules que l'on doit tenir pour fausses, varie pour
une même matière entre des limites très écartées, d'a-
près la forme du corps expérimenté et la distribution
de forces extérieures. Dans presque tous les cas, il convient essentiellement, pour que le renseignement fourni
ait une valeur pratique, de spécifier avec précision les
conditions particulières de l'expérience faite, en regard
de la limite de rupture trouvée, limite conventionnelle
qui doit être définie comme il suit : ce serait le travail
effectif de la matière au moment de la rupture du corps,
si ce dernier pouvait être encore assimilé à un solide
parfaitement élastique, ce qui n'est pas.

Quand on parle, par exemple, de la limite de rupture

à l'extension du fer, sans ajouter aucune indication, on sous-entend que cette limite a été établie en soumettant un corps exactement prismatique à un effort d'extension simple croissant jusqu'à rupture. Avec un corps de forme non prismatique, ou bien en produisant la rupture au moyen d'un essai de flexion, on trouverait, par l'emploi des formules usuelles de calcul, une valeur du travail de rupture très différente, qui serait également une limite conventionnelle correspondant à l'expérience effectuée.

Moyennant cette réserve indispensable, nous dirons qu'on a, en ce qui touche la limite conventionnelle de rupture à l'extension simple, et pour tous les matériaux de construction, des renseignements assez précis, qui ont été déduits d'essais de traction effectués pour les métaux sur des pièces prismatiques, et pour les pierres et mortiers sur des échantillons ou briquettes de formes déterminées.

Pour le glissement simple, on est également assez documenté.

Mais pour la compression simple, les difficultés que présente la réalisation dans les expériences de conditions qui permettraient d'interpréter convenablement les résultats obtenus, sont encore plus considérables qu'en ce qui touche la limite d'élasticité. Il en résulte que les indications fournies à ce sujet ne peuvent être considérées comme parfaitement exactes que pour la forme du corps et la répartition des forces extérieures admises dans les essais. C'est ainsi, par exemple, que l'effort nécessaire pour rompre une pièce prismatique comprimée sur deux bases opposées dépend non seulement de l'étendue et du profil de chaque base, mais encore du rapport existant entre la hauteur du prisme et l'étendue en question. Lorsqu'on énonce une limite de rupture à la compression, il est donc absolument nécessaire de compléter ce renseignement en spécifiant la forme et les dimensions du corps essayé, ainsi que la manière dont l'expérience a été conduite. Nous reviendrons sur ce sujet en traitant les problèmes à résoudre par les méthodes de la Résistance des Matériaux.

Nous ne connaissons pas de résultats d'observation relatifs aux cas de travail double ou triple, correspondant pour un corps élastique à des ellipsoïdes d'actions moléculaires dont deux axes ou les trois axes seraient différents de zéro. Nous ne saurions formuler de règle pratique permettant de déduire, avec quelque chance d'exactitude, les limites de rupture en question de celles déterminées par expérience pour le cas du travail simple.

44. Limites de sécurité. — D'après ce que nous avons vu précédemment, il est indispensable, quand on veut édifier une construction durable, d'éviter qu'en aucune partie de l'ouvrage le travail élastique dépasse la limite d'élasticité. Sans quoi, il y aurait altération de la matière, et l'on n'aurait pas la certitude que cette altération ne pût aller en progressant jusqu'à désagrégation ou rupture. La mise hors de service des rivets, que l'on observe fréquemment sur les ouvrages métalliques, montre que cette crainte est très justifiée.

Si, d'autre part, on voulait appliquer *strictement* la règle consistant à ne pas dépasser la limite d'élasticité, on s'exposerait à de graves mécomptes, par les raisons suivantes :

1° Nous avons vu que la plupart du temps on est très imparfaitement renseigné sur la valeur numérique à attribuer à une limite d'élasticité pour une catégorie déterminée de matériaux. L'expérience a bien indiqué des valeurs moyennes pour le fer et l'acier, mais on n'est pas toujours absolument sûr que, d'une manière générale, ces moyennes observées ne sont pas supérieures aux limites réelles. D'autre part, l'hétérogénéité, l'hétérotropie, les défauts locaux qu'on ne peut toujours éviter, même avec une fabrication soignée et une mise en œuvre irréprochable, peuvent influer sur la résistance de la matière et abaisser sa limite d'élasticité. Il faut donc, par prudence, considérer les indications fournies à ce point de vue par les expériences de laboratoire comme des maxima dont on ne doit pas se rapprocher.

2° Les formules usuelles fournies par la Résistance des Matériaux, dont on se sert pour évaluer le travail dans les différents éléments ou les différentes régions d'une construction, n'ont qu'une exactitude très relative, alors même que l'on suppose la matière parfaitement élastique, homogène et isotrope, et les solides étudiés parfaitement prismatiques. Les résultats auxquels conduisent ces formules, sont toujours plus ou moins entachés d'erreur, dans une mesure que l'on peut, d'ailleurs, souvent apprécier. Il est donc prudent, pour éviter tout mécompte, soit de majorer les valeurs de travail indiquées par le calcul, soit d'opérer une réduction équivalente sur la limite d'élasticité admise comme maximum.

3° Le moindre problème pratique est, en général, d'une telle complexité qu'il faut pour le résoudre en modifier et en simplifier les données, en écartant ou négligeant une foule de circonstances secondaires, que l'on estime *a priori* ne pas devoir exercer d'influence sensible sur la stabilité : changements de température, tassements des fondations, déformations élastiques, chocs, vibrations, etc., etc... On évalue approximativement les forces extérieures, en leur attribuant une répartition qui concorde plus ou moins avec la réalité des faits, etc., etc.

Quand on étudie les premières constructions métalliques établies dans le siècle présent, à une époque où la Résistance des Matériaux était encore dans l'enfance, on est parfois surpris de trouver par le calcul des valeurs de travail supérieures de 30, 40, 60 0/0, aux limites que les constructeurs avaient voulu ne pas dépasser.

Les méthodes d'investigation se perfectionnant de jour en jour, on tient compte aujourd'hui de bien des circonstances qu'autrefois l'on jugeait à tort négligeables, ou dont on était impuissant à apprécier les effets. Il est permis de penser que, dans l'état actuel des connaissances, des erreurs aussi importantes ne pourraient plus être commises. Toutefois, il ne faut pas trop s'y fier, et il convient d'admettre que l'on n'a pas réalisé dans cet ordre d'idées tous les progrès compatibles avec les bases fondamentales de la Théorie de l'Elasticité, et que, par suite, une grande prudence est encore à recommander.

4° Les formes des différents éléments d'une construction, leurs assemblages et leurs liaisons mutuelles ne correspondent jamais de façon rigoureuse aux données plus ou moins hypothétiques et conventionnelles qu'on soumet au calcul. Abstraction faite des erreurs, des défauts et des malfaçons à prévoir dans la préparation et la mise en œuvre des matériaux, aussi bien que dans le montage de la construction, il faut toujours compter avec des sujétions d'ordre pratique qui ne permettent de réaliser que par à peu près l'ouvrage étudié. Les discordances entre les prévisions et les résultats peuvent être notables (constructions rivées ; poutres composées de fer et cornières, etc.).

5° Enfin, le fer et l'acier sont sujets à la rouille, qui corrode leurs surfaces et diminue les sections utiles des pièces métalliques. On a beau combattre cette cause de destruction par le grattage des taches de rouille, le renouvellement des peintures, le zincage ou galvanisation, il est impossible de l'enrayer complètement, surtout au droit des assemblages où le nettoyage et le peinturage périodique de toutes les faces exposées à l'air sont le plus souvent malaisés et parfois même impossibles à effectuer. Un ouvrage métallique perd de ce chef tous les ans une partie de sa résistance, et il serait voué à la ruine dans un avenir prochain, si on n'avait eu la prévoyance, en l'établissant, de donner à tous ses éléments un surcroît de solidité qui puisse compenser pendant nombre d'années l'affaiblissement progressif dû à l'oxydation.

Dans les constructions en maçonnerie, certaines pierres gélives ou de mauvaise qualité se rompent et s'effritent ; le mortier peut se désagréger en quelques points ; le terrain de fondation peut tasser ou s'affaisser, etc.

Pour tous ces motifs, — étant donné la limite d'élasticité que l'on sait, ou que l'on croit, ou que l'on suppose convenir à un élément de construction, dans les conditions de travail envisagées et eu égard à la qualité du métal que l'on se propose d'employer, — il est bon, si l'on veut écarter toute éventualité de catastrophe et éviter un dépérissement rapide de la construction, de s'imposer l'obligation de ne pas dépasser une *limite de sécurité* très inférieure à la *limite d'élasticité*, qui n'en soit, par exemple, que le quart ou le tiers, tout au plus les deux cinquièmes : telle est la règle appliquée au fer et à l'acier, métaux ductiles qui subissent une déformation plastique notable avant de se rompre, et pour lesquels l'écart entre les limites d'élasticité et de rupture est notable.

Avec des matériaux très hétérogènes ou très fragiles, ou offrant peu de résistance à l'extension, comme la fonte, le bois, les maçonneries, dont la limite d'élasticité est parfois mal définie ou semble voisine de la limite de rupture, il convient de se montrer encore plus réservé. La limite de sécurité ne doit pas dépasser le vingtième, ou tout au plus le dixième, à la grande rigueur le huitième de la limite de rupture, surtout quand il s'agit d'un travail à la compression, pour lequel la limite en question est toujours imparfaitement connue, du moment que l'on s'écarte des conditions particulières dans lesquelles les expériences d'essai ont pu être faites.

Il n'existe pas à notre connaissance de règle absolument rationnelle et indiscutable, qui permette d'arrêter la limite de sécurité admissible pour un corps dont on connaît les limites d'élasticité et de rupture.

En somme, la limite de sécurité devrait dépendre non seulement des qualités de la matière, mais encore des circonstances particulières relatives à la construction dont on s'occupe, de la solidité et de la durée qu'on veut lui assurer, de la gravité des conséquences d'un accident éventuel, des erreurs ou des malfaçons qui semblent à prévoir, etc.

En fait, quant à présent, on se base sur des habitudes, sur la routine des constructions, sur l'exemple des ouvrages existants, sur des formules plus ou moins justifiées, enfin sur des règlements administratifs. On en est aujourd'hui encore à la période d'empirisme et de tâtonnement.

Nous laisserons en conséquence de côté pour le moment l'exposé des résultats obtenus et des règles pratiques en usage. Nous admettrons que la limite de sécurité compatible avec les matériaux que l'on se propose d'employer dans une construction, ait été fixée *a priori* et qu'il n'y ait plus d'hésitation à son sujet.

L'objet de la *Résistance des Matériaux* est de fournir des méthodes de calcul permettant : 1° d'arrêter les dispositions d'ensemble et de détail d'une construction, de façon qu'elle soit en équilibre statique, les forces agissent sur un élément quelconque de l'ouvrage se faisant exactement équilibre ; 2° d'assurer sa *stabilité*, en attribuant à tous ses éléments des dimensions telles qu'en un point quelconque le travail maximum à l'extension, à la compression ou au glissement se rapproche le plus possible de la limite de sécurité jugée convenable, mais sans la dépasser. Il ne faut pas se tenir trop au-dessous, par raison d'économie. Il ne faut pas aller au-delà, sous peine de compromettre la stabilité.

La Résistance des Matériaux fournit également les moyens de comparer au point de vue de la dépense et de la solidité les différents types de construction applicables à un cas déterminé.

§ 2. — Résistance des Matériaux.

45. Théorie de l'Elasticité et Résistance des Matériaux.
— Nous avons vu précédemment que la *Théorie de
l'Elasticité* est impuissante à résoudre la plupart des
problèmes relatifs à la stabilité des constructions, parce
qu'elle conduit à des équations différentielles que l'on ne
sait pas intégrer. On n'a réussi, jusqu'à présent, à
trouver de solutions rigoureuses et complètes que pour
un petit nombre de cas particuliers, en partant de données qui parfois s'écartent notablement des conditions
pratiquement réalisables, de telle sorte que ces résultats n'offrent qu'un intérêt purement théorique. Il arrive
aussi que les solutions obtenues conduisent à des formules trop compliquées pour qu'on puisse s'en servir
d'une manière courante.

La *Résistance des Matériaux*, dont on fait un usage
à peu près exclusif pour le calcul des constructions,
est une science semi-empirique qui s'appuie, d'une
part, sur les principes de la Théorie de l'Elasticité et,
d'autre part, sur certaines hypothèses particulières,
basées généralement sur des faits d'observation, dont
on a généralisé les indications sans en avoir le droit
absolu.

On a obtenu de la sorte des formules simples et d'un
emploi commode, mais qui, en raison de leur origine
empirique ou hypothétique, ne peuvent inspirer de
confiance que dans les cas déterminés où l'expérience
les justifie. En les employant en toute circonstance,
d'une façon irraisonnée, on risque d'aboutir à des résultats inexacts et parfois absurdes, quand les hypothèses

fondamentales de la Résistance des Matériaux sont incompatibles avec les démonstrations de la Théorie de l'Elasticité. Cette dernière science rend alors des services très grands, en permettant de prévoir à l'avance et d'expliquer les erreurs, les anomalies et les contradictions auxquelles conduit l'emploi des formules de résistance, dès que l'on sort des limites en deçà desquelles elles sont vérifiées d'une manière suffisante par l'expérience ou la théorie.

C'est pour ce motif que nous avons jugé utile d'exposer sommairement dans le précédent chapitre les notions essentielles de la Théorie de l'Elasticité. Nous aurons plus tard à nous y reporter, lorsqu'il s'agira de spécifier les circonstances où les formules de Résistance ne sauraient être regardées comme suffisamment exactes, et, au besoin, d'indiquer les corrections à apporter aux résultats fournis par elle pour les faire concorder avec la réalité.

46. Objet de la Résistance des Matériaux. — Considérons une pièce prismatique satisfaisant à la définition que nous avons donnée à l'article 1er.

Reportons-nous à l'article 21 et à la figure indiquant la décomposition des actions moléculaires qui sollicitent les six faces d'un cube élémentaire considéré à l'intérieur d'un corps élastique. Nous supposerons que ce cube fasse partie d'une pièce prismatique, et nous l'orienterons de façon que le plan xoy soit parallèle au plan de la section transversale du corps qui passe par le centre de gravité du cube ; la direction oz sera, par suite, parallèle à la tangente à l'axe longitudinal de la pièce passant par le centre de gravité de cette même section.

Nous admettrons, d'autre part, que la pièce est absolument *libre dans toutes ses dimensions transversales*, et que les actions moléculaires, normales ou tangentielles, développées sur sa périphérie pseudocylindrique par l'action directe des forces extérieures, sont nulles ou négligeables devant les actions développées dans la section transversale.

Considérons, par exemple, un cube dont la face xoz serait un élément de la surface périphérique du corps ; pour cette face, les actions moléculaires Y, S et V doivent être nulles ou négligeables. S'il s'agissait de la face yoz, les actions moléculaires X, T et V seraient nulles.

Pour que les formules de la Résistance des Matériaux soient applicables à la recherche des conditions d'équilibre élastique du corps, il faut que l'énoncé du problème soit tel qu'il apparaisse d'une manière évidente que la condition essentielle, énoncée ci-dessus, sera réalisée (1).

En raison de la forme géométrique du corps, cette condition primordiale a pour conséquence immédiate que les actions normales X et Y, dirigées perpendiculairement à la fibre moyenne, et les actions tangentielles V. dont le couple est perpendiculaire à cette même fibre, sont nulles en un point quelconque de la pièce. Si l'on considère, en effet, une portion comprise entre deux sections transversales voisines, il est nécessaire, pour l'équilibre statique de ce tronçon, que la résultante des actions Z, S et T appliquées sur une des sections d'a-

1. Dans l'étude des enveloppes cylindriques, que nous avons faite à l'article 34 par la méthode de la Théorie de l'Elasticité, nous avions bien affaire à un solide prismatique ; mais, comme les actions extérieures appliquées sur la périphérie n'étaient pas nulles (pressions normales extérieure et intérieure), il n'eût pas été possible de résoudre le problème à l'aide des formules de la Résistance des Matériaux.

bout, soit égale et directement opposée à la résultante
des actions qui s'exercent sur l'autre section. Comme
d'ailleurs, par définition, ces deux sections sont sensiblement identiques et parallèles, on démontrera que
X, Y et V sont nécessairement nuls en un point quelconque par la méthode déjà exposée d'une manière complète, dans l'étude du cylindre soumis à un effort de
torsion (art. 33) (1).

En définitive, les forces intérieures X, Y et V étant
nulles en un point quelconque de la pièce, la Résistance des Matériaux a pour objet la recherche :

1° De l'action moléculaire appliquée en chaque point
de la section transversale, dont les composantes sont :
Z, action normale dirigée parallèlement aux fibres ;
S et V, actions tangentielles dont les couples sont contenus dans des plans parallèles aux fibres.

2° De la déformation élastique corrélative de ces actions moléculaires.

Remarquons encore que pour satisfaire complètement à la définition des pièces prismatiques, il faut
que, si la matière constitutive du corps est fibreuse
(bois), les fibres soient perpendiculaires aux sections
transversales successives. Dans les métaux laminés,
dans les matériaux possédant un plan de clivage (ardoises), il faut que le sens du laminage ou la direction
du clivage soient parallèles à l'axe longitudinal.

Dans l'hypothèse contraire, si les fibres, n'étant pas
parallèles à l'axe longitudinal, étaient coupées par le
contour cylindrique de la pièce, la Résistance des Ma-

---

1. Si, en effet, ces actions moléculaires n'étaient pas nulles, leurs valeurs seraient indépendantes des forces extérieures sollicitant le corps :
ce seraient donc des actions latentes, que la Théorie de l'Elasticité est impuissante à calculer.

tériaux serait impuissante à faire connaître la distribution des actions moléculaires. On peut s'en rendre
compte en brisant par flexion une allumette en bois,
dont les fibres, obliques aux arêtes, seraient coupées
par les faces. Un faible effort suffit pour déterminer la
rupture, qui s'opère obliquement par décollement et
disjonction des fibres, et non pas dans une section transversale par cassure de ces fibres, comme cela se constate pour une allumette taillée *de droit fil.*

En d'autres termes, les formules de la Résistance
des Matériaux ne sont applicables qu'aux pièces de
forme prismatique, douées de l'isotropie transversale
avec un axe de symétrie complète tangent, pour une
section transversale quelconque, à l'axe longitudinal
géométrique du solide : si une pareille pièce est absolument libre dans ses dimensions transversales, et si les
forces extérieures appliquées sur sa périphérie cylindrique ne donnent directement naissance dans cette
périphérie qu'à des actions moléculaires nulles ou négligeables, les formules en question permettent de calculer, avec une exactitude plus ou moins grande suivant
les circonstances, les intensités des actions moléculaires normale et tangentielles qui s'exercent en un point
quelconque d'une section transversale du corps.

47. Hypothèse fondamentale. Enoncé et discussion. —
Ecrivons les six équations d'équilibre élastique relatives
à une section transversale de la pièce prismatique, en
attribuant à l'axe des z une direction perpendiculaire
au plan de la section :

$$(1) \qquad \int\int Z \, dx.dy = R_z \, ;$$

$$(2) \qquad \int\int S \, dx.dy = R_y \, ;$$

$$(3) \qquad \int\int T \, dx.dy = R_x \, ;$$

(4) $\iint (Sx + Ty)\, dx.dy = M_z$;

(5) $\iint Zx\, dx.dy = M_y$;

(6)   . $\iint Zy\, dx.dy = M_x$.

Proposons-nous de résoudre immédiatement ces relations, connaissant les résultantes R_z, R_y et R_x, et les
couples résultants M_z, M_y et M_x des forces extérieures
appliquées au corps entre la section choisie et une de
ses extrémités. Il s'agit d'établir les expressions analytiques des actions moléculaires Z, S et T. Envisagé au
point de vue de la Théorie de l'Elasticité, le problème
ainsi posé est insoluble, parce qu'il n'est pas déterminé.
On ne peut en effet se rendre compte de l'état d'équilibre élastique d'une section transversale considérée isolément, abstraction faite des sections voisines. Il faudrait de toute nécessité rechercher simultanément les
conditions d'équilibre de toutes les sections transversales successives, et poser une série d'équations em-
brassant le solide tout entier.

Pour faire disparaître cette indétermination, on recourt à l'hypothèse suivante : *dans tout corps prismatique satisfaisant aux conditions énoncées à l'article précédent, une section transversale quelconque
reste plane, identique à elle-même, et normale à l'axe
longitudinal, ou fibre moyenne, pendant la déformation.* Cette hypothèse est la base fondamentale de la
Résistance des Matériaux.

Elle s'interprètera algébriquement comme il suit :

Transportons l'origine des coordonnées au centre de
gravité de la section transversale à laquelle se rapportent les équations d'équilibre élastique (1) à (6) énoncées plus haut : les axes des x et des y seront contenus
dans le plan de cette section, auquel l'axe des z sera perpendiculaire.

Considérons une seconde section transversale située à la distance infiniment petite dz de la première,
et désignons par $\delta z'$, $\delta y'$ et $\delta x'$ les *déplacements élémentaires* de l'un de ses points, mesurés suivant les
directions des axes.

Le corps étant doué de l'isotropie tranversale, d'a-
près les données du problème, on pourra écrire :

$$E\ \delta z' = Z\ ;$$
$$G\ \delta y' = S\ ;$$
$$G\ \delta x' = -\ T.$$

En vertu de l'hypothèse formulée ci-dessus, chaque
section transversale doit rester plane et identique à
elle-même, malgré la déformation du solide. Il en ré-
sulte que les déplacements élémentaires $\delta z'$, $\delta y'$ et $\delta x'$
sont des fonctions linéaires des coordonnés x et y des
différents points de la section, dont le plan est normal
à l'axe des z :

$$\delta z' = ax + by + m\ ;$$
$$\delta y' = a'x + b'y + n\ ;$$
$$\delta x' = a''x + b''y + p.$$

a, b, a', b', a'', b'' sont des facteurs numériques à déterminer ; m, n et p sont les déplacements élémentaires
inconnus du centre de gravité de la section, situé sur
l'axe des z.

Nous allons substituer aux actions moléculaires Z,
S et T leurs expressions linéaires énoncées ci-dessus,
dans les six équations d'équilibre élastique de la section, qui prennent alors la forme :

$$E \iint (ax + by + m)\, dx.dy = R_z\ ;$$
$$G \iint (a'x + b'y + n)\, dx.dy = R_y\ ;$$
$$G \iint (a''x + b''y + p)\, dx.dy = -\ R_x\ ;$$

$$G \iint [a'x^2 + (b'-a'')xy - b''y^2 + nx - py]dx.dy = M_z \; ;$$
$$E \iint (ax^2 + bxy + mx) \, dx.dy = M_y \; ;$$
$$E \iint (axy + by^2 + my) \, dx.dy = M_x \; .$$

L'origine des coordonnées est placée au centre de gravité de la section transversale. Par conséquent, les équations précédentes peuvent s'écrire comme il suit, en recourant aux notations établies dans le chapitre premier (art. 2, 3 et 4) et en remarquant que les moments statiques $\iint y dx.dy$ et $\iint x dx.dy$ sont nuls :

$$\text{(1)} \qquad\qquad Em\Omega = R_z \; ;$$
$$\text{(2)} \qquad\qquad Gn\Omega = R_y \; ;$$
$$\text{(3)} \qquad\qquad Gp\Omega = - R_x \; ;$$
$$\text{(4)} \qquad G[a'I_y + (b'-a'')I_{xy} - b''I_x] = M_z \; ;$$
$$\text{(5)} \qquad\qquad E[aI_y + bI_{xy}] = M_y \; ;$$
$$\text{(6)} \qquad\qquad E(aI_{xy} + bI_x) = M_x \; .$$

Connaissant le profil de la section transversale de la pièce, on pourra toujours calculer sans difficulté l'aire Ω et les moments d'inertie I_x, I_y et I_{xy} relatifs aux axes Gx et Gy menés dans la section par son centre de gravité. Dans le cas où leurs directions seraient celles des axes principaux d'inertie, le moment d'inertie composée I_{xy} serait nul, et les équations d'équilibre élastique se trouveraient simplifiées de ce chef.

La section transversale de la pièce doit demeurer, d'après l'hypothèse de la Résistance des Matériaux, identique à elle-même malgré la déformation du corps; on a donc entre les coefficients numériques des expressions linéaires de $\delta z'$, $\delta y'$ et $\delta x'$, les relations de condition que fournit la géométrie analytique pour les changements de coordonnées dans l'espace :

$$(7) \qquad a^2 + a'^2 + a''^2 = 1 \; ;$$
$$(8) \qquad b^2 + b'^2 + b''^2 = 1 \; ;$$
$$(9) \qquad ab + a'b' + a''b'' = 0.$$

On a admis, d'autre part, que la section transversale doit, après la déformation, rester normale à la fibre moyenne, lieu du centre de gravité dont les déplacements élémentaires sont m, n et p. Cela donne encore deux conditions :

$$(10) \qquad a'^2 + b'^2 + \frac{n^2}{m^2 + n^2 + p^2} = 1 \; ;$$

$$(11) \qquad a''^2 + b''^2 + \frac{p^2}{m^2 + n^2 + p^2} = 1.$$

Nous disposerons, en définitive, de onze relations entre neuf coefficients numériques inconnus : a, a', a'', b, b', b'', m, n et p. Il y a donc surabondance de conditions, et, dans le cas général, l'hypothèse de la Résistance des Matériaux est incompatible avec les équations de l'équilibre élastique, fournies par la Théorie de l'Élasticité pour la section transversale considérée.

Dans l'étude des problèmes particuliers relatifs à la stabilité des pièces prismatiques, que nous aurons à faire dans la suite du cours, il pourra se présenter trois cas :

1° Il arrive parfois que l'hypothèse faite concorde d'une façon rigoureuse avec la réalité. Les onze équations de condition énoncées plus haut sont satisfaites par un système de neuf coefficients numériques, et les formules relatives au calcul du travail, auxquelles conduit la méthode de la Résistance des Matériaux, sont exactes et par conséquent identiques à celles que fournirait la Théorie de l'Élasticité : Extension simple. Compression simple. Flexion simple, lorsque l'*effort tranchant est nul*. Torsion des cylindres de révolution.

2° Les équations fournies par la Résistance des Matériaux comportent encore une solution, comme dans
le cas précédent, mais cette solution est fausse, en ce
que l'hypothèse de la Résistance des Matériaux est démentie par la Théorie de l'Elasticité. La formule à
laquelle on arrive est donc inexacte, et ne peut fournir
dans les applications que des renseignements approximatifs : Torsion d'une pièce prismatique à section
transversale non circulaire.

3° Enfin, le problème, tel qu'il a été posé, ne comporte
pas de solution : il est impossible de satisfaire aux onze
équations avec un système de neuf coefficients numériques. Il faut alors de toute nécessité abandonner dans
une certaine mesure l'hypothèse formulée dès le principe, en se bornant à maintenir les conditions nécessaires pour supprimer l'indétermination du problème
réduit aux équations d'équilibre élastique, dont le nombre six est inférieur à celui des coefficients numériques
à déterminer : Flexion des pièces, quand l'effort tranchant n'est pas nul.

On conçoit que les formules obtenues de la sorte ne
sauraient être rigoureuses, et ne méritent qu'une confiance limitée. Il convient de vérifier expérimentalement que l'approximation des résultats formés par elles
est suffisante au point de vue des applications pratiques.

Il y a, par conséquent, entre la Théorie de l'Elasticité, science exacte, et la Résistance des Matériaux,
science semi-empirique, cette différence que les résultats fournis par la première sont toujours rigoureux,
en tant qu'on les applique à un corps parfaitement homogène et élastique, et remplissant les conditions de
forme géométrique et de distribution des forces exté-

rieures énoncées précédemment ; tandis que les résultats fournis par la seconde ne sont le plus souvent
qu'approximatifs, et peuvent être absolument erronés.
Aussi convient-il de vérifier, toutes les fois qu'on le
peut, la valeur de ses formules, soit par l'expérience,
soit par la Théorie de l'Elasticité. On doit veiller à n'en
pas faire un emploi inconsidéré, dans les cas où la vérification précitée n'aurait pas fourni de conclusions
probantes.

**48. Résultantes des actions moléculaires développées
dans la section transversale d'une pièce prismatique.** —
Considérons la pièce prismatique ABA'B'. Soient CD
une section transversale et Gx la tangente à l'axe longitudinal au point G, centre de gravité de la section. Les
actions moléculaires développées dans cette section font
équilibre aux forces extérieures appliquées sur l'une
des deux portions du corps limitées au plan CD.

Le système de ces forces extérieures peut être remplacé par les résultantes et les couples résultants que
nous allons énumérer :

1º Une résultante F d'actions moléculaires normales,

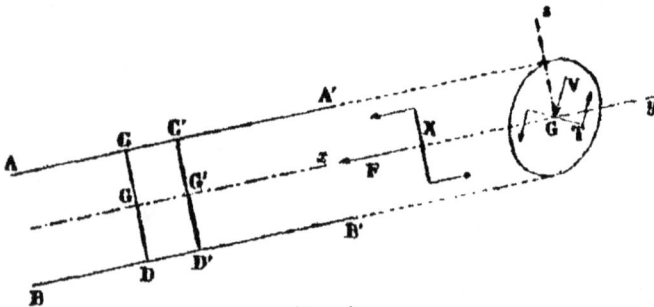

Fig. 47.

dont la direction est celle de l'axe Gx. Cette force F est
celle que nous avons désignée par la lettre R$_t$ dans les

équations de l'article 47. Nous l'appellerons l'*effort normal*. L'effort normal fait travailler le métal à la compression *simple* ou à l'extension *simple*, suivant qu'il tend à rapprocher ou à écarter la section C'D' de la section infiniment voisine CD.

2° Une résultante V d'actions tangentielles, située dans le plan de la section et passant par son centre de gravité G. C'est la résultante des deux forces tangentielles que nous avons désignées par les lettres R_x et R_y dans les équations de l'article 47. Nous l'appellerons l'*effort tranchant*. L'effort tranchant fait travailler le métal au glissement *simple*, et tend à imprimer à la section CD un mouvement de translation dans son propre plan.

3° Un couple d'actions moléculaires normales X, situé dans un plan perpendiculaire à la section transversale et contenant la droite Gx.

Ce couple s'obtient par la composition des deux couples d'actions normales désignés dans les équations de l'article 47 par les lettres M_x et M_y. Nous l'appellerons le *moment de flexion* ou *moment fléchissant* : il fait travailler la pièce à la flexion, et tend à imprimer à la section un mouvement de rotation autour d'un axe situé dans son plan et passant par le centre de gravité G.

4° Un couple T d'actions moléculaires tangentielles situé dans le plan de la section transversale.

C'est le couple que nous avons désigné par la lettre M_x dans les équations de l'article 47.

Nous l'appellerons le *couple de torsion* : il fait travailler le métal au genre de glissement dit torsion, et tend à imprimer à la section un mouvement de rotation dans son plan autour du point G comme centre.

49. Relation entre le moment fléchissant et l'effort tranchant — Considérons la section C'D' infiniment voisine de la section CD, qui lui est par conséquent parallèle, en vertu de la définition des pièces prismatiques. Soit dx la distance mutuelle de ces deux sections, mesurée sur la tangente Gx à la fibre moyenne.

Désignons par F, V, X et T les résultantes et couples résultants d'actions moléculaires relatifs à la section C D.

Pour la clarté de la démonstration, il sera nécessaire de décomposer l'effort tranchant V en deux forces situées dans le plan de la section CD, et dirigées respectivement suivant les axes rectangulaires Gy et Gz menés arbitrairement dans cette section : soient V_y et V_z ces deux composantes.

Nous décomposerons de même le moment fléchissant X en deux couples X_z et X_y situés respectivement dans les plans yGx et zGx et perpendiculaires, par conséquent, aux axes Gz et Gy.

Pour la section C'D', située à une distance infiniment petite dx de la section CD, les résultantes et couples résultants seront représentés comme il suit :

Effort normal : $\qquad F + \dfrac{dF}{dx} dx$;

Effort tranchant : $\qquad V_y + \dfrac{dV_y}{dx} dx$; $V_z + \dfrac{dV_z}{dx} dx$;

Couple de torsion : $\qquad T + \dfrac{dT}{dx} dx$;

Moment fléchissant : $\qquad X_z + \dfrac{dX_z}{dx} dx$; $X_y + \dfrac{dX_y}{dx} dx$.

Les forces extérieures directement appliquées au prisme élémentaire CDC'D', compris entre les deux sections infiniment voisines CD et C'D', peuvent être remplacées par :

14

Une résultante $f_x\, dx$ parallèle à Gx ;

Deux résultantes $v_y\, dx$ et $v_z\, dx$, respectivement parallèles à Gy et Gz ;

Un couple $t\,dx$ parallèle au plan CD et perpendiculaire à l'axe Gx.

Deux couples $m_z\, dx$ et $m_y\, dx$ parallèles respectivement aux plans $y\,Gx$ et $z\,Gx$, et perpendiculaires aux axes Gz et Gy.

Les équations suivantes expriment que le prisme élémentaire CDC'D' est en équilibre statique :

$$\frac{dF}{dx}\, dx = f_x\, dx\ ;$$

$$\frac{dV_y}{dx}\, dx = v_y\, dx;\quad \frac{dV_z}{dx}\, dx = v_z\, dx;$$

$$\frac{dT}{dx}\, dx = t\,dx\ ;$$

$$\frac{dX_z}{dx}\, dx = V_y\, dx + m_z\, dx;\quad \frac{dX_y}{dx}\, dx = V_z\, dx + m_y\, dx.$$

En intégrant ces équations différentielles, depuis une extrémité de la pièce jusqu'à la section transversale considérée CD, on obtient les relations suivantes :

$$F = \smallint\smallint f_x\, dx\ ;$$

$$V_y = \smallint v_y\, dx\ ;\quad V_z = \smallint v_z\, dx\ ;$$

$$T = \smallint t\,dx\ ;$$

$$X_z = \smallint V_y\, dx + \smallint m_z\, dx = \smallint dx \smallint v_y\, dx + \smallint m_z\, dx\ ;$$

$$X_y = \smallint V_z\, dx + \smallint m_y\, dx = \smallint dx \smallint V_z\, dx + \smallint m_y\, dx.$$

La plupart du temps, l'énoncé des problèmes relatifs à la stabilité des constructions est tel que les couples m_y et m_z sont nuls ou négligeables.

Il en résulte que l'on a :

$$\frac{dX_z}{dx}\,dx = V_y \; ; \; X_z = \int V_y\,dx = \int dx \int v_y\,dx;$$

$$\frac{dX_y}{dx}\,dx = V_z \; ; \; X_y = \int V_z\,dx = \int dx \int v_z\,dx.$$

L'effort tranchant dirigé suivant l'axe Gy est exprimé analytiquement par la dérivée de l'expression du moment fléchissant situé dans le plan $yG.x$, par rapport à la distance x de la section transversale à une origine prise sur la tangente à la fibre moyenne ; ou, si on le préfère, à sa distance s *mesurée sur l'axe longitudinal* à une origine prise sur cet axe.

Si la fibre moyenne est rectiligne, s et x ont mêmes valeurs.

Dans le cas particulier où X et V sont contenus dans un même plan, renfermant également $X + \frac{dX}{dx}\,dx$ et $V + \frac{dV}{dx}\,dx$, on a la relation usuelle : $\frac{dX}{dx} = V$. L'effort tranchant est la dérivée du moment fléchissant.

Il est bien entendu que cette démonstration vise exclusivement les pièces prismatiques dont l'axe longitudinal, conformément à la définition qui a été énoncée précédemment, est à courbure assez peu prononcée pour être, sur une petite longueur, assimilable à une droite : les bases CD et C'D' du prisme élémentaire peuvent alors être considérées comme parallèles et identiques.

On voit, en définitive, que la résultante et les couples résultants d'actions moléculaires F, X et T sont indépendants les uns des autres.

Mais l'effort tranchant V est lié obligatoirement au moment fléchissant X par la condition $V = \frac{dX}{dx}$, lorsque cette force et ce couple sont situés dans le même plan.

Dans l'hypothèse contraire, la même relation existe entre les projections de cette force et de ce couple sur tout plan perpendiculaire à la section transversale :

$$V_y = \frac{dX_z}{dx}.$$

Quand les forces extérieures appliquées aux corps sont réparties d'une façon continue, l'effort tranchant V_y, qui peut être exprimé par l'intégrale $\int v_y\, dx$, est représenté par une fonction continue. Mais si la variable v_y subit un changement brusque, la courbe représentative de V_y présente dans la section correspondante un point anguleux.

Au droit du point d'application sur le corps d'une force *concentrée*, dont la grandeur est comparable à celle de l'effort tranchant lui-même, la courbe représentative de celui-ci présente un ressaut brusque ou un décrochement, la portion d'ordonnée comprise entre les deux arcs successifs correspondant à la grandeur de la force concentrée, qui vient augmenter brusquement la valeur de V.

Fig. 48.

Toutes les fois que m_z est négligeable, la courbe représentative du moment fléchissant X_z est une courbe funiculaire relative au système des projections sur la direction Gy des forces qui sollicitent la pièce (art. 14), puisque l'on a :

$$X_z = \int V_y\, dx = \int dx \int v_y\, dx :$$

Cette courbe est continue tant que la courbe représentative de V_y l'est aussi. Quand la courbe V_y présente un ressaut, au droit d'une section sollicitée par une force concentrée, ce ressaut correspond à un point anguleux de la ligne représentative de X_y.

Il arrive parfois que la pièce est sollicitée dans une de ses sections par un couple M de grandeur comparable à celle du moment fléchissant lui-même. Dans ce cas la valeur de X_z passe brusquement de $\int V_y \, dx$ à $\int V_y \, dx + M$. La courbe présente un ressaut, la position d'ordonnée comprise entre les deux arcs successifs correspondant au moment du couple M, qui vient augmenter brusquement le moment fléchissant.

On peut *toujours* évaluer les résultantes et les couples résultants F, V, X et T pour une section transversale choisie, en recourant aux équations de la mécanique générale relatives à la composition des forces, soit que l'on connaisse toutes les forces extérieures appliquées au corps entre une de ses extrémités et la section considérée, soit que certaines de ces forces, inconnues *a priori*, fournissent dans les expressions de F, V, X et T des termes algébriques, que l'on calculera ultérieurement en faisant usage des .formules de déformation élastique applicables au problème (*systèmes hyperstatiques*). La recherche de ces résultantes, pour les différents types de construction en usage, fera l'objet de la deuxième partie du cours.

50. Notations. — Nous désignerons par Ω l'aire de la section transversale considérée ; par I son moment d'inertie par rapport à un axe situé dans son plan, et par r le rayon de gyration correspondant ; par Ωa^2 et Ωb^2 les moments d'inertie principaux ; par I_p le moment d'inertie polaire, égal à $\Omega a^2 + \Omega b^2$.

La lettre R′ représentera le travail variable correspondant, pour un point quelconque de la section, à l'action moléculaire normale, et la lettre R indiquera la valeur maximum que ce travail atteint pour ladite section dans la région la plus fatiguée : c'est, au point de vue des calculs de stabilité, le renseignement essentiel que l'on a toujours besoin de se procurer.

S' désignera de même le travail correspondant à l'action moléculaire tangentielle appliquée en un point quelconque de la section, et S sera la valeur maximum de ce travail pour la région la plus fatiguée.

Enfin δx, δy, δz seront les déplacements élastiques du point du corps défini par les coordonnées x, y et z ; E et G désigneront, comme d'habitude, les coefficients d'élasticité longitudinale et transversale de la matière, que l'on suppose, bien entendu, douée de l'isotropie transversale.

51. Torsion. Calcul du travail et recherche de la déformation. — Considérons le cas où les résultantes et les couples résultants d'actions moléculaires sont tous nuls, à l'exception du couple de torsion T.

Nous nous proposons de calculer la valeur du travail en un point quelconque et de déterminer la déformation élastique, en nous basant sur l'hypothèse de la Résistance des Matériaux, c'est-à-dire en admettant que la section transversale reste plane et identique à elle-même après la déformation. Cette section sollicitée exclusivement par des actions tangentielles, éprouvera, par rapport à la section infiniment voisine C'D', un déplacement dans son propre plan.

Soient β et γ les déplacements élémentaires subis parallèlement aux axes Gy et Gz par le point $M(x, y, z)$ par rapport au point correspondant $M'(x + dx, y, z)$ situé dans la section C'D' infiniment voisine de CD. Pour exprimer que la section CD s'est déplacée dans son plan en restant identique à elle-même, nous écrirons que ce déplacement résulte d'une rotation θdx autour de son centre de gravité G, et de deux translations mdx et ndx parallèles aux axes, qui sont les composantes du déplacement linéaire subi par le centre de gravité.

D'après la convention habituelle, nous rapporterons les déplacements élémentaires β et γ à l'unité de longueur, ce qui revient à substituer l'unité au facteur dx.

D'où :

$$\beta = \theta z + m ;$$
$$\gamma = -\theta y + n.$$

Les équations d'équilibre élastique relatives à la portion de pièce comprise entre une extrémité et la section CD, s'écriront comme il suit, en désignant par S′ l'intensité de l'action moléculaire tangentielle au point M (y, z), et par α l'angle que fait sa direction avec l'axe G y :

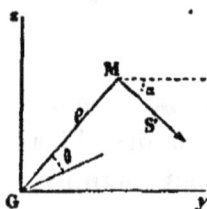
Fig. 49.

$$\int\int S' \cos \alpha \, dy.dz = V_y = 0 ;$$
$$\int\int S' \sin \alpha \, dy.dz = V_z = 0 ;$$
$$\int\int (S' \cos \alpha.z + S' \sin \alpha.y) \, dy.dz = T \ (1).$$

En vertu des principes de la Théorie de l'Elasticité, on a, pour un corps doué de l'isotropie transversale, les relations (1) :

$$S' \cos \alpha = G\beta = G\theta.z + Gm ;$$
$$S' \sin \alpha = -G\gamma = +G\theta.y - Gn.$$

D'où, en substituant ces valeurs de S′ cos α et S′ sin α

---

1. Nous remarquons qu'ici nous avons évité l'erreur de signe commise volontairement dans l'article 33 (page 138), en attribuant aux S′ sin α positifs le sens des z négatifs : S′ sin α = — Gγ.

dans les deux premières équations d'équilibre élastique :

$$G\theta \int\int z\, dy.dz + Gm \int\int dy.dz = 0\,;$$
$$G\theta \int\int y\, dy.dz - Gn \int\int dy.dz = 0.$$

Les intégrales $\int\int z\,dydz$ et $\int\int y\,dydz$ sont nulles, puisque l'origine des coordonnées a été placée au centre de gravité de la section. L'intégrale $\int\int dydz$, qui représente l'aire de la section, n'est pas nulle,

D'où :

$$m = o, \; n = o.$$

Le déplacement élémentaire de la section CD par rapport à la section infiniment voisine C'D' se réduit à une rotation θdx autour de son centre de gravité G, l'angle θ étant l'*angle de torsion*, rapporté à l'unité de longueur mesurée sur la tangente à la fibre moyenne.

Remplaçons S' cos α et S' sin α par les valeurs $G\theta z$ et $G\theta y$ dans la troisième équation d'équilibre. Elle devient :

$$G\theta \int\int (z^2 + y^2)\, dy.dz = T.$$

Or, l'intégrale $\int\int (z^2 + y^2)\, dy.dz$ représente (art. 7) le moment d'inertie polaire I_p de la section par rapport à son centre de gravité.

D'où :

$$G\theta I_p = T\,;$$

$$\theta = \frac{T}{G I_p}.$$

On a d'ailleurs :

$$S' \cos \alpha = G\theta z,$$

et

$$S' \sin \alpha = G\theta y.$$

D'où :

$$S' \cos {}^2\alpha = G\theta z \cos \alpha ;$$
$$S' \sin {}^2\alpha = G\theta y \sin \alpha ;$$
$$S' (\cos {}^2\alpha + \sin {}^2\alpha) = S' = G\theta (z \cos \alpha + y \sin \alpha)$$
$$= G\theta\rho,$$

en désignant par ρ la distance du point M au centre de gravité G, origine des coordonnées.

D'où :

$$S' = G\theta\rho = \frac{T\rho}{I_p}.$$

Le problème est résolu : on obtiendra la valeur du travail de glissement en un point quelconque, en multipliant le couple de torsion T par le rapport $\frac{\rho}{I_p}$ du rayon vecteur de ce point au moment d'inertie polaire. La valeur maximum S du travail s'obtiendra pour le point le plus éloigné du centre de gravité G, puisque le rayon ρ atteint en ce point sa plus grande longueur.

Quant à la déformation élastique, elle résulte d'une rotation effectuée par la section autour de son centre de gravité ; l'angle dont tourne cette section est, si on le rapporte à l'unité de longueur mesurée sur la tangente à la fibre moyenne, fourni par le rapport $\frac{T}{GI_p}$.

On peut remplacer dans les différentes expressions le terme I_p par son équivalent $\Omega (a^2 + b^2)$, a et b étant les rayons de gyration principaux.

Nous avons déjà vu (art. 33) que la formule énoncée plus haut n'est exacte que pour le profil circulaire plein, ou évidé par un cercle concentrique, parce qu'en ce cas l'hypothèse de la Résistance des Matériaux, en vertu de laquelle la section doit rester plane, est conforme à la vérité. Quand on a affaire à un profil peu différent du profil annulaire, comme un polygone régulier plein ou évidé par un polygone régulier concentrique, l'erreur commise est peu sensible : il est encore permis d'employer, avec une exactitude très suffisante pour les besoins de la pratique, les formules de la Résistance des Matériaux.

	RÉSISTANCE DES MATÉRIAUX	THÉORIE DE L'ÉLASTICITÉ
Cercle plein de rayon c........	$S = \dfrac{2\,T}{\pi\,c^3}$	$S = \dfrac{2\,T}{\pi\,c^3}$
Cercle évidé (rayon c et c').....	$\dfrac{2\,Tc}{\pi\,(c^4 - c'^4)}$	$\dfrac{2\,Tc}{\pi\,(c^4 - c'^4)}$
Ellipse pleine : demi-axes c et d ; $c > d$...................	$\dfrac{4\,T}{\pi\,(c^2 d + d^3)}$ (1)	$\dfrac{2\,T}{\pi\,cd^2}$ (1)
Carré plein de côté c..........	$3\sqrt{2}\,\dfrac{T}{c^3}$	$4{,}8\,\dfrac{T}{c^3}$
Carré évidé par un carré concentrique : côtés c et c' : $c > c'$	$3\sqrt{2}\,\dfrac{Tc}{c^4 - c'^4}$	$4{,}8\,\dfrac{Tc}{c^4 - c'^4}$
Rectangle de côtés c et d......	$\dfrac{6\,T}{cd\sqrt{c^2 + d^2}}$	$\dfrac{6\,T}{cd\sqrt{c^2 + d^2}}\left(0{,}68 + 0{,}45\dfrac{c}{d}\right)$
Triangle équilatéral de côté c...	$16\,\dfrac{T}{c^3}$	$20\,\dfrac{T}{c^3}$

Mais il n'en est plus de même dès que l'on s'éloigne notablement du profil annulaire. M. de *St-Venant* a établi, par les procédés analytiques de la Théorie de l'Elasticité, une série de formules approximatives, relatives à des profils variés, qui s'écartent sensiblement de celles auxquelles conduit l'hypothèse de la Résis-

1. Pour l'ellipse pleine, le travail maximum au glissement se manifesterait, d'après la Résistance des Matériaux, aux extrémités du grand axe, alors que la Théorie de l'Elasticité fait connaître qu'il se produit aux extrémités du petit axe. L'inexactitude de la première formule est donc ici flagrante.

tance des Matériaux, ainsi que le montre le tableau comparatif précédent, où l'on a porté les valeurs S du travail maximum au glissement fournis par les deux méthodes.

En ce qui touche la déformation élastique, nous avons vu que l'angle de rotation θ a rigoureusement pour le profil circulaire la valeur $\frac{T}{GI_p}$, qui peut être mise sous une forme différente, en remplaçant le moment d'inertie polaire I_p du cercle de rayon c par l'expression équivalente $\frac{\pi c^4}{2}$:

$$\theta = \frac{T}{GI_p} = \frac{2T}{G\pi c^4} = \frac{4\pi^2 T}{G} \cdot \frac{\frac{\pi c^4}{2}}{(\pi c^2)^4}$$
$$= \frac{4\pi^2 T}{G} \times \frac{I_p}{\Omega^4}.$$

ou approximativement, π^2 différant peu de 10 :

$$\theta = 40 \frac{T}{G} \cdot \frac{I_p}{\Omega^4}.$$

M. de *St-Venant* a constaté que cette formule, également rigoureuse pour le cylindre elliptique, demeure sensiblement exacte pour un profil quelconque. Elle peut donc être employée dans tous les cas pour évaluer la déformation élastique d'une pièce prismatique, même si la section s'écarte notablement du profil annulaire, à condition bien entendu de négliger le voilement de la section transversale, qui cesse d'être plane dès que l'on n'a plus affaire à un solide de révolution.

Pour un élément de pièce de longueur ds mesurée suivant l'axe longitudinal, l'angle de torsion est, d'après la Résistance des Matériaux :

$$\theta \, ds = \frac{T}{GI_p} ds \, ;$$

et d'après la Théorie de l'Elasticité :

$$\frac{40T}{G} \frac{p}{\Omega^4} ds.$$

Pour une pièce de longueur l, l'angle total de torsion Θ d'une extrémité à l'autre aura pour expression, d'après la Résistance des Matériaux :

$$\Theta = \int_0^l \frac{T}{Gl_p} ds ;$$

d'après la Théorie de l'Elasticité :

$$\Theta = \int_0^l \frac{40T}{G} \cdot \frac{l_p}{\Omega^4} ds.$$

Si la pièce est rectiligne et de section rigoureusement constante, Θ a pour valeur avec la première formule :

$$\frac{Tl}{Gl_p},$$

et avec la seconde :

$$\frac{40T}{G} \frac{l_p}{\Omega^4} l.$$

Ces deux expressions ne concordent que pour le profil circulaire seul.

Dans les recherches relatives à la stabilité des constructions, il est assez rare que l'on ait à se préoccuper des efforts de torsion subis par des pièces à section non circulaire. Quand le cas se présente, on constate le plus souvent que le travail de glissement dû à cette cause est peu important. Dans ces conditions, on se contente de l'approximation que peut donner la formule de la Résistance des Matériaux :

$$S = \frac{T\rho}{l_p}.$$

Mais il importe de ne pas oublier que cette formule

est inexacte, et de n'attacher qu'une confiance très limitée à ses indications. Le cas échéant, il est prudent d'augmenter la marge de sécurité, en réduisant la valeur pratique du travail de glissement que l'on convient de ne pas dépasser.

52. Extension ou compression simple et flexion : Calcul du travail. — Supposons nuls le couple de torsion et l'effort tranchant, et cherchons l'effet produit par l'effort normal F et le moment fléchissant X, quand ils sollicitent simultanément une section transversale de la pièce prismatique. Nous nous proposons de déterminer la valeur R' du travail direct, à l'extension ou à la compression, correspondant, pour un point déterminé de la section, aux deux résultantes F et X.

Soient AB et CD deux sections transversales infiniment voisines, que nous pouvons considérer comme identiques et parallèles entre elles, en vertu de la définition des pièces prismatiques. Leur distance mutuelle dx est la longueur commune des fibres élémentaires limitées par ces deux sections.

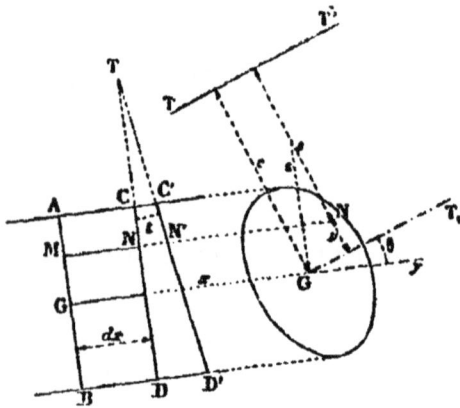

Fig. 50.

Considérons un de ces éléments de fibre MN. Sous l'influence de l'action moléculaire d'intensité R' (que nous supposerons positive pour fixer les idées), cet élément de fibre s'est allongé de la quantité NN′ ou $u dx$, qui, en vertu de la loi de Hooke, est proportionnelle à R′. On a, en rapportant l'allongement à l'unité de longueur, c'est-à-dire en remplaçant le facteur dx par l'unité :

$$u = \frac{R'}{E}.$$

Réciproquement :

$$R' = Eu.$$

En vertu de l'hypothèse fondamentale de la Résistance des Matériaux, tous les points de la section transversale CD doivent, après déformation, être sur un même plan, et le profil de cette section transversale a dû rester identique à lui-même.

Soient TT′ la droite d'intersection des plans CD et C′D′ renfermant la section transversale avant et après la déformation. D'après l'énoncé du problème posé, il n'y a pas eu de glissement, puisque les actions moléculaires tangentielles sont supposés nulles (V et T étant nuls eux-mêmes) : chaque point N a par conséquent décrit dans son déplacement une trajectoire normale aux positions successives du plan de la section transversale. Donc celle-ci n'a pu subir qu'un mouvement de rotation autour de la droite TT′ : nous désignerons par ε l'angle décrit autour de cet axe instantané de rotation.

L'arc NN′ a son centre sur la droite TT′, et sa longueur est proportionnelle à la distance s du point N à cette même droite :

$$u dx = \varepsilon s.$$

Menons dans le plan de la section transversale deux droites Gy et Gz passant par le centre de gravité G et ayant les directions des deux axes principaux d'inertie, qui sont les axes de l'ellipse centrale d'inertie.

Soient c la distance dans le plan C'D' du centre de gravité G à la droite TT', et θ l'angle que fait avec Gy la droite GT₁, parallèle à TT'.

La distance s du point N à cette droite TT' aura pour expression :

$$s = c - z \cos \theta + y \sin \theta.$$

NN', ou $u dx$, est proportionnel à s. Le travail R', développé en N, est proportionnel à u, et par conséquent à s.

On peut donc écrire :

$$(1) \qquad R' = Ks = K (c - z \cos \theta + y \sin \theta),$$

K étant une constante à déterminer.

On voit immédiatement que R' est nul sur la droite TT', ce qui était évident *a priori*, puisque, la distance de tous les points de cette droite à la section AB n'ayant pas varié, les éléments de fibre qui y aboutissent n'ont pas changé de longueur, ce qui implique qu'ils ne travaillent ni à la compression ni à l'extension.

Ecrivons les équations d'équilibre élastique de la section traversale CD, en décomposant le moment fléchissant X en deux couples situés respectivement dans les plans yGx et zGx, couples que nous désignerons par X sin α et X cos α, en appelant α l'angle que fait le plan du moment fléchissant X avec le plan yGx. Ces deux moments partiels sont ceux que nous avons désignés précédemment par les lettres X_z et X_y (art. 48).

On a :

$$(2) \qquad \iint R' dy.dz = F ;$$

$$(3) \qquad \iint R' z dy.dz = X \sin \alpha ;$$

$$(4) \qquad \iint R' y dy.dz = X \cos \alpha.$$

Remplaçons R' par l'expression que nous fournit la relation (1), et faisons sortir les constantes des signes $\int\int$. Les équations d'équilibre élastique deviennent :

(5) $Kc \int\int dy.dz - K \cos \theta \int\int z dy.dz$
           $+ K \sin \theta \int\int y dy. dz = F$;

(6) $Kc \int\int z dy.dz - K \cos \theta \int\int z^2 dy.dz$
           $+ K \sin \theta \int\int zy dy.dz = X \sin \alpha$;

(7) $Kc \int\int y.dy.dz - K \cos \theta \int\int yz dy.dz$

           $+ K \sin \theta \int\int y^2 dy.dz = X \cos \alpha.$

Or : $\int\int dz.dy$ est l'aire Ω de la section ; les intégrales $\int\int z dy.dz$ et $\int\int y dy.dz$ sont nulles, puisqu'elles représentent les moments statiques de la section par rapport à des axes passant par son centre de gravité ; l'intégrale $\int\int yz dy.dz$ est également nulle, puisque les directions Gy et Gz sont celles des axes principaux d'inertie ; enfin les intégrales $\int\int y^2 dy.dz$ et $\int\int z^2 dy.dz$ sont les moments principaux d'inertie Ωa^2 et Ωb^2 de la section.
D'où :

(8) $F = Kc\Omega$;
(9) $X \sin \alpha = - K \cos \theta.\Omega b^2$;
(10) $X \cos \alpha = K \sin \theta.\Omega a^2$.

Divisons l'équation (9) par l'équation (10). Il vient :
$Tg \alpha = - Cotg \theta \dfrac{b^2}{a^2}$, ou :

(11) $Tg\alpha \; Tg\beta = - \dfrac{b^2}{a^2}.$

Donc l'axe de rotation TT' (qu'on appelle l'axe *neutre* de la section transversale), et la trace sur le plan de la section du plan qui contient le moment fléchissant X.

sont *deux directions conjuguées de l'ellipse centrale d'inertie*. La connaissance de l'ellipse centrale d'inertie permet ainsi, connaissant l'orientation du plan qui renferme le moment fléchissant, de tracer immédiatement la direction de l'axe neutre.

Nous tirons de l'équation (11) :

$$\text{Sin } \alpha = \frac{b^4 \cos \theta}{\sqrt{a^4 \sin^2 \theta + b^4 \cos^2 \theta}};$$

$$\text{Cos } \alpha = \frac{-a^4 \sin \theta}{\sqrt{a^4 \sin^2 \theta + b^4 \cos^2 \theta}}.$$

Multiplions respectivement les premiers membres des équations (9) et (10) par sin α et cos α, et les seconds membres par les expressions de sin α et cos α en fonction de l'angle θ :

$$X \sin^2 \alpha = -\frac{K\Omega \, b^4 \cos^2 \theta}{\sqrt{a^4 \sin^2 \theta + b^4 \cos^2 \theta}};$$

$$X \cos^2 \alpha = -\frac{K\Omega \, a^4 \sin^2 \theta}{\sqrt{a^4 \sin^2 \theta + c^4 \cos^2 \theta}}.$$

D'où :

$$X (\cos^2 \alpha + \sin^2 \alpha) = X$$

$$= - K\Omega \cdot \frac{a^4 \sin^2 \theta + b^4 \cos^2 \theta}{\sqrt{a^4 \sin^2 \theta + b^4 \cos^2 \theta}}$$

$$= - K\Omega \sqrt{a^4 \sin^2 \theta + b^4 \cos^2 \theta}.$$

Nous pouvons tirer de cette relation la valeur du coefficient K :

$$K = \frac{-X}{\Omega \sqrt{a^4 \sin^2 \theta + b^4 \cos^2 \theta}}.$$

On a d'autre part :

$$F = Kc\Omega.$$

D'où :

$$Kc = \frac{F}{\Omega}.$$

Par conséquent l'expression analytique du travail R'

devient, en remplaçant Kc et K par leurs valeurs pré-citées :

$$R' = \frac{F}{\Omega} + \frac{X\,(\varepsilon \cos\theta - y\sin\theta)}{\Omega\sqrt{a^4 \sin^2\theta + b^4 \cos^2\theta}}.$$

· Or l'expression $z\cos\theta - y\sin\theta$ représente la distance v du point N (y,z) à la parallèle GT$_1$ menée à l'axe neutre TT' par le centre de gravité G, avec le signe $+$ ou le signe $-$ suivant que le point N est au-dessus ou au-dessous de cette droite GT$_1$. On peut donc écrire :

$$R = \frac{F}{\Omega} \pm \frac{X\,v}{\Omega\sqrt{a^4 \sin^2\theta + b^4 \cos^2\theta}}.$$

Le choix entre le signe $+$ et le signe $-$ dépend de la position qu'occupe le point N, au-dessus ou au-dessous de la droite GT, ainsi que du signe attribué au moment fléchissant X : nous verrons ci-après comment on doit définir ce signe.

Décomposons le moment fléchissant en deux autres : l'un X′ situé dans le plan perpendiculaire à la droite GT$_1$, dite *axe neutre de flexion* (c'est l'axe de rotation de la section transversale quand l'effort normal F est supposé nul) ; l'autre X″ situé dans le plan qui contient cet axe neutre GT$_1$ et la tangente à la fibre moyenne.

On aura :

$$X' = X \sin(\alpha - \theta)$$
$$= K\Omega \sqrt{a^4 \sin^2\theta + b^4 \cos^2\theta}\ (\sin\alpha\cos\theta - \sin\theta\cos\alpha)$$
$$= K\Omega \sqrt{a^4 \sin^2\theta + b^4 \cos^2\theta} \times \frac{b^2 \cos^2\theta + a^2 \sin^2\theta}{\sqrt{a^4 \sin^2\theta + b^4 \cos^2\theta}}$$
$$= K\Omega(b^2 \cos^2\theta + a^2 \sin^2\theta).$$

L'expression $\Omega(b^2 \cos^2\theta + a^2 \sin^2\theta)$ représente le moment d'inertie de la section transversale par rapport à l'axe neutre GT$_1$. Désignons ce moment d'inertie par la lettre I :

$$X' = KI.$$

D'où :

$$K = \frac{X'}{I}.$$

$$R' = \frac{F}{\Omega} \pm \frac{X'v}{I}.$$

On appliquera donc pour le calcul du travail R' la règle suivante :

1° L'effort normal F se répartit uniformément sur la section. En divisant la force F par l'aire Ω, on obtiendra la valeur du travail d'extension simple (si F est positif) ou de compression simple (si F est négatif), qui sollicite uniformément tous les points de la section.

2° Pour évaluer le travail dû au moment fléchissant X, on procédera comme il suit :

On tracera sur le plan de la section transversale le diamètre de l'ellipse centrale d'inertie qui est conjugué de la trace du plan contenant le moment fléchissant X. Ce diamètre sera, en ce qui touche le travail à la flexion, l'*axe neutre* de la section.

On projettera le couple X sur un plan perpendiculaire à l'axe neutre : soit X' le couple ainsi obtenu.

On mesurera la distance v du point considéré sur la section à l'axe neutre, et on calculera le travail R' en ce point par la formule :

$$R = \pm \frac{X'v}{I}.$$

Le couple X″ obtenu en projetant le moment fléchissant X sur le plan contenant l'axe neutre a pour valeur :

$$X'' = X \cos(\alpha - \theta) = K\Omega . \frac{(a - b^4)\sin 2\theta}{2}.$$

On n'a pas à s'en occuper.

Presque toujours, dans les applications pratiques de la Résistance des Matériaux, le plan du moment flé-

chissant contient un des axes de l'ellipse centrale d'inertie, ou axes principaux d'inertie. En ce cas, l'axe neutre est l'autre axe de l'ellipse d'inertie, perpendiculaire
au premier. D'où $X' = X$, et on a la formule usuelle :

$$R' = \frac{F}{\Omega} \pm \frac{Xv}{I},$$

où I est le moment principal d'inertie relatif à l'axe
perpendiculaire au plan du moment fléchissant, qu'on
appelle communément le *plan de flexion* ; v est la distance du point considéré M à cet axe.

Généralement on représente le corps par sa projection sur le plan de flexion. Chaque section est figurée par une droite CD normale à l'axe longitudinal. L'axe neutre
se projette sur le centre de gravité G,
dont la distance MG au point M fournit
en vraie grandeur la longueur v.

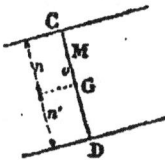

Fig. 51.

Ce système de représentation graphique n'est exact
que dans le cas particulier où le plan de flexion contient un axe principal d'inertie, et est par suite perpendiculaire à l'axe neutre.

Dans l'hypothèse contraire, il faut appliquer la règle
un peu compliquée que nous avons énoncée plus haut.
Bien qu'on n'ait presque jamais occasion d'y recourir,
il était bon de la signaler, parce qu'on a parfois le tort
d'étendre au cas général la méthode plus simple qui
suppose l'axe neutre perpendiculaire au plan de flexion ;
d'où résultent des erreurs plus ou moins importantes.

Les valeurs maxima du travail à la flexion correspondent aux points pour lesquels la longueur v est la
plus grande. Soient n et n' les distances de l'axe neutre
aux deux fibres qui en sont les plus éloignées, de part
et d'autre du centre de gravité, et qu'on appelle les

fibres extrêmes de la pièce. Les valeurs maxima de R′ seront fournies par les formules :

$$R = -\frac{X'n}{I},$$

et

$$R = +\frac{X'n'}{I}.$$

Ces deux actions moléculaires sont de signes contraires : l'une est un travail de compression, et l'autre un travail d'extension.

Pour définir le signe du moment fléchissant X ou X′, on convient d'admettre qu'il est *positif si les fibres situées au-dessus de l'axe neutre sont comprimées, et négatif dans l'hypothèse contraire.*

Dans ces conditions, il y a lieu d'appliquer la formule : $R' = -\frac{X'v}{I}$, avec le maximum $R = -\frac{X'n}{I}$, à la partie de section transversale située *au-dessus* de l'axe neutre, et la formule $R = +\frac{X'v'}{I}$, avec le maximum $R = +\frac{X'n'}{I}$, à la région située *au-dessous* du même axe (1).

Si l'on veut résumer en une seule formule le travail produit simultanément par l'effort normal F et par le moment fléchissant X′, on emploiera la relation :

$$R' = \frac{F}{\Omega} \mp \frac{X'v}{I},$$

1. Si l'on trace dans le plan de la section un axe de coordonnées Gv perpendiculaire à l'axe neutre, on devra convenir que la partie supérieure de la section est celle dont tous les points ont leurs ordonnées r positives; la partie inférieure sera la région pour laquelle les v seront négatifs. Moyennant cette convention, on pourra appliquer à un point quelconque la formule unique et générale : $R' = -\frac{Xv}{I}$, étant entendu que v peut être affecté soit du signe +, soit du signe —.

où il conviendra d'attribuer à F et X' les signes convenables : le signe — du second terme se rapporte à la région supérieure de la section, et le signe + à la région inférieure.

Formules usuelles de calcul. — Nous n'envisagerons que le cas où le plan de flexion, qui est d'habitude un plan de symétrie du profil, renferme un axe principal d'inertie : X' est alors égal à X, et l'axe neutre est perpendiculaire au plan de flexion.

Cercle plein de rayon c :

$$R = \mp \frac{4X}{\pi c^3};$$

Cercle évidé (rayons c et c') :

$$R = \mp \frac{4Xc}{(\pi c^4 - c'^4)}.$$

Rectangle plein de côtés c et h (l'axe neutre étant parallèle au côté c) :

$$R = \mp \frac{6X}{ch^2}.$$

Caisson ou rectangle de côtés c et h, évidé par un rectangle à côtés parallèles c' et h' :

$$R = \mp \frac{6Xh}{ch^3 - c'h'^3}.$$

Double té symétrique, l'axe neutre étant perpendiculaire aux faces de l'âme verticale :

$$R = \mp \frac{6Xh}{ch^3 - (c - e')(h - 2e)^3}.$$

Si les épaisseurs c et e' des tables et de l'âme sont petites en comparaison des dimensions c et h du profil, on peut négliger, dans le développement du dénomina-

teur, tous les termes qui contiennent e et e' à une puissance supérieure à la première, ce qui
conduit à la formule approximative :

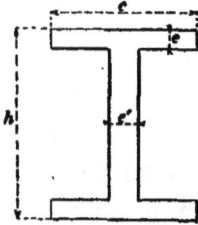

Fig. 52.

$$R = \mp \frac{6X h}{6ech^2 + e'h^3}.$$

Il arrive souvent que l'on peut encore négliger le terme $e'h^3$ devant le
terme $6ech^2$. Cette simplification, qui
abrège les calculs, augmente la marge de sécurité :
elle conduit en effet à trouver pour R une valeur plus
élevée que celle fournie par la formule exacte. On a
dans ces conditions :

$$R = \mp \frac{X}{ech}.$$

Or ec represente l'aire de la section transversale de
l'une des plates-bandes; désignons cette aire par ω.

Il vient :

$$R = \mp \frac{X}{\omega h};$$

ou

$$R\omega = \mp \frac{X}{h}.$$

On voit donc que l'effort *total* de compression ou
d'extension $R\omega$ subi par une des plates-bandes est égal
au moment fléchissant X divisé par la hauteur h du
profil. C'est là une formule d'un emploi commode,
qui, ainsi que nous venons de le voir, donne pour cet
effort total une valeur nécessairement un peu supérieure à la réalité.

Té dissymétrique. Appliquons la même simplification que ci-dessus, c'est-à-dire négligeons l'âme verticale dans le calcul du moment d'inertie ; représentons

par ω et ω′ les aires des sections transversales des deux plates-bandes, et admettons que la distance mutuelle de leurs centres de gravité respectifs puisse être remplacée, sans erreur sensible, par la hauteur h de la poutre.

On trouve :

$$I = \frac{\omega \omega' h^2}{\omega + \omega'};$$

$$n = \frac{\omega' h}{\omega + \omega'};$$

$$n' = \frac{\omega h}{\omega + \omega'}.$$

D'où :

$$R = \begin{cases} -\dfrac{X n}{I} = -\dfrac{X}{\omega h} \\ +\dfrac{X n'}{I} = +\dfrac{X}{\omega' h} \end{cases}$$

$$R\omega = -\frac{X}{h} ; \quad R\omega' = +\frac{X}{h}.$$

L'effort total supporté par une des plates-bandes s'obtient encore ici d'une manière très suffisamment exacte, avec une erreur par excès qui ne peut qu'accroître la sécurité, en divisant le moment fléchissant par la hauteur de la poutre.

Nous ne donnerons pas d'autres formules usuelles : on trouve dans tous les traités de Résistance des Matériaux des tableaux fournissant ce renseignement pour tous les profils géométriques que l'on peut rencontrer dans la pratique des constructions.

53. Déformation élémentaire des pièces comprimées ou tendues, et fléchies. — *Compression ou extension simple.* — L'effort normal F se répartit uniformément sur toute la section Ω et détermine en chaque point le

travail $R = \dfrac{F}{\Omega}$, qui entraîne une variation proportionnelle de longueur, identique pour toutes les fibres.
L'orientation mutuelle de deux sections voisines reste
la même, mais leur distance ds, mesurée sur la fibre
moyenne, subit un changement proportionnel à R. Soit
δds cette variation de longueur.

On a :

$$\delta ds = \frac{R}{E}\, ds = \frac{F}{E\Omega}\, ds.$$

Désignons par ρ le rayon de courbure initial de la
fibre moyenne dans la section considérée, et par ρ' ce
rayon de courbure après déformation.

On a :

$$\frac{\rho}{\rho'} = \frac{ds}{ds + \delta ds}.$$

D'où :

$$\frac{1}{\rho} - \frac{1}{\rho'} = \frac{1}{\rho}\frac{\delta ds}{ds} = \frac{F}{\rho E\Omega}.$$

Flexion. — Nous considérerons le cas général d'une
pièce courbe, étant bien entendu que le rayon de courbure de l'axe longitudinal, dans le plan perpendiculaire à l'axe neutre de flexion, est assez grand, en comparaison de la hauteur de la section $n + n'$, pour que
la démonstration de l'article 51, qui implique le pa-
rallélisme des deux bases du prisme élémentaire, ne
tombe pas en défaut.

Soient ρ le rayon de courbure précédemment défini,
avant déformation, et ρ' le même rayon de courbure
après déformation.

Si G et G_1 sont les centres de gravité de deux sections transversales CD et C_1D_1, bases du prisme élémentaire considéré, et si O est le point de rencontre

des perpendiculaires à l'axe neutre et à la fibre moyenne menées par ces deux points, la distance OG sera le rayon de courbure ρ.

Soit α l'angle infiniment petit que font entre elles les deux droites GO et G_1O.

Pour fixer les idées, nous admettrons que l'axe longitudinal tourne sa concavité vers le haut de la figure, et que le moment fléchissant X soit positif.

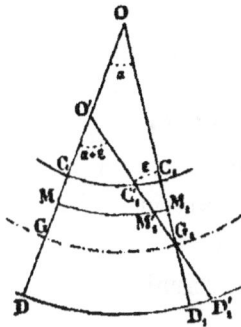

L'élément linéaire GG_1, ou ds, de la fibre moyenne, qui coupe à angle droit les deux rayons GO et G_1O, peut être considéré comme un arc de cercle de rayon ρ, ayant pour angle au centre α :

$$ds = \rho\alpha.$$

Fig. 53

La distance ds des deux sections transversales, mesurée sur l'axe longitudinal, n'a pas été modifiée par la déformation due au moment fléchissant, puisque le point G_1 est sur l'axe neutre de flexion.

Soit ε l'accroissement éprouvé par l'angle au centre α, par suite du déplacement angulaire subi par la section C_1D_1, en tournant autour de son axe neutre G, par rapport à la section voisine CD.

On a :

$$ds = \rho' (\alpha + \varepsilon).$$

D'où :

$$\rho\alpha = \rho' (\alpha + \varepsilon);$$

et :

$$\frac{1}{\rho'} - \frac{1}{\rho} = \frac{\varepsilon}{\alpha\rho}.$$

Il s'agit maintenant de déterminer la valeur du rapport $\frac{\varepsilon}{\alpha}$.

Soient M et M_1 deux points des sections transversales CD et C_1D_1 situés sur une même fibre, parallèle à l'axe longitudinal en vertu de la définition des pièces prismatiques, et placée *au-dessus* de cet axe. Désignons par u la longueur de l'élément de fibre MM_1, et par v la distance G_1M_1, mesurée sur la perpendiculaire OG_1 à l'axe neutre.

Puisque le moment fléchissant X est positif, l'élément de fibre subit un travail de compression. Par conséquent il se raccourcit, et le point M_1 vient en M'_1, pendant que la section C_1D_1 tourne de l'angle ε par rapport à la section CD. Désignons par δu le raccourcissement $M_1M'_1$ éprouvé par l'élément de fibre MM_1 ou u. Ce raccourcissement est proportionnel au travail de compression développé en M_1.

L'élément de fibre MM_1 est un arc de cercle de rayon OM_1, ou $\rho - v$, avec l'angle au centre α :

$$u = (\rho - v)\,\alpha.$$

Le travail de compression R développé en M_1 par le moment fléchissant positif X, a pour expression connue :

$$-\frac{Xv}{I}.$$

Donc le raccourcissement $M_1M'_1$, ou δu, a pour valeur :

$$\delta u = u.\frac{R}{E} = -u\frac{Xv}{EI} = -(\rho - v)\,\alpha.\frac{Xv}{EI}.$$

Or, nous avons vu plus haut que la déformation résulte d'une rotation opérée par la section C_1D_1 autour de son centre de gravité G_1, le déplacement angulaire étant ε. Donc le point M_1 a décrit autour de G comme centre un arc de cercle $M_1M'_1$, ayant ε pour angle au centre et v pour rayon, ce qui nous fournit une nouvelle expression de δu :

$$- \delta u = \varepsilon v.$$

D'où :

$$\varepsilon v = (\rho - v)\ \alpha\ \frac{\mathrm{X} v}{\mathrm{I}}\ ;$$

$$\frac{\varepsilon}{\alpha} = (\rho - v)\frac{\mathrm{X}}{\mathrm{I}}\cdot$$

Remplaçons $\frac{\varepsilon}{\alpha}$ par sa valeur dans l'équation établie précédemment :

$$\frac{1}{\rho'} - \frac{1}{\rho} = \frac{\varepsilon}{\alpha\rho}\cdot$$

Il vient :

$$\frac{1}{\rho'} - \frac{1}{\rho} = \left(\frac{\rho - v}{\rho}\right)\frac{\mathrm{X}}{\mathrm{EI}} = \left(1 - \frac{v}{\rho}\right)\frac{\mathrm{X}}{\mathrm{EI}}\cdot$$

Or, en vertu de la définition des pièces prismatiques, la distance v d'un point de la section à l'axe neutre est nécessairement très petite en comparaison du rayon de courbure ρ.

Donc $\frac{v}{\rho}$ est négligeable devant l'unité, et nous pouvons finalement écrire :

$$\frac{1}{\rho'} - \frac{1}{\rho} = \frac{\mathrm{X}}{\mathrm{EI}}\cdot$$

Il doit être bien entendu que cette formule ne peut être considérée comme valable que si la hauteur de la section, mesurée perpendiculairement à l'axe neutre, est une fraction assez petite du rayon de courbure (art. 69).

Il faut d'autre part que le rayon de courbure après déformation ρ' soit peu différent du rayon de courbure avant déformation, sans quoi la pièce serait *défigurée*, puisque les changements subis par certaines de ses dimensions ne seraient plus assimilables à des infiniment petits.

La condition que ρ' diffère très peu de ρ, entraîne celle que $\frac{1}{\rho'}$ soit peu différent de $\frac{1}{\rho}$. Donc $\frac{X}{EI}$ ne doit pas être *très grand*.

L'équation $R = \frac{Xn}{EI}$ fournissant la valeur maximum du travail à la flexion, qui ne doit pas dépasser la limite de sécurité convenue, peut s'écrire :

$$\frac{X}{EI} = \frac{R}{n}.$$

En admettant que la limite de sécurité, fixée *a priori* d'après la nature du métal, soit atteinte, on voit que $\frac{X}{EI}$ ne saurait être très grand que si n est très petit. Par conséquent, pour que les formules donnant le travail élastique et la déformation élémentaire puissent être considérées comme exactes, il ne faut pas que la hauteur de la section, mesurée normalement à l'axe neutre, soit trop petite, sans quoi $\frac{X}{EI}$ serait très grand, et ρ' différerait notablement de ρ.

Nous conclurons en définitive qu'on ne peut appliquer en toute confiance la relation $\frac{1}{\rho'} - \frac{1}{\rho} = \frac{X}{EI}$ que si la hauteur de la section est une faible fraction du rayon de courbure de la fibre moyenne, sans toutefois être extrêmement petite en comparaison de la longueur totale de la pièce. Ce dernier cas se présente quand on a affaire à des corps très minces et de grande longueur, fils ou câbles de ponts suspendus, longues plaques de faible épaisseur. Dans ces conditions, la pièce se comporte comme un corps *souple* : elle se trouve *défigu-rée* par la déformation élastique, et par suite la loi de Hooke cesse d'être vérifiée. Les équations de déforma-tion n'étant plus linéaires, parce que la résultante X des forces extérieures cesse d'être indépendante des dé-placements élastiques, on ne peut plus se fier aux for-mules de la Résistance des Matériaux, ou du moins il faut recourir à des méthodes et à des règles spéciales. Nous en donnerons un exemple intéressant en parlant des ponts suspendus.

Il peut arriver encore que la hauteur de la pièce soit comparable à sa longueur dans toutes les sections transversales successives, sauf une seule, où elle serait nulle, ou bien se rapprocherait sensiblement de zéro. On dit alors que la pièce est formée de deux *tronçons*, reliés par une *articulation*, correspondant à la section de hauteur nulle.

Si dans l'équation $R = \dfrac{Xn}{EI}$, on pose $n = o$, en attri-buant à R la valeur numérique admise comme limite de sécurité, on voit que $\dfrac{X}{EI}$ devient infini. Par suite ρ' s'annule, puisque $\dfrac{1}{\rho}$ tend vers l'infini. Donc l'axe lon-gitudinal déformé présente au droit de l'articulation un point anguleux, ou une cassure. En ce cas, les for-mules de déformation cessent d'être applicables au point de passage d'un tronçon au suivant. On peut les employer pour chaque tronçon considéré isolément, mais elles ne fournissent aucune indication sur la dé-viation angulaire de la fibre moyenne au droit de l'ar-ticulation : cette fibre présente au point anguleux deux tangentes, dont l'inclinaison mutuelle n'est pas indi-quée par les dites formules.

L'articulation se réalise pratiquement, soit par l'interposition entre les deux tronçons d'un axe de rotation ou d'une rotule, soit tout simplement par une diminution de hauteur de la section, par exemple en reliant deux poutres successives par une tôle mince, et par suite très flexible, que l'on a rivée sur les platesbandes inférieures ou supérieures des deux abouts.

Nous rappellerons en terminant que, dans l'énoncé du problème qui vient d'être traité dans les articles 51 et 51, on a supposé expressément que l'*effort tranchant était nul,* aussi bien que le couple de torsion. Quand cette condition *essentielle* est réalisée, les formules de déformation énoncées sont rigoureuses, parce que l'hypothèse de la Résistance des Matériaux est exactement conforme à la vérité : la section transversale reste plane et normale à la fibre moyenne déformée. On peut objecter que cette section ne demeure pas identique à elle-même, en raison du phénomène de la contraction latérale de la matière ; mais le très petit changement que son profil éprouve de ce chef (si la matière répond bien à la définition des corps parfaitement élastiques), n'affecte que dans une proportion insensible et négligeable les valeurs du travail, et ne saurait entacher, d'erreur, dans une mesure appréciable, les formules établies dans l'hypothèse du profil immuable (art. 57).

Pour que l'effort tranchant V soit nul dans toutes les sections d'une pièce prismatique fléchie, il faut que le moment fléchissant X soit constant d'un bout à l'autre de la pièce, en vertu de la relation $V = \frac{dX}{dx}$, établie dans l'article 48. C'est à cette seule condition que les formules de déformation élémentaire établies dans le présent article, et celles que nous allons déduire des précédentes dans les articles suivants, 53 et 54, peuvent être regardées comme mathématiquement vraies.

Nous admettrons, toutefois, qu'on peut encore s'en servir, *avec une exactitude suffisante*, quand, le moment fléchissant variant d'une section à la suivante, l'effort tranchant n'est pas nul. Nous sortons ici du domaine de la vérité mathématique, pour entrer dans celui de la vérité pratique. L'erreur commise, en négligeant l'influence de l'effort tranchant, n'est pas négligeable au sens rigoureux de la Théorie de l'Elasticité, mais elle est sans importance au point de vue de la Résistance des Matériaux, comme nous le vérifierons dans l'article 55, en soumettant au calcul le problème de la déformation d'une pièce prismatique, quand le moment fléchissant varie d'une section à la suivante.

54. Déformation élastique des pièces prismatiques droites. — Supposons que la fibre moyenne de la pièce prismatique soit, avant déformation, une droite que nous prendrons pour axe des x. Pour fixer les idées, nous figurerons cet axe par une horizontale.

Compression ou extension simple. — La fibre moyenne demeure rectiligne puisque l'orientation d'une section quelconque reste invariable. Nous pourrons donc remplacer ds par dx dans l'expression de la déformation élémentaire :

$$\delta \, dx = \frac{\mathrm{F}}{\mathrm{E}\Omega} \, dx.$$

D'où, en intégrant :

$$\delta x - \delta x_0 = \int_{x_0}^{x} \frac{\mathrm{F}}{\mathrm{E}\Omega} \, dx = \frac{1}{\mathrm{E}} \int_{x_0}^{x} \frac{\mathrm{F}}{\Omega} \, dx.$$

Si la pièce est à section constante et si l'effort normal F ne varie pas d'une extrémité à l'autre, $\frac{E}{\Omega}$ est une constante, et l'on a :

$$\delta x = \delta x_0 + \frac{F}{E\Omega} (x - x_0).$$

l'abscisse x_0 se rapportant à une extrémité de la pièce, celle de gauche pour fixer les idées.

Flexion. — L'axe longitudinal de la pièce avant déformation était rectiligne.

D'où :

$$\frac{1}{\rho} = 0,$$

et

$$\frac{1}{\rho'} = \frac{X}{EI}.$$

Nous supposerons que l'orientation du plan de flexion soit invariable d'une extrémité à l'autre du corps, et que ce plan contienne un axe principal d'inertie de chaque section (1). Il en résulte que les axes neutres seront tous parallèles entre eux et perpendiculaires au plan de flexion.

Par suite, le rayon de courbure ρ' de la fibre moyenne déformée sera pour une section quelconque situé dans le plan de flexion.

Prenons pour axe des y une droite située dans ce plan et perpendiculaire à l'axe des x, lequel coïncide avec l'axe longitudinal *primitif* de la pièce. Désignons par y l'ordonnée d'un point quelconque de la fibre moyenne déformée, que l'on appelle communément *la ligne élastique* de la pièce.

Le rayon de courbure ρ' de cette ligne a pour expression, d'après une formule analytique connue :

1. Dans la pratique des constructions, cette condition est presque toujours remplie, le plan de flexion étant d'orientation invariable et concordant avec un plan de symétrie de la pièce considérée.

16

$$\frac{\left(1 + \left(\dfrac{dy}{dx}\right)^2\right)^{3/2}}{\dfrac{d^2y}{dx^2}}.$$

L'équation différentielle de la ligne élastique, rapportée à deux axes rectangulaires situés dans le plan de flexion, dont l'un ox coïncide avec l'axe longitudinal primitif, sera par conséquent :

$$\frac{1}{\rho'} = \frac{\dfrac{d^2y}{dx^2}}{\left(1 + \left(\dfrac{dy}{dx}\right)^2\right)^{3/2}} = \frac{X}{EI}.$$

Le rayon de courbure ρ étant infini, puisque la pièce était primitivement droite, le rayon ρ' doit être extrêmement grand, sans quoi le corps se trouverait défiguré. Il en résulte que la ligne élastique s'écarte très peu de l'axe des x, et que par suite la valeur numérique de $\dfrac{dy}{dx}$ est toujours très petite, et *négligeable devant l'unité*.

On peut donc simplifier l'équation précédente, en l'écrivant comme il suit :

$$(1) \qquad \frac{d^2y}{dx^2} = \frac{X}{EI}.$$

Etant donné la convention admise pour le signe à attribuer au moment fléchissant X, qui est positif lorsque les fibres situées au-dessus de l'axe longitudinal sont comprimées, cette relation suppose que l'axe des y est dirigé de *bas* en *haut*.

En intégrant deux fois de suite l'équation différentielle (1), on trouve :

$$(1) \qquad \frac{d^2y}{dx^2} = \frac{X}{EI};$$

$$(2) \qquad \frac{dy}{dx} - \theta_0 = \int_0^x \frac{X dx}{EI};$$

$$(3) \qquad y - \theta_0 x - y_0 = \int_0^x dx \int_0^x \frac{X dx}{EI}.$$

y_0 et θ_0 désignent le déplacement vertical et le déplacement angulaire de la fibre moyenne au point pris pour origine des abscisses.

Nous remarquerons immédiatement que si l'on considère $\frac{X}{I}$, rapport du moment fléchissant au moment d'inertie de la section correspondante, comme une force verticale appliquée au centre de gravité de la section, le lieu géométrique défini par l'ordonnée y, c'est-à-dire la ligne élastique de la pièce, est une courbe funiculaire relative au système des forces parallèles successives $\frac{X}{I} dx$, réparties d'une manière continue sur la longueur horizontale x.

L'équation (3) peut, au moyen d'une intégration par parties, être mise sous la forme suivante, ou l'on n'a plus affaire qu'à des intégrales simples :

$$(3) \qquad y - \theta_0 x - y_0 = x \int_0^x \frac{X dx}{EI} - \int_0^x \frac{X x dx}{EI}.$$

On fait constamment usage, dans les applications de la Résistance des Matériaux, de ces trois équations de déformation des pièces droites (1).

1. Ces équations peuvent être également appliquées, avec une approximation suffisante, à une pièce légère-

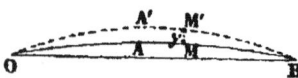

Fig. 54.

ment courbe OAB, dont l'axe longitudinal s'écarterait peu de la corde OB prise pour axe des abscisses. En ce cas la variable y représente le déplacement vertical MM' du point M considéré sur l'axe longitudinal, bien que ce point n'ait pas sa position initiale sur l'axe des x.

Cas particulier d'une pièce à section constante. — On peut faire sortir le produit EI des signes $\int$, puisque sa valeur numérique est indépendante de x.

$$(2) \qquad \frac{dy}{dx} - \theta_0 = \frac{1}{EI} \int_0^x X \, dx \, ;$$

$$(3) \qquad y - \theta_0 x - y_0 = \frac{X}{EI} \int_0^x X \, dx - \frac{1}{EI} \int_0^x X x \, dx.$$

Pièce à section constante sollicitée par un moment fléchissant également constant. — On peut faire sortir du signe $\int$ le moment fléchissant X, qui est indépendant de l'abscisse x.

D'où :

$$(2) \qquad \frac{dy}{dx} - \theta_0 = \frac{X}{EI} \int_0^x dx = \frac{Xx}{EI} \, ;$$

$$(3) \qquad y - \theta_0 x - y_0 = \frac{Xx^2}{2EI}.$$

C'est l'équation d'une *parabole*.

Revenons maintenant à la relation fondamentale :

$$\frac{1}{\rho'} = \frac{X}{EI}.$$

Dans le cas présent, $\frac{X}{EI}$ est constant. Il en est donc de même de ρ', et par conséquent la ligne élastique est un *arc de cercle*.

Si la formule (3) indique une parabole, c'est la conséquence de la simplification apportée dans l'expression analytique de $\frac{1}{\rho'}$, que nous avons réduite à $\frac{d^2 y}{dx^2}$, en remplaçant par l'unité le dénominateur $\left(1 + \left(\frac{dy}{dx}\right)^2\right)^{3/2}$.

Cela est revenu à substituer à l'arc de cercle, qui est la *véritable ligne élastique*, un arc de la parabole osculatrice à cet arc de cercle au point pour lequel $\frac{dy}{dx}$ est effectivement nul. Cette substitution est permise, du moment que le rayon de courbure ρ' est très grand, parce que la distance mutuelle des deux courbes est en ce cas une fraction extrêmement petite de l'ordonnée y.

Modification des formules de déformation par introduction de la valeur du travail. — Désignons par R et R' les valeurs *absolues* (abstraction faite du signe) du travail à la compression déterminé dans la fibre extrême supérieure, et du travail à l'extension déterminé dans la fibre extrême inférieure.

On a :

$$R = \frac{Xn}{I}, \text{ et } R' = \frac{Xn'}{I}.$$

D'où :

$$R + R' = \frac{X(n+n')}{I} = \frac{Xh}{I},$$

la somme des deux distances n et n' à la fibre neutre étant la *hauteur* de la section dans le plan de flexion.

D'où :

$$\frac{X}{I} = \frac{R + R'}{h}.$$

Substituons cette expression à $\frac{X}{I}$ dans les équations de déformation. Elles deviennent :

(1) $$\frac{d^2 y}{dx^2} = \frac{R + R'}{Eh};$$

(2) $$\frac{dy}{dx} - \theta_0 = \int_0^x \frac{R + R'}{Eh} dx;$$

(3) $$y - \theta_0 x - y_0 = x \int_0^x \frac{R + R'}{Eh} dx - \int_0^x \frac{R + R'}{Eh} x dx.$$

Dans les constructions *d'égale résistance*, on s'attache à atteindre les mêmes valeurs R et R' du travail
maximum à la flexion pour les sections transversales
successives, en vue d'obtenir une bonne utilisation du
métal. Dans ces conditions, R + R' devient une constante, précédée du signe + quand X est positif, et du
signe — dans le cas contraire.

On a donc dans les régions de la pièce où X est positif :

$$\frac{d^2 y}{dx^2} = \frac{R + R'}{Eh};$$

$$\frac{dy}{dx} - \theta_0 = \frac{R + R'}{E} \int_0^x \frac{dx}{h};$$

$$y - \theta_0 x - y_0 = \frac{R + R'}{E} \left(x \int_0^x \frac{dx}{h} - \int_0^x \frac{x\,dx}{h} \right);$$

et dans les régions ou X est négatif :

$$\frac{d^2 y}{dx^2} = -\frac{R + R'}{h};$$

$$\frac{dy}{dx} - \theta_0 = -\frac{R + R'}{E} \int_0^x \frac{dx}{h};$$

$$y - \theta_0 x - y_0 = -\frac{R + R'}{E} \left(x \int_0^x \frac{dx}{h} - \int_0^x \frac{x\,dx}{h} \right).$$

Si, de plus, la pièce est de hauteur constante, la lettre h peut être retirée des signes $\int$. Les intégrales s'effectuent alors sans difficulté, et on obtient les équations
algébriques :

$$\frac{dy}{dx} = \pm \frac{(R + R')}{Eh} x;$$

$$y - \theta_0 x - y_0 = \pm \frac{R + R'}{Eh} \frac{x^2}{2}.$$

La ligne élastique comprend *effectivement* une succession d'arcs de cercle consécutifs, dont les uns, correspondant aux régions pour lesquelles le moment flé-

chissant X est positif, tournent leur concavité vers le
haut de la figure, et les autres, correspondant aux régions pour lesquelles X est négatif, tournent leur concavité vers le bas. Ces arcs de cercle de sens opposés
se raccordent bout à bout tangentiellement, avec inflexion de la courbure dans chaque section où X passe
par zéro.

L'équation algébrique $y - \theta_0 x - y_0 = + \dfrac{R + R'}{Eh} x^2$,
obtenue en remplaçant $\dfrac{1}{\rho'}$ par $\dfrac{d^2 y}{dx^2}$, représente la parabole
osculatrice à l'arc de cercle :

$$\frac{1}{\rho'} = \frac{X}{EI} = \pm \frac{(R + R')}{Eh}.$$

Nous rappellerons encore que, lorsque la hauteur de
la pièce se réduit à zéro dans une section, la ligne élastique n'est plus continue, et présente un point anguleux. Les constantes d'intégration θ_0 et y_0 changent
brusquement de valeurs au droit de cette section critique, qualifiée d'articulation.

Si la hauteur h est très petite comparativement à la
longueur de la pièce, les déplacements élastiques peuvent être considérables, et, la pièce étant *défigurée*,
le moment fléchissant X devient fonction de la déformation. Dans ce cas, les formules énoncées plus haut
cessent d'être exactes, parce que les données du problème ne satisfont plus au *postulatum* fondamental
qui est la base de la Théorie de l'Elasticité et de la
Résistance des Matériaux.

**55. Formules générales de la déformation des pièces
courbes.** — Nous n'envisagerons ici que le cas particulier où l'axe longitudinal, étant à simple courbure, est

contenu dans le plan de flexion, dont la trace sur chaque section transversale est un axe principal d'inertie.
Dans ces conditions, les axes neutres sont tous perpendiculaires au plan de flexion, qui renferme par conséquent la ligne élastique.

Soit $M_0 M_1$ un arc de la fibre moyenne, avant déformation. Nous considèrerons en chaque point M de cette
courbe : les coordonnées
x et y, rapportées à deux
axes rectangulaires ox et
oy menés arbitrairement
dans le plan de flexion ;
l'angle θ que fait la tangente géométrique de la
fibre moyenne avec l'axe
des x (cet angle a pour tangente trigonométrique $\dfrac{dy}{dx}$);
la distance s du point M au point initial M_0, mesurée
sur la fibre moyenne ; enfin le rayon de courbure ρ de
la fibre moyenne en ce point.

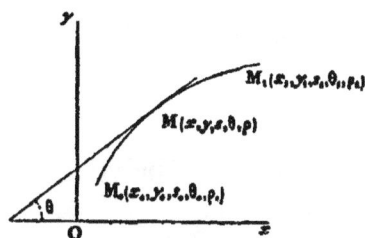

Fig. 55.

Nous allons chercher à déterminer pour le point M_1
choisi arbitrairement les variations subies par ses
coordonnées x_1, y_1, θ_1, s_1 et ρ_1 sous l'influence : 1º d'un
changement de température t ; 2º d'un effort normal F,
variable d'une section à la suivante ; 3º d'un moment
fléchissant X, également variable d'une section à l'autre.

Nous supposerons connues a priori les variations
δx_0, δy_0 et $\delta \theta_0$ des coordonnéss relatives au point initial M_0.

Changement de température. — La lettre α désignera le cofficient de dilatation linéaire de la matière,
et la lettre t le changement de température, précédé du

signe $+$ ou du signe $-$, suivant qu'il s'agit d'un relèvement ou d'un abaissement.

On a les relations :

$$\delta s_1 = s_1 \alpha t ;$$

$$\delta \theta_1 = \delta \theta_0 ;$$

$$\delta \rho_1 = \rho'_1 - \rho_1 = \rho_1 \alpha t, \text{ ou } \frac{1}{\rho'_1} - \frac{1}{\rho_1} = -\frac{\alpha t}{\rho_1} ;$$

$$\delta x_1 - \delta x_0 = \delta s_1 \times \frac{x_1 - x_0}{s_1} = \alpha t (x_1 - x_0) ;$$

$$\delta y_1 - \delta y_0 = \delta s_1 \times \frac{y_1 - y_0}{s_1} = \alpha t (y_1 - y_0).$$

Ce sont de simples formules de géométrie analytique, qu'il nous paraît superflu de démontrer.

Effort normal. — L'effort normal F entraîne pour un arc infiniment petit *ds* de la fibre moyenne, la variation de longueur :

$$\delta ds = \frac{F ds}{E \Omega}.$$

D'où :

$$\delta s_1 = \int_0^{s_1} \frac{F ds}{E \Omega} ;$$

$$\delta \theta_1 = \delta \theta_0 ;$$

$$\delta x_1 - \delta x_0 = \int_0^{s_1} \frac{F}{E \Omega} ds \times \frac{dx}{ds} = \int_{x_0}^{x_1} \frac{F dx}{E \Omega} ;$$

$$\delta y_1 - \delta y_0 = \int_0^{s_1} \frac{F}{E \Omega} ds \times \frac{dy}{ds} = \int_{y_0}^{y_1} \frac{F dy}{E \Omega}.$$

Quant au rayon de courbure ρ_1, sa variation $\delta \rho_1$ est fournie par la relation :

$$\delta \rho_1 = \rho_1 \frac{F_1}{E \Omega_1}.$$

D'où :

$$\frac{1}{\rho'_1} - \frac{1}{\rho_1} = -\frac{F_1}{E \Omega_1 \rho_1},$$

en désignant par F_1 et Ω_1 l'effort normal et l'aire de la section pour le point M_1.

Moment fléchissant. — La longueur développée de l'arc M_0 M_1 ne varie pas :

$$\delta s_1 = o.$$

Considérons un point M situé entre M_0 et M_1. La relation fondamentale :

$$\frac{1}{\rho'} - \frac{1}{\rho} = \frac{X}{EI}$$

peut s'écrire :

$$\frac{ds}{\rho'} - \frac{ds}{\rho} = \frac{X\,ds}{EI}.$$

Or $\dfrac{ds}{\rho}$ est l'angle $d\theta$ sous-tendu par l'arc infiniment petit de longueur ds compris entre le point M (x,y) et le point infiniment voisin M' $(x+dx, y+dy)$.

$\dfrac{ds}{\rho'} - \dfrac{ds}{\rho}$ est la variation $\delta d\theta$ subie par cet angle $d\theta$; d'où :

$$\delta d\theta = \frac{X\,ds}{EI};$$

et :

$$\delta\theta_1 - \delta\theta_0 = \int_0^{s_1} \delta d\theta = \int_0^{s_1} \frac{X\,ds}{EI}.$$

Le point M' a tourné autour du point M de l'angle $\delta d\theta$. Ce mouvement de rotation a entraîné toute la portion de fibre moyenne M'M_1 située au delà de M'. Il en résulte que, du fait même de ce déplacement angulaire $\delta d\theta$, les coordonnées x_1 et y_1 du point M_1 ont éprouvé les changements :

$$-\delta d\theta \times (y_1 - y),$$
et
$$+\delta d\theta \times (x_1 - x).$$

Fig. 56.

Ce sont les expressions bien connues des déplacements parallèles aux axes du point de coordonnées x_1 et y_1, lorsque ce point tourne de l'angle $\delta d\theta$ autour du point de coordonnées x et y comme centre. Le signe $+$ de $\delta d\theta$ correspond à un accroissement de $\frac{dy}{dx}$.

Pour avoir le déplacement total du point M_1, il suffit de faire la somme des déplacements partiels dus aux rotations $\delta d\theta$ subies par tous les éléments ds de la fibre, depuis M_0 jusqu'à M_1, et de tenir compte en outre des déplacements δx_0 et δy_0 du point initial M_0, ainsi que du déplacements angulaire $\delta\theta_0$ de la tangente en M_0, déplacement qui a fait subir aux coordonnées de M_1 les changements :

$$-\delta\theta_0\,(y_1 - y_0) \text{ et } + \delta\theta_0\,(x_1 - x_0).$$

D'où, en définitive :

$$\delta x_1 + \delta\theta_0\,(y_1 - y_0) - \delta x_0 = -\int_0^{s_1} \delta d\theta\,(y_1 - y)$$

$$= -\int_0^{s_1} \frac{X\,(y_1 - y)}{EI}\,ds.$$

$$\delta y_1 - \delta\theta_0\,(x_1 - x_0) - \delta y_0 = \int_0^{s_1} \delta\theta\,(x_1 - x)$$

$$= \int_0^{s_1} \frac{X\,(x_1 - x)}{EI}\,ds.$$

Formules générales. — Pour résumer en une seule formule les déplacements élastiques dûs au changement de température t, à l'effort normal F et au moment fléchissant X, il suffit de réunir dans le second membre tous les termes établis précédemment pour chaque cause considérée à part.

D'où :

(1)
$$\frac{1}{\rho'_1} - \frac{1}{\rho_1} = -\frac{\alpha t}{\rho_1} - \frac{F_1}{E\Omega_1\rho_1} + \frac{X_1}{EI_1} ;$$

(2)
$$\delta s_1 = s_1 \alpha t + \int_0^{s_1} \frac{F}{E\Omega} \, ds ;$$

(3)
$$\delta\theta_1 - \delta\theta_0 = \int_0^{s_1} \frac{X \, ds}{EI} ;$$

(4)
$$\delta x_1 + \delta\theta_0 (y_1 - y_0) - \delta x^0 = \alpha t (x_1 - x_0)$$
$$+ \int_{x_0}^{x_1} \frac{F}{E\Omega} \, dx - \int_0^{s_1} \frac{X (y_1 - y) \, ds}{EI} ;$$

(5)
$$\delta y_1 - \delta\theta_0 (x_1 - x_0) - \delta y_0 = \alpha t (y_1 - y_0)$$
$$+ \int_{y_0}^{y_1} \frac{F}{E\Omega} \, dy + \int_0^{s_1} \frac{X (x_1 - x) \, ds}{EI} .$$

Telles sont les formules générales de la déformation des pièces courbes. Nous remarquons que dans l'expression analytique de $\frac{1}{\rho'_1} - \frac{1}{\rho_1}$, les deux premiers termes $\frac{\alpha t}{\rho_1}$ et $\frac{F_1}{E\Omega_1\rho_1}$ sont presque toujours négligeables devant le troisième $\frac{X_1}{EI_1}$, ce qui fait qu'on les supprime généralement, en s'en tenant à la relation :

$$\frac{1}{\rho'_1} - \frac{1}{\rho_1} = \frac{X_1}{EI_1} .$$

Nous rappelons encore (page 240) que les formules établies dans les articles 53 et 54, étant déduites de celles des articles 51 et 52, ne peuvent être considérées comme *rigoureusement* exactes que pour une pièce prismatique où, le moment fléchissant étant constant d'un bout à l'autre, l'effort tranchant est nul pour toutes les sections transversales.

Néanmoins on fait encore usage de ces formules pour calculer la déformation des pièces fléchies, lorsque, le moment fléchissant étant variable, l'effort tranchant n'est pas nul. Il convient de justifier cette règle pratique, et c'est ce que nous ferons ci-après en montrant que l'erreur commise, si elle n'est pas négligeable au point de vue théorique, est sans importance aucune dans les applications, et n'influe pas dans une mesure appréciable sur les résultats des calculs relatifs à la stabilité des constructions.

56. Effort tranchant. — *Calcul du tarif de glissement* — Considérons une section transversale CD, pour laquelle l'effort tranchant soit V. Nous nous proposons de calculer la valeur S du travail de glissement déterminé par cet effort tranchant en un point quelconque M de la section.

Nous prendrons pour axes des coordonnées : la tangente ox à la fibre moyenne, qui passe par le centre de gravité G de la section, et est perpendiculaire à son plan ; la droite oy, parallèle à la direction de l'effort tranchant V ; la droite oz, perpendiculaire au plan xoy.

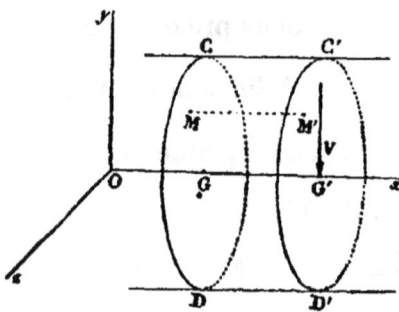

Fig. 57.

Le plan yoz est parallèle à celui de la section transversale, dont tous les points ont la même abscisse, qui est la distance du centre de gravité G à l'origine O. Il s'agit de résoudre l'équation d'équilibre élastique : $\int \int S dy.dz = V$.

Désignons par x', y' et z' les déplacements élastiques du point M (x, y, z) situé dans la section CD; par $x' + dx'$, $y' + dy'$, $z' + dz'$ les déplacements élastiques du point correspondant M' $(x + dx, y + dy, z + dz)$ situé dans la section C'D', infiniment voisine de la précédente.

La théorie de l'Elasticité nous a fait connaître (art.30) que l'on a entre les déplacements élémentaires dx', dy' et dz' d'une part, et, d'autre part, l'action tangentielle S, dont le couple est situé dans le plan xoy, normal à la section et contenant l'effort tranchant V, la relation suivante :

$$\frac{dx'}{dy} + \frac{dy'}{dx} = \frac{S}{G}.$$

En vertu de l'énoncé fondamental du problème traité par la Résistance des Matériaux, il n'existe pas dans la pièce prismatique considérée d'actions moléculaires normales Y et Z dirigées parallèlement aux axes oy et oz, et par suite au plan de la section CD. Il n'existe pas non plus d'action tangentielles U dont les couples soient situés dans le plan diamétral du cube élémentaire parallèle à la section.

D'où les trois conditions :

(1) $\qquad\qquad Y = E \frac{dy'}{dy} = o ;$

(2) $\qquad\qquad Z = E \frac{dz'}{dz} = o ;$

(3) . $\qquad\qquad U = G \left(\frac{dy'}{dz} + \frac{dz'}{dy} \right) = o.$

Les seules actions moléculaires qui ne soient pas nulles *a priori*, en vertu des conventions relatives aux conditions d'équilibre des pièces prismatiques étudiées, sont l'action normale, produite par le moment fléchissant et l'effort normal, qui a sa direction perpendiculaire au plan de la section transversale ; et les actions tangentielle S et T, respectivement parallèles à oy et oz, dont les couples sont dans les plans xoy et xoz, perpendiculaires à la section. Mais, si nous admettons que la composante de l'effort tranchant suivant la direction oz

soit nulle, et que le couple de torsion soit également nul, les conditions

$$\int\int T dy.dz = o \text{ et } \int\int(Ty + Sz)dy.dz = o.$$

nous conduisent à la conclusion : T = o. Si en effet cette action tangentielle n'était pas nulle, son intensité serait indépendante des forces extérieures appliquées au corps. Ce serait donc une action moléculaire latente, au sujet de laquelle la Théorie de l'Elasticité ne nous fournirait aucun renseignement.

T étant nul, la seconde des équations précédentes se réduit à : $\int\int Szdy.dz = o$. Elle exprime la donnée du problème en vertu de laquelle la résultante V des forces intérieures S passe par le centre de gravité de la section, situé sur l'axe ox.

On a donc :

$$(4) \qquad T = G\left(\frac{dx'}{dz} + \frac{dz'}{dx}\right) = o.$$

Il n'est possible de satisfaire simultanément aux relations (1), (2), (3) et (4) énoncées ci-dessus qu'en posant :

$$(5) \qquad x' = z\left[y\frac{df(x)}{dx} + \frac{d\theta(x)}{dx}\right] + \varphi(x,y);$$

$$(6) \qquad y' = zf(x) + \psi(x);$$

$$(7) \qquad z' = -yf(x) - \theta(x).$$

$f(x), \theta(x), \psi(x)$ et $\varphi(x,y)$ sont des fonctions à déterminer.

Nous ajoutons maintenant à l'énoncé du problème la donnée complémentaire suivante : le plan xoy est *un plan de symétrie* de la pièce prismatique, et l'effort tranchant V relatif à une section transversale quelconque a sa direction contenue dans ce plan.

Il en résulte nécessairement que la déformation du solide s'effectuera symétriquement par rapport au plan *xoy*, et que, par suite, on ne changera rien aux valeurs de x', de y' et de z', en remplaçant dans les équations (5), (6) et (7) z par — z. Nous en concluons immédiate-ment que les fonctions $f(x)$ et $\theta(x)$ (1) sont nulles, et que les expressions des déplacements élastiques se rédui-sent à :

(8) $\qquad\qquad x' = \varphi(x,y)$;

(9) $\qquad\qquad y' = \psi(x)$;

(10) $\qquad\qquad z' = o.$ (1)

L'équation différentielle $\dfrac{dx'}{dy} + \dfrac{dy'}{dx} = \dfrac{S}{G}$ prend ainsi, *dans le cas particulier que nous envisageons*, la forme :

$$\frac{d\varphi(x,y)}{dy} + \frac{d\psi(x)}{dx} = \frac{S}{G}.$$

Il s'agit de trouver l'expression analytique de l'ac-tion tangentielle S pour un point quelconque $M(x,y,z)$ de la section transversale CD parallèle au plan *yoz*. Il y a donc lieu de substituer à x, dans la relation précé-dente, la valeur commune a de cette abscisse pour tous les points de la section.

Le premier terme $\dfrac{d\varphi(x,y)}{dy}$ ne contient plus alors que la variable y, et le second terme $\dfrac{d\psi(x)}{dx}$ se réduit à une constante A.

On arrive en définitive à la relation :

$$\frac{S}{G} = \frac{d\varphi(y)}{dy} + A;$$

et l'équation d'équilibre élastique $\int\int S\, dy.dz = V$ prend la forme :

---

1. On pourrait objecter que $\theta(x)$ doit se réduire à une constante, qui n'est pas nécessairement nulle. Mais alors z', étant indépendant des variables x, y et z, correspondrait à un déplacement dans l'espace de la pièce, par translation dans la direction oz, et non pas à une déformation élastique.

$$G \int \int \frac{d\varphi(x)}{dy} dy.dz + GA\Omega = V,$$

Ω étant l'aire $\int\int dy.dz$ de la section.

Il ne s'agit plus que de résoudre cette équation différentielle.

Considérons la portion de pièce comprise entre : les
deux sections transversales infiniment voisines CD et
C'D'; le plan MM' parallèle à xoz et défini par l'ordonnée y; et la surface périphérique du corps située au-
dessus de ce plan MM'.

Nous avons admis, dans l'énoncé du problème, que
le couple de torsion était nul. Nous pouvons faire la
même hypothèse pour l'effort normal F, mais non pour
le moment flé-
chissant X. En
effet, en vertu
de la relation
$V = \frac{dX}{dx}$, qui lie
l'effort tran-
chant au mo-
ment fléchis-
sant, celui-ci
ne peut être

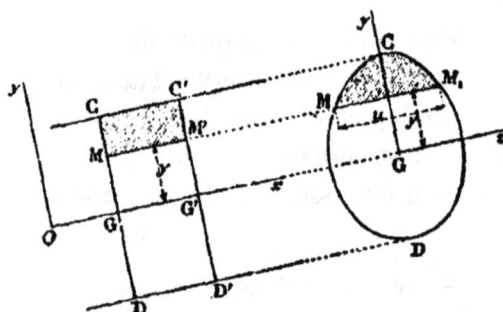

Fig. 58.

égal à zéro en deux sections successives de la pièce
sans que l'effort tranchant V soit également nul. Un
corps ne saurait donc travailler à l'effort tranchant
que s'il travaille en même temps à la flexion. La réciproque n'est pas vraie : pour que l'effort tranchant soit
nul, il est nécessaire et suffisant que le moment de
flexion soit constant.

La portion de prisme élémentaire CMM'C' étant en
équilibre statique, la somme des projections sur l'axe

ox des résultantes des actions moléculaires appliquées sur ses bases MCM, et M'C'M,', parallèles à xoy, et sur sa face MM₁M'M₁, parallèle à xoz, est nulle. Nous admettons, bien entendu, en vertu des conventions énoncées à l'article 46, que les forces extérieures directement appliquées sur la périphérie prismatique de la pièce sont nulles ou négligeables.

L'action normale R, développée en un point de la section transversale CD que sollicite le moment fléchissant X, est, ainsi qu'on l'a vu précédemment, fournie par l'expression $-\dfrac{Xy}{I}$; sa direction est perpendiculaire au plan de la section, et par suite parallèle à l'axe ox. L'axe neutre est dirigé suivant oz, en raison de la symétrie du corps par rapport au plan xoy.

La résultante de ces actions moléculaires normales, pour la base CM du prisme élémentaire, a pour expres $-\displaystyle\int\int\dfrac{Xy\,dy.dz}{I}$ ou $-\dfrac{X}{I}\displaystyle\int\int y\,dy.dz$, l'intégrale étant étendue à tous les éléments superficiels situés à l'intérieur du contour de cette base MCM₁.

Pour la section transversale C'D', située à la distance infiniment petite dx de la section CD, le moment fléchissant sera :

$$X + \frac{dX}{dx}dx.$$

Donc la résultante, parallèle à ox, des actions moléculaires qui sollicitent la base C'M' du prisme élémentaire, aura pour valeur :

$$-\left(X + \frac{dX}{dx}dx\right)\int\int y\,dy.dz.$$

En vertu de la définition des corps prismatiques, les

deux faces CM et C'M' doivent être considérées comme identiques, et par conséquent l'intégrale $\int\int y\,dy.dz$ a la même valeur pour toutes deux.

L'effort tranchant V, parallèle à oy, détermine des actions tangentielles S situées dans le plan xoy, qui agissent sur les bases CMM, et C'M'M,', et sur la face rectangulaire MM,M'M', parallèle à xoz.

Les actions tangentielles développées dans les sections transversales sont parallèles à oy : leurs projections sur l'axe ox sont donc nulles.

Mais l'action tangentielle S appliquée en un point de la face MM' est parallèle à ox. *Nous avons vu précédemment que S est une fonction de la seule variable y, et ne dépend pas de z.* Donc toutes les actions moléculaires tangentielles développées dans la face MM', perpendiculaire à l'axe oy, sont de même intensité, et leur résultante a pour expression S$u\,dx$, en désignant par u la largeur MM, de cette face, c'est-à-dire le segment de droite parallèle à oz compris à l'intérieur du contour, à la distance y du centre de gravité.

L'équation d'équilibre entre les résultantes des actions moléculaires parallèles à ox, s'écrira donc comme il suit :

$$-\frac{dX}{ld x}\,dx\,\int\int y\,dy.dz + \mathrm{S}u\,dx = 0.$$

L'intégrale double $\int\int y\,dy.dz$ est ce que nous avons appelé (art. 3) le moment statique de la surface MCM, par rapport à l'axe Gz. Désignons ce moment statique par la lettre μ.

$$\mathrm{S} = \frac{dX}{dx}\frac{\mu}{lu} \,;$$

ou, puisque

$$\frac{d\mathrm{X}}{dx} = \mathrm{V}:$$

$$\mathrm{S} = \mathrm{V}\,\frac{\mu}{\mathrm{I}u}\,.$$

Telle est la valeur de l'action moléculaire tangentielle S, dont le couple est situé dans le plan *xoy* contenant l'effort tranchant V et la fibre moyenne. Cette action s'exerce, en vertu des principes de la théorie de l'élasticité, dans les deux directions *oy* parallèle à l'effort tranchant, et *ox* perpendiculaire à la section transversale. Son intensité ne dépend que de la distance *y* du point considéré dans le corps à l'axe neutre de la section transversale, qui, en vertu de l'énoncé du problème, est un axe principal d'inertie, perpendiculaire à la direction de l'effort tranchant et au plan du moment de flexion.

Le signe dont la valeur numérique de S doit être affectée, résulte de celui que l'on a dû attribuer à l'effort tranchant V pour satisfaire à la condition :

$$\mathrm{V} = \frac{d\mathrm{X}}{dx}\,.$$

En prenant pour origine des abscisses l'extrémité *de gauche* de la pièce, le travail au glissement est positif lorsque l'effort tranchant, dirigé de haut en bas, semble devoir déterminer un abaissement vertical de la section C'D' par rapport à la section CD, qui la précède immédiatement.

L'équation $\mathrm{S} = \frac{\mathrm{V}\mu}{\mathrm{I}u}$ permet de tracer la courbe représentative des intensités des actions moléculaires tangentielles, variables avec la distance *y* du point considéré à l'axe neutre de flexion.

Si *u* et *μ* sont des fonctions simples de *y*, on obtiendra par intégration l'expression analytique de S.

Nous remarquerons que μ est nul pour les points de la section les plus éloignés de l'axe neutre. Donc le travail de glissement est nul sur les fibres extrêmes de la pièce, ce qui était évident *a priori*, puisque l'action tangentielle. S doit pour ces fibres être équilibrée par une force extérieure directement appliquée à la périphérie du corps. Or on a admis dans le principe que la pièce était libre dans ses dimensions transversales, et que les forces directement appliquées à sa périphérie étaient nulles ou négligeables.

Le moment statique μ atteint son maximum sur l'axe neutre de la section. C'est *en général* au droit de cet axe que l'on trouve pour le travail tangentiel la valeur la plus élevée. Mais ce n'est pas là une règle absolue : u étant également une variable, il arrive parfois que le maximum de $\frac{\mu}{u}$ ne correspond pas au maximum de μ.

Pièce à section rectangulaire, de hauteur a et de largeur b :

$$\Omega = ab ;$$
$$S' = \frac{V}{ab}\left(\frac{3}{2} - \frac{6y^2}{a^2}\right).$$

Maximum, pour $y = o$:

$$S = \frac{3}{2}\frac{V}{ab} = \frac{3}{2}\frac{V}{\Omega}.$$

Cercle plein de diamètre d.

$$\Omega = \frac{\pi d^2}{4} ;$$
$$S' = \frac{16}{3}\frac{V}{\pi d^2}\frac{d^2 - 4y^2}{d^2}.$$

Maximum, pour $y \quad o$:

$$S = \frac{16}{3}\frac{V}{\pi d^2} = \frac{4}{3}\frac{V}{\Omega}.$$

Losange de hauteur a et de largeur b :

$$\Omega = \frac{ab}{2};$$

$$S' = \frac{V}{\Omega}\left(1 + \frac{2y}{a} - \frac{8y^2}{a^2}\right).$$

Dans ce cas particulier, on constate que l'action tangentielle atteint sa valeur maximum non pas sur l'axe neutre, pour lequel $y = o$, mais sur la fibre définie par l'ordonnée :

$$y = \frac{a}{8},$$

pour laquelle on trouve :

$$S = \frac{9V}{8\Omega}\ (1)$$

1. Ou a :

$$MM' = u = \frac{2b}{a}\left(\frac{a}{2} - y\right).$$

Le moment statique μ de la surface partielle MCM, par rapport au point G a pour expression :

$$\mu = \frac{b}{a}\left(\frac{a}{2} - y\right)^2\left(y + \frac{a - 2y}{6}\right).$$

D'où :

$$\frac{\mu}{u} = \frac{1}{2}\left(\frac{a}{2} - y\right)\left(y + \frac{a - 2y}{6}\right)$$

$$= \frac{3}{4}\left(\frac{a}{3} - \frac{2}{3}y\right)\left(\frac{2}{3}y + \frac{a}{6}\right).$$

Cette expression atteint son maximum pour :

$$\frac{a}{3} - \frac{2}{3}y = \frac{2}{3}y + \frac{a}{6},$$

ou :

$$y = \frac{a}{8}.$$

Considérons le cas plus général où l'on pose :

$$u = b\left(1 - \frac{2y}{a}\right)^m.$$

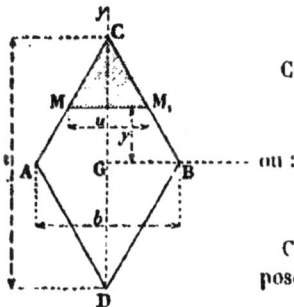
Fig. 59.

On trouve sans difficulté :

Sur l'axe neutre, le travail au glissement est :

$$S = \frac{V}{\Omega}.$$

Quand la section présente un étranglement ou un rétrécissement pour lequel u passe par un minimum, c'est là en général que se manifeste le travail le plus élevé, alors même que cette région rétrécie serait éloignée de l'axe neutre.

Double té symétrique. — Le profil étant discontinu, puisque les faces de l'âme verticale ne se raccordent pas avec les faces horizontales des plates-bandes, on doit appliquer successivement deux formules différentes.

Fig. 60.

$$\mu = \int_{y}^{\frac{a}{2}} uy\,dy = \frac{ba}{2m+2}\left(1 - \frac{2y}{a}\right)^{m+1}\left(y + \frac{a - 2y}{2m+4}\right).$$

D'où :

$$\frac{\mu}{u} = \frac{a}{2m+2}\left(1 - \frac{2y}{a}\right)\left(y + \frac{a - 2y}{2m+4}\right).$$

L'ordonnée pour laquelle $\frac{\mu}{u}$ atteint son maximum est :

$$y = a\,\frac{m}{4m+4}.$$

D'où :

$\frac{y}{a} = 0$ pour $m = 0$ rectangle

$\frac{1}{8}$ pour $m = 1$ losange

$\frac{1}{6}$ pour $m = 2$ losange à côtés paraboliques

$\frac{1}{4}$ à la limite pour $m = \infty$.

Pour une section en forme de croix, le travail au glissement présente deux maxima : l'un est sur l'axe neutre ; l'autre, généralement supérieur au premier, est à la hauteur du sommet de l'angle rentrant des branches de la croix.

1° De $y = o$ à $y = \frac{a'}{2}$ (âme) :

$$S' = \frac{V}{b'I}\left(\frac{a^2 b}{8} - \frac{b'y^2}{2} - (b-b')\frac{a'^2}{8}\right);$$

2° De $y = \frac{a'}{2}$ à $y = \frac{a}{2}$ (plate-bande) :

$$S' = \frac{V}{2I}\left(\frac{a^2}{4} - y^2\right).$$

Le maximum s'obtient encore sur l'axe neutre :

$$S = \frac{V}{b'I}\left(\frac{a^2 b}{8} - (b-b')\frac{a'^2}{8}\right);$$

ou, en remplaçant I par l'expression algébrique du moment d'inertie ;

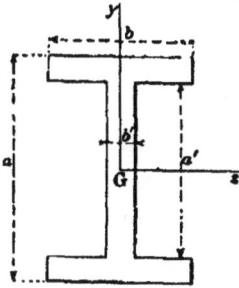

Fig. 61.

$$S = \frac{3}{2}\cdot\frac{V}{a'b'}\left(1 - \frac{a^2 b\,(a-a')}{a^3 b - a'^3 b + a'^3 b'}\right).$$

Si l'on admet qu'on puisse, sans erreur appréciable, substituer dans cette formule à la valeur exacte de I, qui est

$$\frac{a^3 b - a'^3 b + a'^3 b'}{12},$$

la valeur approximative

$$\frac{a^2 b\,(a - a')}{4},$$

l'équation précédente se réduit à :

$$S = \frac{V}{a'b'}.$$

Le travail maximum au glissement a lieu sur la fibre moyenne, et on en obtient une valeur voisine de la réalité en supposant que l'effort tranchant se répartit uniformément sur l'âme du double té, abstraction faite des plates-bandes, qui sont *censées* ne pas travailler au glissement.

Pour que cette simplification n'entraîne pas d'erreur sensible, il faut que l'épaisseur b' de l'âme soit très petite en comparaison de la largeur b de la plate-bande, et que l'épaisseur $\dfrac{a-a'}{2}$ de celle-ci soit très petite par rapport à la hauteur a du double té.

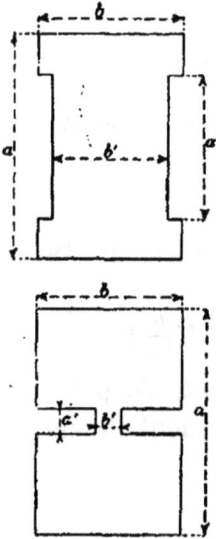

Si b' se rapproche de b (fig. 62), la valeur maximum de S tend vers celle obtenue pour la section rectangulaire :

$$S = \frac{3}{2}\frac{V}{\Omega}.$$

Si a' tend vers zéro (fig. 63), le maximum de S se rapproche de $\frac{3}{2}\frac{V}{ab}$, comme si l'effort tranchant

Fig. 62 et 63.

V sollicitait une section rectangulaire ayant la hauteur a du double té avec une largeur égale à l'épaisseur b' de l'âme.

En nous reportant à ce qui a été dit à l'article 51 sur le calcul du travail à la flexion, nous en déduisons la règle pratique suivante, pour la vérification sommaire de la stabilité d'une pièce à section en double té :

Les plates-bandes ou semelles doivent être calculées en vue de la résistance au moment fléchissant. Soient ω l'aire de la section transversale d'une plate-bande, et R la limite de sécurité à la compression ou à l'extension.

On doit trouver :

$$\frac{X}{\omega h} < R.$$

L'âme doit être calculée en vue de la résistance à l'effort tranchant. Soient σ l'aire de son aire transversale, et S la limite de sécurité au glissement ; on doit avoir :

$$\frac{V}{\sigma} < S.$$

Calcul de la déformation. — Nous venons d'établir l'expression analytique du travail au glissement :

$$S = \frac{V\mu}{Iu} = \frac{V \int\int_y^n y\,dy\,dz}{u \int\int_{n'}^n y^2\,dy\,dz}.$$

L'épaisseur u est une fonction de la variable y. Nous avons vu précédemment que :

$$\frac{S}{G} = \frac{dx'}{dy} + \frac{dy'}{dx}.$$

D'où :

$$\frac{dx'}{dy} + \frac{dy'}{dx} = \frac{V\mu}{Glu}.$$

Nous avons également reconnu que, pour tous les points d'une section transversale, $\frac{dx'}{dy}$ est une constante A.

D'où :

$$\frac{dx'}{dy} = \frac{V\mu}{Glu} - A.$$

La constante A est indépendante de l'effort tranchant V, puisqu'elle ne figure pas dans l'équation d'équilibre élastique établie entre cette résultante des forces extérieures et les actions tangentielles S. Elle ne peut donc dépendre que du moment fléchissant X, car l'effort normal et le couple de torsion ont été supposés nuls.

Or, les relations différentielles $\frac{dx'}{dy} = A$ et $\frac{dx'}{dy} = -A$

sont l'expression analytique d'une rotation élémentaire A éprouvée par la section transversale C'D' autour de l'axe neutre Gz de la section infiniment voisine précédente CD.

Nous retrouvons ici, par une analyse rigoureuse, la déformation due au moment fléchissant, que nous avons étudiée dans l'article 52. On sait que cette déformation, à la suite de laquelle la section reste plane et perpendiculaire à la fibre moyenne, est corrélative des actions moléculaires normales $\pm \dfrac{Xy}{I}$ développées dans les différents points de la section.

A cette déformation vient se superposer celle spécialement due à l'effort tranchant, déformation qui, dans le cas envisagé de la *section symétrique par rapport à la verticale* Gy, est ainsi exprimée par les relations complémentaires :

$$\frac{dy'}{dx}=o, \text{ et } \frac{dx'}{dy}=\frac{V\mu}{GI\mu}.$$

Imaginons que le prisme élémentaire CDC'D' soit divisé en tranches par une série de plans infiniment voisins et parallèles à xoz.

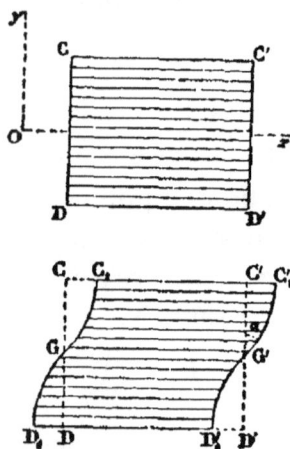

Fig. 64

La déformation résulte du glissement $dx'=\dfrac{V\mu dy}{GI\mu}$ effectué par chacune de ces tranches de hauteur dy sur la tranche inférieure.

On en conclut immédiatement que la section CD, primitivement plane, s'est transformée, sous l'influence de l'effort tranchant, en une surface cylindrique, dont les génératrices, perpendiculaires au plan xoy, sont parallèles à l'axe neutre Gz.

La directrice C_1GD_1, située dans le plan xoy, a pour équation, si on la rapporte aux axes Gx et Gy issus du centre de gravité :

$$x = \int_0^y \frac{V\mu dy}{Glu} = \frac{V}{Gl}\int_0^y \frac{\mu dy}{u}.$$

$\frac{V}{Gl}$ est une donnée numérique du problème ; $\frac{u}{u}$ est une fonction de y. Donc x' est une fonction de y qui n'est pas du premier degré, et la directrice C_1GD_1 est par conséquent une ligne courbe.

Cette directrice coupe à angle droit les fibres extrêmes CC' et DD', pour lesquelles $\frac{u}{u}$, et par suite $\frac{dx'}{dy}$, est nul.

Elle rencontre la fibre moyenne sous l'angle ε qui a pour tangente :

$$\text{Tg. } \varepsilon = \left(\frac{dx'}{dy}\right)_G = \left(\frac{V u}{Iu}\right)_G,$$

le moment statique μ et la longueur u se rapportant à la partie de la section limitée par l'axe neutre Gz.

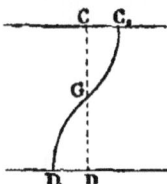

Fig. 65

Elle présente un point d'inflexion en G ; il y a également inflexion pour toute valeur de y correspondant à un maximum de la fonction $\frac{u}{u}$ (par exemple pour $y = \frac{u}{u}$ dans la section en losange).

Nous voyons que l'hypothèse fondamentale de la Résistance des Matériaux est contraire à la vérité en ce qui touche la déformation produite par l'effort tranchant. La section transversale éprouve un voilement, et cesse d'être plane. D'autre part, la fibre moyenne rencontre sous un angle nécessairement différent de $\frac{\pi}{2}$ la surface cylindrique de la section déformée.

En définitive, l'hypothèse en question n'est rigoureusement exacte pour les pièces fléchies que si l'effort tranchant est nul : dans ce cas particulier, la section reste plane et normale à la fibre moyenne déformée, sans d'ailleurs que son profil éprouve de modification sensible (Voir plus loin l'article 57).

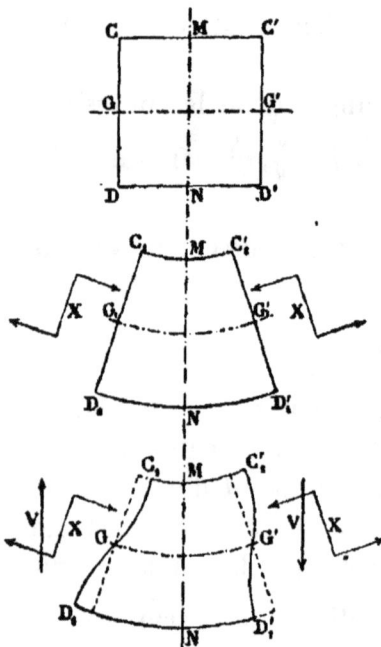

Fig. 66

C'est d'ailleurs une vérité évidente *a priori*, par raison de symétrie. Le prisme élémentaire CDC'D' étant sollicité sur ses deux bases CD et C'D' par des moments fléchissants égaux et de sens opposés, la section médiane MN est un plan de symétrie aussi bien pour les déplacements élastiques que pour les actions moléculaires. Après déformation, les deux sections C'D' doivent être à la fois *identiques* l'une à l'autre, et *symétriques* par rapport au plan MN : elles sont donc planes et normales à la fibre moyenne déformée.

Si l'on introduit l'effort tranchant, la symétrie n'existe plus. Les deux sections seront encore identiques l'une à l'autre, mais non plus symétriques par rapport au plan MN ; elles auront cessé d'être planes.

Equation de la ligne élastique. — Il nous reste à déterminer le changement subi par la fibre moyenne.

Nous envisagerons le cas général d'une pièce prismatique courbe, mais en supposant la fibre moyenne contenue dans le plan qui renferme l'effort tranchant V, de direction constante. Pour fixer les idées, nous admettrons que le centre de courbure O est au-dessous de la fibre moyenne.

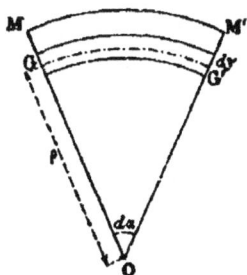

Fig. 67

Soient : GG' la tranche de hauteur infiniment petite *dy* qui, entre les deux sections infiniment voisines GO et G'O, suit la fibre moyenne ; MM' la tranche de même hauteur qui est placée immédiatement au-dessus de la précédente.

Nous désignerons par ϱ le rayon de courbure de la fibre moyenne, et par *dx* l'angle compris entre les deux rayons infiniment voisins GO et G'O.

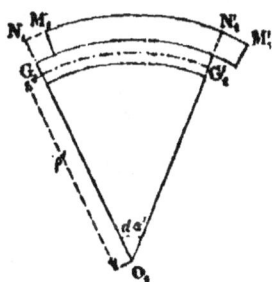

Fig. 68

La distance mutuelle *dx* des deux points G et G' peut être représentée par le produit ϱ*dα*, longueur de l'arc de cercle GG' dont le centre est O.

Du moment que nous laissons de côté l'effet produit par le moment fléchissant, pour étudier à part l'influence de l'effort tranchant, la longueur d'un élément de fibre ne sera pas modifiée par la déformation. Soient G₁G'₁ et M₁M'₁ les positions occupées par les deux tranches après la déformation. On pourra poser :

$$G_1G'_1 = GG', \text{ et } M_1M'_1 = MM'.$$

Désignons par dx' et ρ' l'angle de contingence et le rayon de courbure de l'élément de fibre moyenne déformée.

On aura :   (1) $dx = \rho dz = \rho' dx'.$

La tranche MM' a glissé sur la tranche inférieure GG', et, en vertu des résultats obtenus précédemment, on a :

$$N_1M_1 = x' = \frac{V}{GI} \cdot \frac{\mu}{u} \cdot dy,$$

μ et u désignant le moment statique et la largeur de la section transversale à la hauteur du centre de gravité G.

On a de même :

$$N'_1M'_1 = x' + dx' = \frac{1}{GI} \cdot \frac{\mu}{u} \Big(V + \frac{dV}{dx} \cdot dx \Big) dy.$$

En vertu de la définition des pièces prismatiques, on peut en effet considérer comme négligeables les changements éprouvés par les données numériques I, μ et u relative au profil de la section, quand on se déplace sur la fibre moyenne de la longueur infiniment petite dx ou ρdz. Mais l'effort tranchant passe de la valeur V à la valeur $V + \frac{dV}{dx} dx$.

La longueur de l'élément de fibre MM' est $(\rho + dy)dz$.

La longueur de l'élément de fibre $M_1M'_1$ s'exprime comme il suit :

$$M_1M'_1 = N_1N'_1 - N_1M_1 + N'_1M'_1$$
$$= (\rho' + dy)dx' - x' + x' + dx'$$
$$- (\rho' + dy)dx' + \frac{\mu}{GIu} \cdot \frac{dV}{dx} \cdot dx \cdot dy.$$

La condition : $MM' = M_1M'_1$ peut donc s'écrire :

$$(1) \qquad (\rho + dy)dx = (\rho' + dy)dx' + \frac{\mu}{G\mu} \cdot \frac{dV}{dx}\, dx.\, dy.$$

L'équation (1) nous donne : $dx' = \frac{\rho dx}{\rho'}$. On a d'autre part : $dx = \rho dx$.

Substituons :

$$(\rho + dy)dx = (\rho' + dy)\frac{\rho dx}{\rho'} + \frac{\mu}{G\mu} \cdot \frac{dV}{dx} \cdot \rho dx dy.$$

D'où :

$$(3) \qquad \frac{1}{\rho'} - \frac{1}{\rho} = -\frac{\mu}{G\mu} \cdot \frac{dV}{dx}.$$

Telle est l'équation fondamentale de la déformation produite par l'effort tranchant. Elle correspond à la relation : $\frac{1}{\rho'} - \frac{1}{\rho} = \frac{X}{EI}$, obtenue précédemment pour le moment fléchissant.

Si l'on voulait tenir compte dans l'étude de la déformation des pièces courbes de l'influence de l'effort tranchant, il y aurait donc lieu d'ajouter le terme $-\frac{\mu}{G\mu}\frac{dV}{dx}$ au second membre de l'équation 1 de l'article 55 (page 252). Il faudrait d'ailleurs introduire le terme additionnel correspondant dans chacun des seconds membres des équations qui fournissent $\delta\theta$, δx et δy.

L'équation (2) qui fournit la valeur de δs, serait la seule non modifiée, puisque l'effort tranchant ne change rien à la longueur de la fibre moyenne, pas plus d'ailleurs que le moment fléchissant.

Nous nous bornerons à effectuer le calcul complet pour les pièces prismatiques droites. On sait qu'en ce cas $\frac{1}{\rho}$ est nul, et que $\frac{1}{\rho'}$ peut être remplacé par la dérivée seconde $\frac{d^2y}{dx^2}$.

D'où :

(4)
$$\frac{d^2y}{dx^2} = - \frac{\mu}{\mathrm{Glu}} \frac{d\mathrm{V}}{dx};$$

et en intégrant :

(5)
$$\frac{dy}{dx} - \theta_0 = -\frac{1}{\mathrm{G}} \int_0^x \frac{\mu}{\mathrm{lu}} \cdot \frac{d\mathrm{V}}{dx} dx;$$

(6) $y - \theta_0 x - y_0 = \dfrac{1}{\mathrm{G}} \left[\displaystyle\int_0^x \frac{\mu}{\mathrm{lu}} \frac{d\mathrm{V}}{dx} x dx - x \int_0^x \frac{\mu}{\mathrm{lu}} \frac{d\mathrm{V}}{dx} dx \right].$

Supposons que la pièce prismatique soit à *section constante* : on pourra faire sortir du signe $\int$ le facteur $\frac{\mu}{\mathrm{lu}}$, indépendant de la variable x, et les deux équations précédentes prendront la forme :

(7)
$$\frac{dy}{dx} - \theta_0 = - \frac{\mu}{\mathrm{Glu}} \int_0^x \frac{d\mathrm{V}}{dx} dx$$
$$= \frac{\mu}{\mathrm{Glu}} (\mathrm{V}_0 - \mathrm{V});$$

(8)
$$y - \theta_0 x - y_0 = \frac{\mu}{\mathrm{Glu}} \int_0^x (\mathrm{V}_0 - \mathrm{V}) dx$$
$$= \frac{\mu}{\mathrm{Glu}} \left(\mathrm{V}_0 x - \int_0^x \mathrm{V} dx \right)$$
$$= \frac{\mu}{\mathrm{Glu}} (\mathrm{V}_0 x + \mathrm{X}_0 - \mathrm{X}).$$

X_0 et V_0 sont les valeurs numériques du moment fléchissant X et de l'effort tranchant V pour la section transversale prise pour origine des abcisses x.

Le moment fléchissant X correspond à la section définie par l'abscisse x.

Tels sont les termes qu'il conviendrait d'ajouter aux seconds membres des équations relatives à la déformation des pièces droites fléchies (art. 54, page 243), pour tenir compte de l'influence de l'effort tranchant sur la ligne élastique.

18

Pour nous rendre compte de l'importance relative de ces termes additionnels, nous allons évaluer la flèche d'abaissement y pour la section médiane d'une poutre à profil rectangulaire de largeur a et de hauteur h, appuyée à ses deux extrémités et portant une charge répartie uniformément sur toute sa longueur, à raison de p kilogrammes par mètre courant. Nous désignerons par l la longueur de la poutre entre appuis. L'abaissement élastique éprouvé par la fibre moyenne au milieu de la portée est la somme des deux termes F et f, dont le premier est dû au moment fléchissant et le second à l'effort tranchant.

On a (1) :

$$F = \frac{60}{384} \cdot \frac{pl^4}{Eah^3} \; ;$$

$$f = \frac{3}{16} \cdot \frac{pl^2}{Gah} \cdot$$

D'où :

$$\frac{f}{F} = \frac{6}{5} \cdot \frac{Eh^2}{Gl^2} \cdot$$

Si nous supposons la matière parfaitement isotrope, le coefficient d'élasticité transversale G est les deux cinquièmes du coefficient d'élasticité longitudinale E.

D'où:

$$\frac{f}{F} = 3\frac{h^2}{l^2} \cdot$$

Le rapport $\frac{f}{F}$ variera donc comme il suit avec le rapport $\frac{h}{l}$:

Pour:

$$\frac{h}{l} = \quad 1 \quad \frac{1}{2} \quad \frac{1}{5} \quad \frac{1}{10} \quad \frac{1}{20},$$

1. Nous ne démontrerons pas ici ces formules, l'étude des pièces prismatiques droites appuyées à leurs deux extrémités devant être faite d'une manière complète dans la seconde partie du cours (*Calcul des poutres droites*), où l'on trouvera la justification des dites formules.

on trouve :

$$\frac{f}{F} = \quad 3 \quad 0{,}75 \quad 0{,}12 \quad 0{,}03 \quad 0{,}0075.$$

Or il se trouve que, dans la pratique des constructions métalliques, les pièces prismatiques fléchies, dont on peut avoir intérêt à connaître la déformation élastique, n'ont jamais une hauteur supérieure au cinquième de leur longueur. Pour les poutres droites, le rapport $\frac{h}{l}$ ne s'écarte guère de $\frac{1}{10}$; il se réduit parfois à $\frac{1}{20}$.

Dans ces conditions, il est permis, nous dirons même qu'il est rationnel de négliger la déformation due spécialement à l'effort tranchant, parce qu'elle est toujours très petite comparativement à celle que produit le moment fléchissant. Cette simplification ne saurait augmenter l'incertitude inévitable qu'entraînent toujours, dans le calcul des constructions, les sujétions d'ordre pratique dont il est impossible de tenir un compte exact. Du moment que la correction à faire subir aux résultats numériques obtenus serait de l'ordre de grandeur des erreurs imputables à la connaissance très imparfaite que l'on a des propriétés élastiques des métaux employés, et notamment de la valeur du coefficient d'élasticité longitudinale E, de la forme exacte du solide étudié, e la grandeur et de la distribution effective des forces extérieures, etc., etc., il serait non seulement inutile, mais illogique, de compliquer la besogne en se préoccupant d'un terme additionnel de déformation qui ne peut influer que sur des décimales dont l'exactitude demeurera, en tout état de cause, forcément douteuse.

Nous nous bornerons donc à tirer des recherches analytiques que nous venons de faire, les conclusions suivantes :

1° L'hypothèse fondamentale de la Résistance des Matériaux, en vertu de laquelle la section transversale d'une pièce prismatique fléchie demeure, après déformation, plane et normale à la fibre moyenne, n'est *rigoureusement* exacte que dans l'unique cas où le moment fléchissant est constant d'une extrémité à l'autre de la pièce.

2° Cette hypothèse n'est plus vraie dès que, le moment fléchissant étant variable, il existe un effort tranchant. La section transversale cesse d'être plane, et ne coupe pas à angle droit la fibre moyenne.

3° Toutefois, l'erreur commise, en négligeant ce voilement de la section transversale et la déformation correspondante de la fibre moyenne, est presque toujours sans importance pratique.

La règle empirique, en vertu de laquelle les constructeurs négligent l'influence de l'effort tranchant sur la déformation des pièces prismatiques, est ainsi justifiée par la théorie. Au point de vue des applications, on peut toujours se contenter des formules de déformation énoncées dans les articles 54 et 55, formules où le terme additionnel relatif à l'effort tranchant a été omis.

Mais il ne faudrait pas s'imaginer, comme on l'a fait parfois à tort, que cette déformation, corrélative des actions tangentielles déterminées par l'effort tranchant, n'existe pas. Elle est *négligeable*, mais non pas *nulle*.

L'hypothèse contraire serait en désaccord absolu avec les principes fondamentaux de la Théorie de l'Elasticité, aussi bien qu'avec la connaissance expérimentale que l'on a des propriétés des matériaux.

4° Dans le cas où l'on se proposerait de déterminer la valeur exacte du coefficient E au moyen d'expériences de laboratoire très *précises*, en mesurant les déplacements élastiques d'une pièce fléchie, et interprétant les résultats obtenus à l'aide des formules de déformation énoncées dans les articles 54 et 55, il serait indispensable de compléter ces formules par l'addition du terme relatif à l'effort tranchant. A défaut de cette précaution, on risquerait de trouver pour ce coefficient E des valeurs variables avec les conditions de l'expérience envisagée. L'erreur relative commise de ce chef pourrait, le cas échéant, s'élever à $\frac{1}{10}$, et peut-être davantage.

A ce point de vue essentiellement scientifique, les formules que nous avons énoncées dans la présente étude, peuvent rendre des services, en permettant d'éviter les erreurs qu'entraîne l'interprétation défectueuse des résultats exacts fournis par l'observation.

Nous rappellerons, en terminant, que ces formules, relatives au calcul du travail et de la déformation dus à l'effort tranchant, *visent exclusivement le cas de la section transversale symétrique par rapport à la direction de l'effort tranchant.* En cas de dissymétrie, le problème serait sensiblement plus compliqué : nous n'avons pas jugé utile de l'étudier, parce que, dans toutes les constructions métalliques, les éléments pour lesquels il y a intérêt à calculer le travail à l'effort tranchant possèdent toujours, en fait, la symétrie que nous avons supposée. La Résistance des Matériaux est une science d'application, qui ne comporte pas de recherches sans utilité pratique.

56. Déformation latérale des pièces prismatiques. — Considérons un élément superficiel rectangulaire $dy.\,dz$ de la section transversale, sollicité par une action moléculaire directe $R\,dy.dz$. En vertu du phénomène de la contraction latérale, dont il a été parlé au chapitre II (art. 28 et 29), les deux dimensions de cet élément seront multipliées par le facteur $\left(1 - \dfrac{nR}{E}\right)$.

Dans une pièce comprimée ou tendue, le travail R est uniformément représenté par $\dfrac{F}{\Omega}$. Donc les dimensions de la section transversale subissent, si F est un effort de compression, un accroissement proportionnel $\dfrac{nF}{E\Omega}$, et si la pièce est tendue, une réduction proportionnelle $\dfrac{nF}{E\Omega}$.

Considérons maintenant une pièce fléchie, et admettons que le plan de flexion soit un plan de symétrie.

Le travail R, en un point quelconque, est fourni par l'expression $\pm\dfrac{Xy}{I}$.

Dans la région comprimée, les dimensions dy et dz d'un élément superficiel deviennent respectivement :

$$dy\left(1 + n\,\frac{Xy}{EI}\right).$$

et

$$dz\left(1 + n\,\frac{Xy}{EI}\right).$$

Dans la région tendue, elles deviennent :

$$dy\left(1 - n\frac{Xy}{EI}\right),$$

et

$$dz\left(1 - n\frac{Xy}{EI}\right).$$

Supposons que le moment fléchissant X soit positif. La partie de la section située au-dessus de l'axe neutre Gz se dilate, et la partie située au-dessous se contracte.

On se rend compte aisément que la déformation transversale de la pièce peut être définie comme il suit.

L'axe neutre primitivement rectiligne GDz se transforme en un arc de cercle de rayon $\frac{EI}{nX}$, sans changer de longueur :

$$GD' = GD ;$$

$$GO = \frac{EI}{nX}.$$

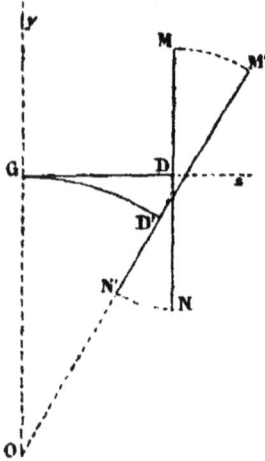

Fig. 69.

Toute droite telle que MDN perpendiculaire à GD devient un rayon ON'D'M' de l'arc de cercle GD.

Si enfin l'on désigne par y la distance *affectée de son signe* d'un point de la section à la droite GD (positive pour M, négative pour N), la distance, après déformation, à l'arc de cercle GD' sera fournie par l'expression :

$$y \left(1 + y \cdot \frac{nX}{2EI} \right).$$

A titre d'exemple, nous remarquons qu'une section rectangulaire ABCD se transformera, par suite du phénomène de la contraction latérale, en un trapèze mixtiligne A'B'C'D', dont les côtés A'B' et C'D' seront des arcs de cercles concentriques.

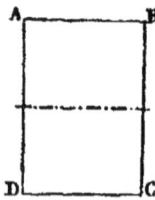

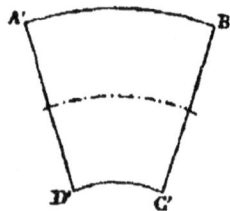

Fig. 70.

La pièce prismatique est toujours supposée libre
dans ses dimensions transversales. D'autre part, le
changement du profil est trop peu sensible pour influer
dans une mesure appréciable sur la position du centre
de gravité et de l'axe neutre. C'est pourquoi on ne se préoccupe jamais de la déformation latérale des pièces
prismatiques. Mais il était utile de signaler son existence qui, en vertu des lois de l'Elasticité, est en contradiction avec l'hypothèse fondamentale de la Résistance des Matériaux. La section transversale ne reste
pas rigoureusement identique à elle-même, mais, dans
les conditions où le problème de l'équilibre élastique a
été posé, cette déformation latérale n'influe pas de
façon sensible sur la répartition des actions moléculaires dans chaque section, ni sur la déformation longitudinale de la pièce.

**58. Pièces fléchies : travail élastique et déformation
élémentaire dans une direction oblique. Vérification de
la stabilité des pièces fléchies. Calcul du travail.** — Envisageons une section transversale de la pièce fléchie,
sollicitée à la fois par un moment de flexion X et un
effort tranchant V. Nous admettrons que ce moment et
cet effort tranchant soient contenus dans un même plan,
le plan de flexion, qui coupe la section transversale suivant un axe de symétrie, et par conséquent est perpendiculaire à l'axe neutre.

Nous avons énoncé les formules qui permettent de
calculer : 1° l'intensité R de l'action moléculaire normale exercée sur le plan de la section en un point M
quelconque défini par sa distance y à l'axe neutre ;
2° l'intensité S de l'action moléculaire tangentielle située
dans ce plan et appliquée au même point M.

Considérons le cube élémentaire ayant son centre de gravité en M, dont deux arêtes sont respectivement parallèles à la fibre moyenne et à la direction de l'effort tranchant.

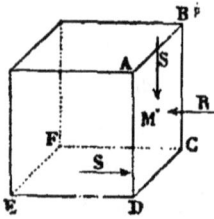

Nous connaissons toutes les actions moléculaires, normales ou tangentielles, qui sont appliquées sur les faces de ce cube. La face ABCD perpendiculaire à la fibre moyenne est sollicitée par l'action normale R, ou $\frac{Xy}{I}$, produite par le moment de flexion, et par l'action tangentielle S, ou $\frac{Vu}{Iu}$, due à l'effort tranchant dont elle a la direction. La face CDEF, parallèle à l'axe neutre et à la fibre moyenne, est également sollicitée par l'action tangentielle S, parallèle à la fibre moyenne. En vertu des données du problème, toutes les autres actions moléculaires, normales ou tangentielles, relatives aux trois faces du cube sont nulles ou négligeables.

Les conditions d'équilibre élastique du cube élémentaire sont ainsi complètement définies par les six actions moléculaires relatives à ses faces, dont quatre sont nulles, les deux autres étant l'action normale R parallèle à ox, et l'action tangentielle S, dont les couples sont situés dans le plan diamétral xoy.

Considérons maintenant, au lieu du cube élémentaire, le parallélipipède infinitésimal dont les arêtes, parallèles aux directions des axes, auraient pour longueurs respectives dx, dy et dz.

Les forces intérieures appliquées sur la face ABCD, d'intensités R et S, ont pour grandeurs respectives: l'action directe, $R\,dy.dz$; et l'action tangentielle, $S\,dy.dz$.

La force intérieure appliquée sur la face CDEF est une action tangentielle de grandeur $S dx.dz$.

Envisageons le plan oblique ABFE qui passe par les

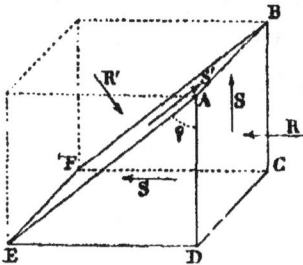

Fig. 72.

deux arêtes opposées du parallélipipède AB et FE, parallèles à l'axe neutre et par conséquent perpendiculaires à la direction de l'effort tranchant. Le prisme élémentaire ABCDEF est immobile dans l'espace ; donc les forces intérieures appliquées sur ses cinq faces forment un système en équilibre statique, ce que nous exprimerons en écrivant que les sommes des projections de ces forces sur les trois axes de coordonnées sont séparément nulles.

Remarquons que les forces intérieures $R dy.dz$, $S dy.dz$ et $S dx.dz$, appliquées sur les faces ABCD et CDEF, sont contenues dans le plan diamétral xoy ; que les forces relatives aux faces triangulaires ADE et BCF sont nulles en vertu de l'énoncé du problème.

Donc l'action moléculaire appliquée sur la face oblique ABFE est nécessairement contenue dans le même plan xoy. Nous désignerons par R' l'intensité de sa composante normale, perpendiculaire au plan ABFE, et par S' l'intensité de sa composante tangentielle, parallèle à l'arête AE.

L'aire de la face oblique ABFE a pour mesure :

$$AB \times EF, \quad \text{ou} \quad dz \sqrt{dx^2 + dy^2}.$$

Les forces intérieures correspondantes auront donc pour grandeurs respectives :

$$R' dz \sqrt{dx^2 + dy^2} \quad \text{et} \quad S' dz \sqrt{dx^2 + dy^2}.$$

Elles devront faire équilibre aux forces intérieures connues :

$$R dy.dz, \quad S dy.dz \quad \text{et} \quad S dx.dy.$$

Pour simplifier les écritures, introduisons l'angle EAD ou φ, que fait le plan oblique ABFE avec celui de la section transversale ABCD, ou yo.

On a :

$$dx = dy.tg\varphi ;$$

$$\sqrt{dz^2 + dy^2} = \frac{dy}{\cos \varphi} .$$

Projetons toutes les forces sur la normale au plan oblique ABFE, direction de l'action normale

$$R'dz \sqrt{dx^2 + dy^2}, \quad \text{ou} \quad R'\frac{dzdy}{\cos \varphi} :$$

$$R'\frac{dzdy}{\cos \varphi} = R dy dz. \cos \varphi + S dy dz. \sin \varphi + S dy dz. tg \varphi \cos \varphi.$$

D'où :

(1) $$R' = R \cos^2 \varphi + 2S \sin \varphi \cos \varphi$$

$$= \frac{1}{2} R (1 + \cos 2 \varphi) + S \sin 2 \varphi.$$

Projetons encore toutes les forces sur la direction AE de l'action tangentielle

$$S'dz \sqrt{dx^2 + dy^2}, \quad \text{ou} \quad \frac{S dzdy}{\cos \varphi} :$$

$$S'\frac{dzdy}{\cos \varphi} = - R dy dz. \sin \varphi + S dy dz. \cos \varphi - S dy dz. tg \varphi \sin \varphi.$$

D'où :

(2) $$S = - R \sin \varphi \cos \varphi + S (\cos^2 \varphi - \sin^2 \varphi)$$

$$= - \frac{1}{2} R \sin 2 \varphi + S \cos 2 \varphi.$$

Réciproquement on peut écrire :

(3) $$R = \frac{2 R' \cos 2 \varphi - 2 S' \sin 2 \varphi}{1 + \cos 2 \varphi} ;$$

$$(4) \qquad S = R' \frac{\sin 2\varphi}{1 + \cos 2\varphi} + S'.$$

Telles sont les formules qui permettent de calculer, dans une pièce fléchie, l'action normale R' et l'action tangentielle S' relatives à un plan oblique parallèle à l'axe neutre de flexion, et défini par son angle φ avec le plan de la section transversale.

Les valeurs extrêmes de l'action normale R' s'obtiendront en égalant à zéro la dérivée de l'expression (1) par rapport à φ.

On trouve que pour :

$$(5) \qquad \text{tg } 2\varphi = \frac{2S}{R},$$

ce qui fournit deux angles φ_1 et φ_2 différant entre eux de $\frac{\pi}{2}$, l'action tangentielle S' est nulle, tandis que l'action normale R' prend une des valeurs limites :

$$(6) \qquad T = \frac{1}{2}\left(R + \sqrt{R^2 + 4S^2}\right),$$

maximum de R', de même signe que R :
ou

$$(7) \qquad -T' = \frac{1}{2}\left(R - \sqrt{R^2 + 4S^2}\right),$$

minimum de R', de signe opposé à R.

Projetons la figure sur le plan de flexion, perpendiculaire à l'axe neutre, et par suite au plan défini par l'angle variable φ.

Soient :

GA la projection de la section transversale ;

GB celle d'un plan oblique défini par l'angle arbitraire φ ;

GC et GD les projections, rectangulaires entre elles, des plans définis par les angles φ_1 et φ_2.

Remplaçons R' par T, et φ par φ₁ dans les équations (3) et (4).

Nous en tirerons :

$$R = T - T'; \quad S = \sqrt{TT'};$$

$$\mathrm{Tg}\, 2\, \varphi_1 = \frac{2S}{R} = \frac{2\sqrt{TT'}}{T-T'}.$$

Désignons par α l'angle BGC ou φ₁ — φ, et substituons dans les équations (1) et (2) à R, S, cos 2 φ et sin 2 φ, leurs valeurs en fonction de T, T' et α.

Il vient :

$$R' = \frac{T-T'}{2} + \frac{T+T'}{2} \cos 2\,\alpha\,;$$

$$S' = \frac{T+T'}{2} \sin 2\,\alpha.$$

L'action moléculaire totale appliquée sur la face

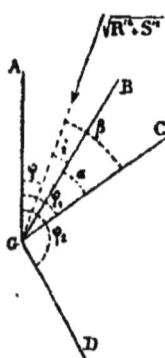

Fig 73.

oblique GB, définie par l'angle α, a pour intensité $\sqrt{R'^2 + S'^2}$, puisqu'elle est la résultante des deux actions R' et S', dont les directions sont rectangulaires.

Désignons par i l'angle que fait la direction de cette force avec la droite GB :

$$\mathrm{Tg}\, i = \frac{R'}{S'} = \frac{T-T'+(T+T')\cos 2\,\alpha}{(T+T')\sin 2\,\alpha}.$$

L'angle de cette même direction et de la droite GC est $i+\alpha$; désignons-le par β :

$$\mathrm{tg}\,\beta = \mathrm{tg}\,(i+\alpha) = \frac{T \cos \alpha}{T' \sin \alpha}.$$

D'où :

(9)

$$\mathrm{tg}\,\beta\, \mathrm{tg}\,\alpha = \frac{T}{T'}\,;$$

$$\mathrm{Sin}^2\,\alpha = \frac{T'^2 \cos^2 \beta}{T^2 \cos^2 \beta + T'^2 \sin^2 \beta}\,;$$

$$\mathrm{Cos}^2\,\alpha = \frac{T^2 \sin^2 \beta}{T^2 \cos^2 \beta + T'^2 \sin^2 \beta}.$$

Calculons maintenant le carré $R'^2 + S'^2$ de l'intensité de l'action moléculaire totale :

$$R'^2 + S'^2 = \left[\frac{T - T'}{2} + \left(\frac{T + T'}{2}\right) \cos 2\alpha\right]^2 + \left[\frac{T + T'}{2} \sin 2\alpha\right]^2$$

$$= T'^2 \cos^2\alpha + T''^2 \sin^2\alpha = \frac{T^2 T'^2 (\cos^2\beta + \sin^2\beta)}{T^2 \cos^2\beta + T'^2 \sin^2\beta}$$

$$= \frac{T^2 T'^2}{T^2 \cos^2\beta + T'^2 \sin^2\beta}.$$

Désignons par u et v les projections de cette résultante $\sqrt{R'^2 + S'^2}$ sur les deux directions rectangulaires GC et GD.

$$u^2 = (R'^2 + S'^2) \cos^2\beta = \frac{T^2 T'^2 \cos^2\beta}{T^2 \cos^2\beta + T'^2 \sin^2\beta}$$

$$v^2 = (R'^2 + S'^2) \sin^2\beta = \frac{T^2 T'^2 \sin^2\beta}{T^2 \cos^2\beta + T'^2 \sin^2\beta}$$

D'où :

$$(10) \qquad \frac{u^2}{T'^2} + \frac{v^2}{T^2} = \frac{T^2 \cos^2\beta + T'^2 \sin^2\beta}{T^2 \cos^2\beta + T'^2 \sin^2\beta} = 1.$$

Cette équation nous montre que l'intensité de l'action moléculaire $\sqrt{R'^2 + S'^2}$ est représentée par la longueur du diamètre de même direction dans l'ellipse dont les axes, orientés suivant les deux droites rectangulaires GC et GD, ont pour longueurs respectives 2T′ et 2T.

L'équation (9) nous fait connaître, d'autre part, que la direction de cette action moléculaire, définie par l'angle β, est conjuguée de la direction correspondante GB, définie par l'angle α, dans le système des hyperboles conjuguées dont les axes ont mêmes directions que ceux de l'ellipse précitée, mais avec des longueurs respectivement proportionnelles à $\sqrt{T}$ et $\sqrt{T'}$.

Nous retrouvons ici l'ellipsoïde et la surface directrice des actions moléculaires, réduites à deux courbes situées dans le plan de flexion, qui, dans le cas étudié, contient toutes les actions moléculaires. Ce résultat était à prévoir, car la démonstration que nous venons de faire n'est qu'un cas particulier de celle dite *du tétraèdre des actions moléculaires*, qui conduit aux règles générales énoncées dans l'article 22 ; n'ayant formulé aucune hypothèse préalable sur les valeurs des six actions moléculaires du cube élémentaire, on écrit les conditions d'équilibre du tétraèdre détaché de ce cube par un plan oblique coupant les trois arètes issues d'un même sommet.

Nous avons déjà vu que les directions des axes de l'ellipse et des hyperboles conjuguées sont fournies par la relation de condition :

$$\text{tg } 2\,\varphi = \frac{2S}{R} = \frac{2\sqrt{TT'}}{T - T'}.$$

Les directions des asymptotes de l'hyperbole, pour lesquelles l'action normale est nulle, correspondent aux angles :

$$\varphi' = \frac{\pi}{2} \text{ (fibre moyenne)} \qquad (S' = -S) ;$$

et

$$\text{tg } \varphi'' = -\frac{R}{2S} = -\frac{T - T'}{2\sqrt{TT'}} \qquad (S' = +S).$$

Enfin les valeurs maxima des actions tangentielles s'obtiennent pour :

$$\text{tg } 2\,\varphi''' = -\frac{R}{2S} ; \; S' = -\frac{1}{2}\sqrt{R^2 + 4S^2} ; \; R' = \frac{R}{2} ;$$

$$\text{tg } 2\,\varphi^{\text{iv}} = -\frac{R}{2S} ; \; S' = +\frac{1}{2}\sqrt{R^2 + 4S^2} ; \; R' = \frac{R}{2}.$$

On a :

$$\varphi^{\text{iv}} = \varphi''' + \frac{\pi}{2}.$$

Pour une fibre extrème, R atteint sa valeur maximum $\frac{Xn}{I}$, et S est nul. L'ellipse des actions moléculaires se réduit à deux points situés sur une normale à la section transversale: la fibre travaille à l'extension ou à la compression simple.

Sur la fibre moyenne, R est nul, et S atteint sa valeur maximum $\frac{V\mu_0}{I u_0}$. L'ellipse des actions moléculaires est un cercle de rayon S. Les hyperboles conjuguées sont équilatères; leurs asymptotes sont dirigées respectivement suivant la fibre moyenne et la perpendiculaire à cette fibre; leurs axes sont les bissectrices de ces deux directions *(glissement simple)*.

On représentera donc la distribution des forces intérieures sur la fibre moyenne par un cube élémentaire dont deux faces opposées, perpendiculaires au plan de flexion et inclinées à 45° sur la fibre moyenne, seraient soumises à une compression uniforme S, et dont les deux autres faces, inclinées à 135° sur la fibre moyenne, subiraient une tension équivalente S.

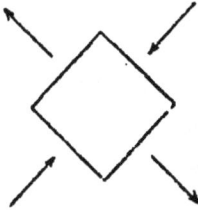

Fig. 74.

Si S est négatif, la face à 45° est tendue, et la face à 135° comprimée.

Nous nous sommes borné jusqu'à présent à rechercher les actions moléculaires relatives à un plan perpendiculaire au plan de flexion de la pièce, et défini par l'angle φ qu'il fait avec celui de la section transversale.

Menons par l'intersection, avec le plan de flexion, du plan défini par l'angle φ, un second plan incliné de l'angle θ sur le premier.

Les actions moléculaires R'θ et S'θ relatives à ce plan, qui n'est pas normal au plan de flexion, s'obtiendront sans difficulté en écrivant les équations d'équilibre élastique du prisme compris entre les deux plans définis par les angles φ et θ, une face parallèle au plan de flexion et deux faces parallèles à l'axe neutre et à la fibre moyenne.

On trouve aisément :

$$R'_\theta = R' \cos^2 \theta + S' \sin \theta \cos \theta ;$$
$$S'_\theta = - R' \sin \theta \cos \theta + S' \cos^2 \theta.$$

La résultante de R'_θ et S'_θ a, dans l'espace, la même direction que la résultante de R' et S' : cette direction est donc indépendante de l'angle θ.

On a entre les intensités respectives des deux résultantes les relations :

$$\sqrt{R'^2_\theta + S'^2_\theta} = \cos \theta \sqrt{R'^2 + S'^2}.$$

Donc, si l'on considère deux plans ayant même trace

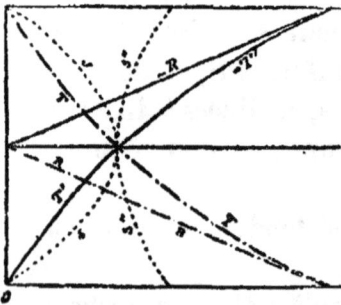

sur le plan de flexion, mais dont l'un soit normal audit plan, tandis que le second ferait avec le premier l'angle θ, les résultantes des actions moléculaires relatives à ces deux plans auront même direction ; mais leurs intensités respectives seront dans le rapport de 1 à $\cos \theta$.

Fig. 75.

Pour $\theta = 0$, on retombe sur le plan normal au plan de flexion.

Pour $\theta = \frac{\pi}{2}$, c'est le plan de flexion lui-même, pour lequel l'action moléculaire est nulle.

A titre d'application de la théorie qui précède, nous donnons ci-joint, pour une poutre à section rectangulaire (fig. 75) et pour la région supérieure de trois

19

poutres à double té (fig. 76, 77 et 78), les épures indi-

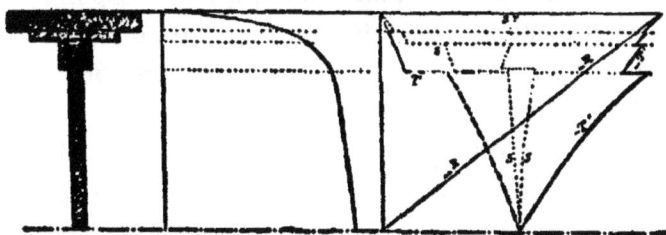

Fig. 76.

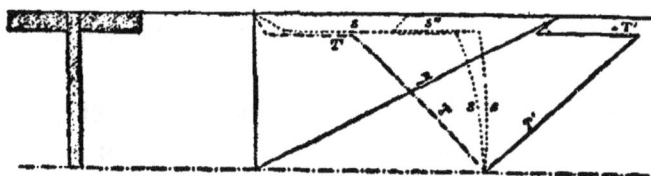

Fig. 77.

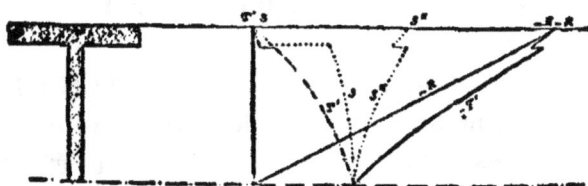

Fig. 78.

quant pour les différents points d'une section transversale :

1° L'intensité du travail à la compression — R exercé
sur le plan de la section (en supposant le moment fléchissant X positif);

2° L'intensité du travail au glissement S dans ce
plan ;

3° Les maxima des efforts obliques à l'extension $+T$,
et à la compression — T', fournis par les relations énoncées plus haut. Comme ici X est positif, et R négatif,
la valeur absolue de T' est supérieure à celle de T ;

4° Enfin, la valeur maximum S'' ou $\pm \frac{1}{2} \sqrt{R^2 + 4S^2}$
du travail au glissement.

On voit que, dans les doubles tés, il se produit à la jonction de l'âme et de la platebande, qui correspond à un élargissement brusque de la section, un changement également brusque dans les intensités des efforts obliques normaux ou tangentiels. Il peut être utile de vérifier pour ces points critiques, que le profil de la section permet de reconnaître immédiatement, si les intensités des efforts obliques ne dépassent pas notablement celles des actions moléculaires R et S, dont les valeurs ont été fournies par les formules usuelles de résistance.

Tel serait le cas à la jonction de la platebande et de l'âme pour le second double té, ou T' dépasse le maximum de R d'environ 25 0/0 ; et pour le troisième double té, où c'est S'' qui dépasse le maximum de S d'un cinquième à peu près.

Pour la fibre extrême, — T' a la valeur de R : la formule usuelle fournit donc la valeur maximum du travail de compression ou d'extension. Quant à l'effort maximum de glissement dans une direction oblique, il est égal à $\frac{R}{2}$ pour cette fibre.

Sur la fibre moyenne, l'effort maximum de glissement est égal à S. C'est aussi la valeur limite du travail à la compression T et du travail à l'extension — T' dans une direction oblique.

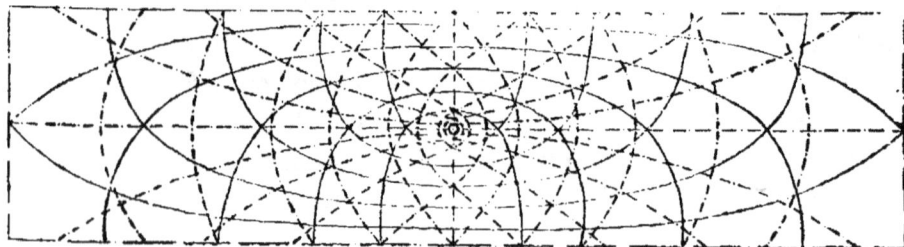

Fig. 79.

Il est bien rare que l'on s'astreigne, dans la pratique des constructions, à cette vérification, qui d'ailleurs, dans la plupart des cas, comme celui du premier double té, serait sans utilité, les valeurs maxima de T′, T et S″ étant précisément égales aux limites supérieures de R et de S.

Enfin, nous terminerons cette étude en donnant pour une poutre à section rectangulaire, appuyée à ses deux extrémités et uniformément chargée sur toute sa longueur, les courbes enveloppes des directions correspondant, pour chaque point du plan de flexion, au travail maximum à la compression (— T′), à l'extension (+ T) et au glissement (+ S″) et (— S″) (fig. 79).

Les courbes + T coupent à angle droit les courbes — T′, et sous un angle de 45° les courbes + S″ et — S″, qui constituent également un système à croisements orthogonaux.

Les courbes + T et — T′ coupent à 45° la fibre moyenne, et respectivement à 90° et 0° les fibres extrêmes.

Les courbes — S″ et + S″ coupent à 45° les fibres extrêmes, et respectivement à 90° et 0° la fibre moyenne.

Le centre de gravité de la section médiane, pour laquelle l'effort tranchant V, et par suite l'action tangentielle, sont nuls, est un ombilic : toutes les fibres travaillent dans cette section à la compression simple ou à l'extension simple, et l'ellipse des actions moléculaires est partout réduite à deux points situés sur une parallèle à la fibre moyenne.

Dans les sections d'about de la poutre, le moment fléchissant est nul : toutes les ellipses des actions moléculaires sont des cercles, dont le rayon S, maximum sur la fibre moyenne, se réduit à zéro sur chaque fibre extrême.

Calcul des déformations élémentaires. — Nous supposerons que la matière est parfaitement isotrope.

En ce cas, la déformation directe u'_φ, mesurée dans une direction perpendiculaire au plan défini par l'angle φ, aura pour expression, en vertu d'une formule connue :

$$u'_\varphi = \frac{1}{E}\left(R'_\varphi - \eta\, R'_{\varphi + \pi/_2}\right).$$

La déformation tangentielle α'_φ, distorsion ou glissement, sera fournie par la relation :

$$\alpha'_\varphi = \frac{S'_\varphi}{G}.$$

La matière étant isotrope, on a :

$$\eta = 1/4,$$

et

$$G = \frac{E}{2(1+\eta)} = \frac{2}{5}E.$$

Pour $\varphi = o$, plan de la section transversale, on trouve :

$$u = \frac{R}{E},$$

puisque l'action normale $R'_{\varphi + \pi/_2}$ parallèle à ce plan est nulle en vertu de l'énoncé du problème.

On a également :

$$\alpha = \frac{S}{G}.$$

Les allongements *principaux* U et U', suivant les directions des axes de l'ellipse des actions moléculaires, ont pour expressions :

$$U = \frac{T + \eta T'}{E} = \frac{1}{2E}\left[R\,(1-\eta) + (1+\eta)\sqrt{R^2+4S^2}\right]$$
$$= \frac{1}{8E}\left(3R + 5\sqrt{R^2+4S^2}\right);$$

$$U' = -\frac{T + \imath T}{E} = \frac{1}{2E}\Big[R\,(1 - \eta) - (1 + \eta)\,\sqrt{R^2 + 4S^2} \Big]$$

$$= \frac{1}{8E}\Big(3R - 5\sqrt{R^2 + 4S^2} \Big).$$

En combinant les formules précédentes, de façon à éliminer les actions moléculaires R'_φ, $R'_{\varphi + \pi/2}$, R et S, on en tire une relation entre u'_φ, u et α :

$$u'_\varphi = u \sin^2 \varphi - \eta u \cos^2 \varphi + \alpha \sin \varphi \cos \varphi\,;$$

$$= \frac{u}{2}(1 - \eta) - \frac{u}{2}(1 + \eta)\cos 2\,\varphi + \frac{\alpha}{2}\sin 2\,\varphi.$$

D'où :

$$\left.\begin{matrix} U \\ U' \end{matrix}\right\} = \frac{1}{2}\,u\,(1 - \eta) \pm \sqrt{\frac{u^2\,(1 + \eta)^2}{4} + \frac{\alpha^2}{4}}$$

$$= \frac{3}{8}\,u \pm \frac{1}{2}\sqrt{\frac{25}{16}\,u^2 + \alpha^2}.$$

L'expression analytique de u'_φ en fonctions de u et de α aurait pu s'obtenir directement en remarquant que u'_φ représente, dans la figure 80, la variation proportionnelle subie par la longueur de l'hypoténuse MC du triangle élémentaire MCC'. Or cette variation peut toujours être calculée en fonction de celle du côté CC', qui est u; de celle du côté MC qui est ηu (contraction latérale de la matière); et du changement subi par l'angle compris MCC', qui est la distorsion α. Ces trois données, u, ηu et α, définissant complètement la déformation du triangle, on est en mesure d'évaluer sans difficulté l'allongement subi par le troisième côté MC'. Quant aux allongements principaux U et U', ils correspondent naturellement aux plans définis par les angles φ_1 et φ_2, pour

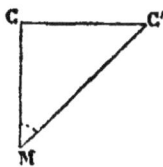

Fig. 80.

lesquels la dérivée $\frac{du'_\varphi}{d\varphi}$ s'annule, ce qui donne la condition :

$$\text{Tg. } 2\varphi = \frac{a}{u(1+z)} = \frac{SE}{RG(1+z)} = \frac{2S}{R}.$$

Si, partant de la relation établie entre U et U' d'une part, u et z de l'autre, on substitue à ces déformations élémentaires leurs valeurs en fonction des actions moléculaires T, T', R et S, on retombe sur les expressions précédemment énoncées des actions moléculaires principales.

Mais si, négligeant à tort le phénomène de la contraction latérale, on admet pour U et U' les expressions *inexactes* $\frac{T}{E}$ et $-\frac{T'}{E}$, on arrive à des formules erronées, qui sont :

$$\left.\begin{array}{c}T\\-T'\end{array}\right\} = \frac{1}{2} R(1-\eta) \pm (1+\eta)\sqrt{R^2+4S^2}$$

$$= \frac{3}{8} R \pm \frac{5}{8}\sqrt{R^2+4S^2}.$$

Ces relations attribuent à T la valeur de la somme $T + \eta T'$, égale à EU ; et à T' la valeur de la somme $T' + \eta T$, égale à $-$ EU'. Elles sont indiquées comme justes dans un certain nombre d'ouvrages sur la résistance des matériaux, et c'est pourquoi nous n'avons pas jugé inutile d'en signaler la fausseté.

On a voulu en conclure, en posant R $= o$ dans les équations précitées, que le travail maximum au glissement ne pouvait dépasser en aucun cas les quatre cinquièmes du travail normal maximum. Cette proposition est également contraire à la vérité : nous venons de voir que, sur la fibre moyenne, pour laquelle la condition R $= o$ est remplie, le travail maximum au glissement est précisément égal au travail normal maximum, puisque l'ellipse des actions moléculaires devient un cercle (glissement simple).

Vérification de la stabilité. — D'après ce qui a été dit à l'article 43 à propos de la limite d'élasticité des matériaux soumis à un travail double ou triple, il convient, pour apprécier la fatigue subie par la matière dans une direction oblique choisie arbitrairement, de comparer à la limite d'élasticité simple N, non pas la valeur absolue du travail élastique R'_φ développé dans la direction oblique considérée, mais bien la différence $R'_\varphi - \eta\, R'_{\varphi + \pi/2}$, où $R'_{\varphi + \pi/2}$ désigne le travail normal relatif à la direction perpendiculaire à celle définie par l'angle φ dans le plan de flexion.

A ce point de vue, la fatigue de la matière, dans la direction de l'action moléculaire principale T, sera mesurée par l'expression :

$$T + \eta T' = \frac{1}{8}\left(3R + 5\sqrt{R^2 + 4S^2}\right).$$

La marge de sécurité sera fournie par le rapport :

$$\frac{T + \eta T'}{N} = \frac{4T + T'}{4N}.$$

Pour la fibre moyenne, l'expression $T + \eta T'$ devient $\frac{4}{5}S$. Le coefficient de sécurité a pour valeur : $\frac{5}{4} \cdot \frac{N}{S}$. C'est ainsi que se justifie, par la considération des déformations élémentaires, la règle empirique en vertu de laquelle la limite d'élasticité au glissement est supposée égale aux quatre cinquièmes seulement de la limite d'élasticité à l'extension.

Nous avons déjà vu que cette règle pratique semble justifiée par les résultats expérimentaux obtenus en ce qui touche la torsion des cylindres.

L'ellipse des actions moléculaires est alors en effet un cercle pour un point quelconque du cylindre, et la surface directrice se compose de deux hyperboles équilatères. Il en résulte que l'allongement (ou le raccourcissement) proportionnel subi dans la direction d'une action moléculaire principale a bien pour expression $\frac{5}{4} \cdot \frac{S}{E}$ pour un point quelconque du cylindre tordu, et que par suite la valeur du coefficient de sécurité est fournie par le rapport $\frac{5}{4} \cdot \frac{S}{N}$.

Il convient de remarquer que les formules énoncées dans la première partie du présent article, qui indiquent la distribution des actions moléculaires en un point d'une pièce fléchie, ont été obtenues par une démonstration rigoureuse et générale, s'appliquant à toute matière élastique, isotrope ou non, tandis que le calcul des déformations élémentaires suppose expressément que la matière est parfaitement isotrope. Enfin le mode de vérification de la stabilité que l'on en a déduit repose sur un *postulatum* : s'il semble justifié par l'expérience, il n'a *en aucune façon* le caractère d'une vérité démontrée. Ce n'est qu'une règle empirique, qui s'accorde assez bien avec ce que l'on sait de la constitution moléculaire de la matière, et n'est pas démentie par les résultats d'expérience, ce qui permet de l'adopter dans la pratique comme ne pouvant entraîner de mécomptes sérieux.

59. Calcul d'une pièce comprimée ou tendue, fléchie et tordue. — Considérons une pièce prismatique pour laquelle aucune des résultantes d'actions moléculaires, effort normal, moment fléchissant, effort tranchant et couple de torsion, ne serait nulle. Pour vérifier sa stabilité et déterminer sa déformation, on fera un calcul séparé pour chacune de ces résultantes. Ensuite on composera ensemble les actions moléculaires de même espèce, directes ou tangentielles, relatives à un même point ; on fera de même pour les déplacements élastiques, d'après les règles géométriques de la composition des forces et de la composition des déplacements.

On obtiendra de la sorte les valeurs des forces intérieures totales, et des déplacements élastiques complets correspondant aux conditions d'équilibre du solide. Cette méthode, dont l'exactitude mathématique n'a pas besoin d'être justifiée, ne saurait présenter de difficultés dans les applications. Au surplus, on n'a presque jamais besoin d'y recourir.

60. Théorie du ressort à boudin. — Nous n'avons envisagé jusqu'ici que les pièces fléchies dont l'axe longitudinal est une courbe plane. Il peut être intéressant de montrer l'application des formules de la Résistance des Matériaux à l'étude des pièces prismatiques dont l'axe longitudinal est une ligne à double courbure.

Nous choisirons comme exemple le *ressort à boudin* à section circulaire, dont l'axe longitudinal décrit une hélice enroulée sur un cylindre de révolution.

Nous désignerons : par a le rayon de la base du cylindre sur lequel s'enroule la fibre moyenne ;

par α l'angle constant de la tangente à l'hélice avec l'horizontale ;

par h le *pas* de l'hélice ; on a : $h = 2\pi a \, \mathrm{tg} \, \alpha$;

enfin par n le rayon de la section circulaire du ressort, dont l'aire est πn^2, le moment d'inertie $\dfrac{\pi n^4}{4}$, et le moment d'inertie polaire $\dfrac{\pi n^4}{2}$.

Nous admettrons que les forces extérieures appliquées à ce ressort soient distribuées de façon que la déformation éprouvée par un élément prismatique de ce ressort soit indépendante de sa position. Cette condition ne peut être remplie que si les résultantes d'actions moléculaires relatives à une section ne varient pas quand la section se déplace sur le ressort.

On en conclura sans peine que les forces extérieures peuvent alors être remplacées par une résultante F, dirigée suivant l'axe de révolution du cylindre sur lequel s'enroule l'hélice de la fibre moyenne; et un couple résultant μ situé dans le plan perpendiculaire à l'axe de ce cylindre. Pour fixer les idées, nous attribuerons le signe $+$ à la force F si elle tend à allonger le ressort, en augmentant le pas de l'hélice; et le signe $+$ au couple μ s'il tend à faire croître le nombre des spires du ressort, en augmentant l'amplitude de l'angle compris entre les deux plans méridiens du cylindre qui passent par les extrémités d'une fraction du corps.

Fig. 81

Calcul du travail. — On reconnaîtra sans difficulté que, pour une section transversale quelconque du ressort :

L'effort normal, projection de la force F sur la tangente à l'hélice de fibre moyenne, a pour valeur : $F \sin \alpha$; le travail à l'extension correspondant, que nous désignerons par la lettre A, sera : $\dfrac{F \sin \alpha}{\pi n^2}.$

Le moment de flexion a pour valeur : $F a \sin \alpha - \mu \cos \alpha$. Le plan de flexion contient la tangente à l'hélice et la normale à la surface cylindrique. L'axe neutre qui, en raison de la symétrie de la section transversale, est perpendiculaire au plan de flexion, sera donc la droite d'intersection du plan de la section et du plan tangent au cylindre : cette droite fait avec la génératrice du cylindre l'angle α.

Le travail sur la fibre *intérieure* du ressort (décrivant l'hélice la plus rapprochée de l'axe du cylindre) sera une tension fournie par l'expression :

$$(Fa \sin \alpha - \mu \cos \alpha) \times \frac{4}{\pi n^3}.$$

Sur la fibre extrême *extérieure*, décrivant l'hélice enroulée sur le cylindre de diamètre maximum, on aura une compression fournie par l'expression :

$$- (Fa \sin \alpha - \mu \cos \alpha) \times \frac{4}{\pi n^3}.$$

Nous désignerons par la lettre B la valeur numérique commune de ces deux actions moléculaires de signes opposés.

Le couple de torsion a pour valeur :

$$Fa \cos \alpha + \mu \sin \alpha.$$

Le travail de glissement déterminé par ce couple sur le contour circulaire de la section transversale, a pour expression :

$$(Fa \cos \alpha + \mu \sin \alpha) \times \frac{2}{\pi n^3}.$$

Nous le désignerons par la lettre C.

Enfin l'effort tranchant est $F \cos \alpha$.

Le travail tangentiel correspondant a pour valeur maximum exacte, sur l'axe neutre de la section transversale :

$$D = F \cos \alpha \times \frac{4}{3 \pi n^3}.$$

Cette valeur est légèrement supérieure au travail moyen, que l'on calculerait en supposant l'effort tranchant uniformément réparti sur la section transversale :

$$\frac{F \cos \alpha}{\pi n^2}.$$

Les valeurs extrêmes du travail normal à l'extension ou à la compression seront par conséquent :

$$A \pm B = \frac{F \sin \alpha}{\pi n^2}\left(1 \pm \frac{4\alpha}{n}\right) \mp \frac{4}{\pi n^3} \mu \cos \alpha.$$

Les valeurs extrêmes du travail au glissement, aux deux extrémités opposées de l'axe neutre, seront :

$$C \pm D = \frac{F \cos \alpha}{\pi n^2}\left(\frac{4}{3} \pm \frac{2a}{n}\right) \pm \frac{2}{\pi n^3} \mu \sin \alpha.$$

Pour vérifier la stabilité du ressort, il faudra s'assurer que le calcul numérique des expressions énoncées ci-dessus conduit à des valeurs de travail inférieures ou tout au plus égales aux limites de sécurité admises, en ce qui touche la compression, l'extension et le glissement, pour le métal constitutif du ressort.

Déformation du ressort.— 1° *Effort normal et moment fléchissant.* — Désignons par s la longueur d'un arc de fibre moyenne compris entre deux plans méridiens du cylindre faisant entre eux l'angle ω.

On a :

(1) $$s = \frac{a\omega}{\cos \alpha}, \text{ ou } s^2 = a^2\omega^2(1 + \text{tg}^2\alpha).$$

Désignons par s' et s'' les arcs correspondants mesurés sur les fibres extrêmes extérieure et intérieure, dont la distance à l'hélice moyenne, mesurée sur la normale à la surface cylindrique, perpendiculaire à l'axe neutre de flexion, est $\pm n$.

(2)
$$s'^2 = (a+n)^2\omega^2 + a^2\omega^2\text{tg}^2\alpha$$
$$= s^2 + 2an\omega^2 + n^2\omega^2;$$

(3)
$$s''^2 = (a-n)^2\omega^2 + a^2\omega^2\text{tg}^2\alpha$$
$$= s^2 - 2an\omega^2 + n^2\omega^2.$$

Par suite de la déformation, l'arc s de la fibre moyenne s'est allongé de $s\frac{A}{E}$, A étant le travail d'exsion dû à l'effort normal.

L'arc s' de la fibre extérieure s'est allongé de $s'\left(\frac{A}{E} - \frac{B}{E}\right)$, B étant le travail de compression dû au moment de flexion.

L'arc s'' de la fibre intérieure s'est allongé de $s''\left(\frac{A}{E} + \frac{B}{E}\right)$, B étant le travail d'extension dû au moment fléchissant.

En raison de la distribution des forces extérieures, qui sollicitent de façon identique toutes les sections transversales du ressort, les fibres de cette pièce continuent après déformation à décrire des hélices. Mais les données relatives à ces hélices, rayon a du cylindre d'enroulement, inclinaison α sur l'horizontale, angle mutuel ω des méridiens limitant la portion de pièce considérée, peuvent être modifiées.

Différencions les équations (1), (2) et (3), pour obtenir de nouvelles expressions des allongements ds, ds' et ds'', en fonction des changements subis par les données numériques a, ω et ω.

(4)
$$s\,ds = a\omega^2(1+\text{tg}^2\alpha)da + a^2\omega(1+\text{tg}^2\alpha)d\omega + a^2\omega^2\frac{\sin\alpha}{\cos^3\alpha}\,d\alpha$$
$$= s^2\frac{A}{E};$$

(5) $$s'\,ds' = s\,ds + \omega^2 n\,da + 2an\omega\delta\omega + n^2\omega\,d\omega = s'^2\left(\frac{A}{E} - \frac{B}{E}\right);$$

(6) $\quad s''ds''= sds - \omega^2 n da - 2an\omega d\omega + n^2 \omega d\omega = s''^2\left(\dfrac{A}{E} + \dfrac{B}{E}\right);$

On tirera sans difficulté de ces équations les valeurs des changements da, $d\alpha$ et $d\omega$ éprouvés par le rayon a du cylindre, l'inclinaison α de l'hélice sur l'horizontale, et enfin l'angle ω des méridiens limitant la portion de ressort considérée :

(7) $\qquad da = a\left(\dfrac{3a}{n} - \dfrac{a}{n}\,\mathrm{tg}^2\alpha - \dfrac{n}{a}\right)\dfrac{B}{E};$

(8) $\qquad d\alpha = -\cot g\,\alpha\left(\dfrac{a}{n}(1 - \mathrm{tg}^2\alpha) - \dfrac{n}{a}\right)\dfrac{B}{E};$

(9) $\qquad d\omega = \omega\left(\dfrac{A}{E} - \dfrac{2a}{n}\dfrac{B}{E}\right).$

2° Couple de torsion. — On a désigné par la lettre C le travail de glissement déterminé par le couple de torsion $Fa\cos\alpha + \mu\sin\alpha$ sur le contour circulaire de la section transversale du ressort.

L'angle de torsion a pour expression $\theta = \dfrac{C}{Gn}$.

L'angle dont a tourné une section transversale par rapport à la section infiniment voisine, située à une distance ds mesurée sur la fibre moyenne, aura pour grandeur, ds étant égal à $\dfrac{ad\omega}{\cos\alpha}$:

$$\theta ds = \dfrac{Cds}{Gn} = \dfrac{C}{Gn} \cdot \dfrac{ad\omega}{\cos\alpha}.$$

Il s'agit maintenant de définir géométriquement la déformation qui résultera pour le ressort de ce déplacement relatif par rotation des sections transversales successives.

Considérons deux points M et N de la fibre moyenne, et désignons par ω l'angle mutuel des deux plans méridiens passant par M et N.

La section transversale passant par le point M′, infiniment voisin de M, a tourné, sous l'influence du couple de torsion, de l'angle θds autour de la tangente MK
à la fibre moyenne. Cette déformation élémentaire a
déterminé un déplacement élastique de toute la portion de fibre moyenne située au delà de M′, et notamment du point N, qui a également tourné de l'angle θds
autour de sa projection N′ sur la tangente MK, axe de
rotation du mouvement.

La distance NN′ du point N à la tangente MK peut
être considérée comme l'hypothénuse d'un triangle rectangle, dont les deux autres côtés se-
raient la distance NP du point N au
plan tangent au cylindre passant par
le point M, et la distance PN′ de la
projection P de N sur ce plan tangent
à la projection N′ de ce même point
sur la tangente MK.

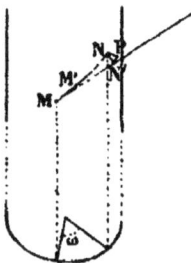

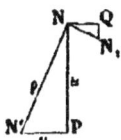

Désignons par ρ la longueur de l'hypothénuse NN′, par u et v les longueurs des deux côtés NP et PN′. Le
déplacement NN₁ ou $\rho\theta ds$ subi par le
point N autour du point N′ comme
centre, dans une direction perpendi-
culaire à NN′ et située dans le plan du triangle NN′P,
peut être décomposé géométriquement en deux autres : le déplacement NQ ou $u\theta ds$, dû à une rotation
θds autour du point P comme centre avec NP pour
rayon ; et le déplacement QN₁ ou $v\theta ds$, dû à une rotation θds autour du point N′ comme centre avec N′P pour
rayon.

L'arc NQ, perpendiculaire à NP, a la direction de
N′P. Il représente donc le changement dv subi par
cette distance NB en raison de la rotation θds :

Fig. 82

$$dv = \theta ds \times u.$$

On aurait de même :

$$du = \theta ds \times v.$$

Il y a lieu ici de remarquer que la convention posée en ce qui touche le signe à attribuer au couple de torsion conduit à cette conséquence que si ce couple, et par suite l'angle θ, est positif, la distance *u* a *diminué*, tandis que la distance *v* a *augmenté*.

Les relations précitées devront donc s'écrire, en tenant compte des signes :

$$dv = + u.\theta ds;$$
$$du = - v.\theta ds.$$

Or, en vertu des propriétés géométriques de l'hélice, on reconnaît aisément, au moyen de calculs simples qu'il nous semble inutile de reproduire, que :

NP ou *u* a pour expression :

$$a(1 - \cos \omega);$$

PN′ ou *v* a pour expression :

$$a \sin \alpha (\omega - \sin \omega).$$

Les équations précédentes peuvent donc être mises sous la forme :

(10) $d[a \sin \alpha (\omega - \sin \omega)] = \theta ds \times a(1 - \cos \omega);$

(11) $d[a(1 - \cos \omega)] = - \theta ds \times a \sin \alpha (\omega - \sin \omega).$

Supposons maintenant que le point N se rapproche du point M jusqu'à coïncider avec le point M′, qui en est infiniment voisin.

L'angle ω se réduit à l'infiniment petit du premier ordre $d\omega$.

$a(1 - \cos \omega)$ se réduit, en négligeant les infiniment petits d'ordres supérieurs au second, à :

20

$$a\frac{d\omega^2}{2}.$$

$a \sin \alpha \, (\omega - \sin \omega)$ se réduit, en négligeant les infiniment petits d'ordres supérieurs au troisième, à :

$$a \sin \alpha \frac{d\omega^2}{6}.$$

Substituons dans les équations (10) et (11). Celles-ci deviennent.

$$d\left(a \sin \alpha \frac{d\omega^2}{6}\right) = \theta ds \times \frac{a d\omega^2}{2};$$

$$d\left(a \frac{d\omega^2}{2}\right) = -\theta ds \times a \sin \alpha \frac{d\omega^2}{6}.$$

Remplaçons θds par l'expression équivalente que nous avons énoncée plus haut :

$$\frac{C}{Gn} \times \frac{a d\omega}{\cos \alpha}.$$

L'accroissement infiniment petit de $a \sin \alpha \frac{d\omega^2}{6}$ s'obtiendra en différenciant cette expression par rapport aux trois variables qu'elle renferme, a, α et $d\omega$:

$$d\left(a \sin \alpha \frac{d\omega^2}{6}\right) = \sin \alpha \frac{d\omega^2}{6} da$$
$$+ a \cos \alpha \frac{d\omega^2}{6} d\alpha + a \sin \alpha \frac{d\omega^2}{3} d^2\omega.$$

On aura de même :

$$d\left(a \frac{d\omega^2}{2}\right) = \frac{da d\omega^2}{\cdot} = a \, d\omega \, d^2\omega.$$

Ce qui nous permet d'écrire comme il suit les équations (10) et (11) :

$$\text{Sin } \alpha \frac{d\omega^2}{6} \cdot da + a \cos \alpha \frac{d\omega^2}{6} d\alpha + a \sin \alpha \frac{d\omega^2}{2} d^2\omega$$
$$= \frac{C}{Gn} \cdot \frac{a d\omega^2}{2 \cos \alpha};$$

$$\frac{da d\omega^2}{2} + ad\omega d^2\omega = -\frac{C}{Gn} \cdot a^2 \operatorname{tg} \alpha \frac{d\omega^2}{6}.$$

Le second membre de cette dernière relation, étant un infiniment petit du quatrième ordre, doit être supprimé puisque les deux termes du premier membre sont du troisième ordre.

On a donc :

$$\frac{da d\omega^2}{2} + ad\omega d^2\omega = 0.$$

Tous les termes de la première équation, étant du troisième ordre, doivent être conservés.

En tirant de la seconde relation la valeur de $d^2\omega$, et la substituant dans la première, puis supprimant le facteur commun $d\omega^2$, on arrive en définitive aux équations :

(12) $\qquad 2a \cos \alpha d\alpha - \sin \alpha da = \dfrac{C}{Gn} \cdot \dfrac{6a^2}{\cos \alpha};$

(13) $\qquad \dfrac{d^2\omega}{d\omega} = -\dfrac{da}{2a}.$

Nous en établirons une troisième en exprimant que la fibre moyenne n'a pas changé de longueur, et que par conséquent l'élément ds ou $\dfrac{ad\omega}{\cos \alpha}$ n'a éprouvé ni allongement ni raccourcissement ;

$$d\left(\frac{ad\omega}{\cos \alpha}\right) = \frac{da d\omega}{\cos \alpha} + \frac{ad^2\omega}{\cos \alpha} + \frac{ad\omega \sin \alpha \, d\alpha}{\cos^2\alpha} = 0;$$

ce qui peut s'écrire :

$$\cos \alpha da d\omega + a \cos \alpha d^2\omega + a \sin \alpha da d\omega = 0;$$

ou, en remplaçant $d^2\omega$ par l'expression $-\dfrac{da d\omega}{2a}$ que nous fournit l'équation (13), et supprimant le facteur commun $d\omega$:

(14) $\qquad \cos \alpha da + \tfrac{3}{2}a \sin \alpha d\alpha = 0.$

Tirons da et $d\alpha$ des équations (12) et (14).

$$(15) \qquad da = -\frac{C}{Gn} \times 6a^2 \operatorname{tg}\alpha \ ;$$

$$(16) \qquad d\alpha = \frac{C}{Gn} \times 3a.$$

Enfin, l'équation (13) nous donne :

$$\frac{d^2\omega}{d\omega} = -\frac{da}{2a} = +\frac{C}{Gn} \times 3a \operatorname{tg}\alpha.$$

D'où :

$$(17) \qquad d\omega = +\frac{C}{Gn}.\, 3a \operatorname{tg}\alpha.\omega.$$

Telles sont les équations différentielles de la déformation du ressort produite par le couple de torsion.

3° *Effort tranchant.* — Le centre de gravité de chaque section éprouve, par rapport à celui de la section infiniment voisine, un glissement $\frac{D}{G}$ ds, dans une direction perpendiculaire à l'axe neutre et par conséquent parallèle au plan tangent du cylindre.

D est le travail maximum au glissement.

La distance mutuelle de deux points infiniment voisins M et M' de la fibre moyenne est ds ou $\frac{ad\omega}{\cos\alpha}$;

Sa projection horizontale est $ad\omega$;

Sa projection verticale, $ad\omega \operatorname{tg}\alpha$.

Le changement éprouvé par $ad\omega$ est la projection horizontale du glissement $\frac{D}{G}$ ds ;

c'est-à-dire :

$$-\frac{D}{G}ds \sin\alpha = -\frac{D}{G}a \operatorname{tg}\alpha d\omega.$$

Or, la différentielle de $ad\omega$ est :

$$dad\omega + ad^2\omega.$$

D'où :

(18) $$dad\omega + ad'\omega = -\frac{D}{G}\, a \operatorname{tg} \alpha d\omega.$$

De même le changement éprouvé par $ad\omega \operatorname{tg}\alpha$ est égal à :

$$\frac{D}{G}\, ds \cos\alpha = \frac{D}{G}\, ad\omega.$$

D'où :

(19) $$d\,(ad\omega \operatorname{tg}\alpha) = \operatorname{tg}\alpha dad\omega + a\operatorname{tg}\alpha d'\omega + ad\omega\,\frac{d\alpha}{\cos^2\alpha}$$

$$= \frac{D}{G}\, ad\omega.$$

Enfin la longueur ds ou $\frac{ad\omega}{\cos\alpha}$ de l'élément de fibre moyenne n'a pas varié.

D'où :

(20) $$\cos\alpha\, dad\omega + \cos\alpha d'\omega + a\sin\alpha d\alpha d\omega = 0.$$

Cette dernière relation est d'ailleurs la conséquence des deux précédentes, qui expriment que le glissement s'est opéré dans le plan tangent au cylindre et perpendiculairement à la fibre moyenne : nous en conclurons immédiatement que le déplacement da dans la direction normale au plan tangent du cylindre est nul, et que les expressions des déplacements élastiques satisfaisant aux équations de conditions précitées, ne peuvent être que :

(21) $$da = o\,;$$

(22) $$d\alpha = \frac{D}{G}\,;$$

et

$$d'\omega = -\frac{D}{G}\operatorname{tg}\alpha d\omega.$$

D'où :

$$d\omega = -\frac{D}{G}\operatorname{tg}\alpha.\omega.$$

Déformation totale du ressort. — Pour évaluer la déformation totale du ressort, il suffira de faire la

somme des résultats partiels obtenus successivement
en considérant à part l'effort normal, le moment fléchissant, le couple de torsion, enfin l'effort tranchant.
On trouvera :

$$(24) \qquad \frac{da}{a} = \left(\frac{3a}{n} - \frac{a}{n}\,\mathrm{tg}^2\alpha - \frac{n}{a}\right)\frac{B}{E} - \frac{6a\,\mathrm{tg}\alpha}{n}\cdot\frac{C}{G}\,;$$

$$(25) \qquad d\alpha = -\mathrm{cotg}\alpha\left(\frac{a}{n}(1 - \mathrm{tg}^2\,\alpha) - \frac{n}{a}\right)\frac{B}{E} + \frac{3a}{n}\cdot\frac{C}{G} + \frac{D}{G}\,;$$

$$(26) \qquad \frac{d\omega}{\omega} = \frac{A}{E} - \frac{2a}{n}\cdot\frac{B}{E} + \frac{3a\,\mathrm{tg}\alpha}{n}\cdot\frac{C}{G} - \mathrm{tg}\,\alpha\,\frac{D}{G}\,.$$

Ces formules fournissent: 1° le changement da éprouvé par le rayon a du cylindre sur lequel s'enroule la
fibre moyenne; 2° celui $d\alpha$ éprouvé par l'angle α d'inclinaison de cette fibre sur l'horizontale; 3° l'accrois-
croissement proportionnel $\frac{d\omega}{\omega}$, éprouvé par l'angle mutuel de deux plans méridiens du cylindre.

Soit N le nombre initial, entier ou fractionnaire, des
spires du ressort, ou des tours de l'hélice. Après déformation, ce nombre est devenu :

$$N\left(\frac{\omega + d\omega}{\omega}\right).$$

On a donc la relation :

$$\frac{dN}{N} = \frac{d\omega}{\omega}\,.$$

Le déplacement angulaire du méridien passant par
l'une des extrémités du ressort, par rapport au méridien passant par l'autre extrémité prise pour origine,
sera :

$$2\pi dN = 2\pi N\cdot\frac{d\omega}{\omega}\,.$$

Il peut être intéressant de déterminer la variation
dH subie par la hauteur totale H du ressort.

Nous avons désigné par N le nombre des spires.

La hauteur H, distance verticale mutuelle des extrémités, est :

$$H = 2N\pi a \, tg \, \alpha.$$

Par suite de la déformation,
N est devenu :

$$N\left(1 + \frac{d\omega}{\omega}\right);$$

a est devenu :

$$a\left(1 + \frac{da}{a}\right)$$

et tg α est devenu :

$$tg \, \alpha + \frac{d\alpha}{\cos^2\alpha} = tg \, \alpha\left(1 + \frac{da}{\sin \alpha \cos \alpha}\right).$$

D'où :

$$H + dH = 2N\pi a \, tg \, \alpha \left(1 + \frac{d\omega}{\omega}\right)\left(1 + \frac{da}{a}\right)\left(1 + \frac{d\alpha}{\sin \alpha \cos \alpha}\right).$$

et :

$$(27) \qquad \frac{dH}{H} = \frac{da}{a} + \frac{d\alpha}{\sin \alpha \cos \alpha} + \frac{d\omega}{\omega}.$$

$$= \frac{A}{E} + \left[\frac{a}{n}(1 - cotg^2\alpha) + \frac{n}{a} cotg^2 \alpha\right]\frac{B}{E} + \frac{3a}{n} cotg \, \alpha . \frac{C}{G}$$

$$+ cotg \, \alpha . \frac{D}{G}.$$

Le problème est complètement résolu : connaissant les dimensions du ressort et les résultantes F et μ des forces extérieures, nous savons calculer le travail normal et le travail tangentiel maximum pour une section quelconque, et déterminer la déformation du ressort.

Nous reproduisons ci-après les formules fournies par les calculs précédents.

Travail élastique.

(I) $A = \frac{F \sin \alpha}{\pi n^2}$ (Effort normal).

(II) $B = (Fa \sin \alpha - \mu \cos \alpha) \dfrac{4}{\pi n^3}$ (Moment fléchissant).

(III) $C = (Fa \cos \alpha + \mu \sin \alpha) \dfrac{2}{\pi n^3}$ (Couple de torsion).

(IV) $D = \dfrac{4}{3} \cdot \dfrac{F \cos \alpha}{\pi n^2}$ (Effort tranchant).

Déformation.

(V) $\dfrac{da}{a} = \left(\dfrac{3a}{n} - \dfrac{a}{n} \operatorname{tg}^2 \alpha - \dfrac{n}{a}\right) \dfrac{B}{E} - \dfrac{6a \operatorname{tg} \alpha}{n} \cdot \dfrac{C}{G}$ (Rayon du cylindre).

(VI) $d\alpha = -\operatorname{cotg} \alpha \left(\dfrac{a}{n}(1 - \operatorname{tg}^2 \alpha) - \dfrac{n}{a}\right) \dfrac{B}{E} + \dfrac{3a}{n} \cdot \dfrac{C}{G} + \dfrac{D}{G}$ (Inclinaison de l'hélice).

(VII) $\dfrac{d\omega}{\omega} = \dfrac{A}{E} - \dfrac{2a}{n} \cdot \dfrac{B}{E} + \dfrac{3a \operatorname{tg} \alpha}{n} \cdot \dfrac{C}{G} - \operatorname{tg}\alpha \cdot \dfrac{D}{G}$ (Angle de deux méridiens du cylindre).

(VIII) $\dfrac{dH}{H} = \dfrac{A}{E} + \left\{ \dfrac{a}{n}(1 - \operatorname{cotg}^2 \alpha) + \dfrac{n}{a} \operatorname{cotg}^2 \alpha \right\} \dfrac{B}{E}$
$+ \dfrac{3a}{n} \operatorname{cotg}\alpha \cdot \dfrac{C}{G} + \operatorname{cotg} \alpha \cdot \dfrac{D}{G}$ (Hauteur du ressort).

Les formules que nous venons d'établir supposent uniquement que le ressort est doué de l'isotropie transversale. Admettons, pour simplifier, que la matière soit parfaitement isotrope, ce qui nous permettra de substituer au coefficient d'élasticité transversale G sa valeur connue $\dfrac{2}{5} E$. Remplaçons d'autre part, dans les équations de déformation (V) à (VIII), les lettres désignant le travail de la matière, A, B, C, et D, par leurs expressions analytiques, fournies par les équations (I) à (IV). Il vient :

(IX) $E \dfrac{da}{a} = -\dfrac{Fa^2 \sin \alpha}{\pi n^4}\left(18 + 4 \operatorname{tg}^2 \alpha + 4 \dfrac{n^2}{a^2}\right)$
$- \dfrac{\mu a \cos \alpha}{\pi n^4}\left(12 + 26 \operatorname{tg}^2\alpha - 4\dfrac{n^2}{a^2}\right) ;$

$$(\text{X}) \quad E\, d\alpha = \frac{Fa^2 \cos \alpha}{\pi n^4} \left(11 + 4 \ \text{tg}^2 \ \alpha + \frac{22 n^2}{3 a^2} \right)$$
$$+ \frac{\mu c \ \sin \alpha}{\pi n^4} \left(11 + 4 \cot\text{g}^2 \alpha - 4 \cot\text{g}^2 \alpha \frac{n^2}{a^2} \right) ;$$

$$(\text{XI}) \quad E \frac{d\omega}{\omega} = \frac{Fa^2 \sin \alpha}{\pi n^4} \left(7 - \frac{7 n^2}{3 a^2} \right) + \frac{\mu a \cos \alpha}{\pi n^4} (8 + 15 \ \text{tg}^2 \alpha) ;$$

$$(\text{XII}) \quad E \frac{dH}{H} = \frac{Fa^2 \sin \alpha}{\pi n^4} \left(4 + 11 \cot\text{g}^2 \alpha + \frac{n^2}{a^2} + \frac{23}{3} \cdot \frac{n^2}{a^2} \cot\text{g}^2 \alpha \right)$$
$$+ \frac{\mu a \cos \alpha}{\pi n^4} \left(11 + 4 \cot\text{g}^2 \alpha - 4 \frac{n^2}{a^2} \cot\text{g}^2 \alpha \right) \cdot$$

On peut encore simplifier ces relations par la remarque suivante : le rayon n de la section transversale circulaire du ressort est en général une très petite
fraction du rayon a du cylindre sur lequel s'enroule
l'hélice de fibre moyenne. Dans ces conditions, on ne
commettra qu'une erreur insignifiante en négligeant
tous les termes où figure le facteur $\frac{n^2}{a^2}$, ce qui abrège
notablement les formules :

$$(\text{XIII}) \ E \frac{da}{a} = - \frac{Fa^2 \sin \alpha}{\pi n^4} (18 + 4 \ \text{tg}^2 \alpha)$$
$$- \frac{\mu a \cos \alpha}{\pi n^4} (12 + 26 \text{tg}^2 \alpha) ;$$

$$(\text{XIV}) \ E\, d\alpha = \frac{Fa^2 \cos \alpha}{\pi n^4} (11 + 4 \ \text{tg}^2 \alpha)$$
$$+ \frac{\mu a \sin \alpha}{\pi n^4} (11 + 4 \cot\text{g}^2 \alpha) ;$$

$$(\text{XV}) \quad E \frac{d\omega}{\omega} = 7 \frac{Fa^2 \sin \alpha}{\pi n^4} + \frac{\mu a \cos \alpha}{\pi n^4} (8 + 15 \ \text{tg}^2 \alpha) ;$$

$$(\text{XVI}) \ E \frac{dH}{H} = \frac{Fa^2 \sin \alpha}{\pi n^4} (4 + 11 \cot\text{g}^2 \alpha)$$
$$+ \frac{\mu a \cos \alpha}{\pi n^4} (11 + 4 \cot\text{g}^2 \alpha).$$

Examinons à présent les différents types de ressort
à boudin dont on peut faire usage dans les constructions.

Ressort de traction ou de compression.

1° Ressort libre. — On posera $\mu = o$ dans les équations XIII, XIV, XV et XVI. La force F sera précédée du signe $(+)$ s'il s'agit d'un effort de traction, et du signe $(-)$ s'il s'agit d'un effort de compression.

2° Ressort encastré. — Les deux extrémités sont fixées à des plaques qui peuvent glisser parallèlement à l'axe du ressort, mais sans tourner autour de leur centre de gravité. Le nombre des spires du ressort est ainsi maintenu invariable. Dans ces conditions, le ressort est soumis à la fois à l'action de la force F et à celle d'un couple d'encastrement μ, tel que $\dfrac{d\omega}{\omega}$ soit nul.

On trouve facilement :

$$\mu = - Fa \, \text{tg} \, \alpha \, \frac{7}{8 + 15 \, \text{tg}^2 \, \alpha} \, ;$$

$$E \, \frac{da}{a} = - \frac{60 \sin \alpha}{\cos^4 \alpha \, (8 + 15 \, \text{tg}^2 \, \alpha)} \cdot \frac{Fa^2}{\pi n^4} \, ;$$

$$E \, d\alpha = \frac{60 \cos \alpha}{\cos^4 \alpha \, (8 + 15 \, \text{tg}^2 \, \alpha)} \cdot \frac{Fa^2}{\pi n^4} \, ;$$

$$E \, \frac{d\omega}{\omega} = 0.$$

$$E \, \frac{dH}{H} = \frac{60 \sin \alpha}{\sin^2 \alpha \, \cos^2 \alpha \, (8 + 15 \, \text{tg}^2 \, \alpha)} \cdot \frac{Fa^2}{\pi n^4}.$$

3° Ressort emboîté. — Le ressort de traction est enroulé autour d'un cylindre poli, ou bien le ressort de compression est placé dans une boîte cylindrique où il pénètre à frottement doux.

Dans ces conditions, le rayon a du cylindre de l'hélice de fibre moyenne est invariable :

$$E \, \frac{da}{a} = o.$$

Le couple μ a pour valeur :

$$\mu = - Fa \cdot \frac{18 + 4 \, \text{tg}^2 \, \alpha}{12 + 26 \, \text{tg}^2 \, \alpha} \, \text{tg} \, \alpha,$$

et les formules de déformation deviennent :

$$E \frac{da}{a} = o.$$

$$E \, da = \frac{60 \cos \alpha}{\cos^4 \alpha \, (12 + 26 \, tg^2 \, \alpha)} \cdot \frac{Fa^2}{\pi n^4};$$

$$E \frac{d\omega}{\omega} = -\frac{60 \sin \alpha}{\cos^4 \alpha \, (12 + 26 \, tg^2 \, \alpha)} \cdot \frac{Fa^2}{\pi n^4};$$

$$E \frac{dH}{H} = \frac{60 \sin \alpha}{\sin^2 \alpha \cos^2 \alpha \, (12 + 26 \, tg^2 \, \alpha)} \cdot \frac{Fa^2}{\pi n^4}$$

Ressort de torsion.

1° Ressort libre. — On n'a qu'à poser F = o dans les équations XIII, XIV, XV et XVI, en attribuant au couple μ le signe + ou le signe —, suivant qu'il tend à enrouler ou à dérouler le ressort.

2° Ressort de hauteur invariable. — Les extrémités du ressort de torsion sont saisies par des plaques dont la distance mutuelle ne peut être modifiée, mais qui peuvent tourner autour de leurs centres de gravité. On a alors $\frac{dH}{H} = o$, et on en conclut que le ressort est soumis à l'action simultanée du couple μ, et de la force F fournie par la relation :

$$F = -\frac{\mu}{a} cotg \, \alpha . \frac{11 + 4 \, cotg^2 \, \alpha}{4 + 11 \, cotg^2 \, \alpha}.$$

D'où :

$$\frac{da}{a} = -\frac{60 \cos \alpha}{\sin^2 \alpha \cos^2 \alpha \, (4 + 11 \, cotg^2 \, \alpha)} \cdot \frac{\mu a}{\pi n^4};$$

$$da = o;$$

$$\frac{d\omega}{\omega} = \frac{60 \cos \alpha}{\sin^2 \alpha \cos^2 \alpha \, (4 + 11 \, cotg^2 \, x)} \frac{\mu a}{\pi n^4}.$$

Défiguration du ressort. — Ces formules ne sont exactes que si la déformation du ressort est très peu sensible, la loi de *Hooke* pouvant alors être invoquée. Or il arrive souvent, dans la pratique, que les ressorts peuvent, sans que la limite de sécurité soit dépassée par le travail du métal, subir des déformations importantes qui les défigurent, en modifiant leurs dimensions dans une mesure notable. Pour évaluer exactement les changements éprouvés par les données a, α, ω et H, il faudrait alors remplacer les résultantes des forces extérieures F et μ par leurs différentielles dF et $d\mu$, puis intégrer les équations ainsi obtenues en considérant a, α, ω et H comme des variables dépendantes de F et de μ.

Théoriquement, le problème est complètement déterminé, puisque l'on dispose de quatre équations simultanées, en nombre égal à celui des inconnues a, α, ω et H. Mais, en fait, l'analyse serait généralement impuissante à permettre le calcul par intégration de ces inconnues. Dans les cas exceptionnels où l'on pourrait obtenir les expressions analytiques de toutes ces inconnues, ou de quelques-unes d'entre elles, il est présumable que les formules seraient beaucoup trop compliquées pour être pratiquement utilisables.

Considérons, à titre d'exemple, le cas du ressort de traction *emboîté*.

L'équation :

$$E d\alpha = \frac{60 \cos \alpha}{\cos^4 \alpha \, (12 + 26 \, tg^2 \, \alpha)} \cdot \frac{F a^2}{\pi n^4}$$

devra, si l'on considère l'angle α, qui figure dans le second membre, comme une variable dépendante de F, être mise sous la forme :

$$E d\alpha = \frac{60 \cos \alpha}{\cos^4 \alpha \, (12 + 26 \, tg^2 \, \alpha)} \cdot \frac{a^2}{\pi n^4} \, dF.$$

Or a est une constante, en vertu de la définition du ressort emboîté. Donc l'équation ne renferme que les deux variables F et α, qui se séparent sans difficulté :

$$E\,d\alpha \times \frac{\cos^4 \alpha\,(12 + 26\,\mathrm{tg}^2\,\alpha)}{\cos \alpha} = \frac{60a^2}{\pi n^4} \cdot d\mathrm{F}.$$

D'où, en intégrant :

$$\mathrm{Sin}\,\alpha \left(12 + \frac{14}{3}\,\mathrm{Sin}^2\,\alpha\right) = \sin\,\alpha_0 \left(12 + \frac{14}{3}\,\sin^2\,\alpha_0\right)$$
$$+ \frac{60\,a^2}{\pi n^4} \cdot \mathrm{F}.$$

L'angle α_0 représente l'inclinaison initiale de l'hélice de fibre moyenne, avant que le ressort ait été soumis à l'effort de traction F.

Cette formule n'est pas d'un emploi commode.

Il serait d'ailleurs très malaisé de se procurer les expressions correspondants de ω et de H.

Si donc on voulait faire l'étude d'un ressort susceptible d'être défiguré dans ses conditions normales de fonctionnement, il faudrait procéder par étapes successives, en divisant la force F et le couple μ en un certain nombre de fractions égales et suffisamment petites pour que chacune d'elles ne pût déterminer par elle-même qu'une déformation peu sensible.

On appliquerait pour chacune de ces fractions de forces les équations énoncées précédemment, et on en tirerait les valeurs da, $d\alpha$, $d\omega$ et $d\mathrm{H}$ des changements éprouvés par les dimensions du système ; après quoi on partirait des valeurs ainsi modifiées de ces données $(a + da,\ \alpha + d\alpha,\ \omega + d\omega,\ \mathrm{H} + d\mathrm{H})$, et on effectuerait un nouveau calcul pour un second effort partiel, etc. Cela reviendrait à substituer à la courbe figurative de la variation d'une de ces quantités, une série de droites formant un polygone d'autant plus rapproché de la courbe que l'on aurait multiplié les points de division des résultantes F et μ en forces et couples partiels, qui seraient supposés agir successivement, et dont on cumulerait les effets.

La figure 83 représente la déformation d'un ressort libre de traction ou de compression, dont l'hélice de fibre moyenne aurait pour inclinaison initiale :

$$\alpha = 45°.$$

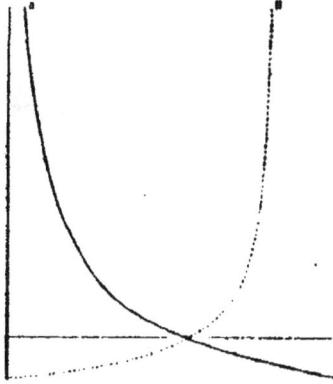

Fig. 83.

On a calculé les **valeurs** successives du diamètre du cylindre a et de la hauteur H du ressort, en attribuant à F des valeurs négatives croissant jusqu'au complet aplatissement du ressort (H = o), et des valeurs positives croissant jusqu'au complet redressement du ressort ($a = o$).

On voit que le rapport $\frac{da}{dF}$ et le rapport $\frac{dH}{dF}$ sont loin d'être invariables.

Le tableau suivant résume les résultats numériques les plus intéressants fournis par le calcul qui a servi à établir cette figure.

	F	α	a	H	$\dfrac{da}{dF}$	$\dfrac{dH}{dF}$
Ressort aplati.....	— 22,6	0°	177,8	0	—1,23	+8,70
Ressort non déformé	0	45°	100	100	—2,71	+1,85
Ressort redressé...	+326,7	90°	0	146,2	—0,06	+0,007

Les figures 84 et 85 fournissent, pour les mêmes valeurs croissantes de F, les valeurs correspondantes des différentes espèces de travail élastique : A, B, C et D.

On voit également que, le travail n'étant pas proportionnel à la grandeur de la force extérieure, la loi de Hooke n'est pas vérifiée : il n'y a pas proportionnalité entre les forces extérieures d'une part, et, d'autre part, soit les intensités des actions moléculaires, soit les déplacements élastiques.

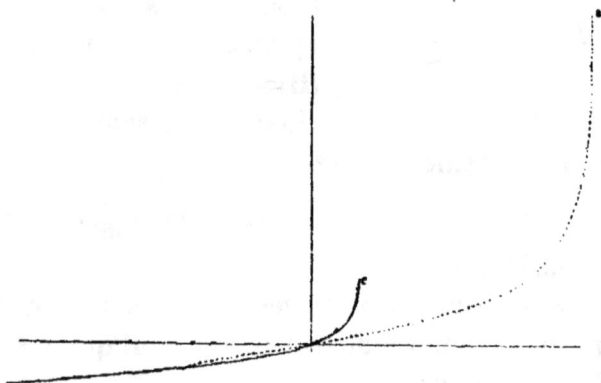

Fig. 84.

Fig. 85.

C'est la conséquence de la défiguration du ressort.

Nous avons admis que le diamètre $2n$ de la section transversale du ressort était une petite fraction du diamètre $2a$ du cylindre de l'hélice de fibre moyenne. S'il en était autrement, le ressort considéré ne répondrait pas à la définition des pièces prismatiques, énoncée à l'article 1. Ce serait une pièce à forte courbure, dont les conditions de stabilité devraient être déterminées par une règle spéciale, dont nous parlerons plus tard (art. 69).

§ 3. — Règles spéciales relatives au calcul du travail et de la déformation en cas de dérogation aux données essentielles du problème général traité par la Résistance des Matériaux.

61. Généralités. — Les formules permettant d'évaluer le travail élastique et de calculer la déformation, que nous venons d'établir pour les pièces prismatiques, supposent expressément :

1° Que la matière est homogène, parfaitement élastique, et douée d'isotropie transversale, avec axe de symétrie complète orienté suivant la tangente à la fibre moyenne ;

2° Que la déformation élastique est assez peu sensible pour ne pas défigurer le corps, ou plus exactement pour ne pas apporter de changement appréciable dans les résultantes d'actions moléculaires F, X, V et T. Si, en effet, la déformation était assez importante pour modifier, dans une mesure sensible, les grandeurs de ces résultantes, ces dernières se trouveraient par là même fonction des déplacements élastiques. Par suite, les équations d'équilibre élastique ne seraient plus linéaires, puisque les forces extérieures et les déplacements élastiques figureraient simultanément dans chaque terme de leurs seconds membres ;

3° Que la forme du corps étudié remplit toutes les conditions énoncées dans la définition des pièces prismatiques : continuité du profil transversal et de la fibre moyenne, courbure peu accentuée de l'axe longitudinal ;

4° Enfin, que la pièce prismatique est absolument libre dans ses dimensions transversales, et que les

actions moléculaires appliquées sur un élément superficiel de la périphérie cylindrique sont nulles ou négligeables : cette dernière condition peut s'énoncer autrement, en disant que les forces extérieures, appliquées
directement sur cette surface périphérique, ne doivent
y déterminer qu'un travail élastique peu important et
négligeable.

L'hypothèse fondamentale de la Résistance des Matériaux, relative à la déformation des pièces prismatiques, n'est exacte que pour l'effort normal et le moment fléchissant. Nous avons vu qu'elle est erronée
pour le couple de torsion et l'effort tranchant : il en
résulte que les formules déduites de cette hypothèse
peuvent être inexactes de ce chef même, en raison de
leur point de départ. Mais, abstraction faite de cette
cause d'erreur, il arrive assez fréquemment que les
conditions énoncées plus haut ne sont qu'imparfaitement remplies par le corps étudié. Il importe d'examiner dans quelle mesure une infraction aux données
admises pour l'établissement des formules peut porter
atteinte à l'exactitude des indications fournies; le cas
échéant, on devra rechercher les modifications à apporter à ces formules pour se rapprocher davantage
de la vérité.

Nous examinerons séparément et successivement,
dans l'ordre indiqué au début du présent article, les
conséquences que peuvent avoir les dérogations à
l'énoncé du problème général traité par la Résistance
des Matériaux.

62. Hétérogénéité. — On peut distinguer l'hétérogénéité de *composition*, qui caractérise un corps formé
par l'agglomération de particules constituées par des

matières différentes, ayant des propriétés élastiques
dissemblables ; et l'hétérogénéité de *constitution* ou de
structure, due à des actions moléculaires *latentes* qui
font que les molécules du corps, indépendamment de
l'action des forces extérieures, sont les unes comprimées et les autres distendues, avec emmagasinement
d'une certaine quantité de force vive, qui se dégage
pendant la rupture ou la désagrégation.

Ne nous occupant ici que de rechercher le travail
et la déformation produits par des efforts extérieurs
statiques, nous ne reviendrons pas sur ce qui a été dit
de la diminution de résistance aux actions dynamiques et aux chocs, résultant de l'une ou l'autre hétérogénéité, mais particulièrement de la seconde, qui non
seulement rend les corps fragiles, mais encore leur
donne des propriétés explosives (*larmes bataviques*).

On peut admettre que cette hétérogénéité n'influe pas
sensiblement sur le travail et la déformation résultant
d'actions statiques. Toutefois elle justifie dans bien
des cas un abaissement notable de la limite de sécurité, en raison des craintes qu'elle peut inspirer en ce
qui touche la conservation de la matière : gélivité des
pierres, rupture spontanée des pièces de fonte refroi-
dies sans précaution après moulage, etc.

Pour l'acier et le fer, le recuit des pièces moulées, le
laminage et le forgeage à chaud atténuent suffisamment les actions latentes développées pendant la solidification, pour que les éventualités de ce genre ne
soient plus à craindre. C'est pourquoi l'on admet pour
ces matières des limites de sécurité beaucoup plus rapprochées des limites de rupture que pour les pierres et
la fonte.

Avec le bois, on n'a guère à redouter que des défauts

locaux : on s'assure que les pièces destinées à supporter des efforts importants sont bien saines et n'ont pas
de tares susceptibles d'abaisser leur résistance. On a
parfois des mécomptes, quand les défauts existant à
l'intérieur d'une pièce n'ont pu être décelés par un examen attentif. On a vu parfois de superbes pièces de
bois résineux (pitch-pin) se fendre sous des efforts mo-
dérés, au droit de poches intérieures pleines de résine,
qui réduisaient dans une forte proportion l'étendue
utile de la section transversale.

Aussi bien convient-il de fixer la limite de sécurité
non pas seulement d'après la nature du bois, mais encore d'après sa qualité.

63. Défaut d'isotropie. — Nous avons déjà signalé l'existence, dans presque tous les matériaux de construction, d'une isotropie transversale qui satisfait aux exigences de la Résistance des Matériaux, à condition
toutefois que l'axe de symétrie complète ait bien la
direction de la fibre moyenne. Pour les métaux moulés, acier et fonte, on peut supposer l'isotropie parfaite, et par conséquent ne pas se préoccuper de la
direction de l'axe longitudinal de la pièce considérée.
Pour les métaux laminés, fer et acier, il convient
d'orienter l'axe longitudinal parallèlement à la direction du laminage. Dans toute direction perpendiculaire à celle-ci, les limites d'élasticité et de rupture
peuvent être amoindries ; presque toujours la ductilité,
mesurée par l'allongement plastique au moment de la
rupture, est sensiblement réduite. Les matériaux pierreux possèdent bien souvent des plans de lit ou des
plans de clivage (ardoises). On doit tenir compte, dans
leur emploi, de ce fait que la rupture s'opère beaucoup

plus aisément dans la direction du clivage que dans une direction perpendiculaire, et disposer en conséquence les matériaux, de telle façon que les actions moléculaires tendent à déterminer une fracture perpendiculaire à ce plan de moindre résistance : une pierre ne doit pas être posée *en délit*. Cette considération a surtout de l'importance pour les pierres qui travaillent à la flexion (linteaux de portes), ou en porte-à-faux (corbeaux de balcon), etc.

Avec une matière fibreuse comme le bois, il est indispensable que l'axe longitudinal ait la direction des fibres, et que celles-ci ne soient pas coupées par le contour cylindrique de la pièce (taille de droit fil). Sans quoi la résistance peut devenir très faible, la rupture s'effectuant par décollement oblique des fibres, comme on peut le vérifier en brisant par flexion une allumette taillée de biais.

Un tenon d'assemblage n'a aucune solidité lorsque les fibres sont parallèles à sa section droite. Les cales et tasseaux, qui travaillent à la compression dans le sens perpendiculaire aux fibres, s'écrasent facilement.

Il est donc important de ne jamais tabler sur l'exactitude des renseignements fournis par les formules de résistance, toutes les fois que, par suite des circonstances, la condition relative à l'existence de l'isotropie transversale, avec axe de symétrie complète coïncidant avec la fibre moyenne, ne peut être réalisée. En pareil cas, il est prudent d'abaisser notablement la limite de sécurité si l'on veut éviter tout mécompte.

64. Semi-élasticité ou plasticité. — Dès que, la limite d'élasticité étant dépassée, on constate l'existence d'une déformation plastique, il n'est plus permis de compter sur l'exactitude des formules de résistance, soit pour le calcul du travail, soit pour celui de la déformation.

Traction simple. — Quand on fait subir une épreuve de traction à une pièce prismatique (barrette ou éprouvette) de fer ou d'acier laminé ou recuit, on a l'habitude de représenter les résultats de l'essai par une courbe, dont les ordonnées sont les valeurs successives de l'effort de traction F, et dont les abcisses sont les allongements correspondants δl. On obtient tout d'abord une droite OB, conformément à la loi de Hooke, qui fournit entre l'effort F et l'allongement δl la relation linéaire :

$$\delta l = \frac{F}{E\Omega},$$

où E et Ω sont le coefficient d'élasticité longitudinale et l'aire de la section de la barre.

Comme le phénomène de la contraction latérale ne diminue l'aire Ω que dans une mesure insignifiante, on peut considérer sans erreur appréciable Ω comme constant ; par suite δl est proportionnel à F.

A partir de la limite d'élasticité, la droite OB est remplacée par une courbe BCD, dont les distances horizontales à la droite prolongée représentent les allongements permanents de la barre, qui deviennent presque immédiatement beaucoup plus importants que les allongements élastiques, toujours représentés par les abcisses successives de la droite OBB'.

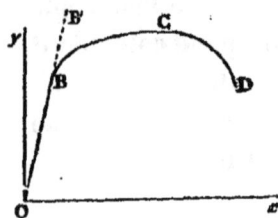

Fig. 86.

Dès que l'effort de traction a dépassé la limite d'élasticité, l'allongement élastique paraît négligeable devant l'allongement plastique, ce dernier pouvant représenter une fraction

notable de la longueur primitive de l'éprouvette : 5, 10,
et jusqu'à 30 0/0 pour les aciers doux.

A un moment donné, la courbe de déformation devient horizontale en C, et on constate alors qu'un étranglement vient d'apparaître dans une région localisée et
restreinte, où la barre se rétrécit en s'allongeant comme
un morceau de pâte qu'on étirerait. C'est ce
que l'on appelle le phénomène de la *striction*.
A partir de cet instant, l'allongement se
poursuit sans qu'il soit nécessaire de faire
croître la force F ; on peut même diminuer
un peu l'effort de traction sans que la barrette
cesse de s'étirer (fig. 86). Puis vient la rupture : à ce moment l'allongement est figuré

Fig. 87.

par l'abscisse du point extrême D de la courbe d'essai.
La fracture se produit dans la partie la plus rétrécie de
la région soumise au phénomène de la striction. L'aire
final ω de la section de cassure n'est souvent que les 60,
et même les 40 centièmes (acier très doux) de son aire
primitive Ω, avant déformation.

On a l'habitude de qualifier de *limite de rupture* de
travail calculé en rapportant l'effort maximum de traction, correspondant au sommet C de la courbe d'essai,
à l'aire primitive Ω de la section de la barre. C'est là
une pure convention, car en somme le véritable travail de rupture s'obtiendrait en rapportant l'effort
final correspondant au point D à l'étendue effective de
la section de fracture, qui, nous venons de le voir, est
très inférieure à Ω.

Mais comme le coefficient de striction, que l'on peut
définir, soit par le rapport $\frac{\omega}{\Omega}$, soit plutôt par le rapport
$\frac{\Omega - \omega}{\Omega}$, est très variable avec la nature du métal essayé,

on conçoit qu'au point de vue des applications le renseignement véritablement utile soit celui qui permet de déterminer immédiatement, pour une pièce de section connue, l'effort limite qui en provoquera la rupture *dans un temps très court*, sans se préoccuper de la striction qui aura pu se manifester. C'est ainsi que se justifie pratiquement la définition purement conventionnelle de la limite de rupture.

Nous avons ajouté la mention « dans un temps très court », parce que, moyennant certaines conditions dont il a déjà été parlé, on peut souvent obtenir la rupture au moyen d'efforts statiques sensiblement moindres, à condition de prolonger leur action pendant un temps suffisant, ou au moyen d'efforts alternatifs de sens opposés se produisant à des intervalles plus ou moins rapprochés, de façon que le signe du travail soit renversé. Seulement, dans l'un et l'autre cas, il faut, c'est du moins notre opinion, que la limite d'élasticité ait été dépassée ; d'autre part le résultat final ne s'obtient qu'en prolongeant l'essai pendant un temps notable. Nous ne reviendrons pas sur cette question déjà traitée à l'article 40.

Il nous suffit de faire voir que la mention précitée est indispensable pour fournir une définition précise, puisque, sans cette précaution, on pourrait avoir à envisager une série de valeurs très différentes de la limite de rupture, correspondant à des essais pratiqués de différentes manières.

L'allongement permanent se définit par le rapport de l'allongement total, indiqué par l'appareil d'essai, à la longueur primitive de l'éprouvette. Or, l'allongement proportionnel ainsi obtenu n'est qu'une moyenne, très supérieure à l'allongement de la portion de barre

demeurée prismatique, mais bien inférieure à celui de
la région de striction, où le phénomène d'étirement a
été constaté.

Pour un même métal, on trouvera donc après rupture des allongements proportionnels différents, suivant
que la région de striction occupera une fraction plus
ou moins grande de la longueur totale.

On conçoit que si l'on augmente la longueur de
l'éprouvette, sans rien changer à ses
dimensions transversales, l'étranglement de striction restera le même ;
par suite, l'allongement proportionnel indiqué par l'essai sera diminué.

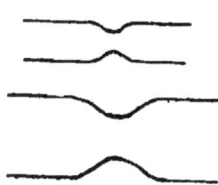

Fig. 88.   Si, au contraire, sans changer la longueur de l'éprouvette, on augmente ses dimensions
transversales, le phénomène inverse se produira : la
région de striction sera plus étendue, et l'on constatera
par conséquent un allongement proportionnel plus élevé
(fig. 88).

En définitive, les renseignements tirés de l'essai de
traction, qui sont le travail de rupture et l'allongement
proportionnel de rupture, sont des chiffres purement
conventionnels, qui présentent au point de vue pratique
un très grand intérêt, mais n'ont qu'une valeur théorique très contestable.

Comme ils sont susceptibles de varier avec les conditions de l'expérience faite, on ne peut pas les considérer comme des chiffres absolus, ayant une valeur
intrinsèque indépendante des circonstances de l'essai.
C'est pourquoi il faut toujours, quand on donne des
renseignements de ce genre pour un métal, les compléter par la description de l'expérience qui les a fournis :
on doit indiquer la longueur, la section et les dimen-

sions transversales de l'éprouvette, et ne pas oublier de mentionner que la rupture a été obtenue dans un temps très court. Faute de quoi, le renseignement est sans valeur et ne fournit aucune indication précise sur la nature et la qualité du métal.

C'est malheureusement ce qui arrive parfois ; on dit que tel métal a présenté une résistance à la rupture de tant de kilogrammes par millimètre carré, et que son allongement de rupture a atteint le chiffre de tant de centièmes, sans faire connaître les dimensions de la barrette. On a vu commettre la même omission dans certains cahiers des charges, où l'on exigeait un allongement déterminé sans définir la forme de la barrette d'essai. Or, si une éprouvette cylindrique de 5 centimètres de diamètre et de 20 centimètres de longueur ne donne, par exemple, qu'un allongement de 15 p. 0/0, en obtiendra sans difficulté un allongement de 22 p. 0/0 et plus avec une barrette de 10 centimètres de diamètre et de 20 centimètres de longueur, ou avec une barrette de 5 centimètres de diamètre et de 10 centimètres de longueur.

La limite de rupture elle-même pourra être influencée : d'habitude, pour un métal forgé ou laminé, elle sera plus élevée si les dimensions de la barre sont moindre. Un fil d'acier de 2 millimètres de diamètre pourra accuser une résistance double de celle fournie par une tige de 5 centimètres de diamètre : l'allongement proportionnel de ce fil sera d'ailleurs très faible, parce que la longueur relative de la région de striction, proportionnelle au diamètre, se trouvera considérablement réduite (1).

1. Il semble prouvé par l'expérience que, dans une barre d'acier laminé, la région périphérique, qui a été en contact direct avec le lami-

En conséquence, si la limite d'élasticité et le coefficient d'élasticité longitudinale sont des chiffres absolus et spécifiques, qui définissent complètement les propriétés élastiques du métal, parce qu'ils sont indépendants des conditions de l'expérience faite (si du moins cette expérience a été interprétée à l'aide de formules exactes), il n'en est pas de même de la limite et de l'allongement de rupture, renseignements conventionnels, qui n'ont de valeur pratique, en ce qui touche la résistance et la plasticité du métal, que si l'on a complètement défini les conditions de l'expérience, susceptibles d'influer dans une très large mesure sur les résultats donnés par l'essai.

Nous ajouterons encore que la région d'étranglement n'ayant pas la forme prismatique, parce que les fibres de la périphérie sont sensiblement obliques par

noire, est plus résistante et plus ductile que le noyau : c'est ce qui expliquerait la supériorité des fils sur les barres au point de vue de la limite de rupture à la traction, la croûte superficielle représentant dans ces fils une fraction plus importante du volume total.

Si l'on réduit au tour le diamètre d'une barre cylindrique laminée, en burinant et enlevant la croûte de laminage, la pièce de diamètre moindre que l'on obtient par ce procédé présente parfois une résistance, mais toujours un allongement de rupture très inférieurs à ceux que l'on observerait sur une pièce de même dimension, mais obtenue directement au laminage et ayant conservé sa croûte superficielle.

On peut, il est vrai, donner une autre explication de ce fait d'expérience, en admettant que l'action du burin a pu produire un léger écrouissage dans la région périphérique de la barre, dont la ductilité s'est trouvée diminuée de ce chef.

La supériorité des fils sur les barres peut être simplement le résultat d'une plus grande homogénéité du métal, l'action du laminoir s'étant exercée de façon à peu près identique sur toutes les particules du métal ; quand on travaille une pièce massive, la partie centrale du noyau intérieur est à peine influencée par le laminoir. La matière présente donc à cet égard une certaine hétérogénéité, et des actions latentes, provenant du moulage, peuvent persister dans la masse ; d'où il résulterait nécessairement une diminution dans la résistance et la ductilité.

rapport à la fibre moyenne, la distribution des actions
moléculaires dans cette région n'est pas celle indiquée
par la Résistance des Matériaux. Il en résulte que la
fracture s'opère non suivant un plan, mais suivant
une surface en *cuvette*, dont les normales indiquent
en tous les points la direction du travail maximum à l'extension. Cette surface, qui rencontre à angle droit l'axe longitudinal de la barrette, est d'autant plus régulière que le métal
est plus homogène et plus sain.

Ce qui prouve bien que ce mode de fracture
est lié à la forme géométrique de la région de
striction, c'est que pour certaines matières,
pierres, fonte, acier moulé non recuit, où le
phénomène de striction ne se manifeste pas, la
rupture s'opère, sans altération sensible de la
section transversale, suivant un plan perpendiculaire à la fibre moyenne, et par suite aux
fibres périphériques, et non suivant la surface courbe
en cuvette, qui caractérise les métaux ductiles.

Fig. 89.

Flexion. — Quand on soumet une pièce prismatique
à un essai de flexion, la déformation mesurée répond
exactement aux prévisions déduites de la formule théorique de la Résistance des Matériaux, tant que le travail maximum à la compression ou à l'extension, calculé pour chacune des fibres extrêmes tendues ou comprimées au moyen de l'expression

$$-\frac{Xn}{I} \quad \text{ou} \quad +\frac{Xn'}{I},$$

ne dépasse pas la limite d'élasticité de la matière, à
l'extension simple ou à la compression simple.

Mais il n'en est plus de même dès qu'une de ces limites est franchie. Admettons pour fixer les idées que

la section transversale reste encore plane, et continue
à pivoter autour d'un axe passant par son centre de
gravité.

Les allongements des fibres demeurent proportionnels à leurs distances à l'axe neutre. Mais, étant donné
que, au delà de la limite d'élasticité, l'allongement croît
plus vite que le travail à l'extension, il en résultera
que les valeurs de ce travail pour les fibres successives, au lieu d'être proportionnelles aux ordonnées
d'une droite oblique passant par le centre de gravité,
seront proportionnelles aux ordonnées de la courbe
représentative de l'essai de traction, dont il a été parlé
plus haut.

Au moment où la fibre extrême tendue sera sur le
point de se rompre, la courbe représentative des actions moléculaires de tension sera identique à la courbe
DCBO fournie par l'essai de traction (fig. 86).

Le moment de flexion nécessaire pour produire la

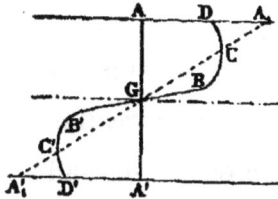
Fig. 90

rupture aura pour valeur la
somme des moments statiques
par rapport au point G des aires
comprises entre l'axe des allongements AGA' et les deux courbes de travail DCBG et GB'C'D',
relatives à la région supérieure
tendue et à la région inférieure comprimée.

Si l'on persiste à calculer le travail maximum sur
une fibre extrême par l'expression usuelle $\frac{Xn}{I}$, cela reviendra à substituer à l'aire ADBG l'aire du triangle
AA₁G, qui aurait même moment statique par rapport
au point G, et on sera conduit par conséquent à trouver
une valeur AA₁ du travail maximum très supérieure à
la réalité AD.

On serait par suite tenté de croire que la limite de rupture par extension est plus élevée pour une pièce fléchie que pour une pièce simplement tirée. Cette conclusion est absurde, et nous devons en signaler la fausseté parce qu'elle est parfois donnée comme un résultat d'expérience, alors qu'elle est la conséquence d'une application inconsidérée de la formule classique de résistance à une pièce qui travaille au delà de la limite d'élasticité.

On se rapprocherait davantage de la vérité en calculant la limite de travail sur les fibres extrêmes non par l'expression usuelle $-\frac{Xn}{I}$ ou $\frac{Xn'}{I}$, mais à l'aide de la suivante : $\frac{X}{2\mu}$, μ étant le moment statique, par rapport à l'axe neutre, de l'une des deux fractions de la section situées soit au-dessus, soit au-dessous de l'axe neutre. Encore cette formule empirique suppose-t-elle la symétrie de la section par rapport à l'axe neutre.

Il résulte de tout ceci que non seulement la valeur fournie pour la limite de rupture à l'extension par l'expression $\frac{Xn}{I}$ est inexacte et supérieure à la réalité, mais encore que le résultat numérique trouvé dépend à la fois de la nature du métal et du contour géométrique de la section. Avec un profil en double té, l'écart entre $\frac{Xn}{I}$ et la limite réelle de rupture à l'extension sera assez faible. Avec un profil rectangulaire, cet écart sera notable. Enfin, si l'on concentre la matière sur l'axe neutre, en adoptant, par exemple, un profil en losange ou en croix, la limite conventionnelle de rupture deviendra très considérable : on pourra trouver un résultat numérique deux fois supérieur à la limite vraie de rupture.

Voilà pourquoi l'on dit parfois que, la fonte résistant mieux à la flexion qu'à l'extension simple, il est permis d'admettre en pratique pour le premier cas une limite de sécurité deux fois plus élevée que pour le second. Cela est exact, eu égard à la définition conventionnelle de la limite de rupture, pour les barres à section rectangulaire, dont les essais ont conduit à cette conclusion ; ce serait, *a fortiori*, justifié pour une éprouvette à section losangée ou cruciale. Mais, pour un double té, c'est absolument faux, et, en partant de cette règle qu'on a prétendu justifier par l'expérience, on s'exposera, le cas échéant, à des mécomptes sérieux.

On voit combien il est difficile d'interpréter convenablement les résultats expérimentaux fournis par les essais de flexion. Et encore avons-nous, dans l'étude qui précède, simplifié considérablement le problème par des suppositions plus ou moins justifiées en fait.

Nous avons, en effet, formulé implicitement les hypothèses suivantes :

1° Les limites d'élasticité ont même valeur numérique pour l'extension et la compression ; au delà de ces limites, la loi des raccourcissements permanents dus à la compression est la même que celle des allongements produits par extension. Si l'on admet ce point de départ, les deux courbes successives DCBG et GB'C'D' seront symétriques par rapport au centre de gravité G de la section primitive. Mais il faut reconnaître que ces hypothèses ne sont pas conformes à la réalité. Il paraît démontré par l'expérience que, au delà des limites d'élasticité et pour une valeur de travail déterminée, le raccourcissement plastique proportionnel de compression est inférieur en valeur absolue à l'allongement d'extension.

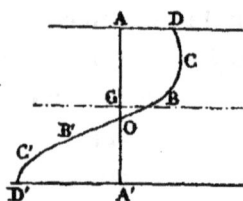

Il en résulte que la courbe représentative des actions moléculaires ressemble d'une manière générale à la ligne DCBOB'C'D' de la figure 91. Elle coupe la verticale AA' en un point O situé au-dessous du centre de gravité G, et tel que les moments statiques des aires OABCD et O'A'B'C'D' soient égaux. L'axe neutre se déplace en se rapprochant de la fibre extrême comprimée.

2° Nous avons négligé la déformation transversale de la section dont il a été parlé à la page 278. Or cette déformation a pour effet de dilater la région comprimée et de contracter la région tendue. Par suite, le centre de gravité se déplace de ce chef en se rapprochant encore de la fibre extrême comprimée.

3° Nous avons enfin admis que le corps continue, malgré sa déformation, à remplir les conditions posées dans la définition des pièces prismatiques, dont l'une est que le rayon de courbure de l'axe longitudinal soit très grand comparativement à la hauteur de la section. Or, si l'on soumet une barre d'acier ou de fer à un essai de flexion poursuivi jusqu'à rupture, cette barre s'incurve dans une mesure suffisante pour que le centre de courbure de la fibre moyenne devienne très voisin de la fibre extrême comprimée. Nous verrons plus tard que, lorsqu'on envisage la flexion d'une pièce qui, en raison de sa forte courbure, ne répond pas à la définition des solides prismatiques, l'axe neutre, au lieu de passer par le centre de gravité, se rapproche de la fibre extrême la plus voisine du centre de courbure : or, dans le cas d'une pièce primitivement droite qui a été courbée par flexion, la fibre extrême en question est la fibre comprimée.

Nous expliquerons par ces trois causes, agissant simultanément et produisant des effets de même sens qui se totalisent, le phénomène qui a été très nettement mis en relief par les expériences de flexion : l'axe neutre s'écarte sensiblement du centre de gravité de la section primitive, en se rapprochant de la fibre extrême comprimée.

Avec un métal très ductile, comme l'acier doux, on peut replier une barre sur elle-même : en ce cas, l'axe neutre descend jusqu'à la fibre extrême comprimée. C'est à la fois la conséquence des propriétés élastiques (contraction latérale de la section) et plastiques (inégalité entre les raccourcissements et les allongements proportionnels permanents) de la matière, et de la déformation géométrique de la barrette, qui a cessé de satisfaire à la définition des pièces prismatiques.

On voit combien il est difficile d'interpréter sainement les renseignements expérimentaux fournis par de pareils essais. Il faudrait pour cela recourir à des formules extrêmement compliquées, qu'il serait malaisé d'établir. On a dû en fait renoncer à en tirer des conclusions précises, soit au point de vue de la résistance à la rupture, soit au point de vue des déformations plastiques.

On ne fait plus d'essais de flexion que pour se rendre compte sommairement de la ductilité ou plasticité des métaux, laquelle est mise en relief par leur apti-

tude plus ou moins grande à se courber et à se tordre
dans différents sens, avant que l'on constate de fissures ou de traces de désagrégation ; mais on ne cherche plus à en tirer par le calcul des renseignements
conventionnels, en raison de la discordance absolue
des résultats numériques que l'on obtiendrait en faisant varier les conditions des essais, principalement en
ce qui touche le profil de l'éprouvette, qui influe de
façon notable sur les déformations et sur les limites
fictives de résistance déduites de formules complètement inexactes.

65. Stabilité des maçonneries. — Dans les ouvrages
de quelqu'importance, que l'on a jugé convenable d'exé-
cuter soigneusement avec des matériaux choisis, la
maçonnerie présente toujours une grande résistance à
la compression, qui peut atteindre et même dépasser
500 k. par centimètre carré (granit ou calcaire dur avec
mortier de ciment), et ne tombe guère au dessous de
100 k.

Par contre, la résistance à la traction est faible : elle
atteint rarement 15 k. par centimètre carré (béton
riche de ciment), peut s'abaisser, pour une maçonnerie jeune et médiocrement exécutée, jusqu'à 2 ou 3 k.,
et dans certains cas tombe à zéro.

La prudence exige donc que dans les calculs de stabilité relatifs à des constructions de ce genre, on suppose
nulle la résistance à la traction.

La résistance au glissement ou au cisaillement est
mal connue, et difficile à déterminer de façon exacte.
Elle est en général peu élevée quand l'effort tangentiel,
orienté suivant un joint d'assise ou joint continu du
massif, tend à provoquer la rupture par décollement

du mortier et de la pierre en contact. Une fois ce décollement opéré, l'équilibre statique n'est plus maintenu que par le frottement mutuel des deux surfaces juxtaposées, en supposant bien entendu qu'il existe un effort normal perpendiculaire à ces surfaces, et les pressant l'une contre l'autre. On convient alors par prudence de ne pas compter sur l'adhérence mutuelle de la pierre et du mortier, et on évalue la limite de rupture au glissement d'après la résistance passive de frottement, calculée en raison de l'effort normal de compression transmis par le plan d'assise : le coefficient de frottement de la pierre sur le mortier durci n'est jamais inférieur à 0.50, de sorte que l'effort tangentiel peut à la rigueur atteindre, en toute sécurité, la moitié de l'effort normal de compression sur le joint.

Quand l'effort tangentiel n'est pas dirigé suivant un plan d'assise, ou quand il n'existe pas dans le massif de joints continus (*maçonnerie de blocage*), la séparation par glissement ne peut s'opérer sans entraîner la rupture d'un certain nombre de pierres, faisant *arrachement* d'un bloc dans l'autre.

Dans ces conditions, la résistance au cisaillement est très grande ; elle est presque égale à la résistance à la compression. Il est d'ailleurs bien rare que l'on ait à s'en préoccuper au point de vue de la stabilité : nous verrons tout à l'heure pourquoi. Dans les constructions de quelque importance, on recourt à la maçonnerie de blocage toutes les fois que l'on peut craindre des efforts tendant à provoquer la rupture par glissement, et cela suffit pour donner toute garantie en ce qui touche ce genre d'accident.

Noyau central. — Règle du trapèze. — Considérons un ouvrage dont la forme satisfasse à la définition des pièces prismatiques. Soient F l'effort normal et X le moment fléchissant qui sollicitent une section transversale. Etant admis que la maçonnerie n'offre aucune résistance à l'extension, l'effort normal F ne peut être qu'une force de compression, sans quoi il y aurait rupture par disjonction du massif.

Remplaçons la force F et le couple X par leur résultante, qui est égale et parallèle à l'effort normal F, et située dans le plan de flexion à un distance d du centre de gravité de la section, telle que $Fd = X$: nous l'appellerons la *résultante des pressions* sur la section transversale considérée.

Soient : D le point de rencontre du plan de la section transversale et de la résultante des pressions F, perpendiculaire à ce plan ; ADGA' le diamètre de l'ellipse centrale d'inertie qui passe en D ; BGB' le diamètre conjugué du précédent qui, ainsi que nous l'avons vu dans l'article 52, sera l'axe neutre de flexion ; M un point de la section transversale situé sur le diamètre AGA' au-delà de l'axe neutre BGB' par rapport au point D, et v la distance MM_1 de ce point à l'axe neutre (Fig. 92).

Nous avons désigné par d la distance GD ; appelons m la projection DD_1 de cette distance sur une normale à l'axe neutre BGB', c'est-à-dire la distance du point D à cet axe.

Si nous nous reportons à l'article 52, nous constatons que X étant égal à Fd, X' sera égal à Fm. La valeur du travail à la compression déterminé en M sera fournie par la relation :

$$R = \frac{F}{\Omega} - \frac{X'v}{I}$$
$$= \frac{F}{\Omega} - \frac{Fmv}{I}$$

$$= \frac{F}{\Omega} - \frac{Fmv}{\Omega r^2}$$

$$= \frac{F}{\Omega}\left(1 - \frac{mv}{r^2}\right).$$

Nous avons désigné par la lettre r le rayon de gyration relatif à l'axe neutre BGB'; on sait que la longueur de ce rayon de gyration est fournie par la projection AA, du demi-diamètre GA de l'ellipse centrale d'inertie sur la normale au diamètre conjugué GB.

Pour que le travail déterminé en M soit une compression, il est nécessaire et suffisant que le facteur $1 - \frac{mv}{r^2}$ soit positif; auquel cas il en sera de même pour tous les points situés sur la parallèle MM' à l'axe neutre menée par le point M, car à tous ces points correspond la même distance v.

Puisqu'il est entendu que, pour la maçonnerie, la limite d'élasticité à l'extension est nulle, les formules usuelles de Résistance, qui supposent expressément que la matière ne travaille pas au-delà de la limite d'élasticité, ne sont applicables à la recherche des conditions de stabilité du massif que si l'action moléculaire normale est une compression en tous les points de la section. Or le point le plus éloigné de l'axe neutre BGB' s'obtiendra en menant au contour de la section une tangente TT' parallèle à cet axe neutre. Soit NN, ou n la distance du centre de gravité G à cette tangente. La condition nécessaire pour qu'il y ait compression de la matière en tous les points de la section sera :

$$1 - \frac{mn}{r^2} > 0.$$

Envisageons le cas limite où l'on a : $1 - \frac{mn}{r^2} = 0$, le travail tombant à zéro sur la droite TT'. Cette condition peut s'écrire :

$$\frac{m}{r} = \frac{r}{n}$$

c'est-à-dire :

$$\frac{DD_1}{AA_1} = \frac{AA_1}{NN_1} \; ;$$

ou bien, en vertu de la similitude des triangles AGA_1, DGD_1 et NGN_1 : $\frac{DG}{AG} = \frac{AG}{NG}$.

Cela signifie que le point D est l'*antipôle* de la droite TT' par rapport à l'ellipse centrale d'inertie.

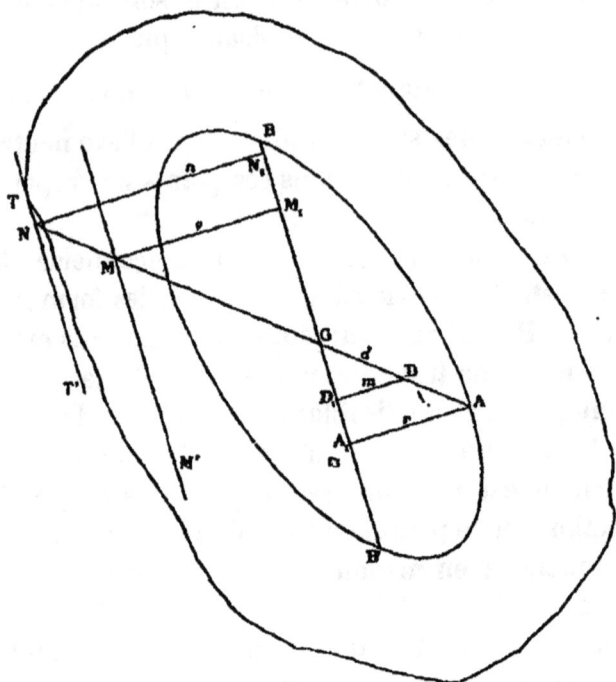

Fig. 92

Supposons que la droite TT' se déplace en restant tangente au contour de la section ; on obtiendra sans difficulté chaque point D correspondant à une position de cette tangente, en menant le diamètre conjugué de l'ellipse et calculant la distance DG ou *d* par la relation indiquée ci-dessus.

Le lieu géométrique de D sera une courbe limitant autour du centre de gravité une partie de la section droite, que nous appellerons la *région centrale*. Le contour de cette région, lieu géométrique des anti-pôles des tangentes au profil de la section, est la *polaire réciproque, par rapport à l'ellipse centrale d'inertie, du profil de la section retourné de 180° autour de son centre de gravité* G (1).

Toutes les fois que le point D sera à l'intérieur de la région centrale, la formule classique de la Résistance des Matériaux : $R = \frac{F}{\Omega} \pm \frac{Fmv}{\Omega r^2}$ sera applicable à la recherche du travail déterminé en un point quelconque, puisqu'elle indiquera toujours une pression, et que, par conséquent, la limite d'élasticité à l'extension ne se trouvera nulle part dépassée.

Nous désignerons par *noyau central* du massif le volume renfermé à l'intérieur de la surface engendrée par le contour de la région centrale, quand la section transversale se déplace normalement à l'axe longitu-dinal du massif; et par *courbe des pressions* le lieu géométrique du point D d'application de la résultante des pressions sur les sections transversales succes-sives. Si l'on compose la *résultante des pressions* avec l'*effort tranchant* relatif à chaque section, de façon à obtenir la résultante totale des actions moléculaires, oblique au plan de la section, la courbe des pressions sera l'enveloppe des lignes d'action de ces résultantes successives : on tracera donc sans difficulté cette courbe, en déterminant les lignes d'action des résul-

1. La polaire réciproque du profil de la section *non déplacée de 180°* est le lieu géométrique du point symétrique de D par rapport au centre de gravité G, et situé par conséquent entre G et N.

tantes des forces extérieures pour un certain nombre de sections transversales, que l'on prendra d'autant plus rapprochées que l'on désirera obtenir plus de précision dans le résultat.

Nous tirerons de ce qui précède les conclusions suivantes :

Toutes les fois que la courbe des pressions, enveloppe des lignes d'actions des résultantes des forces intérieures relatives aux sections transversales successives, ne sort pas du noyau central d'un massif de maçonnerie, la formule usuelle de résistance, établie pour les pièces prismatiques comprimées et fléchies, fournit des renseignements exacts en ce qui touche la valeur du travail élastique en un point, travail qui est toujours une compression.

On pourra également, en ce cas, recourir aux formules classiques pour la recherche de la déformation, si du moins l'on connaît la valeur du coefficient d'élasticité longitudinale E.

La loi de Hooke peut aussi être invoquée : il y a indépendance entre les effets des forces extérieures agissant simultanément, et le travail produit par une force varie proportionnellement à la grandeur de cette force.

En somme, il n'y a, en pareille circonstance, aucune distinction à faire, au point de vue des calculs de stabilité, entre la maçonnerie et toute autre matière élastique.

Nous remarquerons de plus que, dans le cas envisagé, la courbe des pressions étant contenue à l'intérieur du noyau central qui enveloppe l'axe longitudinal du massif, l'angle mutuel de cette courbe et de cet axe ne peut jamais être que très petit. Par suite, la projection sur le plan de la section transversale de la résultante des forces extérieures, qui est l'effort tranchant, est nécessairement une fraction peu importante de cette résultante. Le travail au glissement correspondant est par là même très petit, et c'est pourquoi on n'a pas à s'en préoccuper : on s'abstient presque toujours de le calculer. C'est ainsi que, dans l'étude des voûtes en maçonnerie, on ne fait pas intervenir cette question du travail au glissement, parce que la courbe des pressions étant sensiblement parallèle à l'axe longitudinal, ce travail est absolument négligeable pour toutes les sections transversales.

Dans les ouvrages en maçonnerie que l'on a occasion d'étudier, la courbe des pressions est presque toujours contenue dans un plan de symétrie du profil ; par conséquent l'axe neutre est un axe principal d'inertie, perpendiculaire au plan de flexion. Il peut être intéressant d'indiquer, en pareil cas, les limites du noyau central pour quelques profils géométriques simples.

Section rectangulaire, de largeur a dans le plan de flexion : le noyau central occupe le tiers moyen du rectangle :

$$m = \frac{a}{6}$$

Section circulaire, ou *elliptique* d'axe a :

$$m = \frac{a}{8}.$$

Section en *losange :*

$$m = \frac{a}{12}.$$

Section composée de *deux triangles opposés par le sommet :*

$$m = \frac{a}{4}.$$

Triangle. — Il y a symétrie par rapport au plan de flexion, mais non par rapport au plan perpendiculaire au précédent. On a par suite à envisager deux valeurs différentes de m, suivant que le point d'application de la force est du côté de la base ou du côté du sommet :

Sommet : $m = \dfrac{a}{6}$.

(Distance au sommet :

$$\frac{2}{3} a - m = \frac{a}{2}\Big).$$

Base : $m' = \dfrac{a}{12}$.

(Distance à la base :

$$\frac{1}{3} a - m' = \frac{a}{4}\Big).$$

Représentons par des ordonnées proportionnelles les valeurs du travail calculées à l'aide de la formule linéaire $R = \dfrac{F}{\Omega}$ $\pm \dfrac{Fmv}{\Omega r^2}$ pour tous les points d'une droite MN tracée sur la section transversale dans une direction perpendiculaire à l'axe neutre BB'. Le lieu des points ainsi obtenus sera une droite M_1N_1, constituant avec la droite de base *un trapèze*, dont les côtés verticaux MM_1 et NN_1 représenteront les valeurs du travail à la compression pour les deux points extrêmes M et N, situés sur le contour de la section.

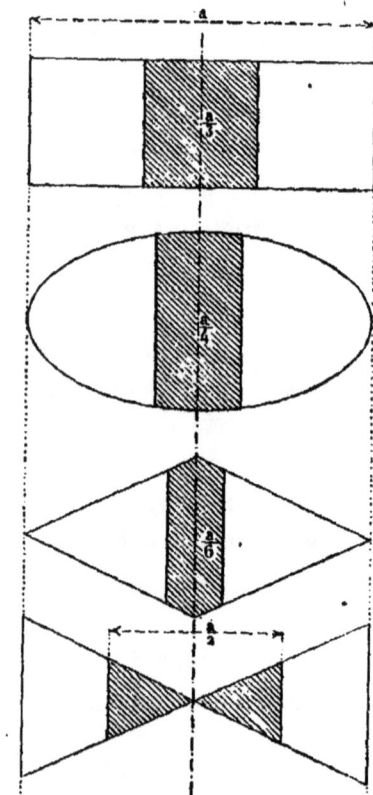

Fig. 93.

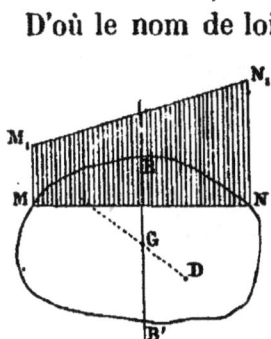

D'où le nom de loi du *trapèze*, attribué à la règle usuelle de calcul du travail à la compression, que fournit la Résistance des Matériaux toutes les fois que la courbe des pressions ne sort pas du noyau central.

Cette règle est d'ailleurs applicable à tous les corps élastiques comprimés, puisqu'elle n'est que la traduction géométrique de la formule usuelle de résistance. Si la pièce est à section rectangulaire, l'axe neutre étant parallèle à l'un des côtés du rectangle, *mais seulement dans ce cas*, la résultante des pressions passe par le centre de gravité du trapèze.

Règle du triangle. — Supposons que le point d'application D de la résultante des pressions soit en dehors du noyau central. Si l'on appliquait la règle usuelle de calcul des pièces fléchies, on trouverait que la maçonnerie travaille à l'extension dans une partie de la section ; ce qui est inadmissible, puisqu'il a été convenu que la maçonnerie ne présentait aucune résistance aux efforts de traction. Il est donc nécessaire de procéder autrement.

On mène dans le plan de la section une droite NN′ remplissant les conditions suivantes : si l'on retranche de la section toute la portion NM′N′ située au-delà de cette droite par rapport au point D, ce dernier se trouve sur le contour de la région centrale de la partie conservée NMN′. Par conséquent la matière est soumise en tous les points à une compression, le travail tombant à zéro sur la droite NN′, qui est un élément du contour de la section ainsi restreinte.

On appliquera donc la formule usuelle $R = \frac{F}{\Omega} \pm \frac{Fmv}{\Omega r^2}$

à tous les points de la section réduite NMN', et l'on admettra que le supplément NM'N' ne joue aucun rôle au point de vue de la stabilité, et ne travaille ni à la compression ni à l'extension.

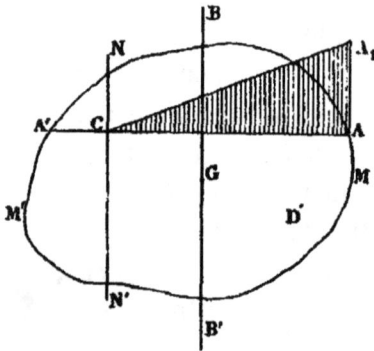

Menons dans le plan une droit ACA' perpendiculaire à la direction BB' ou NN' de l'axe neutre, et élevons des ordonnées proportionnelles aux valeurs du travail. La pression sera maximum en A, tombera à zéro en C, et demeurera nulle de C en A'. Les intensités des actions moléculaires seront ainsi représentées par les ordonnées du triangle A_1AC. D'où le nom de loi du *triangle* attribué à cette règle.

Fig. 95.

C'est là en somme une méthode purement *empirique*, qui n'est pas justifiée par la théorie, mais est suffisamment vérifiée par l'expérience. En effet, on constate souvent en pareil cas l'apparition d'une fissure ou lézarde, qui rompt la continuité du massif dans toute la région où, d'après la formule classique de résistance, il devrait se manifester un travail d'extension. On est en droit d'en conclure que la région fissurée ne joue plus aucun rôle au point de vue de la stabilité, et ne travaille ni à l'extension ni à la compression. La seule portion utile de la section est bien celle, limitée par la droite NN', où, les actions moléculaires développées étant exclusivement des pressions, la disjonction n'a pu se produire.

Il est assez malaisé, quand la section n'a pas un contour régulier, de déterminer la position exacte de la droite limite NN′ par la double condition qu'elle soit parallèle à l'axe neutre de flexion de la partie de section conservée, et que la résultante des forces extérieures soit sur le contour de la région centrale de cette surface partielle.

Mais, dans l'étude des ouvrages en maçonnerie, on n'a le plus souvent à considérer que des sections rectangulaires, pour lesquelles le point D d'application de la résultante des pressions se trouve sur un des deux axes de symétrie, parallèles aux côtés du rectangle. Dans ces conditions, la droite NN′ est parallèle à l'autre côté du rectangle, et sa distance au point D est le double de la distance du même point au côté le plus voisin : $MD = 2DP$.

Si, en effet, nous nous reportons à la figure 95, nous

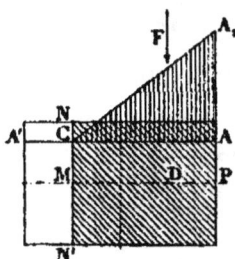

Fig. 96.

constatons que la ligne d'action de la résultante passe par le centre de gravité du triangle A_1AC, et rencontre par suite le côté CA au tiers de sa longueur à partir de la base AA_1.

Telle est la loi usuelle du triangle, dont on fait constamment usage dans le calcul des maçonneries, toutes les fois que la courbe des pressions sort du noyau central du massif étudié. Mais nous insisterons sur ce fait que la ligne d'action de la résultante *ne passe par le centre de gravité du triangle que dans le cas particulier où la section transversale est rectangulaire*. Pour tout autre profil, cercle, losange, etc., il n'en serait pas de même.

En faisant usage de la règle du triangle, on admet implicitement que la limite d'élasticité à l'extension a été dépassée pour toute la région que l'on retranche de la section transversale. Il en résulte que les conditions prévues dans l'énoncé du problème général de la Résistance des Matériaux ne sont plus remplies. En conséquence, on ne doit pas s'étonner que la loi de Hooke ne se vérifie plus : il n'y a plus indépendance des effets des forces agissant simultanément. Les valeurs du travail ou du déplacement élastique produit en un point déterminé par une force définie ne sont plus nécessairement proportionnelles à la grandeur de cette force. En d'autres termes, le travail élastique en un point n'est pas toujours une fonction linéaire des forces extérieures, et il en est de même du déplacement élastique.

Nous n'insistons pas sur cette question, que nous aurons à développer de façon plus complète, en l'appuyant sur des exemples, lorsque nous étudierons la stabilité des constructions en maçonnerie. Nous nous bornerons ici à indiquer que c'est là une conséquence forcée des principes de la théorie de l'élasticité : la loi de Hooke n'est vraie que lorsque la matière est parfaitement élastique, ce qui suppose expressément qu'en aucun point on n'a dépassé la limite d'élasticité, soit à la compression, soit à l'extension.

66. Défiguration des corps. — Quand la déformation élastique est assez importante pour modifier les valeurs des résultantes des forces extérieures relatives à une section transversale, les formules de la Résistance des Matériaux ne sont plus *immédiatement* applicables. En effet, les résultantes X, V, F et T sont alors fonc-

tions des déplacements élastiques, et les équations d'é-
quilibre ne sont pas linéaires. Il en résulte nécessairement que l'effet produit par la résultante de deux forces, travail ou déplacement élastique, n'est plus la
résultante géométrique des effets produits par chacune
d'elles agissant isolément. Nous en avons déjà donné
un exemple en parlant du ressort à boudin.

Dans les figures 83, 84 et 85, les lignes représentatives du travail ou de la déformation seraient des droites
si la loi de Hooke pouvait être invoquée, tandis que ce
sont des courbes.

En appliquant, pour une position déterminée du
ressort, les formules usuelles de Résistance, on subs-
tituerait à chacune de ces courbes la tangente au point
considéré, substitution qui ne serait acceptable que si,
la déformation élastique du ressort étant très faible,
l'arc de courbe à considérer était assez petit pour qu'on
pût lui substituer sa corde sans erreur appréciable.

Il est presque toujours possible, dans les cas de défiguration des pièces prismatiques, d'établir des équations d'équilibre élastique rigoureuses; mais elles ne
sont plus linéaires, et leur intégration devient fort difficile. Cependant on constate parfois que les opérations
analytiques peuvent être conduites jusqu'au bout, et
fournir des formules algébriques utilisables dans la
pratique des constructions. Nous en verrons des exemples en parlant des pièces chargées de bout, des ponts
suspendus, etc. Toutes les fois que la solution a pu être
établie analytiquement, sans hypothèse supplémentaire
ni simplification abusive des équations initiales, le résultat est tout aussi valable que celui obtenu par les
formules usuelles, alors qu'il n'y a pas défiguration.
Mais nous avons déjà vu que pour le ressort à bou-

din, l'intégration des équations différentielles était impossible, tout au moins dans le cas général.

Quand on étudie les conditions de stabilité des tôles
minces, ou des câbles flexibles, les déformations élastiques sont le plus souvent considérables avant que la
limite de sécurité ait été atteinte, et l'on se trouve par
conséquent dans le cas envisagé. Prenons pour exemple un fil fin, et par suite très flexible et très peu lourd,
dont les deux extrémités soient fixées en A et B sur une
horizontale, et qui se trouve sollicité par une force verticale P, devant laquelle le poids propre du fil puisse
être considéré comme négligeable. Désignons par v la
distance horizontale de la ligne d'action du poids au
point A ; par l la distance mutuelle AB des deux points
d'attache ; et par S la longueur
du fil. Celui-ci va décrire une
ligne brisée AMB, dont les
côtés AM et MB peuvent être
considérés comme rectilignes,
en raison de la grande légèreté du fil, et sont dirigés suivant les lignes d'action des
réactions F et F′ exercées par
le poids sur les points fixes A et B, en raison de la
flexibilité du fil.

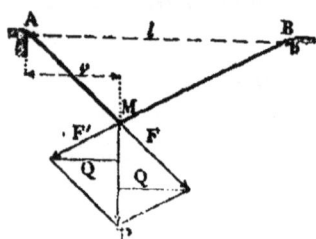

Fig. 97.

A l'aide de calculs simples, qu'il paraît inutile de
détailler, on trouve pour les réactions F et F′ les expressions suivantes :

$$F = \frac{P(l-v)}{l} \sqrt{1 + \frac{4v^2}{S^2 - l^2 - (l - 2v)^2 + \frac{l^2(l - 2v)^2}{S^2}}} ;$$

$$F' = \frac{Pv}{l} \sqrt{1 + \frac{4(l - v)^2}{S^2 - l^2 - (l - 2v)^2 + \frac{l^2(l - 2v)^2}{S^2}}}.$$

La composante horizontale commune de ces réactions a pour valeur :

$$Q = \frac{2Pv(l-v)}{l} \sqrt{\frac{1}{S^2 - l^2 - (l-2v)^2 + \frac{l^2(l-2v)^2}{S^2}}}.$$

C'est la traction horizontale exercée par le fil sur chacun des deux points fixes A et B.

Supposons qu'on suspende au fil un second poids P symétrique du premier, c'est-à-dire appliqué en M′ à la distance v du point B.

Si la loi de Hooke était applicable, on devrait constater que l'effort total de traction F_1, subi par le brin de fil AM, est la résultante géométrique des réactions F et F′, précédemment calculées ; que la traction horizontale Q_1, produite par les deux poids agissant simultanément, est le double de la traction horizontale Q due à un poids agissant seul.

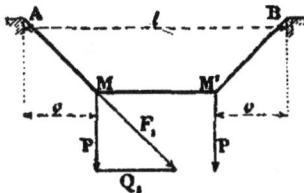

Fig. 98.

Or on trouve, par des calculs simples que nous ne reproduirons pas ici :

$$F_1 = P \sqrt{1 + \frac{4v^2}{(S-l)(S-l+4v)}} ;$$

$$Q_1 = \frac{2Pv}{\sqrt{(S-l)(S-l+4v)}}.$$

Il n'y a aucun rapport entre ces formules et les précédentes. En invoquant dans le cas présent le principe de l'indépendance des effets des forces agissant simultanément, on commettrait donc une grave erreur, et on aboutirait à un résultat complètement faux. Nous aurons occasion de revenir sur cette question en parlant des ponts suspendus.

67. Pièces chargées de bout. — Flambement des supports comprimés. — *Pièces rigoureusement rectilignes.* — *Formule d'Euler.* — Considérons une pièce prismatique à section constante et à fibre moyenne *rigoureusement* rectiligne, qui soit sollicitée à chacune de ses extrémités par une force de compression F, dont la ligne d'action coïncide avec l'axe longitudinal de la pièce.

Soient Ω l'aire, et I ou Ωr^2 le moment d'inertie *minimum* de la section transversale : r est la demi-longueur du petit axe de l'ellipse centrale d'inertie.

Supposons que par un moyen quelconque on ait dévié par flexion la fibre moyenne, en l'obligeant à décrire une courbe de très grand rayon, située dans le plan déterminé par la direction primitive de cette fibre et par le petit axe de l'ellipse centrale d'inertie ; la corde AB de cette courbe coïncide avec la position initiale de la fibre moyenne, qui est toujours la ligne d'action commune des forces directement opposées F.

Soit M un point quelconque de la fibre moyenne déformée, dont nous définirons la position par sa distance horizontale MN ou y à la corde AB, et par sa distance verticale NA ou x au point A pris pour origine des coordonnées. Nous allons chercher la condition pour que la pièce déformée AMB demeure en équilibre dans sa position actuelle sous l'action *exclusive* des deux forces F, la cause qui a déterminé dans le principe l'incurvation de la fibre moyenne ayant cessé d'agir.

Fig. 99.

Étant admis que la longueur de l'ordonnée y est par

23

hypothèse une fraction très petite de la longueur AB ou l de la pièce, quel que soit le point M considéré, nous pourrons faire usage de l'équation différentielle de déformation relative aux pièces droites à section constante :

$$EI \frac{d^2 y}{dx^2} = X.$$

Le moment fléchissant sera fourni par la relation :

$$X = -Fy.$$

Il convient ici d'attribuer au produit Fy le signe —, parce que le moment fléchissant fait travailler à l'extension la fibre extrême de la section transversale située *au-dessus* de l'axe Ax, dans la direction des y positifs : donc ce moment fléchissant est négatif.

L'équation différentielle de la déformation est donc :

$$EI \frac{d^2 y}{dx^2} = -Fy,$$

et son intégrale générale est :

$$y = M \sin x \sqrt{\frac{F}{EI}} + N \cos x \sqrt{\frac{F}{EI}},$$

M et N étant des constantes à déterminer.

Pour $x = o$, on a $y = o$, puisque le point A, origine des coordonnées, est resté sur la direction rectiligne initiale de la fibre moyenne, et n'a par suite subi aucun déplacement dans le sens des y. D'où : $N = o$.

Il en est de même pour l'extrémité opposée B de la pièce. Donc, pour $x = l$, on a aussi $y = o$, ce qui donne la condition :

$$M \sin l \sqrt{\frac{F}{EI}} = o.$$

On peut satisfaire à cette relation : soit en posant $M = o$, auquel cas y est nul pour toute valeur de x ; la

fibre moyenne demeure rectiligne sur tout son développement, contrairement à l'hypothèse formulée ci-
dessus ;

soit en posant :

$$\sin l\sqrt{\frac{F}{EI}} = o,$$

ce qui entraine la condition :

$$l\sqrt{\frac{F}{EI}} = K\pi,$$

K étant un nombre entier arbitraire.

D'où :

$$F = K^2 \frac{\pi^2 EI}{l^2}.$$

Attribuons à K la plus petite valeur possible, qui est
l'unité.

Nous voyons que : 1° si la force F n'atteint pas la va-
leur particulière $\frac{\pi^2 EI}{l^2}$, la pièce courbée se redressera et
reviendra à sa forme rectiligne initiale ; 2° si $F = \frac{\pi^2 EI}{l^2}$,
la fibre moyenne décrira la sinusoïde $y = M\sin\frac{\pi x}{l}$, dont
l'équation renferme un coefficient numérique indéterminé M, ce qui signifie que la même force F main-
tiendra la pièce dans la position qu'on lui aura donnée,
quelle que soit la distance moyenne de la sinusoïde à
la corde AB ; 3° enfin, si $F > \frac{\pi^2 EI}{l^2}$, la pièce ne pourra se
maintenir en équilibre, et sa déformation ira en s'ac-
centuant jusqu'à la rupture.

Nous en concluerons que l'équilibre élastique de la
pièce chargée de bout ne peut être stable que si la force
F est inférieure à la limite $\frac{\pi^2 EI}{l^2}$, auquel cas, si on la
déforme en la faisant fléchir, elle revient à sa forme
primitive dès que la cause de cette incurvation a cessé
d'agir.

Si la force F est égale à $\frac{\pi^2 EI}{l^2}$, l'équilibre est instable, et le moindre accroissement de F est susceptible de déterminer la rupture. Enfin, si F est supérieur à $\frac{\pi^2 EI}{l^2}$, la stabilité n'est plus assurée : une déviation extrêmement petite de la fibre moyenne est le point de départ d'une déformation qui va croissant jusqu'à rupture.

En conséquence, la limite d'élasticité, que le travail à la compression ne saurait dépasser sans danger certain, sera fournie dans le cas présent par l'expression :

$$\frac{F}{\Omega} = \frac{\pi^2 EI}{\Omega l^2} = \frac{\pi^2 E r^2}{l^2}.$$

Posons maintenant : $K = 2$.

On a :

$$F = 4 \frac{\pi^2 EI}{l^2},$$

et l'équation

$$y = M \sin x \sqrt{\frac{F}{EI}}$$

devient :

$$y = M \sin \frac{2\pi x}{l}.$$

L'ordonnée y s'annule pour $x = o$, $x = \frac{l}{2}$ et $x = l$: le point milieu de la pièce est sur la corde AB, et la fibre moyenne décrit deux branches successives de sinusoïde, situées de part et d'autre de cette corde.

On voit que cette hypothèse correspond au cas où le point milieu de la fibre moyenne serait fixe, comme les deux extrémités ; la limite d'élasticité est alors quadruplée :

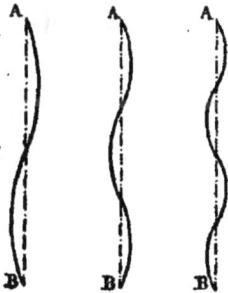

Fig. 100.

$$\frac{4\pi^2 E r^2}{l^2}.$$

De même si la fibre est divisée en n parties égales dont les points de division soient assujettis à demeurer sur la direction rectiligne initiale, on devra poser $K = n$, et la limite d'élasticité sera :

$$\frac{n^2 \pi E r^2}{l^2}.$$

Si les distances mutuelles des points fixes étaient inégales, la limite d'élasticité se calculerait en substituant à l, dans l'expression $\frac{\pi^2 EI}{l^2}$, le plus grand écartement de deux points fixes consécutifs.

Considérons maintenant un support vertical encastré à ses deux extrémités A et B : l'inclinaison de la pièce étant maintenue invariable en A et B, la ligne élastique sera, à ses extrémités A et B, tangente à la corde AB.

Pour réaliser cette disposition, il faut appliquer en A et en B, outre la charge verticale F, un couple d'encastrement μ, dont le moment, inconnu *a priori*, se calculera d'après l'effet qu'il doit produire, à savoir l'invariabilité de direction de la fibre moyenne à ses deux extrémités A et B.

Fig. 101.

L'équation de déformation sera :

$$EI \frac{d^2 y}{d^2 x} = X = - F y + \mu.$$

L'intégrale générale de cette équation différentielle du deuxième ordre est :

$$(1) \qquad y = M \sin x \sqrt{\frac{F}{EI}} + N \cos x \sqrt{\frac{F}{EI}} + \frac{\mu}{F}.$$

Différencions cette équation (1) :

$$(2) \qquad \frac{dy}{dx} = M \sqrt{\frac{F}{EI}} \cos x \sqrt{\frac{F}{EI}} - N \sqrt{\frac{F}{EI}} \sin x \sqrt{\frac{F}{EI}}.$$

Il s'agit de déterminer les valeurs des coefficients d'intégration M et N, et du couple inconnu μ.

Puisqu'il y a encastrement en A et B, y et $\frac{dy}{dx}$ sont nuls pour chacun de ces points.

Point A $\quad x = 0$
$$\begin{cases} y = 0 \;\; : \;\; N + \frac{\mu}{F} = 0 ; \\ \frac{dy}{dx} = 0 \;\; : \;\; M = 0. \end{cases}$$

Point B $\quad x = l$
$$\begin{cases} y = 0 \;\; : \;\; N \cos l \sqrt{\frac{F}{EI}} + \frac{\mu}{F} = 0 ; \\ \frac{dy}{dx} = 0 \;\; : \;\; - N \sqrt{\frac{F}{EI}} \sin l \sqrt{\frac{F}{EI}} = 0. \end{cases}$$

D'où :

$$\mu = - NF ;$$

$$\cos l \sqrt{\frac{F}{EI}} = 1 ;$$

$$\sin l \sqrt{\frac{F}{EI}} = 0.$$

On ne peut satisfaire aux deux dernières relations qu'en posant :

$$l \sqrt{\frac{F}{EI}} = 2\pi.$$

D'où :

$$F = \frac{4\pi^2 EI}{l^2} ;$$

$$y = \frac{\mu}{F} \left(1 - \cos x \sqrt{\frac{F}{EI}} \right).$$

μ est une quantité indéterminée.

Comme dans le problème précédent, lorsque la force

F passe par la valeur *critique* $\frac{4\pi^2 EI}{l^2}$, la pièce est en équilibre instable dans toutes les positions qu'on peut lui faire prendre, en faisant décrire par sa fibre moyenne une sinusoïde répondant à l'équation précitée.

La limite d'élasticité sera donc, dans le cas présent :

$$\frac{4\pi^2 EI}{\Omega l^2} = \frac{4\pi^2 E r^2}{l^2}.$$

Elle est quadruple de celle trouvée en supposant les extrémités du support simplement fixes, sans encastrement.

Examinons en dernier lieu le cas d'une pièce escastrée à son extrémité supérieure A, et simplement fixée à l'extrémité inférieure B.

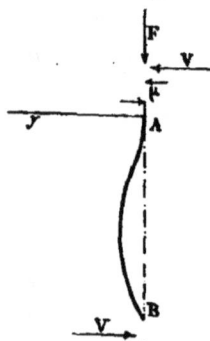

L'extrémité A est soumise à l'action : de l'effort normal F, force de compression, du couple d'encastrement μ, inconnu *a priori* ; de l'effort tranchant V, inconnu *a priori*, dont la direction, perpendiculaire à la corde AB, est celle de l'axe Ay.

L'extrémité B est soumise à l'action de la force verticale F, et de l'effort tranchant V, dirigé en sens inverse du précédent.

Fig. 102.

Le moment fléchissant au point M, défini par l'abscisse x, sera par conséquent :

$$X = -Fy + \mu + Vx.$$

Pour $x = l$ (point B), ce moment fléchissant s'annule, puisqu'il n'y a pas d'encastrement.

Comme d'ailleurs $x = o$, on a : $\mu + Vl = o$, ou :

$$V = -\frac{\mu}{l}.$$

L'expression de X devient donc :

$$X = -Fy + \mu\left(1 - \frac{x}{l}\right).$$

L'équation de déformation peut ainsi s'écrire :

$$EI\frac{d^2y}{dx^2} = -Fy + \mu\left(1 - \frac{x}{l}\right).$$

Son intégrale générale est :

$$(1) \quad y = M\sin x\sqrt{\frac{F}{EI}} + N\cos x\sqrt{\frac{F}{EI}} + \frac{\mu}{F}\left(1 - \frac{x}{l}\right).$$

Différencions cette équation :

$$(2) \quad \frac{dy}{dx} = M\sqrt{\frac{F}{EI}}\cos x\sqrt{\frac{F}{EI}} - N\sqrt{\frac{F}{EI}}\sin x\sqrt{\frac{F}{EI}} - \frac{\mu}{Fl}.$$

Nous avons à déterminer les constantes d'intégration M et N, ainsi que le moment d'encastrement inconnu μ.

Point A $(x = o)$; on a :

$$y = o, \text{ d'où} : N + \frac{\mu}{F} = o, \text{ ou } N = -\frac{\mu}{F};$$

$$\frac{dy}{dx} = o \ : \ M\sqrt{\frac{F}{EI}} - \frac{\mu}{Fl} = o, \text{ ou } M = \frac{\mu}{Fl}\sqrt{\frac{EI}{F}}.$$

Point B $(x = l)$; on a :

$$y = o, \text{ d'où} : M\sin l\sqrt{\frac{F}{EI}} + N\cos l\sqrt{\frac{F}{EI}} = o.$$

Si l'on remplace N par $-\frac{\mu}{F}$ et M par $\frac{\mu}{Fl}\sqrt{\frac{EI}{F}}$ dans cette dernière relation, on trouve :

$$\frac{\mu}{F}\left(\frac{1}{l}\sqrt{\frac{EI}{F}}\sin l\sqrt{\frac{F}{EI}} - \cos l\sqrt{\frac{F}{EI}}\right) = o$$

ce qui peut s'écrire :

$$\operatorname{tg} l\sqrt{\frac{F}{EI}} = l\sqrt{\frac{F}{EI}}.$$

L'angle $l\sqrt{\frac{F}{EI}}$ doit être égal à sa tangente. Désignons par α l'angle défini par la condition $\operatorname{tg} \alpha = \alpha$. On trouve facilement que :

$$\alpha = \pi + 77°27',$$

ou approximativement :

$$\alpha = 1,433\pi,$$

d'où :

$$\operatorname{tg} \alpha = 1,433\pi ;$$

et :

$$l\sqrt{\frac{F}{EI}} = 1,433\pi.$$

Par conséquent :

$$F = (1,433)' \times \frac{\pi^2 EI}{Fl} = 2,0575 . \frac{\pi^2 EI}{l^2}.$$

On peut admettre, avec une exactitude suffisante pour les applications, que la valeur critique de F est $\frac{2\pi^2 EI}{l^2}$. La limite d'élasticité sera alors : $\frac{2\pi EI^2}{l^2}$.

Elle est à peu près le double de celle correspondant aux deux extrémités articulées, et la moitié de celle correspondant aux deux extrémités encastrées.

La méthode que nous venons d'exposer permet, ainsi qu'on le voit, de déterminer, dans toutes les hypothèses possibles, la charge limite qu'on ne peut dépasser pour un support élastique à fibre *rigoureusement* rectiligne et section constante, sans déterminer sa rupture immédiate.

Cette limite est toujours de la forme : $s'\frac{\pi^2 EI}{l^2}$, s' étant un coefficient numérique dépendant des conditions spéciales de fixité ou d'encastrement de la pièce, l sa longueur et I le plus petit moment d'inertie de sa section transversale.

On remarquera que, d'après la démonstration d'Euler, le travail élastique de la matière croît proportionnellement à la force F jusqu'à ce que celle-ci atteigne la limite précitée ; jusqu'à ce moment, la fibre n'a subi aucune déviation et est demeurée rectiligne. Au delà de cette limite, qui ne dépend que du coefficient d'élasticité de la matière, le travail élastique augmente brusquement, sans accroissement nouveau de la force, et atteint immédiatement la limite de rupture, *quelle que puisse être celle-ci* pour la matière envisagée ; d'autre part, la fibre s'écarte indéfiniment de sa direction primitive jusqu'à ce qu'il y ait déchirement de la pièce.

Ce sont là deux résultats incompatibles avec la loi de Hooke et avec les principes de la Théorie de l'Elasticité et de la Résistance des Matériaux. Cette discordance s'explique sans difficulté par ce fait que l'énoncé du problème s'écarte des données essentielles admises au début de la Théorie de l'Elasticité. Du moment que l'on fait intervenir le moment de flexion que représente le produit de la force F par le déplacement élastique y, les équations d'équilibre élastique ne sont plus linéaires dans les conditions supposées par la loi de Hooke, et il n'y a plus proportionnalité entre la force extérieure F et le travail ou le déplacement élastique qu'elle détermine en un point : il se manifeste une défiguration du support qui, n'étant soumis avant déformation qu'à l'action d'un effort normal F, subit après déformation, outre cet effort F, un moment de flexion — Fy.

Lorsqu'un support rectiligne se courbe sous l'action de la charge qui lui est appliquée, et est par suite en danger de se rompre, on dit qu'il *flambe*. La force limite $s^2 . \frac{\pi^2 EI}{l^2}$ est parfois appelée la résistance au *flambement* du support.

Pour les pièces à section variable, la recherche de la résistance au flambement est un problème beaucoup plus compliqué, parce que la lettre I représente une fonction de x dans l'équation fondamentale d'Euler :

$$EI \frac{d^2 y}{dx^2} = - Fy.$$

Cette équation différentielle peut cependant être intégrée dans certains cas particuliers.

Considérons une pièce simplement fixée à ses deux extrémités, et présentant la forme de fuseau ou de bielle, c'est-à-dire renflée en son milieu et amincie à ses extrémités. Nous désignerons par I' le moment d'inertie variable, qui atteint son maximum dans la section médiane, pour $x = \frac{l}{2}$.

Si l'on pose :

$$I' = 4I \frac{x(l-x)}{l^2},$$

on reconnaît aisément que l'équation d'équilibre

$$EI' \frac{d^2 y}{dx^2} = - Fy$$

est satisfaite par la solution :

$$y = Mx(l-x).$$

M est une constante arbitraire.

On en conclut sans difficulté que la résistance au flambement est fournie par l'expression :

$$\frac{8EI}{l^2} \;.$$

Posons encore :

$$I' = I\frac{\left(1 + \sin \frac{\pi x}{l}\right)Lg\,np.\left(1 + \sin \frac{\pi x}{l}\right)}{2\,Lg\,np.\,2}.$$

La solution cherchée est :

$$y = M\,Lg\,np.\left(1 + \sin \frac{\pi x}{l}\right).$$

La résistance au flambement devient :

$$\frac{\pi^2}{2\,Lg\,np.2} \cdot \frac{EI}{l^2}.$$

On voit que dans les pièces à forme de bielle, le facteur numérique par lequel il faut multiplier l'expression $\frac{EI}{l^2}$ (où I est le moment d'inertie de la section médiane renflée), est inférieur à π^2, facteur relatif à la pièce de section constante.

Toutefois le profil de bielle est généralement avantageux : à poids égal, il offrira presque toujours une résistance supérieure à celle du profil à section constante. Il y a intérêt à concentrer la matière dans la région centrale, où se manifeste le travail de flexion le plus élevé, en démaigrissant en conséquence les extrémités. L'accroissement réalisé pour I, moment d'inertie de la section médiane, compense et au-delà la réduction subie par le facteur de $\frac{EI}{l^2}$.

La routine des constructeurs est donc justifiée par la théorie, bien que l'on n'ait jamais, à notre connaissance, recherché par le calcul le profil le plus avantageux à attribuer à une pièce chargée de bout, en vue d'obtenir le maximum de résistance avec le minimum de poids.

Pièces imparfaitement rectilignes. — Formule de Rankine.

Le théorème d'Euler suppose :

1° Que l'axe longitudinal de la pièce étudiée est parfaitement rectiligne, tant qu'il n'a pas été dévié par une cause extérieure, et qu'il demeure tel si la charge supportée n'atteint pas la valeur critique indiquée par le calcul ;

2° Que les forces opposées F sont exactement appliquées aux centres de gravité des deux sections d'about.

Or on ne saurait réaliser ces conditions dans la pratique avec une rigueur mathématique : c'est ce qui explique les divergences constatées entre les indications de la formule d'Euler et les résultats des expériences faites sur le flambement des pièces chargées de bout. *Rankine* a établi une formule empirique qui répond d'une façon satisfaisante aux phénomènes observés. Nous allons traiter la question par le calcul, et montrer que cette formule, d'origine expérimentale, est absolument justifiée par la théorie. Le calcul nous permettra, en outre, de déterminer mathématiquement les valeurs exactes des coefficients numériques, que Rankine avait évalués d'une façon approximative, en interprétant les indications fournies par l'expérience.

Occupons-nous d'abord de rechercher les conditions de stabilité d'une pièce imparfaitement rectiligne, dont les deux extrémités A et B soient fixes, sans encastrement. Nous traiterons en premier lieu le cas particulier d'un support dont l'axe décrirait, dans le plan qui renferme le petit axe de l'ellipse centrale d'inertie de la section, la courbe sinusoïdale représentée par l'équation :

$$z = b \sin \frac{\pi x}{l}.$$

z est, pour chaque point de la fibre moyenne, sa distance à la corde verticale qui réunit les centres de gravité des deux sections d'about. Cette distance, nulle aux deux extrémités pour $x = o$ et $x = l$, atteint sa valeur maximum b au milieu de la hauteur : $x = \frac{l}{2}$.

Nous admettrons, bien entendu, que b soit une fraction extrêmement petite de la longueur l, et même de la plus petite dimension transversale de la section : la courbure du support est un défaut de construction, que l'on n'a pu éviter malgré le soin apporté par le fabricant dans la confection d'une pièce qui devait être parfaitement droite.

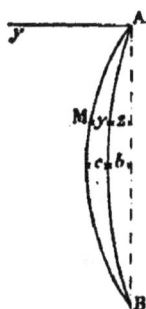

Fig. 103.

Sous l'influence de la force de compression F, dirigée suivant la corde AB, la fibre moyenne ACB va se courber encore, et la distance de l'un quelconque de ses points à la droite AB augmentera et deviendra $z + y$: z est l'écart initial dû à un défaut de construction ; y est le déplacement élastique dû à la force F.

Le moment fléchissant X sera donc fourni pour le point M $(x, z + y)$ par l'expression $-F(z + y)$, et l'équation de déformation devra s'écrire :

$$(1) \quad EI \frac{d^2 y}{dx^2} = X = -F(y + z) = -F\left(y + b \sin \frac{\pi x}{l}\right).$$

L'intégrale générale de cette équation différentielle est :

$$(2) \qquad y = b \cdot \frac{\dfrac{Fl^2}{EI\pi^2}}{1 - \dfrac{Fl^2}{EI\pi^2}} \sin \frac{\pi x}{l}.$$

Elle ne comporte pas de coefficient arbitraire ou indéterminé.

Nous voyons tout d'abord que pour que y ne soit pas infini, il est nécessaire que le dénominateur $1 - \frac{Fl^2}{EI\pi^2}$ soit plus grand que zéro, ce qui peut s'écrire :

$$F > \frac{\pi^2 EI}{l^2}.$$

Nous retrouvons ici la condition d'Euler qui, par conséquent, fournit encore, lorsque la pièce est imparfaitement rectiligne, une limite absolue de l'effort de compression, qu'il n'est pas possible de dépasser sans provoquer la rupture immédiate.

Substituons la valeur de y dans l'équation (1), pour obtenir l'expression du moment fléchissant X :

$$(3) \qquad X = -F(y + z) = -\frac{Fb}{1 - \frac{Fl^2}{EI\pi^2}} \sin \frac{\pi x}{l}$$

$$= -\frac{b}{\frac{1}{F} - \frac{l^2}{EI\pi^2}} \sin \frac{\pi x}{l}.$$

Le travail à la flexion atteindra sa valeur la plus élevée dans la section milieu de la pièce $\left(x = \frac{l}{2} \right)$, pour laquelle le moment fléchissant devient maximum :

$$\frac{b}{\frac{1}{F} - \frac{l^2}{EI\pi^2}}.$$

Cherchons la condition pour que ce moment secondaire de flexion, résultat d'une imperfection du support, soit indépendant de ses dimensions, longueur et section, et demeure constant quand on fait varier l et I (1).

1. Supposons que b tende vers zéro, c'est-à-dire que l'axe de la pièce

Il suffira de satisfaire à la condition :

$$\frac{1}{F} - \frac{l^2}{EI\pi^2} = \text{constante} \frac{1}{K}.$$

D'où l'on tire :

(4)
$$F = \frac{K}{1 + \frac{Kl^2}{EI\pi^2}}.$$

C'est la formule de *Rankine*, dans laquelle K est un coefficient numérique déduit des résultats d'expérience. Il nous reste à déterminer son expression théorique.

Supposons que la longueur l de la pièce diminue et tende vers zéro. A la limite, quand la pièce sera extrèmement courte, la valeur maximum admissible pour la force F sera $N\Omega$, N étant la limite d'élasticité à la compression, puisque le support ne sera plus sujet au flambement. Or, la formule de Rankine donne pour $l = o$: $F = K$. D'où $K = N\Omega$, ce qui nous conduit à la relation définitive suivante, qui ne contient plus de coefficient empirique :

$$F = \frac{N\Omega}{1 + \frac{Nl^2\Omega}{\pi^2 EI}} = \frac{N\Omega}{1 + \frac{Nl^2}{\pi^2 Er^2}}.$$

Telle est la valeur de l'effort de compression qu'il ne faut pas dépasser sous peine de provoquer le flambement et la rupture du support.

devienne rigoureusement rectiligne. Pour maintenir constante la valeur du moment de flexion, il faut également que le dénominateur

$$\frac{1}{F} - \frac{l^2}{EI\pi^2}$$

tende vers zéro, en même temps que le numérateur b. A la limite, on posera : $b = 0$ et $\frac{1}{F} - \frac{l}{EI\pi^2} = 0$. D'où : $F = \frac{EI\pi^2}{l^2}$.

Nous retrouvons donc la formule d'Euler, déduite du calcul précédent à titre de cas particulier.

Le travail élastique de compression correspondant, c'est-à-dire la limite d'élasticité relative à la pièce en question, dont les dimensions sont données, sera :

$$N' = \frac{F}{\Omega} = \frac{N}{1 + \frac{Nl^2}{\pi^2 E \rho^2}}.$$

Généralisation de la formule. — La démonstration précédente vise exclusivement le cas d'une pièce dont la fibre moyenne décrirait la courbe sinusoïdale $y = b \sin \frac{\pi x}{l}$.

Nous allons faire voir que la formule obtenue est *pratiquement* applicable à toutes les pièces chargées de bout, quelle que soit la courbe suivie par leur fibre moyenne.

Nous désignerons par z la distance variable de cette courbe à la corde AB : c'est une fonction quelconque de x, sur laquelle nous ne formulerons aucune hypothèse.

Appliquons aux deux extrémités de la pièce les forces de compression opposées F : chaque section transversale sera sollicitée par un moment fléchissant — Fz, qui déterminera une première déformation élastique de la fibre moyenne.

Soit y' le déplacement élastique subi de ce chef par le point M d'abscisse x. L'ordonnée de ce point deviendra $z + y'$; le moment fléchissant sera par suite accru de — Fy', ce qui entraînera un nouvel accroissement y'' de l'ordonnée, laquelle deviendra $z + y' + y''$; d'où une augmentation nouvelle — Fy'' du moment fléchissant, qui produira un troisième accroissement y''' de l'ordonnée, devenue $z + y' + y'' + y'''$, etc., etc.

Le déplacement élastique définitif y sera la somme

24

de la série indéfinie $y' + y'' + y''' + \ldots$, dont chaque terme y^n est le déplacement élastique dû au moment fléchissant partiel $-Fy^{n-1}$ correspondant au terme précédent y^{n-1}.

D'où :

$$X = -F(z + y) = -F(z + y' + y'' + y''' + \ldots).$$

Nous allons chercher à déterminer les valeurs par excès de tous les termes successifs de cette série.

Le premier y' sera fourni par l'équation de déformation :

$$(1) \qquad El \frac{d^2 y'}{dx^2} = -Fz,$$

dont l'intégrale est :

$$(2) \quad El(y' - \theta_0 x - y'_0) = -\int_0^x dx \int_0^x Fz \, dx$$

$$= -x \int_0^x Fz \, dx + \int_0^x Fz x \, dx.$$

Pour $x = o$ (point A), $y' = o$;

d'où $\qquad y'_0 = o.$

Pour $x = l$ (point B), $y' = o.$

D'où :

$$(3) \qquad -El\theta_0 l = -l \int_0^l Fz \, dx + \int_0^l Fz x \, dx.$$

On a :

$$(4) \quad Ely' = El\theta_0 x - x \int_0^x Fz \, dx + \int_0^x Fz x \, dx.$$

Introduisons la valeur de θ_0, tirée de l'équation (3) :

$$Ely' = x \int_0^l Fz \, dx - \frac{x}{l} \int_0^l Fz x \, dx - x \int_0^x Fz \, dx$$

$$+ \int_0^x Fzxdx = x \int_0^x Fzdx + x \int_x^l Fzdx$$

$$- \frac{x}{l} \int_0^x Fzxdx - \frac{x}{l} \int_x^l Fzxdx - x \int_0^x Fzxdx + \int_0^x Fzxdx$$

$$= \left(\frac{l-x}{l}\right) \int_0^x Fzxdx + \frac{x}{l} \int_x^l Fz(l-x)dx.$$

Quelle que soit la courbe décrite par l'axe longitudinal, on augmentera la valeur du déplacement élastique y', pour une section transversale quelconque, si l'on remplace cette courbe par une droite parallèle à la corde AB, et située à une distance de cette corde égale à la valeur maximum b qu'atteint la variable z.

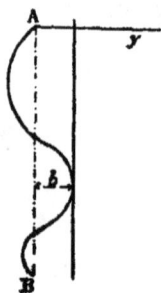

De cette façon, en effet, on donnera le même signe à tous les éléments $Fzxdx$ et $Fzx(l-x)dx$, et on augmentera leurs valeurs numériques respectives en substituant à la valeur réelle de z la limite supérieure b.

Fig. 104

Etant donné que l'on a pour tous les points de la courbe $z < b$, on pourra écrire :

$$EIy' < \frac{l-x}{l} \int_0^x Fbxdx + \frac{x}{l} \int_x^l Fb(l-x)dx;$$

ou en intégrant :

$$EIy' < \frac{Fbx(l-x)}{2}.$$

La valeur maximum y' du déplacement élastique y sera donc inférieure à celle obtenue en posant $x = \frac{l}{2}$ dans le second terme de l'inégalité précédente :

$$EIb' < \frac{Fbl^2}{8}.$$

D'où :

$$b' < \frac{Fbl^2}{8EI}.$$

L'expression du second déplacement élastique y' s'obtiendra par un calcul identique :

$$EIy'' = \frac{l-x}{l} \int_0^x Fy'x\,dx + \frac{x}{l} \int_{\infty}^l Fy'(l-x)\,dx.$$

Nous venons de voir que :

$$y' < \frac{Fbx(l-x)}{2EI}.$$

D'où :

$$EIy'' < \frac{l-x}{l} \int_0^x \frac{F^2bx^2(l-x)\,dx}{2EI} + \frac{x}{l} \int_x^l \frac{F^2bx(l-x)^2\,dx}{2EI}$$

$$< \frac{F^2b}{2EI}\, \frac{x(l-x)(l^3+l^2x-lx^2)}{12}.$$

La valeur maximum b'' du déplacement élastique y'' sera donc inférieure à celle obtenue en posant $x = \frac{l}{2}$ dans le second terme de l'inégalité précédente :

$$EIb'' < \frac{5}{384} \cdot \frac{F^2bl^4}{E^2I^2} = \frac{1}{8} \times \frac{1}{9.6} \times \frac{F^2bl^4}{E^2I^2}.$$

En procédant de la même façon, on trouverait que le maximum b''' du déplacement élastique y''' satisfait à la condition :

$$b''' < \frac{F^3bl^6}{E^3I^3} \times \frac{5}{384} \times \frac{122}{1.200} = \frac{F^3bl^6}{E^3I^3} \times \frac{1}{8} \times \frac{1}{9.6} \times \frac{1}{9,836065}.$$

Il est inutile d'aller plus loin.

En résumé, la valeur maximum M du moment fléchissant X déterminé par l'écart initial z et par tous les déplacements élastiques cumulés, sera nécessairement inférieure au résultat obtenu en multipliant F par la somme des limites fournies par le calcul : b, b', b''.....

$$M \lessgtr -F(b + b' + b'' + b''' + \ldots\ldots)$$

$$\lessgtr -Fb\left(1 + \frac{1}{8}\cdot\frac{Fl^2}{EI} + \frac{1}{8}\times\frac{1}{9,6}\times\frac{Fl^4}{E^2I^2} + \frac{1}{8}\times\frac{1}{9,6}\times\frac{1}{9,836}\cdot\frac{F^3l^6}{E^3I^3} + \ldots\right).$$

Le second terme de cette série est égal au premier multiplié par le facteur :

$$\frac{1}{8}\cdot\frac{Fl^2}{EI};$$

le troisième terme est égal au second multiplié par :

$$\frac{1}{9,6}\times\frac{Fl^2}{EI};$$

le quatrième terme est égal au troisième multiplié par :

$$\frac{1}{9,838065}\times\frac{Fl^2}{EI}.$$

Il est visible que le rapport d'un terme au précédent tend rapidement vers la limite :

$$\frac{1}{\pi^2}\times\frac{Fl^2}{EI} = \frac{1}{9,869044}\times\frac{Fl^2}{EI}.$$

La somme de la série sera donc nécessairement comprise entre les sommes de deux progressions géométriques ayant pour premier terme l'unité, et, pour raison, l'une $\frac{1}{8}\times\frac{Fl^2}{EI}$ et l'autre $\frac{1}{\pi^2}\cdot\frac{Fl^2}{EI}$.

Le moment fléchissant maximum a donc sa limite supérieure comprise entre les sommes des deux progressions ainsi définies, c'est-à-dire :

$$\frac{Fb}{1 - \frac{1}{8}\cdot\frac{Fl^2}{EI}} \text{ et } \frac{Fb}{1 - \frac{1}{\pi^2}\cdot\frac{Fl^2}{EI}}.$$

Comme d'ailleurs nous avons dans chaque opération augmenté systématiquement la valeur du second terme de l'inégalité considérée, on peut affirmer que M sera beaucoup plus voisin de la limite inférieure $\dfrac{Fb}{1-\dfrac{1}{\pi^2}\cdot\dfrac{Fl^2}{FI}}$

que de la limite supérieure $\dfrac{Fb}{1-\dfrac{1}{8}\cdot\dfrac{Fl^2}{EI}}\cdot$

Or, l'écart entre les deux fractions $\frac{1}{8}$ et $\frac{1}{\pi^2}$ ou $\frac{1}{9,869}$ est peu considérable. Par conséquent, en appliquant au cas envisagé la formule établie pour les pièces à axe sinusoïdal, on ne commettra jamais qu'une erreur insignifiante au point de vue pratique.

En définitive, la limite d'élasticité peut toujours être évaluée, sans erreur appréciale, par l'expression $\dfrac{N}{1+\dfrac{Nl^2}{\pi^2 Er^2}}$, *quelle que soit la courbe décrite par la fibre moyenne.*

Examinons maintenant le cas où les forces opposées F ne sont pas appliquées aux centres de gravité des sections d'about de la pièce, supposée rigoureusement droite : soient b l'écart en A et b' l'écart en B. Nous retombons dans le problème général traité ci-dessus, puisque l'on peut définir la position de la fibre moyenne par rapport à la corde AB, à l'aide de l'équation :

$$z=b\left(1-\frac{x}{l}\right)+b'\frac{x}{l}\cdot$$

Nous retrouverons donc le même résultat en appliquant la même méthode. Il ne nous paraît toutefois pas inutile de donner une démonstration différente du théorème précédent, dans le cas où la fibre moyenne est rectiligne et parallèle à la corde AB, et à une distance initiale b de cette corde.

Soit y le déplacement élastique d'un point M. On a l'équation de déformation :

$$EI \frac{d^2y}{dx^2} = -F(b+y),$$

dont l'intégrale générale est :

$$y = M \sin x \sqrt{\frac{F}{EI}} + N \cos x \sqrt{\frac{F}{EI}} - b.$$

Pour $x = o$ (point A), $y = o$;

d'où $\qquad N = b.$

Pour $x = l$ (point B), $y = o$;

d'où $M \sin l \sqrt{\frac{F}{EI}} + N \cos l \sqrt{\frac{F}{EI}} - b = o$

$$M = b \frac{\left(1 - \cos l \sqrt{\frac{F}{EI}}\right)}{\sin l \sqrt{\frac{F}{EI}}}.$$

Par conséquent :

$$X = -F(b+y) = -Fb \left(\frac{1 - \cos l \sqrt{\frac{F}{EI}}}{\sin l \sqrt{\frac{F}{EI}}} \sin x \sqrt{\frac{F}{EI}} \right.$$

$$\left. + \cos x \sqrt{\frac{F}{EI}} \right).$$

Nous obtiendrons la valeur maximum M du moment fléchissant X en posant $x = \frac{l}{2}$ (section médiane de la pièce) :

$$M = -Fb \left(\frac{1 - \cos l \sqrt{\frac{F}{EI}}}{\sin l \sqrt{\frac{F}{EI}}} \sin \frac{l}{2} \sqrt{\frac{F}{EI}} + \cos \frac{l}{2} \sqrt{\frac{F}{EI}} \right) ;$$

ou, en simplifiant cette formule :

$$M = - F b . \frac{1}{\cos \frac{l}{2} \sqrt{\frac{F}{EI}}} .$$

La condition nécessaire pour que le moment fléchissant M soit indépendant de la longueur de la pièce est :

$$\frac{1}{F} . \cos \frac{l}{2} \sqrt{\frac{F}{EI}} = \text{constante} \frac{1}{N\Omega} .$$

Développons en série $\cos \frac{l}{2} \sqrt{\frac{F}{EI}}$, en ne conservant que les deux premiers termes de la série, ce qui nous donnera une valeur trop faible pour le facteur

$$\cos \frac{l}{2} \sqrt{\frac{F}{EI}},$$

remplacé par

$$1 - \frac{l^2}{8} . \frac{F}{EI} :$$

ou

$$\frac{F}{N\Omega} \diagdown 1 - \frac{l^2}{8} . \frac{F}{EI} ;$$

$$F > \frac{N\Omega}{1 + \frac{N\Omega l^2}{8EI}} .$$

C'est exactement le résultat obtenu précédemment par un calcul plus laborieux : le coefficient numérique $\frac{1}{8}$ est trop grand, et doit être remplacé par $\frac{1}{\pi^2}$.

En définitive, toutes les fois que l'on a affaire à une pièce chargée de bout, la limite d'élasticité N' est fournie exactement au point de vue pratique par l'expression $\frac{N}{1 + \frac{Nl^2}{\pi^2 Er^2}}$, à la seule condition que l'écart maximum b existant entre la ligne d'action des forces F et la fibre moyenne soit une longueur très petite (de l'ordre de grandeur des déplacements élastiques y prodüits par la flexion de la pièce), et par suite puisse être considéré comme négligeable devant le rayon de gyration minimum r de la section transversale.

Pièce courbe. — Nous traiterons en dernier lieu le cas d'une pièce véritablement courbe, pour laquelle la flèche b serait du même ordre de grandeur que le rayon de gyration minimum r de la section transversale.

Si nous négligeons tout d'abord le moment fléchissant *secondaire* dû à la déformation de la fibre moyenne, le travail élastique, dans la section où l'écart entre le centre de gravité et la ligne d'action des forces F atteint son maximum b, sera fourni par la relation connue :

$$R = \frac{F}{\Omega} + \frac{Fbn}{I} = \frac{F}{\Omega}\left(1 + \frac{bn}{r^2}\right),$$

n étant la distance de la fibre extrême comprimée à la fibre moyenne.

Tant que b était considéré comme un infiniment petit en comparaison de r, nous pouvions négliger le second terme de la parenthèse, et écrire $R = \frac{F}{\Omega}$. Mais il n'en est plus de même à présent. En conséquence, au lieu de calculer la limite supérieure de la force de compression F, pour le cas d'un support très court, par l'expression $N\Omega$ (N étant la limite d'élasticité de la matière), nous devrons nous servir de l'expression :

$$\frac{N\Omega}{1 + \frac{bn}{r^2}}.$$

A part cette restriction, toutes les démonstrations

précédentes conserveront leur valeur, à condition d'y remplacer NΩ par $\dfrac{N\Omega}{1+\dfrac{bn}{r^2}}$.

En conséquence, la limite supérieure à attribuer à la force de compression pour une pièce de longueur l sera fournie par la formule :

$$F < \cfrac{\dfrac{N\Omega}{1+\dfrac{bn}{r^2}}}{1+\dfrac{Nl^2}{\pi^2 Er^2}\cdot\dfrac{1}{1+\dfrac{bn}{r^2}}},$$

ou

$$F < \dfrac{N\Omega}{1+\dfrac{bn}{r^2}}\times\cfrac{1}{1+\dfrac{Nl^2}{\pi^2 Er^2}\cdot\dfrac{1}{1+\dfrac{bn}{r^2}}}.$$

Toutes les fois que, b étant très petit, on peut négliger $\dfrac{bn}{r^2}$ devant l'unité, on retombe sur la formule de Rankine relative aux pièces imparfaitement rectilignes.

Si, au contraire, b va en augmentant, la fraction $\dfrac{1}{1+\dfrac{bn}{r^2}}$ diminue, et par conséquent le terme

$$\dfrac{Nl^2}{\pi^2 Er^2}\times\dfrac{1}{1+\dfrac{bn}{r^2}}.$$

L'influence de la longueur de la pièce sur la valeur limite de la force F va en s'atténuant. Enfin, lorsque ce terme est devenu négligeable devant l'unité, l'inégalité se réduit à :

$$F < \dfrac{N\Omega}{1+\dfrac{bn}{r^2}}.$$

L'effort limite est alors indépendant de la longueur, et la pièce n'est plus sujette au flambement.

Considérons par exemple une pièce courbe à section rectangulaire, dont la flèche b serait égale à deux fois la hauteur de la section transversale : le facteur $\dfrac{1}{1 + \frac{bn}{r^2}}$ aurait pour valeur numérique $\frac{1}{13}$; le coefficient numérique K de Rankine devrait donc être réduit au treizième de sa valeur établie pour les pièces droites, et il n'y aurait pratiquement aucune utilité à compliquer les calculs par l'application de la formule énoncée ci-dessus.

On obtiendra en ce cas des renseignements très suffisamment exacts par l'application des règles classiques de la Résistance des Matériaux, qui négligent l'influence de la déformation sur le mode d'application des forces extérieures.

Cette conclusion est d'ailleurs justifiée par la théorie : du moment en effet que la flèche b est de l'ordre de grandeur de la hauteur de la section transversale, la déformation élastique, définie par les déplacements y qui sont très petits comparativement à b, ne *défigure* plus la pièce. Par suite on rentre dans les données du problème traité par la Résistance des Matériaux.

Une pièce courbe n'a donc de tendance au flambement que dans la direction perpendiculaire au plan contenant sa fibre moyenne : c'est ainsi qu'un anneau circulaire ne peut flamber que latéralement (tympans du pont *des Saints-Pères*, à Paris). Un ressort à boudin, dont la fibre moyenne est une courbe gauche, n'est pas sujet au flambement : la charge qu'il peut supporter sans dépassement de la limite d'élasticité est indépendante de sa longueur, c'est-à-dire du nombre de ses spires.

Limite de sécurité. — *Majoration du travail élas-tique calculé par les formules de la Résistance des Matériaux.* — Nous venons de déterminer la limite d'élasticité d'une pièce chargée de bout. Il convient à présent d'en déduire la limite de sécurité correspondante.

Etant donné que la limite d'élasticité à la compression a, pour une pièce comprimée de très faible longueur, la valeur spécifique N, et pour une pièce de longueur l la valeur réduite $N' = \dfrac{N}{1 + \dfrac{Nl^2}{\pi^2 E r^2}}$, on obtiendra

pour ce second cas la valeur convenable R' de la limite de sécurité en substituant à la limite d'élasticité N la limite de sécurité R, convenue pour une pièce compri-mée de faible longueur.

$$R' = \frac{R}{1 + \dfrac{Rl^2}{\pi^2 E r^2}}.$$

Nous calculerons de cette façon la limite pratique admissible pour le travail à la compression $\dfrac{F}{\Omega}$.

Si l'on a affaire à une pièce dont la courbure soit assez accentuée pour qu'on puisse mesurer la flèche b, on devra recourir à la formule plus exacte :

$$R' = \frac{R}{1 + \dfrac{bn}{r^2}} \times \frac{1}{1 + \dfrac{Rl^2}{\pi^2 E r^2} - \dfrac{1}{1 + \dfrac{bn}{r^2}}}$$

$$= \frac{R}{1 + \dfrac{bn}{r^2} + \dfrac{Rl^2}{\pi^2 E r^2}} ;$$

Il doit être bien entendu d'ailleurs que si, dans l'éta-blissement de ces formules, nous n'avons envisagé que le cas d'une pièce fixée à ses deux extrémités sans en-castrement, il sera toujours aisé de les modifier de façon à les rendre applicables à tous les cas possibles :

pièces fixées en des points intermédiaires, encastrées à
à leurs abouts, etc. Il n'y aura qu'à multiplier le dénominateur $\pi^2 E r^2$ par le facteur numérique s^2, dont nous
avons donné la définition à propos de la démonstration
d'Euler.

Les formules générales pour le calcul de la limite
de sécurité des pièces comprimées sont donc en définitive :

Pièce courbe :

$$R' = \frac{R}{1 + \dfrac{bn}{r^2} + \dfrac{Rl^2}{s^2\pi^2 E r^2}} \, ;$$

Pièce droite :

$$R' = \frac{R}{1 + \dfrac{Rl^2}{s^2\pi^2 E r^2}} \cdot$$

Au lieu de calculer, pour chaque pièce comprimée
d'une construction, la valeur spéciale de la limite de
sécurité qui lui convient, et d'en déduire l'effort maximum à lui faire supporter, on peut être conduit à suivre la marche inverse ; calculer le travail à la compression développé par un effort normal connu F dans
une pièce de dimensions données, et vérifier que ce
travail ne dépasse pas la limite de sécurité :

$$\frac{F}{n} < \frac{R}{1 + \dfrac{Rl^2}{s^2\pi^2 E r^2}} \cdot$$

Il peut dans ce cas sembler plus commode de mettre
cette inégalité sous la forme :

$$\frac{F}{n}\left(1 + \frac{Rl^2}{s^2\pi^2 E r^2}\right) < R.$$

On majorera la valeur du travail fournie par la formule classique de résistance en la multipliant par le
facteur

$$1 + \frac{Rl^2}{s^2\pi^2Er^2},$$

et l'on s'assurera que le résultat obtenu est inférieur, ou tout au plus égal, à la limite de sécurité R admise pour les pièces comprimées de faible longueur.

Pour une pièce courbe, le coefficient de majoration serait :

$$1 + \frac{Rl^2}{s^2\pi Er^2}\left(\frac{1}{1 + \frac{bn}{r^2}}\right).$$

On vérifiera donc si l'inégalité suivante est satisfaite :

$$\frac{F}{\Omega}\left(1 + \frac{Rl^2}{s^2\pi^2Er^2} \cdot \frac{1}{\left(1 + \frac{bn}{r^2}\right)}\right) \lessgtr \frac{R}{1 + \frac{bn}{r^2}};$$

ou :

$$\frac{F}{\Omega}\left(1 + \frac{bn}{r^2} + \frac{Rl^2}{s^2\pi^2Er^2}\right) \lessgtr R;$$

ou enfin :

$$\frac{F}{\Omega}\left(1 + \frac{Rl^2}{s^2\pi^2Er^2}\right) + \frac{Fbn}{\Omega r^2} \lessgtr R.$$

On voit qu'en définitive il faut multiplier le travail à la compression simple $\frac{F}{\Omega}$ par le coefficient de majoration $1 + \frac{Rl^2}{s^2\pi^2Er^2}$, *sans rien changer au travail dû au moment fléchissant :*

$$\frac{Fbn}{\Omega r^2}.$$

Nous arrivons donc à cette conclusion que la règle à appliquer aux supports courbes est *identiquement la même* que pour les pièces droites : on multiplie par $1 + \frac{Rl^2}{s^2\pi^2Er^2}$ le travail $\frac{F}{\Omega}$ dû à l'effort normal considéré isolément, on y ajoute s'il y a lieu le travail $\frac{Fbn}{\Omega}$ dû au

moment de flexion Fb, et on vérifie que le total ne dépasse pas la limite de sécurité R, relative aux pièces
comprimées de faible longueur.

Le facteur $\frac{Rl^2}{g^2\pi^2Er^2}$ se détermine par la méthode exposée
à propos de la formule d'Euler.

Quand on a affaire à une pièce courbe, il arrive le
plus souvent que le travail de compression simple
$\frac{F}{\Omega}$ est très inférieur au travail de flexion $\frac{Fbn}{\Omega r^2}$. Il en résulte qu'on peut se dispenser de majorer le premier,
l'opération ne conduisant qu'à un supplément de travail insignifiant et négligeable.

68. Déversement et voilement des poutres. — On fait
souvent usage dans les constructions de poutres à section en double té de grande hauteur, où l'ellipse d'i-
nertie est très allongée, le rayon de giration vertical
étant très grand par rapport au rayon horizontal. Ces
poutres, très rigides dans le sens vertical, le sont très
peu dans le sens horizontal. Elles ne sont donc susceptibles de résister à des forces extérieures un peu considérables, que si celles-ci ont leur ligne d'action verticale.

Supposons que, par suite d'une circonstance quelconque, une poutre de ce genre
vienne à se déverser légèrement de façon
que son âme soit un peu oblique sur la
verticale : si faible que soit cette déviation
angulaire, qui dans bien des cas sera le résultat d'une déformation élastique, due à
une cause inconnue ou négligée dans les
calculs de stabilité, elle pourra entraîner
une réduction notable dans la résistance de la pièce aux

Fig. 105.

charges verticales. L'ellipse centrale d'inertie étant extrêmement allongée, le rayon de gyration relatif à un diamètre formant un angle très faible avec l'horizontale est en effet beaucoup moins long que le demi-grand axe. Il peut en résulter un accroissement notable dans le travail élastique dû aux charges. On a vu parfois un déversement très faible, presqu'insensible, déterminer l'affaissement et la rupture d'un ouvrage. Nous verrons ultérieurement que c'est pour échapper à ce danger que l'on contrevente les poutres de grande hauteur. Dans l'espèce, il y a eu défiguration de la pièce, en ce sens qu'une réduction notable de la rigidité a été le résultat d'un déplacement élastique même faible, et que par suite ce déplacement n'aurait pas dû être négligé dans les calculs.

Il arrive aussi que la table ou semelle comprimée d'une poutre en double té, ayant par suite de son peu d'épaisseur une faible rigidité propre, se voile et flambe par l'effet du travail de compression qu'elle subit. Ce phénomène de voilement local s'observe également dans l'âme, si celle-ci est très mince. Ce sont là des causes d'accidents malheureusement trop fréquents, et que l'on a parfois le tort de déclarer inexplicables. La vérité est que si les formules de résistances en usage permettent de négliger l'influence des déplacements élastiques sur les conditions d'équilibre élastique, c'est à la condition que cette influence soit effectivement négligeable. Or, dans nombre de cas, dont nous venons de signaler les plus marquants, une pareille supposition est erronée: certains déplacements élastiques, alors même qu'ils sont très petits en comparaison des dimensions d'une pièce, peuvent, comme nous venons de l'indiquer, modifier dans une mesure sensible ses conditions de résistance. Le seul moyen de s'en rendre compte consisterait à déterminer aussi exactement que possible la déformation élastique que subira la pièce envisagée, et à vérifier par le calcul si, avec sa forme nouvelle, elle est en état de résister convenablement aux forces qui la sollicitent. Dans bien des cas (contreventement), on se dispense de ces calculs supplémentaires, qui sont parfois pénibles et laborieux, et l'on s'appuie sur les résultats de l'expérience, en adoptant des moyens de consolidation dont la pratique des constructeurs a fait reconnaître l'efficacité.

69. Flexion des pièces à forte courbure. — Inconvénients des angles rentrants. — Nous rechercherons à présent les erreurs que l'on peut commettre en appliquant les formules de résistance à des corps dont la forme ne répond pas exactement à la définition donnée des pièces prismatiques.

Considérons d'abord le cas d'une pièce fortement cintrée, dont le rayon de courbure ne soit pas très grand par rapport à la dimension de la section mesurée dans le plan de la fibre moyenne. Nous admettrons, pour simplifier, que le centre de courbure de la fibre moyenne soit sur un des axes principaux d'inertie de la section transversale.

Soient : G le centre de gravité de la section transversale, O le centre de courbure de la fibre moyenne, et OG ou ρ son rayon de courbure ; M un point du contour de la section, dont nous désignerons par u et v les coordonnées par rapport aux deux axes rectangulaires Gu et Gv, issus du point G.

Menons la droite OM, qui rencontre en P l'axe Gu : projetons le point P en M' sur la droite MN, parallèle à Gu, et traçons le lieu géométrique du point M'.

25

On a :

$$M'N = u' = GP = MN \times \frac{OG}{ON} = u \times \frac{\rho}{\rho+v}.$$

Considérons la section transversale nouvelle limitée par cette courbe M', que nous venons de déduire par une déformation géométrique de la courbe M, contour de la section transversale primitive.

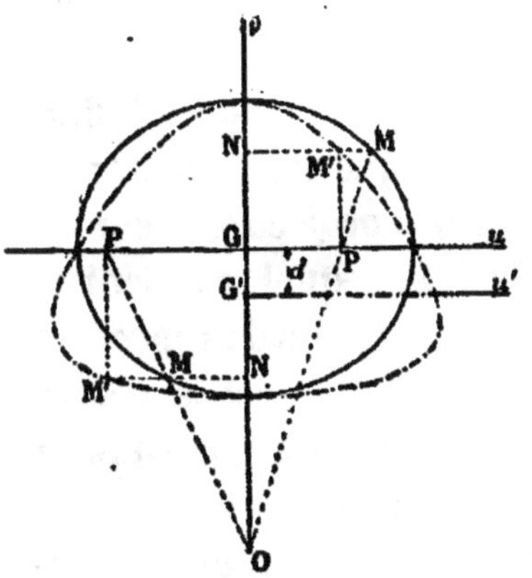

Elle aura pour aire :

$$\Omega' = \int u'dv = \int \frac{\rho}{\rho+v}\, udv.$$

Le centre de gravité G' de la section transversale déformée sera nécessairement situé sur la droite GO, entre les points G et O. Sa distance d au centre de gravité G de la section primitive, se calculera par la formule connue :

$$\int v'u'dv' = \int (v+d)\frac{\rho}{\rho+v}\, udv = 0.$$

D'où :

$$d = -\frac{\displaystyle\int \frac{\rho}{\rho+v}\, vudv}{\displaystyle\int \frac{\rho}{\rho+v}\, udv}.$$

Enfin le moment d'inertie de la surface Ω', par rapport à l'axe Gu perpendiculaire à l'axe GO, sera fourni par la relation :

$$I' = \int v'^2u'dv' = \int \frac{\rho}{\rho+v}\, (v+d)^2 udv.$$

Nous allons démontrer que, dans la pièce étudiée, l'axe neutre de flexion, pour un moment fléchissant

Fig. 106.

situé dans le plan contenant la fibre moyenne, et par conséquent renfermant la droite OGv, sera non pas la droite Gu, comme pour une pièce droite, mais la droite G'u', qui passe par le centre de gravité de la section déformée G'.

Soient SO et TO deux sections transversales infiniment voisines, que nous représenterons par leurs projections sur le plan de flexion, lequel contient la fibre moyenne : le point de rencontre O de ces deux droites est le centre de courbure de la fibre moyenne, à laquelle elles sont normales.

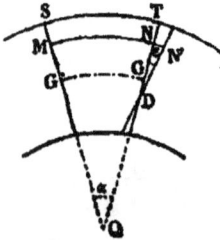

Fig. 107.

Désignons par α leur angle mutuel infiniment petit.

Le moment fléchissant étant contenu dans le plan de la figure, la section T tournera par rapport à la section voisine S d'un angle infiniment petit ε autour d'un axe neutre projeté au point D, dont nous nous proposons de déterminer la position.

Considérons l'élément de fibre MN, défini par la distance MG ou v du point M à la fibre moyenne de la pièce. Sa longueur ds a pour expression analytique :

$$ds = \text{MO} \times \alpha = (\text{OG} + \text{GM})\alpha = (\rho + v)\alpha.$$

Le déplacement élastique NN' du point N est un arc de cercle ayant pour angle au centre ε et pour rayon N, c'est-à-dire NG + GD, ou $v + n$:

$$\delta ds = (v + n)\varepsilon.$$

Soient R le travail élastique normal déterminé en N par le moment de flexion, et E le coefficient d'élasticité longitudinale de la matière.

On a entre ds et δds la relation connue :

$$\delta ds = \frac{\mathrm{R} ds}{\mathrm{E}}.$$

D'où :

$$R = \frac{\mathrm{E}\delta ds}{ds} = \frac{\mathrm{E}\varepsilon}{\alpha} \cdot \frac{v+n}{\rho+v} = \mathrm{K.E.} \frac{v+n}{\rho+v},$$

K étant une constante à déterminer, puisque les angles α et ε ont mêmes valeurs pour tous les points de la section.

Ecrivons les équations d'équilibre élastique de la section TO, étant entendu que l'effort normal est nul, et que la section n'est sollicitée que par le moment fléchissant X.

L'effort normal étant nul, on a :

$$\int \mathrm{R} u\, dv = o\,;$$

ou :

$$\mathrm{KE} \int \frac{v+n}{\rho+v}\, u\, dv = o.$$

C'est précisément l'équation qui, dans les calculs précédents, nous a servi à déterminer la distance d du point G' au point G (figure 106). On a donc bien $n = d$, et le point de rencontre D de l'axe neutre et du plan de flexion coïncide avec le centre de gravité de la section déformée d'après la règle géométrique exposée plus haut.

La distance du point M à l'axe neutre D étant $v + d$, l'équation d'équilibre élastique relative au moment fléchissant sera :

$$\int (v + d)^{2}\, \mathrm{R} u\, dv = \mathrm{X}.$$

Ce qui peut s'écrire, en remplaçant R par son expression analytique :

$$\mathrm{KE} \int \frac{(v+d)^{2}}{\rho+v} \cdot u\, dv = \mathrm{X}.$$

Or le moment d'inertie I′ de la section transversale déformée a été fourni précédemment par la relation :

$$I' = \int \frac{\rho}{\rho + v} (v + d)^2 . u dv.$$

D'où :

$$KE \times \frac{I'}{\rho} = X.$$

Substituons cette valeur de K dans l'expression de R :

$$R = KE . \frac{v + d}{\rho + v} = \frac{\rho}{\rho + v} . \frac{v + d}{I'} . X = \frac{\rho}{\rho + v} . \frac{v}{I'} . X.$$

Telle est la relation qui, pour une pièce cintrée dont le rayon de courbure est ρ, donne la valeur du travail normal développé en un point par le moment de flexion X.

La fibre *neutre* ne coïncide plus avec la fibre *moyenne*; elle est plus rapprochée du centre de courbure, et on la déterminera en substituant à la section transversale vraie de la pièce, la section fictive obtenue par la règle géométrique de déformation exposée plus haut, règle dont l'application graphique est évidemment des plus simples.

A titre d'exemple nous indiquerons la formule applicable à une pièce courbe de section rectangulaire : *h* sera la dimension du rectangle suivant le rayon de courbure, et *a* sa dimension dans la direction perpendiculaire. On trouvera à l'aide de calculs simples, mais assez longs, et que nous jugeons inutile de reproduire ici :

$$GG' = d = \rho - \frac{h}{\text{Log. nép.} \frac{2\rho + h}{2\rho - h}};$$

$$I' = a\rho h \left[\rho - \frac{h}{\text{Log. nép.} \frac{2\rho + h}{2\rho - h}} \right];$$

$$R = \frac{\rho}{\rho + v} \cdot \frac{v + d}{I'} \cdot X$$

$$= \frac{X}{ah(\rho + v)} \times \frac{\left((\rho + v) \, \text{Log. nép.} \, \frac{2\rho + h}{2\rho - h} - h \right)}{\left(\rho \, \text{Log. nép.} \, \frac{2\rho + h}{2\rho - h} - h \right)};$$

On reconnaîtra aisément, en développant en série Log. nép. $\frac{2\rho + h}{2\rho - h}$, que, lorsque ρ tend vers l'infini, on retombe sur les formules classiques :

$$d = o \, ;$$

$$I' = I = \tfrac{1}{12} ah^3 \, ;$$

$$R = \frac{12vX}{ah^3} \, .$$

Les valeurs limites du travail s'obtiennent pour les fibres extrêmes en posant $v = \pm \frac{h}{2}$, ce qui donne :

$$\left. \begin{matrix} R' \\ R'' \end{matrix} \right\} = \left\{ \frac{X}{ah\left(\rho \pm \frac{h}{2} \right)} \left(\frac{\left(\rho \pm \frac{h}{2} \right) \text{Log. nép.} \, \frac{2\rho + h}{2\rho - h} - h}{\rho \, \text{Log. nép.} \, \frac{2\rho + h}{2\rho - h} - h} \right) \right. .$$

On n'a jamais tenu compte de ce déplacement de la fibre neutre, qui se sépare de la fibre moyenne pour se rapprocher du centre de courbure. C'est l'explication à donner de certains mécomptes éprouvés par les constructeurs, et aussi de certaines pratiques que l'expérience a fait adopter, et que la théorie, ainsi qu'on le voit, confirme pleinement.

Considérons, par exemple, une pièce prismatique *coudée* : la fibre *neutre* se séparera de la fibre *moyenne* dans le voisinage du

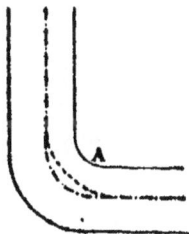

Fig. 108.

coude, et se rapprochera de l'angle rentrant A. La fibre extrême intérieure A supportera par suite un travail élastique très supérieur à celui fourni par les formules usuelles pour la partie droite de la pièce : on sait qu'effectivement c'est toujours en A que se manifestent les premiers symptômes de désagrégation de la matière, quand on soumet la pièce à un moment de flexion croissant indéfiniment.

Les constructeurs ont appris par expérience que c'était là le point faible, et qu'il fallait renforcer le coude par une augmentation locale de la hauteur de la section.

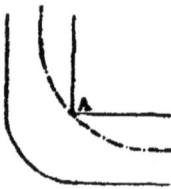

Supposons que l'angle rentrant soit à arête vive, le centre de courbure de la fibre moyenne se trouvant en A sur la fibre extrême intérieure. Considérons toujours le cas où la section transversale est rectangulaire.

Fig. 109.

On a alors :

$$\rho = \frac{h}{2}, \text{ et } d = \rho = \frac{h}{2}.$$

La fibre neutre passe en A. En conséquence le travail élastique est infini au sommet de l'angle rentrant, et la pièce n'a aucune résistance : elle doit se briser sous le moindre effort.

Telle est la justification de la règle empirique universellement admise par les constructeurs, en vertu de laquelle les angles rentrants à arêtes vives sont absolument proscrits dans tous les matériaux. Les raccordements des faces s'opèrent toujours au moyen de *congés*, dont nous venons de démontrer par un calcul rigoureux la nécessité absolue.

Nous ajouterons que l'influence de la courbure est

bien moins sensible pour la section en double té que pour la section rectangulaire, et *a fortiori* pour toute section où la matière est concentrée dans le voisinage du centre de gravité (cercle, losange, croix, etc.). On peut, toutes choses égales d'ailleurs, admettre pour le double té un congé présentant un rayon de courbure plus faible que pour le rectangle.

Mais, quel que soit le profil de la section, l'angle rentrant à arête vive *dirigée perpendiculairement au plan de flexion* est toujours désastreux : dès que la pièce travaille à la flexion, il se produit nécessairement une désagrégation de la matière, avec rupture ou plissement des fibres, qui a son origine sur cette arête vive.

L'axe longitudinal d'une pièce fléchie ne doit donc présenter ni brisure entraînant forcément l'apparition de l'angle rentrant sur la fibre extrême située à l'intérieur de l'angle, ni courbure excessive, le rayon se rapprochant de la distance du centre de gravité à la fibre extrême intérieure. C'est là une règle de construction dont il ne faut jamais se départir.

Envisageons la question à un point de vue plus général. Dans toute pièce comprimée, ou tendue et fléchie, dont la surface périphérique présente un angle rentrant à arête vive, cette discontinuité est de nature à affaiblir la pièce dans une très large mesure, si l'arête vive a une direction perpendiculaire à celle des actions moléculaires normales développées dans la matière, c'est-à-dire perpendiculaire à l'effort normal ou au plan de flexion. Nous venons de le démontrer pour ce dernier cas ; en ce qui touche l'effort normal, nous jugeons inutile de faire de nouveaux calculs, et nous nous bornons à rappeler les résultats d'expérience (art. 37), qui démontrent que le sommet de l'angle est un point *critique*, où le travail élastique s'élève et tend vers l'infini. Il convient donc en pareil cas de raccorder les deux faces de l'angle dièdre par un congé arrondi.

Si la direction de l'arête est oblique à l'effort normal ou au plan de flexion, l'inconvénient de l'angle rentrant est moindre : on peut réduire le rayon du congé.

Si enfin l'arête est parallèle soit à la direction de l'effort normal, soit au plan de flexion, l'angle rentrant n'affaiblit plus la pièce ; on peut se dispenser du congé, ou tout au moins en adopter un de très faible rayon.

Les sections transversales en double té présentent presque toujours des angles rentrants, tantôt à arête vive, tantôt avec des congés très restreints ; il n'en résulte aucun affaiblissement pour les poutres ainsi profilées, parce que les arêtes de ces angles rentrants sont sensiblement parallèles à la fibre moyenne, et par conséquent aux actions moléculaires produites soit par l'effort normal, soit par le moment de flexion.

Il en serait tout autrement pour une pièce où l'angle rentrant serait normal à la fibre moyenne, ou même oblique à cette fibre.

70. Variation rapide de la section transversale. — Pièces de hauteur variable. — L'énoncé du problème de la Résistance des Matériaux suppose expressément que la section transversale de la pièce prismatique varie d'une façon progressive et lente, de telle sorte que deux sections voisines soient presque identiques.

Quand un changement de forme s'opère rapidement, les formules obtenues ne sont plus applicables : les fibres extrêmes ne peuvent plus être considérées comme parallèles à la fibre moyenne, et les démonstrations tombent en défaut.

Il serait difficile d'établir, et surtout d'intégrer les nouvelles équations d'équilibre élastique sous leur forme générale, étant donné que dans la zone périphérique du corps l'ellipsoïde des actions moléculaires se réduit à une ellipse située dans le plan tangent à la surface extérieure, qui est oblique à celui de la section transversale.

Nous ne traiterons par le calcul que deux cas, lesquels, d'ailleurs, sont les seuls véritablement intéressants au point de vue de la pratique, savoir : la poutre à double té de hauteur variable, et la pièce à section rectangulaire de hauteur également variable, l'autre dimension du rectangle demeurant constante.

Poutre à double té de hauteur variable. — L'âme est verticale; le plan de flexion, également vertical, est un plan de symétrie du double té et renferme l'axe longitudinal GG′ de la poutre, que nous définirons de la manière suivante : si l'on mène dans le plan de flexion une normale quelconque CGD à cet axe, le pied G de cette normale sera le centre de gravité de la surface totale obtenue en projetant, sur le plan normal à la fibre, qui renferme la droite CD, les sections droites ω et ω′ des deux plates-bandes : C et D sont les centres de gravité de ces sections droites.

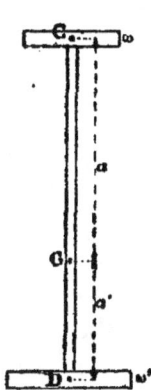

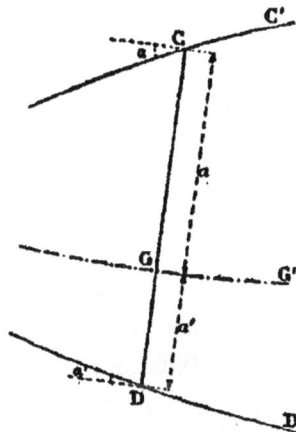

Fig. 140.

Désignons par a la distance CG ; par a' la distance
GD ; par α et α' les angles formés par la fibre moyenne
CC' ou DD' de chacune des plates-bandes avec la direc-
tion de l'axe longitudinal de la poutre.

On doit avoir :

$$\omega \cos \alpha \times a = \omega' \cos \alpha' \times a'.$$

Il sera toujours facile de tracer par points, sur l'élévation de la poutre, l'axe longitudinal GG' en se basant
sur la propriété caractéristique du point G ; on relèvera
ensuite sur le dessin les longueurs a et a', et les angles
α et α'.

La hauteur h, l'aire *réduite* Ω et le moment d'inertie
réduit I de la section transversale, dont nous nous servirons ci-après, se calculeront par les formules suivantes :

$$h = a + a' ;$$

$$\Omega = \omega \cos \alpha + \omega' \cos \alpha' = \frac{h}{a'} \omega \cos \alpha = \frac{h}{a} \omega' \cos \alpha' ;$$

$$I = a'^2 \omega \cos \alpha + a'^2 \omega' \cos \alpha' = ha\omega \cos \alpha = ha'\omega' \cos \alpha'$$
$$= aa' \Omega.$$

Nous désignerons enfin par A l'aire, dans la section
transversale CD, de l'âme verticale de la pièce.

Ainsi que nous l'avons déjà fait pour les poutres à
double té de hauteur constante, nous ne tiendrons
compte dans les équations d'équilibre élastique que du
travail normal (compression ou extension) des semelles,
et du travail tangentiel (glissement) de l'âme.

Désignons par R le travail à la compression ou à
l'extension développé dans la semelle supérieure C ;
par R' le même travail pour la semelle D ; enfin par S
le travail moyen au glissement développé dans l'âme CD.

Soient F l'effort normal, X le moment fléchissant, et $V = \frac{dX}{dx}$ l'effort tranchant relatifs à la section CD, dont nous déterminerons les valeurs numériques par la règle habituelle.

En vertu de la théorie de l'élasticité, la résultante Rω des actions moléculaires normales developpées dans la plate-bande supérieure a pour ligne d'action la tangente à la fibre moyenne CC′ de cette plate-bande ; de même la ligne d'action de la résultante R′ω′ est tangente à la fibre DD′ ; enfin la résultante SA, que nous désignerons aussi par la lettre W, des actions tangentielles développées dans la section CD de l'âme, sera parallèle à la direction de l'effort tranchant V.

Appliquons à la section transversale CD les équations générales de l'équilibre élastique, étant entendu que l'angle α, ou l'angle α′, sera affecté du signe + si *a*, ou *a′*, augmente avec l'abscisse *x*, quand on déplace la section CD de gauche à droite.

Nous obtiendrons les relations :

(1) $\qquad F = R\omega \cos \alpha + R'\omega' \cos \alpha' ;$

(2) $\qquad X = - R\omega a \cos \alpha + R'\omega' a' \cos \alpha' ;$

(3) $\qquad V = SA - R\omega \sin \alpha + R'\omega' \sin \alpha' .$

Nous en tirerons d'abord R et R′ :

(4) $\qquad R = \frac{Fa' - X}{h\omega \cos \alpha} = \frac{F}{\Omega} - \frac{X}{h\omega \cos \alpha} = \frac{F}{\Omega} - \frac{aX}{1} ;$

(5) $\qquad R' = \frac{Fa + X}{h\omega' \cos \alpha'} = \frac{F}{\Omega} + \frac{X}{h\omega' \cos \alpha'} = \frac{F}{\Omega} + \frac{aX}{1} .$

Ces deux formules sont identiques à celles déjà obtenues pour les poutres à double té de hauteur constante. Il n'y a donc rien de changé en ce qui touche le mode d'évaluation du travail de compression ou d'extension

déterminé dans chacune des semelles par l'effort normal et le moment fléchissant, sous la seule réserve
d'observer les règles énoncées plus haut pour le tracé
de l'axe longitudinal et le calcul de l'aire *réduite* Ω et
du moment d'inertie *réduit* I, basé sur les surfaces
obtenues en projetant sur le plan CD les sections droites
des deux semelles.

Nous tirerons également des équations (1), (2) et (3)
l'expression du travail tangentiel S, ou de l'effort tranchant *réduit* SA ou W.

$$(6) \quad SA \text{ ou } W = V - R\omega\sin\alpha + R'\omega'\sin\alpha'$$

$$= V - \frac{F}{\Omega}(\omega\sin\alpha - \omega'\sin\alpha')$$

$$- \frac{X}{I}(a\omega\sin\alpha + a'\omega'\sin\alpha')$$

$$= V - F\left(\frac{\omega\sin\alpha - \omega'\sin\alpha'}{\omega\cos\alpha + \omega'\cos\alpha'}\right) - \frac{X}{h}(\operatorname{tg}\alpha + \operatorname{tg}\alpha').$$

Considérons le cas, très fréquent dans la pratique,
où l'effort normal F est nul : ou bien supposons que,
F étant différent de zéro, la différence $\omega\sin\alpha - \omega'\sin\alpha'$
soit très petite et négligeable devant la somme $\omega\cos\alpha$
$+ \omega'\cos\alpha'$ (1).

---

(1) Admettons que, la courbure de l'axe longitudinal GG' étant peu accentuée, les plans renfermant deux sections transversales infiniment voisines puissent être regardés comme parallèles. Soit dx la distance mutuelle de ces deux plans.

Désignons par ρ et ρ' les rayons de courbure respectifs des fibres moyennes
des deux plates-bandes, en C et D. Nous supposerons que ces fibres aient
l'une et l'autre une courbure assez peu sensible, et que par suite les longueurs projetées de leurs rayons sur le plan de la section transversale,
$\rho\cos\alpha$ et $\rho'\cos\alpha'$, soient très grandes comparativement aux distances
CG ou a, et DG ou a'.

En différenciant l'équation fondamentale : $a\omega\cos\alpha = a'\omega'\cos\alpha'$, nous
obtenons la relation :

$$\omega\cos\alpha\,\frac{da}{dx}\,dx - a\omega\sin\alpha\,\frac{da}{dx}\,dx = \omega'\cos\alpha'\,\frac{da'}{dx}\,dx - a'\omega'\sin\alpha'\,\frac{da'}{dx}\,dx.$$

On a d'autre part :

Le second terme disparaît, et il reste :

$$W = V - \frac{X}{h}(\text{tg } \alpha + \text{tg } \alpha').$$

La hauteur de la pièce étant h au droit de la section CD, désignons par $h + dh$ la hauteur relative à la section infiniment voisine, dont nous représenterons par dx la distance à la précédente. Nous trouverons facilement :

$$dh = (\text{tg } \alpha + \text{tg } \alpha')\,dx.$$

D'où :

$$\frac{dh}{dx} = \text{tg } \alpha + \text{tg } \alpha'.$$

L'équation (6) prend alors la forme définitive :

(7)
$$W = V - \frac{X dh}{h dx}$$
$$= \frac{dX}{dx} - \frac{X dh}{h dx}$$
$$= h \times \frac{d}{dx}\left(\frac{X}{h}\right).$$

En conséquence, la résultante des actions moléculaires tangentielles développées dans l'âme de la poutre

$$dx = \text{cotg } \alpha\, da = \rho da \cos \alpha$$
$$= \text{cotg } \alpha' da' = \rho' da' \cos \alpha'.$$

D'où, en substituant dans la relation précédente :

$$\omega \sin \alpha\, dx \left(1 - \frac{a}{\rho \cos \alpha}\right) = \omega' \sin \alpha' dx \left(1 - \frac{a'}{\rho' \cos \alpha'}\right).$$

Nous avons admis que les rapports $\dfrac{a}{\rho \cos \alpha}$ et $\dfrac{a'}{\rho' \cos \alpha'}$, étaient très petits, et négligeables devant l'unité.

Nous en concluons donc que la différence $\omega \sin \alpha - \omega' \sin \alpha'$ est une très petite fraction de chacune des aires projetées $\omega \sin \alpha$ et $\omega' \sin \alpha'$.

Il suffira donc, pour que l'on puisse négliger le terme en F dans l'expression de W, que le rayon de courbure de chacune des fibres moyennes des deux plates-bandes soit beaucoup plus grand que la hauteur de la section transversale, ce qui est le cas général de la pratique.

est représentée analytiquement non par la dérivée $\frac{d\mathrm{X}}{dx}$ du moment fléchissant par rapport à la distance x mesurée sur la fibre moyenne, comme dans le cas d'une poutre de hauteur constante, mais par la dérivée $h.\frac{d}{dx}\left(\frac{\mathrm{X}}{h}\right)$, qui devient identique à la précédente si h est constant.

Nous donnerons le nom d'effort tranchant *réduit* à cette résultante, qui sert à calculer le travail au glissement par la relation : $\mathrm{S} = \frac{\mathrm{W}}{\mathrm{A}}$.

Il importe de ne pas confondre cet effort tranchant *réduit* avec l'effort tranchant *absolu* V, résultante verticale des forces extérieures, sous peine de s'exposer à de graves erreurs.

Non seulement les valeurs de ces deux efforts tranchants peuvent être notablement différentes, mais il arrive parfois que leurs signes sont opposés.

A titre d'exemple, cherchons à évaluer le rapport $\frac{\mathrm{W}}{\mathrm{V}}$ dans différentes hypothèses, h étant supposé varier proportionnellement à une puissance déterminée de X.

Soit K une constante dont la valeur serait arbitraire. Nous trouvons que :

$$\text{pour } h = \frac{\mathrm{K}}{\mathrm{X}^3} \quad , \qquad \frac{\mathrm{W}}{\mathrm{V}} = 4 \; ;$$

$$\frac{\mathrm{K}}{\mathrm{X}^2} \quad , \qquad 3 \; ;$$

$$\frac{\mathrm{K}}{\mathrm{X}} \quad , \qquad 2 \; ;$$

$$\frac{\mathrm{K}}{\sqrt{\mathrm{X}}} \quad , \qquad \frac{3}{2} \; ;$$

$$\mathrm{K}\sqrt{\mathrm{X}} \quad , \qquad \frac{1}{2} \; ;$$

$$\mathrm{K}\mathrm{X} \quad , \qquad 0 \; ;$$

$$\mathrm{K}\mathrm{X}^2 \quad , \qquad -1 \; ;$$

$$\mathrm{K}\mathrm{X}^3 \quad , \qquad -2 \; .$$

Comme type d'une pièce de hauteur variable pour laquelle l'effort tranchant réduit W serait de signe contraire à l'effort tranchant absolu V, nous citerons la forme de toit, qui affecte en élévation la forme d'un triangle isocèle posé sur sa base.

En définitive, le calcul des poutres de hauteur variable peut se faire à l'aide des formules que fournit la résistance des matériaux pour celles de hauteur constante, à la double condition :

1° De tracer la fibre moyenne et de calculer l'aire réduite Ω et le moment d'inertie réduit I de chaque section en se basant non sur l'aire NM ou ω de la section droite de chaque plate-bande (fig. 111), encore moins sur l'aire CM ou $\frac{\omega}{\cos \alpha}$ de sa coupe par la section transversale de la pièce, mais bien sur l'aire PM ou $\omega \cos \alpha$, obtenue en projetant la section droite de la plate-bande sur le plan de la section transversale de la pièce ;

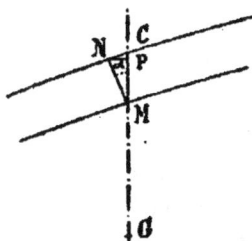

Fig. 111.

2° de substituer, dans le calcul du travail au glissement, l'effort tranchant réduit W, ou $h \frac{d}{dx}\left(\frac{X}{h}\right)$, à l'effort tranchant absolu V, ou $\frac{dX}{dx}$.

Dans la recherche des déformations subies par la poutre étudiée, et de sa ligne élastique, il semble que l'on pourra, par analogie, faire usage des formules habituelles où l'on introduira les valeurs de Ω et de I calculées comme il vient d'être dit.

Cette extension au cas des pièces de hauteur variable des formules de résistance établies pour les pièces rigoureusement prismatiques, présente au point de vue des applications une importance exceptionnelle, un grand nombre des poutres de ponts et des fermes métalliques que l'on peut avoir à étudier rentrant dans ce type. C'est pourquoi nous avons cru devoir nous étendre longuement sur ce sujet.

Un certain nombre de constructions métalliques existantes ont été établies dans des conditions de stabilité médiocres ou même insuffisantes, parce qu'on n'a pas tenu compte dans leur calcul des conséquences importantes qu'entraîne une variation rapide de la hauteur.

Au lieu de considérer l'effort tranchant réduit $W = \frac{hd}{dx}\left(\frac{X}{h}\right)$, on s'est servi de l'effort tranchant absolu $V = \frac{dX}{dx}$; on a pris pour aire $\omega + \omega'$, au lieu de $\omega \cos \alpha + \omega' \cos \alpha'$, et pour moment d'inertie $\omega a^2 + \omega' a'^2$ au lieu de $\omega a^2 \cos \alpha + \omega' a'^2 \cos \alpha'$. Les erreurs commises de ce chef sont loin d'être toujours négligeables.

Pièce à section rectangulaire. — Nous désignerons par a la largeur constante de la section rectangulaire, et par h sa hauteur variable, mesurée dans le plan de flexion, qui contient l'axe longitudinal de la pièce.

Soient CC'DD' la projection de la pièce sur le plan de flexion : traçons une droite CD coupant les deux courbes de contour CC' et DD' sous des angles correspondants égaux, et désignons par α l'angle complémentaire de chacun d'eux. La droite CD sera la trace sur le plan de flexion d'une section transversale de la pièce. Le milieu G du segment CD sera son centre de gravité.

Soit O le point de rencontre des tangentes menées par C et D aux deux courbes CC' et DD'. Le triangle COD est isocèle ; donc la médiane OG, perpendiculaire au côté opposé CD, est la bissectrice de l'angle O :

$$\text{COG} = \text{GOD} = \alpha.$$

Traçons à partir du point O un faisceau de droites que nous arrêterons à la base CD du triangle. Soient M et M' deux points infiniment voisins de cette base.

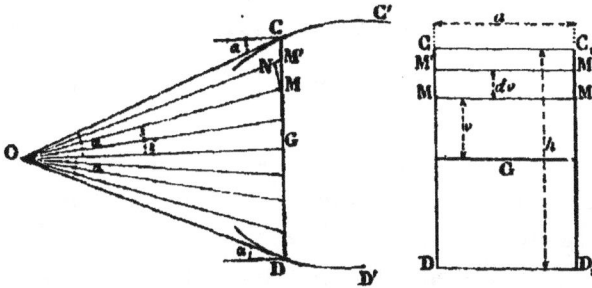

Fig. 112.

Nous désignerons par :

$\frac{h}{2}$ la distance CG, demi-hauteur de la section trans-versale ;

v la distance verticale MG du point M au centre de gravité ;

dv la distance verticale MM' des deux points M et M' infiniment voisins ;

i l'angle MOG.

Nous pourrons écrire :

$$\operatorname{tg} \alpha = \frac{CG}{OG}, \text{ et } \operatorname{tg} i = \frac{MG}{OG}.$$

D'où :

$$\operatorname{tg} i = \operatorname{tg} \alpha \times \frac{CG}{MG} = \frac{2v}{h} \operatorname{tg} \alpha ;$$

et :

$$\cos^2 i = \frac{h^2}{h^2 + 4v^2 \operatorname{tg}^2 \alpha}.$$

Considérons le rectangle MM₁M'₁M' découpé dans la section transversale par les deux plans projetés sur la figure suivant les droites OM et OM' : ce rectangle a pour hauteur MM' ou dv, et pour largeur a.

Traçons la droite MN, qui coupe les rayons OM et OM' sous des angles correspondants égaux. Le segment MN se calculera par la formule :

$$MN = MM' \cos i = \cos i.dv.$$

La projection de MN sur le plan de la section transversale aura pour longueur $\cos^2 i.dv$.

En reproduisant la démonstration déjà faite précédemment pour la poutre à double té, nous arriverons à cette conclusion que *l'aire réduite* de l'ensemble des fibres de la pièce qui aboutissent aux différents points du rectangle $MM_{,}M'_{,}M'$, aura pour expression :

$$a \cos^2 i.\, dv.$$

C'est la somme des projections sur le plan de la section transversale des sections droites de toutes ces fibres.

L'aire totale *réduite* de la section transversale sera ainsi :

$$\Omega = \int_{-\frac{h}{2}}^{+\frac{h}{2}} a \cos^2 i.dv.$$

On démontrerait de même que le moment d'inertie *réduit* aura pour expression :

$$I = \int_{-\frac{h}{2}}^{+\frac{h}{2}} a \cos^2 i.v^2 dv,$$

le moment d'inertie réduit du rectangle infinitésimal $MM_{,}M'_{,}M'$ par rapport au centre de gravité G étant :

$$a \cos^2 i.dv \times v^2.$$

Remplaçons dans les deux équations précédentes

cos² i par l'expression déjà établie plus haut $\dfrac{h^2}{h^2 + 4v^2 \, \text{tg}^2 \, \alpha}$,
et intégrons :

$$\Omega = \int_{-\frac{h}{2}}^{+\frac{h}{2}} a \cos^2 i \,.\, dv = \int_{-\frac{h}{2}}^{+\frac{h}{2}} \frac{ah^2}{h^2 + 4v^2 \, \text{tg}^2 \, \alpha} \, dv$$

$$= \frac{ah}{2 \, \text{tg} \, \alpha} \left[\text{arc. tg} \, \frac{2v \, \text{tg} \, \alpha}{h} \right]_{-\frac{h}{2}}^{+\frac{h}{2}} = ah \cdot \frac{\alpha}{\text{tg} \, \alpha} \cdot$$

$$I = \int_{-\frac{h}{2}}^{+\frac{h}{2}} a \cos^2 i \,.\, v^2 dv = \int_{-\frac{h}{2}}^{+\frac{h}{2}} \frac{ah^2}{h^2 + 4v^2 \, \text{tg}^2 \, \alpha} \, v^2 dv$$

$$= \frac{ah^3}{8 \, \text{tg}^3 \, \alpha} \left[\frac{2v \, \text{tg} \, \alpha}{h} - \text{arc. tg} \, \frac{2v \, \text{tg} \, \alpha}{h} \right]_{-\frac{h}{2}}^{+\frac{h}{2}}$$

$$= \frac{ah^3}{4 \, \text{tg}^3 \, \alpha} (\text{tg} \, \alpha - \alpha).$$

Telles sont les expressions qui permettent de calculer les valeurs numériques de l'aire *réduite* et du moment d'inertie *réduit* à introduire dans la formule usuelle, qui sert à calculer le travail à la compression ou à l'extension dû à l'effort normal F et au moment fléchissant X :

$$R = \frac{F}{\Omega} \mp \frac{Xv}{I} \cdot$$

Les valeurs extrêmes du travail, obtenues pour les fibres extrêmes C et D, auront pour expression :

$$\frac{F}{\Omega} \mp \frac{Xh}{2I} = \frac{F}{ah} \cdot \frac{\text{tg} \, \alpha}{\alpha} \mp \frac{Xv}{ah^3} \times \frac{4 \, \text{tg}^3 \, \alpha}{\text{tg} \, \alpha - \alpha} \cdot$$

Il est facile de reconnaître en développant α en série

suivant les puissances croissantes de tg α, que lorsque α tend vers zéro (pièce de hauteur constante), on retombe sur la formule connue :

$$R = \frac{F}{ah} \mp \frac{12Xv}{ah^3}.$$

On fait toujours usage de cette dernière formule, alors même (murs de réservoirs ou de soutènement) que l'on a affaire à une pièce dont la hauteur varie rapidement. Il ne faut pas croire que l'erreur commise de ce chef soit toujours négligeable.

En effet, pour α = 30°, on constate, par un calcul simple, que l'aire réduite est les 0,9057 de l'aire absolue ah, et que le moment d'inertie réduit est les 0,831438 du moment théorique $\frac{ah^3}{12}$; pour α = 45°, ces rapports tombent respectivement à 0,7854 et 0,6438.

En conséquence l'emploi de la formule classique peut donner dans le premier cas une erreur de 10 à 17 0/0, et dans le second cas une erreur de 22 à 36 0/0 sur la valeur réelle du travail maximum. Comme d'ailleurs ces erreurs seraient commises par *défaut*, le travail effectif dépasserait la valeur calculée, ce qui, au point de vue de la stabilité, est un inconvénient grave. C'est une question qui a été très débattue et l'est encore ; on a proposé un grand nombre de règles plus ou moins justifiées pour le calcul des pièces rectangulaires de hauteur variable ; comme on vient de le démontrer, la recherche des conditions de stabilité doit se faire en traçant les sections transversales de manière qu'elles coupent les faces cylindriques de la pièce sous des angles *correspondants égaux* ; puis on obtiendra l'aire *réduite* et le moment d'inertie *réduit* comme il vient d'être dit.

**71. Rétrécissement brusque de la section transversale.—
Essais des matériaux à la compression. — Limites d'élasticité, de rupture et de sécurité à la compression.** — Considérons une pièce prismatique présentant sur une petite longueur un étranglement très accentué : supposons, bien
entendu, que le raccordement s'effectue par des surfaces arrondies, pour ne pas avoir à envisager l'influence d'un angle rentrant.

Soient : Ω l'aire de la section transversale de la partie
courante, et ω l'aire de la section la
plus rét: ~ie ; F l'effort normal qui
sollicite la pièce. Le travail correspondant sera : $\frac{F}{\Omega}$ dans la partie courante,
et $\frac{F}{\omega}$ dans l'étranglement.

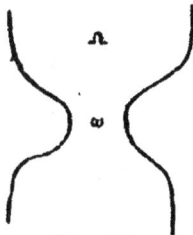

Fig. 113.

La contraction latérale, réduction
proportionnelle d'une dimension de la
section transversale, aura donc pour valeur $\eta\,\frac{F}{E\Omega}$ dans
la partie courante, et $\eta\,\frac{F}{E\omega}$ dans l'étranglement. Il en résulterait une discordance entre les contractions subies
par deux sections transversales très voisines, si celles-
ci étaient indépendantes l'une de l'autre. Mais elles sont
solidaires, comme faisant partie du même corps. On
voit donc que la déformation latérale de l'étranglement
sera contrariée par la résistance qu'opposeront les parties élargies voisines. Nous ne serons plus dans les
conditions prévues par l'énoncé du problème de la Résistance des Matériaux : la partie rétrécie du corps ne
sera plus libre dans ses dimensions transversales, et
sa contraction latérale sera entravée. Si nous nous reportons à l'article 43, nous constaterons que cette gêne
doit entraîner un relèvement de la limite d'élasticité et

de la limite de rupture, parce qu'elle développe des actions normales *latérales*, c'est-à-dire orientées perpendiculairement à la fibre moyenne, qui sont de même signe que les actions $\frac{F}{\omega}$ dues à l'effort normal.

L'expérience montre effectivement que la limite de rupture est moins élevée pour une pièce prismatique de section courante ω que pour une pièce de section plus étendue Ω, présentant un étranglement très court avec l'aire minimum ω. Il serait donc permis, le cas échéant, de relever la limite de sécurité pour le travail développé dans la section rétrécie, dans une mesure d'autant plus large que le rapport $\frac{\omega}{\Omega}$ serait plus voisin de zéro, et que la longueur de la partie étranglée serait moindre.

Quand on effectue un essai de compression, on place en général un petit échantillon cubique ABCD de la

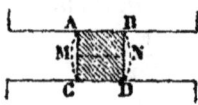

Fig. 114.

matière à éprouver entre les deux plateaux d'une presse. Sous l'influence de la force de compression F, chacune des dimensions de la base AB, ou de la base CD, devrait être accrue dans le rapport $1 + n\frac{F}{E\Omega}$. Mais comme la base AB est en contact avec le plateau supérieur de la presse, le frottement développé entre les deux plans par la pression F empêche tout glissement mutuel de leurs éléments superficiels ; or, si le plateau a une grande étendue, sa dilatation latérale est insignifiante. Il en est de même pour l'autre base CD du cube.

Au fur et à mesure que l'on s'éloigne du plateau, la résistance apportée à la dilatation du corps diminue, et elle passe par un minimum au droit de la section médiane MN. On conçoit donc que l'arête AB doive se transformer en une courbe tournant sa concavité vers la fibre moyenne du cube. Quand, au lieu d'un cube, on essaie un cylindre de faible hauteur, on constate, après avoir dépassé la limite d'élasticité, que ce cylindre s'est renflé au milieu, et a pris la forme d'une barrique, les bases en contact avec le plateau ayant conservé leur

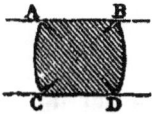
Fig. 115.

étendue primitive, tandis que la section médiane s'est dilatée. Si l'on dépasse la limite d'élasticité, on observe que la rupture se produit suivant les génératrices de deux surfaces coniques intérieures au cylindre, et ayant respectivement pour base les cercles AB et CD.

Les arêtes de ces cônes sont à peu près les bissectrices des angles droits A, B, C et D. La fissure se manifeste tout d'abord aux points A, B, C et D, sommets d'angles rentrants, qui sont par conséquent des points critiques.

Avec un échantillon cubique, la division s'opère en pyramides quadrangulaires ayant leur sommet commun au centre du volume. C'est là un fait d'expérience bien connu.

Si l'on écrase une plaquette dont la largeur d soit

Fig. 116.

très grande par rapport à la hauteur h, l'influence du point critique disparaît à une certaine distance de la périphérie, et il se produit une première rupture détachant de ce contour une petite quantité de matière, et laissant intacte la partie centrale, limitée ainsi par une surface courbe qui vient se raccorder avec les plans des bases d'appui. L'influence fâcheuse des angles rentrants étant alors annulée, les actions moléculaires latérales, qui s'opposent à la libre dilatation des bases, produisent un relèvement sensible de la limite d'élasticité et de la limite de rupture ; cet effet est d'autant plus accentué que la hauteur h est plus faible.

Il est à présent aisé de comprendre pourquoi les essais à la compression ne donnent que des résultats très incertains et très difficiles à interpréter sainement.

Si l'on éprouve une pièce dont la hauteur h soit importante, et que cette pièce ait son axe rigoureusement rectiligne, chose difficile à réaliser pratiquement, on devra faire usage de la formule d'Euler, qui renferme le coefficient d'élasticité E, mais non la limite d'élasticité N : par conséquent on n'en tirera aucun renseignement au sujet de cette limite.

En réalité, on a toujours affaire à une pièce imparfaitement rectiligne, et l'on devrait se servir de la formule de Rankine, où figure N : mais il faudrait alors connaître avec une grande exactitude la valeur de la flèche de construction b, qui est toujours très petite et difficile à mesurer. Il en résulte que l'erreur commise sur la valeur de N serait forcément très grande.

Si l'on écrase une pièce de faible hauteur, comme un cube, le flambement n'est plus à redouter. Mais alors interviennent les actions latérales dues au frottement des plateaux sur le cube, qui, en entravant la contraction latérale, relèvent la limite d'élasticité. On constate effectivement que si l'on réduit la hauteur de l'échantillon sans rien changer à ses autres dimensions, la limite de rupture trouvée croît très rapidement.

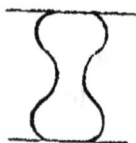

Fig. 117.

D'autre part, l'influence des angles rentrants, dont les sommets constituent des points critiques, agit en sens inverse, pour abaisser les limites d'élasticité et de rupture, si bien qu'on peut accroître sensiblement la résistance finale simplement par une modification des abouts de l'échantillon, qui fait disparaître les angles rentrants (fig. 117).

On conçoit que la complexité des circonstances à faire entrer en ligne de compte dans l'interprétation des résultats d'un pareil essai, ne permette pas d'établir une formule méritant quelque confiance, où l'on puisse faire intervenir en même temps l'influence de l'angle rentrant, celle des actions latérales, etc. C'est par ce motif que l'on n'a pu jusqu'à présent recueillir que des données très incertaines au sujet des limites d'élasticité à la compression des différents matériaux. Pour le fer et l'acier, on admet *conventionnellement* l'égalité entre cette limite et la limite d'élasticité à l'extension, qu'il est aisé de déterminer avec une exactitude presque rigoureuse. Pour les matières pierreuses et la fonte, on fixe la limite de sécurité d'après les limites de rupture indiquées par des essais de compression pratiqués sur des cubes : mais il doit être bien entendu que ces renseignements empiriques n'ont qu'une valeur très relative, puisqu'en modifiant la hauteur de l'échantillon, ou même sa forme, on aboutit inévitablement à des résultats discordants.

Cette raison justifie la prudence excessive que les constructeurs apportent dans l'emploi de ces matières, en réduisant la limite de sécurité au dixième au moins, et plus généralement au vingtième de la limite de rupture, fournie par des expériences qu'il a été impossible d'interpréter convenablement par le calcul.

Nous conclurons également de cette étude à l'utilité de faire disparaître les angles rentrants à arêtes vives au raccordement des supports comprimés avec de larges surfaces d'appui, sous peine de voir la matière se fissurer et éclater à partir des sommets de ces angles.

L'expérience a fait reconnaître aux constructeurs la nécessité de terminer les fûts de colonnes ou de pilastres par des parties élargies et arrondies (socles ou chapiteaux), qui réalisent cette amélioration de la façon la plus satisfaisante.

Dans les constructions en maçonnerie, il est de règle de limiter les couches de mortier par des joints *creux*. A défaut de cette précaution, si la pression exercée est considérable, on voit le joint plat s'écailler et éclater sur la tranche, et le creux apparaître naturellement après la chute de la partie désagrégée (fig. 116).

Si, d'autre part, le joint est très mince, l'influence des actions latérales est telle que la résistance à la rupture du mortier peut être quadruple et même quintuple de celle déduite des essais effectués sur des cubes isolés, par la méthode usuelle ; elle atteint finalement la résistance même des matériaux pierreux qui encadrent le joint. C'est ce que M. *Tourtay* a observé sur des maçonneries de calcaire dur, avec mortier de ciment employé en joints très minces.

72. Effets des forces concentrées. Écrasement des sections transversales. Cisaillement des pièces. — D'après l'énoncé du problème de la Résistance des Matériaux, l'action moléculaire normale doit être nulle dans toute direction perpendiculaire à la fibre moyenne et par suite située dans le plan de la section transversale. Nous venons de voir que les essais de compression ne peuvent donner de résultats concluants parce que cette condition n'est pas réalisée dans les expériences.

Pour que les constructions répondent à cette donnée du problème, il est nécessaire que les forces directement appliquées sur la périphérie d'une pièce prisma-

tique soient réparties d'une manière continue, de façon
que l'action moléculaire égale et directement opposée,
qui fait équilibre en chaque point à l'action extérieure,
soit infiniment petite. En conséquence, toutes les fois
qu'une force concentrée agit sur la surface extérieure
d'une pièce, il y a dérogation à l'énoncé fondamental
du problème, et les formules usuelles deviennent inapplicables.

On peut se rendre compte d'une manière générale
des conséquences que peut entraîner, au point de vue
de la stabilité, l'application d'une force isolée sur une
région très restreinte de la surface périphérique d'une
pièce.

S'il s'agit d'un effort de compression, le travail normal développé peut être assez élevé pour produire l'é-
crasement et la désagrégation de la matière : c'est ainsi
que dans les rails de chemins de fer la surface de rou-
lement du champignon supérieur est parfois désorganisée et divisée en fibres.

S'il s'agit d'un effort de traction, un lambeau superficiel peut être déchiré et arraché.

Si l'on a affaire à une poutre en double té, les rivets
d'attache de la semelle inférieure avec les cornières
peuvent être décapités, la tête inférieure se détachant du
corps du rivet.

En ce qui touche les actions tangentielles, leur répartition dans une section transversale très voisine du
point d'application de la force ne répond nullement à
la règle établie pour l'effort tranchant. Le travail
maximum de glissement se manifestera non plus sur
la fibre moyenne, mais sur la fibre extrême directement
sollicitée par la force.

On sait que les rails se martèlent parfois au droit de

leur appui sur les coussinets ; ceux-ci pénètrent dans le champignon inférieur et y pratiquent une entaille rectangulaire. De même les coussinets cisaillent les fibres des traverses en bois, et s'y enfoncent.

Il importe en pareil cas de prendre des mesures en vue d'éviter les détériorations locales que peuvent produire les actions moléculaires de compression, d'extension et de cisaillement sur une région restreinte des pièces prismatiques, quand on a affaire à une force concentrée. La Résistance des Matériaux tombant en défaut dans le cas présent, on ne sait plus calculer avec exactitude les intensités de ces actions moléculaires, mais on pourrait presque toujours se rendre compte sommairement de leur ordre de grandeur.

Avec les poutres à double té, le remède classique consiste à relier les semelles entre elles et avec l'âme par des renforts verticaux, dirigés perpendiculairement à l'âme, qui sont placés au droit de la région critique, de part et d'autre de la ligne d'action de la force : cette disposition s'impose notamment pour les appuis sur piles ou culées des grands ponts. La réaction de l'appui est, en effet, une force isolée considérable, qui n'est répartie que sur une portion très restreinte de la semelle inférieure. Il est nécessaire, pour éviter le voilement de cette semelle, et le cisaillement de l'âme dans une direction oblique, de consolider la pièce à l'aide de montants verticaux.

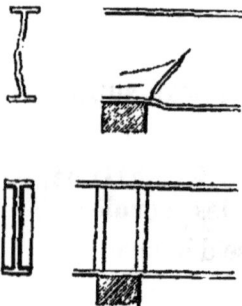

Fig. 118.

78. Stabilité des corps en mouvement.— Vibrations élastiques. — Charges instantanées. — Résistance aux chocs. — Jusqu'à présent nos recherches ont porté exclusivement sur les conditions d'équilibre élastique des corps *en repos*, dont toutes les molécules sont immobiles dans l'espace.

Lorsqu'il s'agit de vérifier la stabilité d'un corps *en mouvement,* le problème devient beaucoup plus complexe et malaisé à résoudre.

Dans les équations d'équilibre élastique, il faut introduire non seulement les forces extérieures connues ou inconnues (forces de *liaisons*), mais encore les forces d'*inertie* ; on doit faire intervenir dans les calculs les *résistances passives,* tenir compte des *chocs*, etc.

Aux difficultés que présente déjà l'étude du mouvement d'un solide invariable par les méthodes de la Mécanique générale, viennent s'ajouter d'autres, dues aux propriétés élastiques de la matière.

Dans l'équation du travail et des forces vives, qui est la traduction analytique du principe de la conservation de l'*énergie*, il faut introduire un terme représentant le travail mécanique des forces intérieures, corrélatives de la déformation du corps : ce travail s'emmagasine dans la matière, et est restitué par elle quand la pièce reprend sa forme naturelle primitive. On lui donne le nom d'*énergie potentielle interne* du corps élastique déformé.

Reportons-nous au parallélipipède élémentaire de l'article 30, et conservons les notations dont nous nous sommes déjà servi.

Le travail mécanique produit, pendant la déformation du solide infinitésimal, par l'action moléculaire normale d'intensité X, est fonction du déplacement élémentaire direct u, de même direction, qui fournit la mesure du déplacement mutuel des points d'application des deux actions directement opposées.

Pendant que la grandeur de la force normale appliquée sur la face $dy.dz$ allait en croissant depuis zéro jusqu'à la valeur maximum X $dy.dz$, la grandeur absolue du déplacement élémentaire du point d'application variait proportionnellement de o à $u\,dx$.

Le travail mécanique correspondant a donc pour expression analytique :

$$\frac{Xu}{2}\,dx.dy.dz = \frac{X}{2}\frac{dx'}{dx}\,dx.dy.dz.$$

On trouverait de même que le travail mécanique produit par l'action moléculaire tangentielle d'intensité S. est fonction du glissement élémentaire α de même direction, et doit être représenté par le terme :

$$\frac{S\alpha}{2}\,dx.dy.dz = \frac{S}{2}\left(\frac{dy'}{dz}+\frac{dz'}{dy}\right)dx.dy.dz.$$

Nous en conclurons que l'énergie potentielle interne du corps élastique s'obtiendra par le calcul de l'intégrale définie :

$$\frac{1}{2}\int\int\int\left[X\frac{dx'}{dx}+Y\frac{dy'}{dy}+Z\frac{dz'}{dz}+S\left(\frac{dy'}{dz}+\frac{dz'}{dy}\right)\right.$$
$$\left.+T\left(\frac{dx'}{dz}+\frac{dz'}{dx}\right)+V\left(\frac{dy'}{dx}+\frac{dx'}{dy}\right)\right]dx.dy.dz.$$

Chaque terme placé sous le signe $\int\int\int$ représente le travail mécanique de l'une des actions moléculaires relatives au parallélipipède infinitésimal de volume $dx.dy.dz$.

Cette intégrale définie doit être étendue à tous les éléments $dx.dy.dz$ du volume du corps.

Comme d'ailleurs les actions moléculaires X, Y, Z, S,

T et V sont des fonctions linéaires connues des déformations élémentaires, et par conséquent des dérivées $\frac{dx'}{dx}$, $\frac{dy'}{dy}$, etc. des déplacements élastiques, on peut, en introduisant ces fonctions dans l'intégrale, ne conserver d'autres variables dépendantes de x, y et z que les déplacements élastiques x', y' et z'.

Si l'on a affaire à un corps isotrope, l'intégrale prend une forme assez simple, qu'il nous paraît d'ailleurs inutile d'énoncer : elle est facile à écrire.

D'autre part, les déplacements élastiques se manifestant dans un temps très court, il en résulte que les molécules du corps sont de ce chef en état de mouvement. Chacune est animée d'une vitesse *élastique*, qui n'est pas toujours négligeable et se compose avec la vitesse qu'elle posséderait si le corps envisagé était un solide invariable : par conséquent, la *quantité de mouvement* et la *force vive* n'ont pas exactement les valeurs numériques fournies pour le solide invariable par les formules de la Mécanique générale, puisque les vitesses respectives des points matériels subissent des changements appréciables, du fait de l'élasticité de la matière.

Nous traiterons ci-après différents problèmes où le corps envisagé demeurerait en repos s'il était assimilable à un solide invariable, parce qu'il se trouve maintenu immobile par un nombre suffisant de points fixes. Les vitesses dont les molécules peuvent être animées sont alors exclusivement dues à la déformation élastique.

Soient x', y' et z' les déplacements élastiques du point matériel défini par les coordonnées x, y et z. La vitesse v de ce point sera représentée par la dérivée par rapport au temps t du déplacement élastique total :

$$\sqrt{x'^2+y'^2+z'^2}.$$

D'où :

$$v^2 = \frac{1}{x'^2+y'^2+z'^2}\left(x'\frac{dx'}{dt}+y'\frac{dy'}{dt}+z'\frac{dz'}{dt}\right)^2.$$

Soient Δ le poids du mètre cube de la matière au droit du point considéré, et g l'accélération de la pesanteur : la masse de l'unité de volume sera $\frac{\Delta}{g}$.

La masse du parallélipipède élémentaire $dx.dy.dz$ sera $\frac{\Delta}{g} dx.dy.dz$, et la *force vive* $\frac{1}{2} mv^2$, correspondant à la vitesse v de son centre de gravité, aura pour valeur :

$$\frac{1}{2}\frac{\Delta}{g} dx.dy.dz \times v^2 = \frac{\Delta}{2g} \times \frac{1}{x'^2+y'^2+z'^2}\left(x'\frac{dx'}{dt}+y'\frac{dy'}{dt}\right.$$
$$\left.+z'\frac{dz'}{dt}\right)^2 dx.dy.dz.$$

La force vive interne du corps considéré s'obtiendra donc en effectuant l'intégrale :

$$\int\int\int \frac{1}{2}\frac{\Delta}{g}\frac{1}{x'^2+y'^2+z'^2}\left(x'\frac{dx'}{dt}+y'\frac{dy'}{dt}+z'\frac{dz'}{dt}\right)^2 dx.dy.dz,$$

étendue à tous les éléments de volume $dx.dy.dz$ du solide élastique.

Si l'on ajoute cette force vive à l'énergie potentielle interne, précédemment définie, on a *l'énergie totale interne*, fonction des propriétés élastiques de la matière. Elle doit figurer dans l'équation des forces vives et du travail, concurremment avec l'énergie externe, qui est le travail mécanique des forces extérieures sollicitant le corps.

Dans le problème envisagé, ce travail mécanique est le travail *moteur* ; l'énergie potentielle interne est le

27

travail *résistant*; la différence des deux est la *force vive interne*.

Pour calculer les deux parties de l'énergie totale interne, on voit qu'il est nécessaire et suffisant de connaître les expressions analytiques des déplacements élastiques x', y' et z' en fonction des coordonnées x, y et z du point considéré, et du temps t. Moyennant quoi, il ne reste plus qu'à effectuer les intégrales définies énoncées ci-dessus, opération simple en théorie, qui peut pratiquement nécessiter des calculs longs et laborieux.

Il convient donc tout d'abord de se procurer les expressions analytiques des déplacements élastiques x', y' et z' en fonction des variables x, y, z (coordonnées du point considéré), et du temps t. Or cette recherche est singulièrement compliquée par la circonstance suivante :

Lorsqu'on fait agir une force extérieure sur un corps élastique, l'effet produit, travail et déformation, ne se manifeste pas simultanément en tous ses points. Le mouvement éprouvé par le point d'application de la force n'est pas transmis *instantanément* à toutes les molécules du corps : il se propage à partir du *centre d'ébranlement* avec une vitesse toujours très grande, mais non pas infinie.

Newton a démontré que, pour les vibrations longitudinales, cette vitesse de propagation de l'ébranlement a pour valeur $\mathrm{I} = \sqrt{\dfrac{\mathrm{E}g}{\Delta}}$, E étant le coefficient d'élasticité longitudinale de la matière, g l'accélération de la pesanteur, et Δ le poids de l'unité de volume du corps : $\dfrac{\mathrm{E}g}{\Delta}$ est le rapport du coefficient d'élasticité longi-

tudinale à l'unité de masse de la matière. Pour les vibrations transversales, la loi de propagation est plus
compliquée, la vitesse d'ébranlement étant également
fonction d'autres données du problème. Cette question
est traitée en détail dans les traités de *Physique Mathématique*, au chapitre relatif à l'étude analytique des
mouvements vibratoires, qui sert de préambule à l'*A-
coustique*. Le son est en effet le résultat d'un mouvement vibratoire de la matière pondérable : dans les
corps solides, ce mouvement détermine des déplacements élastiques des molécules.

Nous reviendrons, d'ailleurs, plus loin sur ce sujet.

Nous nous bornerons, quant à présent, à constater
que la définition de l'élasticité parfaite conduit à cette
conséquence que les corps en mouvement sont parcou-
rus par des ondulations vibratoires qui transmettent
à toutes les molécules matérielles, avec une vitesse très
grande, mais non infinie, l'ébranlement déterminé en
un point par une action dynamique, choc ou application d'une charge instantanée.

Il en résulte que la déformation élastique d'un corps
en mouvement n'est pas susceptible d'être calculée par
les formules établies par la Résistance des Matériaux
pour les corps en repos.

Les actions moléculaires et les déplacements corrélatifs dépendent, pour un point matériel déterminé de
la pièce, non seulement de la distribution des forces
extérieures, de la forme du corps et des propriétés
élastiques de la matière, mais encore du temps écoulé
depuis que l'ébranlement initial, déterminé par chacune de ces forces en son point d'application, a commencé à se propager dans le solide.

L'énergie totale interne devient une fonction du

temps, en général fort compliquée et difficile à trouver. Dans la plupart des cas, à supposer que l'on ait réussi à établir rigoureusement les équations différentielles de l'équilibre élastique pour un corps en mouvement, leur intégration serait impossible.

On peut quelquefois, en simplifiant considérablement les données du problème, aboutir à une solution rigoureuse ou approximative ; mais les formules, plus ou moins compliquées, auxquelles on arrive finalement, ne sont pas suffisamment générales pour se prêter utilement à des applications pratiques.

Il en résulte qu'aujourd'hui on en est encore réduit à l'emploi de formules, règles ou tables purement empiriques, ou tout au moins semi-empiriques, pour le calcul des dimensions à attribuer aux éléments des machines, en vue d'assurer leur stabilité.

C'est pourquoi nous nous abstiendrons d'exposer les résultats plus ou moins complets et rigoureux auxquels on a pu arriver dans l'étude des corps en mouvement, parce qu'ils n'offrent guère d'intérêt au point de vue de l'art de l'ingénieur, et ne permettent pas encore de se passer de la routine des constructeurs.

Nous croyons cependant indispensable de faire ressortir que l'on aurait tort, le cas échéant, d'appliquer tout bonnement à l'étude des pièces en mouvement les règles théoriques servant à vérifier la stabilité des corps en repos : les effets produits par les actions dynamiques, au double point de vue du travail et de la déformation élastique, peuvent être tout différents de ceux dus à des actions statiques, alors même que celles-ci présenteraient une grande analogie avec les précédentes comme répartition et intensité.

Nous ne traiterons que le cas simple d'une pièce

prismatique maintenue immobile dans l'espace par trois points fixes, et qui par conséquent demeurerait en repos si on pouvait l'assimiler à un solide invariable. Ses molécules ne peuvent subir que des déplacements élastiques, sous l'action soit de charges instantanées ou à variations rapides, soit de chocs. Leurs vitesses étant exclusivement le résultat d'un ébranlement moléculaire, nous n'avons à envisager dans le problème que la force vive interne, dont nous avons donné plus haut la définition ; nous admettrons, d'ailleurs, qu'il n'y a pas à tenir compte du travail des résistances passives.

Charges instantanées. — Appliquons au centre de gravité d'une section déterminée d'une pièce prismatique, une force *q*, que nous ferons croître lentement et progressivement depuis zéro jusqu'à la valeur maximum Q.

En raison de la lenteur avec laquelle cette opération aura été conduite, le corps, maintenu immobile dans l'espace, se sera déformé sans qu'à aucun moment ses molécules aient été animées de vitesses élastiques appréciables.

Nous pourrons donc lui appliquer en toute rigueur les formules établies par la Résistance des Matériaux pour la recherche du travail et de la déformation élastique des corps en repos.

Soit *z* la projection sur la ligne d'action de la force *q* du déplacement élastique subi par le point d'application M de cette force.

En vertu de la loi de Hooke, il y a proportionnalité entre le déplacement *z* et la force *q*.

Si nous désignons par *f* le déplacement maximum correspondant à la charge limite Q, nous pourrons écrire la proportion :

$$\frac{z}{q} = \frac{f}{Q};$$

d'où :

$$q = \frac{Qz}{f}.$$

Quand la force extérieure passe de la grandeur q à la grandeur $q + dq$, le déplacement du point d'application sur la ligne d'action croît de z à $z + dz$.

Le travail mécanique élémentaire dépensé pour produire la déformation correspondante du corps s'obtient en multipliant la force q par le déplacement dz de son point d'application : il a donc pour expression qdz.

Le travail mécanique total emmagasiné dans la matière, pendant que, la force q croissant lentement de o à Q, le déplacement élastique z a varié proportionnellement de o à f, s'obtiendra donc par le calcul de l'intégrale :

$$\int_o^f qdz = \int_o^f \frac{Qz}{f}\, dz = \frac{Qf}{2}.$$

Le travail mécanique résistant des forces intérieures est ici exactement égal au travail mécanique moteur de la force extérieure q, puisque la force vive est nulle, les molécules n'étant à aucune phase de la déformation animées de vitesses appréciables.

Par conséquent l'énergie potentielle du corps élastique a pour expression $\frac{Qf}{2}$, lorsque, la force q ayant atteint sa limite Q, le déplacement z a également atteint son maximum f.

Au moment où la force extérieure passe par la valeur q, intermédiaire entre zéro et Q, l'énergie potentielle interne est :

$$\int_0^z q\,dz = \frac{Qz^2}{2f}.$$

Supposons maintenant qu'au lieu de faire croître lentement la force q de o à Q, on lui donne immédiatement cette dernière valeur, c'est-à-dire qu'on l'applique de façon instantanée. La déformation s'opérant dans un temps très court, les molécules seront animées de vitesses non négligeables.

Pour un déplacement z du point d'application de la force Q sur la ligne d'action de cette force, le travail moteur sera Qz. Etant admis qu'il n'y a pas à tenir compte des résistances passives, le travail moteur sera constamment égal à l'énergie totale interne, somme de l'énergie potentielle et de la force vive. Nous avons établi précédemment les expressions analytiques de ces deux quantités. En égalant leur somme au travail moteur Qz, on aura une équation différentielle, où ne figureront comme inconnues que les déplacements élastiques des molécules du corps. Il ne s'agira plus que d'intégrer cette équation, et c'est là que le problème se compliquera.

Méthode approximative. — Pour simplifier la question, imaginons que la vitesse de propagation des ébranlements soit infinie.

Soit N un point quelconque de la fibre moyenne, situé à la distance s, mesurée sur cette fibre, d'un point pris pour origine.

Désignons par y le déplacement élastique total éprouvé par le point N, lorsque le corps se déforme sous l'influence d'une charge statique q, appliquée au point M, qui, dans ces conditions, subit le déplacement z dans la direction de ladite force.

L'hypothèse, *d'ailleurs contraire à la vérité*, que nous avons faite plus haut, nous conduit à cette conclusion que, si sous l'influence de la charge instantanée le point M éprouve le déplacement z, le point N s'est au même instant déplacé de y. La ligne élastique est à un moment quelconque celle qui correspond à une charge statique concentrée en M, parce que les déplacements corrélatifs des divers points se manifestent simultanément. Par suite, le corps affecte toujours une forme correspondant à un état d'équilibre statique, susceptible d'être déterminé par les formules de la Résistance des Matériaux.

En conséquence, l'énergie potentielle interne, correspondant à la charge statique q et au déplacement z de son point d'application, sera, comme nous l'avons vu précédemment, fournie par l'expression :

$$\frac{Qz^2}{2f}.$$

D'autre part, le déplacement y du point N sera, en vertu de la loi de Hooke, proportionnel à z, et on pourra le représenter par la relation :

$$y = z\,\varphi\,(s),$$

$\varphi(s)$ étant une fonction, fournie par les méthodes de la Résistance des Matériaux, dont la valeur numérique se réduira à l'unité quand le point N viendra coïncider avec le point M. Nous verrons dans la seconde partie du cours que cette fonction est toujours facile à déterminer, quel que soit l'énoncé du problème. Pour le moment nous la supposerons connue.

Soit $\frac{dz}{dt}$ la projection de la vitesse du point M sur la direction de la force q. La vitesse du point N est $\frac{dy}{dt}$, et l'on a :

$$\frac{dy}{dt} = \frac{dz}{dt} \varphi(s).$$

Désignons par p le poids par mètre courant de la pièce au droit de la section transversale dont le centre de gravité est N. Pour plus de généralité, nous tiendrons compte, dans l'évaluation de ce poids, des charges statiques qui, étant directement supportées par cette région de la pièce, participent au déplacement du point N.

La masse totale animée de la vitesse $\frac{dy}{dt}$ sera, par conséquent, représentée par :

$$\frac{p}{g} ds,$$

ds étant la longueur du prisme élémentaire ayant son centre de gravité en N.

La force vive correspondante sera :

$$\frac{p}{2g} \left(\frac{dy}{dt}\right)^2 = \frac{p}{2g} \varphi(s)^2 \left(\frac{dz}{dt}\right)^2.$$

Pour avoir la force vive totale, il suffira d'intégrer cette expression, d'une extrémité à l'autre de la pièce.

$$\tfrac{1}{2} MV^2 = \int \frac{p}{2g} \varphi(s)^2 \left(\frac{dz}{dt}\right)^2 = \left(\frac{dz}{dt}\right)^2 \frac{1}{2g} \int p \varphi(s)^2 ds.$$

L'énergie totale interne, représentée par la somme

$$\frac{Qz^2}{2f} + \tfrac{1}{2} MV^2,$$

est égale au travail moteur Qz, ce qui nous conduit à la relation :

$$(1) \; \left(\frac{dz}{dt}\right)^2 \frac{1}{2g} \int p\varphi(s)^2 \, ds = Qz\left(1 - \frac{z}{2f}\right).$$

Nous avons déjà dit que le facteur numérique $\int p\,\varphi(s)^2\,ds$ peut toujours être calculé par les formules de la Résistance des Matériaux, applicables à l'étude des corps en repos. On peut le considérer comme une donnée du problème. Désignons-le par la lettre A.

L'intégrale générale de l'équation différentielle (1) est :

$$(2) \; t = \sqrt{\frac{Af}{gQ}} \left(\text{arc sin}\left(\frac{z}{f} - 1\right) + \frac{\pi}{2}\right).$$

Au moment où l'on applique la force instantanée Q, t est nul ainsi que z et $\frac{dz}{dt}$: le corps est à l'état de repos. Lorsque le déplacement du point M atteint la valeur f, qui correspondrait à l'état d'équilibre statique de la pièce sollicitée par la force Q, la vitesse $\frac{dz}{dt}$ atteint sa valeur maximum, correspondant à la force vive totale $\frac{Qf}{2}$.

Enfin pour $z = 2f$, la vitesse s'annule ; le corps revient au repos, puis effectue un mouvement inverse, qui le ramène à sa position initiale, pour laquelle z est nul.

En définitive, le corps éprouve un mouvement vibratoire *pendulaire* autour de la position d'équilibre statique correspondant au déplacement f. L'amplitude de la vibration est $2f$, et le travail élastique, proportionnel au déplacement z, varie périodiquement entre zéro et un maximum double de la valeur fournie par les formules de la Résistance des Matériaux pour la force statique Q.

La durée T de l'oscillation, qui est l'intervalle de temps après lequel le déplacement z et la vitesse $\frac{dz}{dt}$ repassent par les mêmes valeurs, est fournie par l'expression :

$$(3)\ T = 2\pi\sqrt{\frac{Af}{gQ}}.$$

Nous tirons de l'équation (2) :

$$\frac{z}{f} - 1 = \cos t\ \sqrt{\frac{gQ}{Af}} = \cos 2\pi\frac{t}{T};$$

$$z - f = f\cos 2\pi\frac{t}{T}.$$

Désignons par u la distance variable $z - f$ du point N à la position d'équilibre statique définie par le déplacement f. On a :

$$u = f\cos 2\pi\frac{t}{T}.$$

Telle est l'équation du mouvement oscillatoire pendulaire éprouvé par le point d'application M de la force Q.

Pour un point quelconque N, on a :

$$y = z\,\varphi(s) = f\varphi(s)\left(1 + \cos 2\pi\frac{t}{T}\right).$$

D'où :

$$y - f\,\varphi(s) = f\varphi(s)\cos 2\pi\frac{t}{T}.$$

L'équation du mouvement oscillatoire est :

$$u = f\,\varphi(s)\cos 2\pi\frac{t}{T}.$$

Nous allons appliquer ces formules générales à différents cas particuliers, en utilisant, pour la détermination du coefficient A, certains résultats de calculs à effectuer dans la seconde partie du cours.

Vibrations longitudinales d'un prisme. — Considérons un prisme droit de longueur l, à section constante Ω, dont une extrémité A soit fixe, l'autre B étant libre et sollicitée par la force Q, dont la direction est celle de l'axe longitudinal rectiligne Ax. Si Δ est le poids du mètre cube de la matière constitutive de la pièce, on a : $p = \Delta\Omega$. Nous admettrons, en outre, qu'un poids additionnel P soit rattaché à la section extrême B, dont le centre de gravité est le point d'application de la force Q.

Cette charge additionnelle peut être nulle, si la force résulte par exemple d'une attraction magnétique, de la détente d'un ressort, etc. ; elle serait au contraire égale à cette force elle-même, dans le cas où le mouvement vibratoire serait déterminé par l'application d'une charge Q à l'extrémité A de la pièce.

Fig. 119.

On a, pour le problème envisagé :

$$s = x \; ; \; f = \frac{Ql}{E\Omega} \; ; \; \frac{f}{Q} = \frac{l}{E\Omega} \; ;$$

$$z = \frac{ql}{E\Omega} \; ; \; y = \frac{qx}{E\Omega} = \frac{zx}{l} \cdot$$

$$A = \int_0^l p\,\varphi(s)^2\,ds + P = \int_0^l \Delta\Omega\,\frac{x^2 dx}{l^2} + P$$

$$= \Delta\Omega\frac{l}{3} + P.$$

$$T = 2\pi\sqrt{\frac{Al}{gQ}} = 2\pi\sqrt{\frac{\Delta l^3}{3Eg} + \frac{Pl}{Eg\Omega}} \cdot$$

$$u = \frac{Qx}{E\Omega}\cos 2\pi\frac{t}{T} \cdot$$

On peut envisager deux cas limites :
1° Celui où P est nul :

$$T = 2\pi\, l \sqrt{\frac{\Delta}{3Eg}} = \frac{2\pi}{\sqrt{3}} \cdot \frac{l}{\Gamma}, \text{ en posant } \Gamma = \sqrt{\frac{Eg}{\Delta}};$$

2° Celui où le poids propre de la pièce est négligeable devant celui de la charge additionnelle P :

$$T = 2\pi \sqrt{l} \sqrt{\frac{P}{Eg\Omega}} = 2\pi \sqrt{\zeta} \sqrt{\frac{R}{Eg}},$$

en désignant par R la valeur du travail élastique $\frac{P}{\Omega}$ correspondant à l'effort normal P.

Vibrations transversales. — Prenons le cas d'une pièce prismatique droite à section constante simplement appuyée à ses deux extrémités, à laquelle on appliquera une charge instantanée Q au milieu de sa portée. Désignons par l la longueur entre appuis, par p le poids uniforme de la poutre par mètre courant (surcharge statique comprise), par I le moment d'inertie constant de la section, enfin par P la charge additionnelle supportée au droit de la section médiane, que sollicite la force instantanée Q. On a :

$$z = \frac{q}{48}\frac{l^3}{EI}; \frac{f}{Q} = \frac{l^3}{48EI}.$$
$$y = z\left(3\,\frac{x}{l} - \frac{4x^3}{l^3}\right).$$

pour $o < x < \frac{l}{2}$ (première moitié de la travée) ;

et

$$y = z\left(3\,\frac{(l-x)}{l} - \frac{4(l-x)^3}{l^3}\right),$$

pour $\frac{l}{2} < x < l$ (seconde moitié de la travée).

D'où :

$$A = 2 \int_0^{\frac{l}{2}} p \left(\frac{3x}{l} - \frac{4x^3}{l^3} \right)^2 dx + P = \frac{17pl}{35} + P \, ;$$

et

$$T = 2\pi \sqrt{\frac{l^3}{48 \mathrm{EI}g} \left(\frac{17pl}{35} + P \right)}.$$

Supposons que P soit nul :

$$T = 2\pi \, l^2 \sqrt{\frac{17p}{1680 \mathrm{EI}g}} = 0,635 \sqrt{\frac{p}{\mathrm{EI}g}}.$$

Supposons que la charge p soit réduite au poids propre de la pièce $\Delta\Omega$, et désignons par r le rayon de gyration $(\mathrm{I} = \Omega r^2)$:

$$T = \frac{2\pi l^2}{r} \sqrt{\frac{17}{1680}} \sqrt{\frac{\Delta}{\mathrm{E}g}}.$$

L'équation du mouvement oscillatoire est pour

$$o < x < \frac{l}{2} :$$

$$u = \frac{Q l^3}{48 \mathrm{EI}} \left(\frac{3x}{l} - \frac{4x^3}{l^3} \right) \cos 2\pi \frac{t}{T}$$

$$= \frac{Q l^3}{48 \mathrm{EI}} \left(\frac{3x}{l} - \frac{4x^3}{l^3} \right) \cos \frac{r}{l^2} \sqrt{\frac{\mathrm{E}g}{\Delta}} \cdot \sqrt{\frac{1680}{17}} . t.$$

Admettons au contraire que le poids propre de la poutre soit négligeable devant la charge P.

$$T = 2\pi l^{3/2} \sqrt{\frac{P}{48 \mathrm{EI}g}} = 0,9 \, l^{3/2} \sqrt{\frac{P}{\mathrm{EI}g}}.$$

Considérons encore le ressort libre de traction étudié à l'article 60. Un calcul exact serait assez malaisé à effectuer. Mais, si nous négligeons les déplacements transversaux, perpendiculaires à l'axe de l'hélice décrite par le ressort, pour ne tenir compte que des déplacements longitudinaux, nous arriverons à la formule suivante, qui fournit la durée de l'oscillation :

$$T = 2\pi H \sqrt{\left[\frac{a^2 \sin \alpha}{\pi n^4}(4 + 11 \cot^2 \alpha)\right]\left[\frac{\pi \Delta n^2}{3Eg \sin \alpha} + \frac{P}{EgH}\right]}$$

Méthode exacte. — *Vibrations longitudinales.* — Considérons une pièce prismatique qui vibre longitudinalement : les déplacements élastiques des molécules s'effectuent tous dans une direction parallèle à l'axe longitudinal.

Soit MNPS un prisme élémentaire de longueur dx.

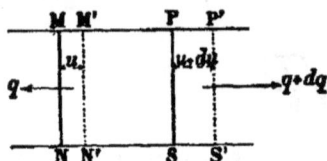

Fig. 120.

Désignons : par u le déplacement élastique de la section MN, qui est venue en M'N' ;

Par $u + \frac{du}{dx} dx$ le déplacement élastique de la section PS, qui est venue en P'S' ;

Par q l'effort normal agissant sur la section M'N' ;

Par $q + \frac{dq}{dx} dx$ l'effort normal agissant sur la section P'S'.

En vertu de la définition de l'élasticité, l'allongement proportionnel $\frac{du}{dx}$ de l'élément de fibre MP, qui est devenu M'P', est lié à l'effort normal q par la relation linéaire $\frac{du}{dx} = \frac{q}{E\Omega}$.

D'où :

$$\frac{d^2 u}{dx^2} = \frac{1}{E\Omega} \cdot \frac{dq}{dx};$$

$$dq = \mathrm{E}\Omega . \frac{d^2u}{dx^2}\, dx.$$

La masse du prisme élémentaire MNPS est :

$\dfrac{\Delta}{g} . \Omega\, dx$ (Ω étant l'aire de la section transversale). .

Sa vitesse est $\dfrac{du}{dt}$, son accélération $\dfrac{d^2u}{dt^2}$.

Le produit de la masse par l'accélération est égal à la force dq, qui sollicite le prisme dans le sens du mouvement de ses molécules.

D'où :

$$\mathrm{E}\Omega\, \frac{d^2u}{dx^2}\, dx = \frac{\Delta}{g}\Omega\, dx \times \frac{d^2u}{dt^2};$$

ou, en posant

$$\Gamma^2 = \frac{\mathrm{E}g}{\Delta} :$$

$$(1) \quad \frac{d^2u}{dt^2} = \Gamma^2 \frac{d^2u}{dx^2}.$$

Telle est l'équation différentielle du mouvement vibratoire d'une pièce prismatique qui vibre longitudinalement.

L'intégrale générale de cette équation est :

$$(2) \quad u = f\,(x + \Gamma t) + \varphi\,(x - \Gamma t),$$

f et φ étant des fonctions arbitraires représentant deux ébranlements, qui se propagent en sens inverses dans le corps élastique avec la vitesse constante Γ.

Soient en effet :

$$f\,(x' + \Gamma t')\ \text{et}\ \varphi\,(x' - \Gamma t')$$

les valeurs particulières de ces fonctions pour la section d'abscisse x', à l'instant défini par le temps t'. Considérons une section voisine dont l'abscisse serait x''.

On a :

$$f(x' + \Gamma t') = f(x'' + \Gamma(t' + \frac{x' - x''}{\Gamma}));$$

$$\varphi(x' - \Gamma t') = \varphi(x'' - \Gamma(t' - \frac{x' - x''}{\Gamma})).$$

Il suffit donc d'ajouter au temps t', ou bien d'en retrancher, la quantité $\frac{x' - x''}{\Gamma}$, pour que le terme envisagé ait, pour la section d'abscisse x'', la valeur correspondant au temps t' pour la section d'abscisse x'.

Or le rapport $\frac{x' - x''}{\Gamma}$ représente le temps nécessaire pour qu'un mobile animé de la vitesse uniforme Γ parcoure la distance mutuelle $x' - x''$ des deux sections considérées.

En conséquence, la vitesse de propagation des vibrations longitudinales est fournie par l'expression :

$\Gamma = \sqrt{\frac{Eg}{\delta}}$. Elle dépend exclusivement de la densité et du coefficient d'élasticité longitudinale de la matière.

Supposons que la pièce soit droite et à section constante ; que l'une de ses extrémités A, prise pour origine des abscisses x, soit fixe, l'extrémité opposée B étant libre et sollicitée par la force instantanée Q, dirigée suivant l'axe longitudinal.

Le déplacement élastique longitudinal sera nul dans la section fixe A, qui sera par conséquent un *nœud* du mouvement vibratoire, et maximum dans la section opposée B, qui sera un *ventre* (1). La *longueur d'onde* λ du mouvement vibratoire sera par suite égale à quatre fois la distance AB ou l :

(1) Nous ne croyons pas devoir nous étendre sur les détails d'une question qui est complètement traitée dans les ouvrages de Physique mathématique (Acoustique, vibration des tuyaux sonores et des verges élastiques), où l'on trouvera toutes les explications nécessaires en ce qui touche les *ventres*, les *nœuds* et les *longueurs d'onde* des mouvements vibratoires.

$$\lambda = 4\,l.$$

La durée T de la vibration sera tirée de la relation :

$$(1)\; \Gamma T = \lambda = 4l.$$

D'où :

$$(4)\quad T = \frac{4l}{\Gamma} = 4l\,\sqrt{\frac{\lambda}{Eg}}\,.$$

L'équation différentielle (1) est satisfaite par la solution :

(5) Vitesse élastique :

$$\frac{du}{dt} = \frac{M\pi}{T}\left[\sin 2\pi\left(\frac{t}{T} - \frac{l-x}{\lambda}\right) + \sin 2\pi\left(\frac{t}{T} - \frac{l+x}{\lambda}\right)\right];$$

(6) Déplacement élastique :

$$u = \frac{M}{2}\left[\cos 2\pi\left(\frac{t}{T} - \frac{l-x}{\lambda}\right) - \cos 2\pi\left(\frac{t}{T} - \frac{l+x}{\lambda}\right)\right].$$

Le premier terme de chaque équation représente une vibration pendulaire, qui se manifeste au point d'application B de la charge instantanée Q, au moment même ($t = o$) où celle-ci commence à agir sur la pièce. La vibration se propage avec la vitesse uniforme Γ jusqu'en A, section fixe, où il se produit une réflexion, donnant lieu à une seconde vibration pendulaire, en retard sur la première de la quantité $\frac{l}{\Gamma}$, laquelle se propage à partir du point A.

M est une constante à déterminer.

Les équations (5) et (6) peuvent s'écrire plus simplement en remplaçant λ par $4l$, et développant les lignes trigonométriques :

$$(7) \quad \frac{du}{dt} = \frac{M\pi}{T}\left[\cos\ 2\pi\left(\frac{t}{T} + \frac{x}{\lambda}\right) - \cos\ 2\pi\left(\frac{t}{T} - \frac{x}{\lambda}\right)\right]$$

$$= -\frac{2M\pi}{T}\sin\ 2\pi\frac{x}{\lambda}\sin\ 2\pi\frac{t}{T}.$$

$$= -M\times\frac{\pi\Gamma}{2l}\sin\ \pi\frac{x}{2l}\sin\ \frac{\pi\Gamma t}{2l};$$

$$(8) \quad u = \frac{M}{2}\left[\sin\ 2\pi\left(\frac{t}{T} + \frac{x}{\lambda}\right) - \sin\ 2\pi\left(\frac{t}{T} - \frac{x}{\lambda}\right)\right]$$

$$= M\sin\ 2\pi\frac{x}{\lambda}\cos\ 2\pi\frac{t}{T}$$

$$= M\sin\ \pi\frac{x}{2l}\cos\ \frac{\pi\Gamma}{2l}t.$$

Comparons la relation

$$u = M\sin\ 2\pi\frac{x}{\lambda}\cos\ 2\pi\frac{t}{T},$$

que nous venons d'obtenir, avec celle

$$u' = \frac{Q}{E\Omega}\cos\ 2\pi\frac{t}{T},$$

que nous avons trouvée sans tenir compte de l'élasticité de la matière, en supposant infinie la vitesse de propagation des ébranlements.

Ces deux équations doivent concorder quand la variable x tend vers zéro, la section transversale considérée devenant infiniment voisine de la section fixe A.

On conçoit, en effet, qu'avec une pièce de longueur infiniment petite dx, et une vitesse de propagation finie $\Gamma = \sqrt{\frac{Eg}{\Delta}}$, on se trouve dans des conditions identiques à celles d'une pièce de longueur finie l, avec une vitesse de propagation infinie.

Or si l'on remplace x par dx, la première équation devient :

$$u = \frac{2\pi}{\lambda} M \, dx \cos 2\pi \frac{t}{T} ;$$

et la seconde :

$$u' = \frac{Q}{E\Omega} dx \cos 2\pi \frac{t}{T} .$$

En les identifiant, on arrive à la conclusion :

$$M = \frac{Q\lambda}{2\pi E\Omega} = \frac{2Ql}{\pi E\Omega} .$$

Le problème est complètement résolu. Nous mettons en regard, dans le tableau suivant, les résultats fournis par la méthode exacte et par la méthode approximative.

Méthode exacte : $\Gamma \sqrt{\dfrac{Eg}{\Delta}} .$

Méthode approximative : $\Gamma = \infty .$

Durée de la vibration :

$$T = \frac{4l}{\Gamma} = 4l \sqrt{\frac{\Delta}{Eg}} .$$

$$T' = \frac{2\pi}{\sqrt{3}} \frac{l}{\Gamma} = \frac{2\pi l}{\sqrt{3}} \sqrt{\frac{\Delta}{Eg}} .$$

Vitesse élastique :

$$\frac{du}{dt} = - \frac{4Ql}{E\Omega T} \sin \pi \frac{x}{2l} \sin 2\pi \frac{t}{T} .$$

$$\frac{du'}{dt} = - \frac{2\pi Q}{E\Omega T} x \sin 2\pi \frac{t}{T} .$$

Déplacement élastique :

$$u = \frac{2Ql}{\pi E\Omega} \sin \pi \frac{x}{2l} \cos 2\pi \frac{t}{T} .$$

$$u' = \frac{Q}{E\Omega} x . \cos 2\pi \frac{t}{T} .$$

Travail élastique :

$$R = \frac{Q}{\Omega} + E \frac{du}{dx}$$

$$= \frac{Q}{\Omega} \left(1 + \cos \pi \frac{x}{2l} \cos 2\pi \frac{t}{T} \right) .$$

$$R' = \frac{Q}{\Omega} + E \frac{du}{dx}$$

$$= \frac{Q}{\Omega} \left(1 + \cos 2\pi \frac{t}{T} \right) .$$

Demi-amplitude de la vibration à l'extrémité libre ($x = l$):

$$U = \frac{2Ql}{\pi E\Omega} .$$

$$U' = \frac{Q}{E\Omega} l .$$

On voit donc que l'élasticité de la matière a pour effet :

1° D'augmenter la durée de la vibration, dans le rapport $\dfrac{T}{T} = \dfrac{2\sqrt{3}}{\pi}$;

2° De réduire l'amplitude de l'oscillation subie par l'extrémité libre B, dans le rapport $\dfrac{U'}{U} = \dfrac{2}{\pi}$;

3° De maintenir invariable la valeur $\dfrac{Q}{E\Omega}$ du travail élastique à l'extrémité libre B, tandis qu'à l'extrémité fixe A le travail varie entre zéro et $\dfrac{2Q}{E\Omega}$.

Vibrations transversales. — Considérons une pièce prismatique rectiligne fléchie ; désignons par V l'effort tranchant déterminé à un instant quelconque dans la section transversale définie par sa distance x à l'extrémité de gauche de la pièce.

L'équation de déformation classique

$$X = EI \frac{d^2 y}{dx^2}$$

nous conduit aux suivantes, par deux différenciations successives :

$$\frac{dX}{dx} = V = EI \frac{d^3 y}{dx^3};$$

et

$$\frac{dV}{dx} = EI \frac{d^4 y}{dx^4}.$$

Or, la force $\dfrac{dV}{dx} dx$, différence entre les efforts tranchants V et $V + \dfrac{dV}{dx} dx$ développés sur les deux bases opposées du prisme élémentaire de longueur dx, a la direction du déplacement élastique y du centre de gra-

vité de cet élément. Sa grandeur peut donc être repré-
sentée par le produit de la masse du prisme $\frac{\Delta}{g} \Omega \, dx$ par
l'accélération du mouvement vibratoire $\frac{d^2y}{dt^2}$. Nous savons d'ailleurs, en vertu de la règle admise pour la
détermination du signe à attribuer à l'effort tranchant,
que V est dirigé dans le sens des y *négatifs*.

D'où :

$$\frac{dV}{dx} \, dx = EI \frac{d^4y}{dx^4} \, dx = - \frac{\Delta}{g} \Omega \, dx \times \frac{d^2y}{dt^2}.$$

Désignons par r le rayon de gyration de la section
transversale $\sqrt{\frac{I}{\Omega}}$, et par Γ la vitesse de propagation
$\sqrt{\frac{Eg}{\Delta}}$ des vibrations *longitudinales*.

L'équation différentielle du mouvement vibratoire
s'écrira comme il suit, en substituant à la lettre y la
lettre u, dont nous nous sommes servi de préférence
pour désigner les déplacements élastiques dans le mouvement vibratoire :

$$\frac{d^2u}{dt^2} + \Gamma^2 r^2 \frac{d^4u}{dx^4} = o.$$

Cette équation différentielle est absolument générale,
et s'applique à toutes les pièces prismatiques fléchies,
dont les molécules sont animées d'un mouvement vibratoire dirigé normalement à la fibre moyenne.

Euler en a donné la solution dans le cas particulier
de la pièce *rectiligne* à section constante, simplement
appuyée à ses deux extrémités et soumise à un mouvement vibratoire *pendulaire*.

L'équation de ce mouvement est :

$$u = M \sin \frac{2\pi x}{x} \cos 2\pi \frac{t}{T}$$

$$= M \sin \frac{nx}{l} \cos \frac{\pi^2 \Gamma r}{l^2} t.$$

La durée de l'oscillation est donc :

$$T = \frac{2l^2}{\pi \Gamma r}.$$

Le milieu de la pièce est un *ventre*, et les deux appuis fixes sont des *nœuds*. La longueur d'onde λ est ainsi égale à $2l$.

De la relation fondamentale $λ = WT$, on tire la vitesse de propagation W des ébranlements transversaux :

$$W = \frac{2l}{T} = \frac{\pi \Gamma r}{l}.$$

Cette vitesse n'est plus, comme celle Γ des ébranlements longitudinaux, une simple fonction de la densité et du coefficient d'élasticité longitudinale de la matière; elle est également proportionnelle au rapport $\frac{r}{l}$ du rayon de gyration à la longueur de la pièce.

Rapprochons l'équation d'*Euler*

$$u = M \sin \frac{nx}{l} \cos \frac{\pi^2 \Gamma r}{l^2} t,$$

de la relation obtenue par la méthode approximative qui suppose infinie la vitesse de propagation :

$$u' = \frac{Q l^3}{48 EI} \left(\frac{3x}{l} - \frac{4x^3}{l^3} \right) \cos 2\pi \frac{t}{T}.$$

Si l'on identifie ces deux relations pour une valeur infiniment petite de x, on en conclut que :

$$\frac{M\pi}{l} = \frac{3 Q l^2}{48 EI};$$

d'où :

$$M = \frac{3Ql^3}{48\pi EI}.$$

Le tableau suivant permet de comparer les résultats obtenus par les deux méthodes.

Méthode exacte : $W = \frac{\pi \Gamma r}{l}$.	Méthode approximative : $W = \infty$.
Durée de la vibration : $$T = \frac{2l^3}{\pi \Gamma r}.$$	$$T' = \frac{2\pi l^3}{\Gamma r} \sqrt{\frac{17}{1680}}.$$
Déplacement élastique : $$u = \frac{3Ql^3}{48\pi EI} \sin \pi \frac{x}{l} \cos \frac{\pi^2 \Gamma r t}{l^3}.$$	$$u' = \frac{Ql^3}{48EI} \left(\frac{3x}{l} - \frac{4x^3}{l^3} \right) \cos 2\pi \frac{t}{T}.$$
Demi-amplitude de l'oscillation au milieu de la portée : $$U = \frac{3Ql^3}{48\pi EI}.$$	$$U' = \frac{Ql^3}{48EI}.$$

Le rapport $\frac{T}{T'}$ est plus grand que l'unité :

$$\frac{1}{\pi^2} \sqrt{\frac{1680}{17}} = 1,007.$$

Le rapport $\frac{U'}{U}$ est plus petit que l'unité :

$$\frac{3}{\pi} = 0,955.$$

On voit que l'élasticité de la matière a encore pour effet d'augmenter la durée des oscillations, et d'en réduire l'amplitude. Mais ici l'écart entre les résultats fournis par les deux méthodes est insignifiant, et on peut s'en tenir sans erreur appréciable aux indications de la première.

Nous n'avons réussi à établir de solutions rigoureuses que pour les deux cas simples d'une pièce prisma-

tique rectiligne à section constante soumise à l'action
d'une force Q appliquée soit longitudinalement à une
extrémité libre, soit transversalement dans la section
médiane. Les problèmes pratiques que l'on rencontre
dans l'étude des constructions sont généralement très
complexes. Aussi sera-t-on presque toujours obligé de
s'en tenir à la méthode approximative, qui nous a permis d'établir une solution générale applicable à tous
les cas possibles. Nous avons d'ailleurs vu qu'en ce qui
touche les phénomènes de flexion, elle fournit des résultats très suffisamment voisins de la réalité.

Charges intermittentes. — Supposons qu'après avoir
appliqué en un point d'une pièce une force instantanée
Q, qui détermine un mouvement vibratoire représenté
par l'équation

$$u = \text{M} \cos 2\pi \frac{t}{\text{T}},$$

on supprime, également de façon instantanée, cette
force Q, après l'intervalle de temps ε.

Tout se passera comme si l'on appliquait au corps
une force instantanée $- Q$, égale et de sens opposé à
la première : on déterminera donc une nouvelle vibration :

$$u' = - \text{M} \cos 2\pi \left(\frac{t - \varepsilon}{\text{T}} \right),$$

différant de la précédente par le signe du déplacement
et par le retard ε, qui viendra se superposer à elle.

Le mouvement résultant sera représenté par la formule :

$$\text{V} = u + u' = \text{M} \left[\cos 2\pi \frac{t}{\text{T}} - \cos 2\pi \left(\frac{t - \varepsilon}{\text{T}} \right) \right].$$

La durée de l'oscillation est toujours T.

L'amplitude dépend du retard ε.

Si $\frac{2\varepsilon}{T}$ est un nombre entier impair, l'amplitude est doublée : $V = 2\,u$.

Si $\frac{2\varepsilon}{T}$ est un nombre entier pair, l'amplitude est nulle : le corps revient au repos, au moment où la force Q cesse d'agir.

Si enfin $\frac{2\varepsilon}{T}$ est égal à un nombre entier plus un demi, l'amplitude est multipliée par $\sqrt{2}$:

$$V = u\,\sqrt{2}.$$

Supposons que, après avoir laissé s'écouler un intervalle de temps δ', nous appliquions à nouveau la charge instantanée Q pendant le temps ε', et que nous continuions à opérer par intermittences.

La solution finale sera représentée par l'expression :

$$V = M \left(\cos 2\pi \frac{t}{T} - \cos 2\pi \frac{t-\varepsilon}{T} \right)$$
$$+ M \left(\cos 2\pi \frac{t-\delta'}{T} - \cos 2\pi \frac{t-\delta'-\varepsilon'}{T} \right)$$
$$+ M \left(\cos 2\pi \frac{t-\delta'-\delta''}{T} - \cos 2\pi \frac{t-\delta'-\delta''-\varepsilon''}{T} \right), \text{ etc.}$$

Si les rapports $\frac{2\varepsilon}{T}$, $\frac{2\varepsilon'}{T}$, etc., sont des nombres entiers impairs, et les rapports $\frac{2\delta}{T}$, $\frac{2\delta'}{T}$, etc., des nombres entiers pairs, tous les termes de la série seront égaux et de même signe, et leur somme étant infinie, on arrivera nécessairement, après un certain nombre d'alternances, à rompre la pièce, l'amplitude u croissant indéfiniment.

Supposons que l'on ait à envisager des charges instantanées sollicitant, à des époques différentes, des points distincts de la pièce. Pour se rendre compte de l'effet produit, on établira pour chaque force l'expression de la vibration correspondante, et on composera ensemble toutes ces vibrations, en tenant compte du retard de chacune d'elles sur la précédente :

$$V = M \cos 2\pi \frac{t}{T} + M' \cos 2\pi \frac{t-\epsilon}{T'} + M'' \cos 2\pi \frac{t-\epsilon'}{T''} \text{ etc.}$$

C'est un problème d'*interférence*, que l'on résoudra sans difficulté par les méthodes analytiques exposées dans la théorie de l'acoustique.

Force à variation rapide. — Supposons que la force Q, au lieu d'agir instantanément, croisse de zéro à Q, pendant un intervalle de temps τ très court, mais appréciable.

Nous pourrons représenter cette force par la relation:

$$q = Q f(z),$$

la variable z représentant le temps écoulé depuis que la force a commencé d'agir.

Pour
$$z = o,$$
on a :
$$q = o;$$
pour
$$z = \tau,$$
on a :
$$q = Q.$$

La vibration produite se déterminera en considérant le corps comme soumis à l'action d'une série de forces dq, appliquées instantanément et successivement pendant le temps τ.

Soit $u = M \cos 2\pi \frac{t}{T}$ la vibration qui résulterait de l'application instantanée de la force Q.

La vibration produite par la force graduellement croissante pendant le temps τ, aura pour expression :

$$u' = \int_0^\tau \frac{M}{Q} \cos 2\pi \left(\frac{t-\varepsilon}{T} \right) dq$$

$$= \int_0^\tau M \cos 2\pi \left(\frac{t-\varepsilon}{T} \right) \frac{d.f(\varepsilon)}{d\varepsilon} d\varepsilon.$$

Supposons que la force croisse proportionnellement au temps ε :

$$q = \frac{Q\varepsilon}{\tau}.$$

On trouve :

$$u' = \int_0^\tau M \cos 2\pi \left(\frac{t-\varepsilon}{T} \right) \frac{d\varepsilon}{\tau}.$$

$$= M \frac{T}{2\pi\tau} \left[\sin 2\pi \frac{t}{T} - \sin 2\pi \left(\frac{t-\tau}{T} \right) \right]$$

$$= M \frac{T}{2\pi\tau} \left[\sin 2\pi \frac{t}{T} \left(1 - \cos \frac{2\pi\tau}{T} \right) + \cos 2\pi \frac{t}{T} \sin \frac{2\pi\tau}{T} \right].$$

Pour $\tau = o$, charge instantanée, on retombe sur la formule précédente :

$$u = M \cos 2\pi \frac{t}{T}.$$

Pour $\tau = \frac{T}{4}$, on trouve :

$$u' = M \frac{2}{\pi} \left(\sin 2\pi \frac{t}{T} + \cos 2\pi \frac{t}{T} \right) ;$$

L'amplitude est réduite dans le rapport

$$\frac{u'}{u} = \frac{2\sqrt{2}}{\pi}.$$

Pour $\tau = \frac{T}{2}$,

$$u' = M \frac{2}{\pi} \left(\sin 2\pi \frac{t}{T} \right) ;$$

l'amplitude est réduite dans le rapport $\frac{2}{\pi}$.

Pour $\tau = \dfrac{3T}{4}$,

$$u' = M\frac{2}{3\pi}\left(\sin 2\pi\,\frac{t}{T} - \cos 2\pi\,\frac{t}{T}\right);$$

l'amplitude est réduite dans le rapport $\dfrac{2}{3\pi}$.

Pour $\tau = T$:

$$u' = M\frac{1}{2\pi}\cdot\cos 2\pi\,\frac{t}{T};$$

l'amplitude est réduite dans le rapport $\dfrac{1}{2\pi}$.

Pour $\tau = n\,T$:

$$u' = \frac{1}{2n\pi}\cos 2\pi\,\frac{t}{T};$$

l'amplitude est réduite dans le rapport $\dfrac{1}{2n\pi}$.

L'instantanéité d'application n'est pas réalisable pratiquement. On conçoit donc que dans les expériences on ait toujours affaire à des forces croissant rapidement ; par suite, l'amplitude de la vibration est inférieure à celle calculée dans l'hypothèse de la charge instantanée. Quand une charge roulante, train ou voiture, franchit un pont, la durée τ d'application peut être très supérieure à la durée de l'oscillation T, et l'on n'observe alors que des oscillations d'amplitude réduite.

Effets des chocs. — Soit Qh le travail mécanique correspondant à un choc éprouvé en un point par une pièce prismatique. Ce choc peut résulter de la chute d'un poids Q tombant de la hauteur h. Admettons, comme nous l'avons déjà fait, que la vitesse de propagation des ébranlements soit infinie.

En suivant la même marche que pour le cas des forces instantanées, nous démontrerons que l'équation d'équilibre dynamique s'écrit comme il suit, en con-

servant aux lettres A, z et b les significations qu'on leur
a déjà attribuées (page 426).

$$\frac{A}{2y} \left(\frac{dz}{dt}\right)^2 = Qh + Qz - \frac{Qz^2}{2f}.$$

Les valeurs de z pour lesquelles la vitesse $\frac{dz}{dt}$ s'annule,
sont :

$$\left.\begin{matrix} z' \\ z'' \end{matrix}\right\} = f \pm \sqrt{f^2 + 2hf}.$$

L'amplitude de la vibration est donc : $2\sqrt{f^2+2hf}$, le
point milieu correspondant au déplacement f, qui
serait produit par la force statique Q, appliquée lentement et progressivement sur la pièce.

Les valeurs extrêmes du travail se déduisent de la
valeur moyenne R, correspondant à l'effort statique Q,
par les relations :

$$R' = R\left(1 + \frac{\sqrt{f^2+2hf}}{f}\right);$$

$$R'' = R\left(1 - \frac{\sqrt{f^2+2hf}}{f}\right).$$

Au point de vue du travail élastique, l'effet d'un
choc défini par le travail mécanique Qh est équivalent
à celui de la charge statique :

$$Q\left(1 + \frac{\sqrt{f^2+hf}}{f}\right).$$

Si la hauteur de chute h est assez importante pour
que le déplacement élastique f puisse être négligé devant elle, l'expression précédente peut être mise sous
la forme plus simple :

$$Q\sqrt{\frac{2hf}{f}} = \sqrt{Qh}\sqrt{\frac{2Q}{f}}.$$

On voit que le travail élastique déterminé dans la
matière est proportionnel à la racine carrée de la force
vive du choc Qh. En quadruplant cette force vive, on
obtient un travail élastique double.

L'intégrale générale de l'équation différentielle énoncée précédemment est :

$$t = \sqrt{\frac{Af}{gQ}} \ \text{arc sin} \ \frac{z - f}{\sqrt{f(2h + f)}}.$$

La durée T de l'oscillation sera donc fournie par la
relation :

$$T = 2\sqrt{\frac{Af}{gQ}} \left[\text{arc sin} \ \frac{z - f}{\sqrt{f(2h + f)}} \right]_{f - \sqrt{f^2 + 2hf}}^{f + \sqrt{f^2 + 2hf}}.$$

$$= 2\pi \sqrt{\frac{Af}{gQ}}.$$

Nous retombons sur le résultat déjà obtenu pour le
cas des forces instantanées. La vibration est représentée par l'équation :

$$u = z - f = \sqrt{f^2 + 2hf} \ \varphi(s) \cos 2\pi \frac{t}{T}.$$

Au moment où la vitesse $\frac{du}{dt}$ s'annule, l'énergie potentielle interne est égale au travail de la force Q, soit :

$$Q(h + f + \sqrt{f^2 + 2hf}).$$

Supposons qu'à ce moment le travail élastique maximum ait atteint dans la pièce la limite d'élasticité de
la matière N. La résistance du corps au choc sera d'autant plus grande que son énergie potentielle interne
sera alors plus considérable.

On l'appelle souvent la *résistance vive* de la pièce
prismatique.

Considérons une pièce de section constante soumise à un choc longitudinal, et désignons par l sa longueur et par Ω l'aire de sa section transversale. Au moment où la limite d'élasticité N est atteinte, l'allongement est $\frac{N}{E} l$. Par conséquent l'énergie potentielle interne, ou la résistance vive, a pour expression :

$$\frac{N\Omega}{2} \times \frac{Nl}{E} = \frac{N^2}{2E} \times \Omega l.$$

La résistance vive est donc proportionnelle d'une part au volume du corps, et d'autre part au coefficient $\frac{N^2}{E}$, rapport du carré de la limite d'élasticité au coefficient de l'élasticité longitudinale : on donne souvent à ce rapport le nom de coefficient de *résistance vive*.

Supposons que la pièce soit soumise à un choc transversal, et désignons par I son moment d'inertie et par n la distance à l'axe longitudinal de la fibre extrême la plus éloignée. Soit F la grandeur de la force statique qui, appliquée au point où le choc s'est produit, déterminerait un travail élastique de flexion atteignant la limite N.

F est, ainsi que nous le verrons dans la seconde partie du cours, proportionnel à $\frac{NI}{ln}$.

Le déplacement élastique y, au droit du point d'application de la force, est proportionnel à $\frac{Fl^3}{EI}$.

La résistance vive, qui est représentée par le produit $\frac{Fy}{2}$, est donc proportionnelle à :

$$\left(\frac{NI}{ln}\right)^2 \times \frac{l^3}{EI},$$

ou

$$\frac{N}{E} \times \frac{ll}{n^2} = \frac{N^2}{E} \times \Omega l \frac{r^2}{n^2}.$$

Si l'on considère deux prismes dont les sections transversales aient des profils semblables, de telle façon que le rapport $\frac{r^2}{n^2}$ soit le même pour l'un et l'autre, et disposées de la même façon comme appuis et comme point d'application du choc, on voit que leurs résistances vives seront proportionnelles d'une part au coefficient déjà trouvé plus haut $\frac{N^2}{E}$, et d'autre part à leurs volumes respectifs Ωl.

En conséquence, toutes choses égales d'ailleurs, la résistance au choc est proportionnelle d'une part au coefficient $\frac{N^2}{E}$ dépendant des propriétés élastiques de la matière, et d'autre part au volume Ωl du corps choqué. Ce sont là des conditions toutes différentes de celles relatives à la résistance aux efforts statiques. En doublant le nombre des spires d'un ressort de traction, on ne change rien à sa résistance aux efforts statiques, tandis qu'on double sa résistance aux chocs.

Lorsqu'on veut étudier l'effet produit par un choc, en tenant compte de cette conséquence de l'élasticité de la matière, que la propagation des ébranlements ne se fait pas avec une vitesse infinie, le problème devient beaucoup plus malaisé à résoudre. Cette étude a été faite par divers auteurs, entre autres par M. *Boussinesq*, qui ont réussi à intégrer approximativement, pour certains cas particuliers, les équations différentielles d'équilibre dynamique. Ce qui complique la question, c'est que l'effet produit dépend non seulement du travail mécanique du choc Qh, mais de chacun des éléments Q et h qui y figurent, c'est-à-dire de la masse et de la vitesse

$\sqrt{2gh}$ du corps choquant. Si cette vitesse est grande, l'effet produit dans la région heurtée peut, avec une charge très faible Q, déterminer un travail local très supérieur à la limite d'élasticité ; on s'en rend compte expérimentalement en frappant une pièce de métal avec un marteau, qui ne donne lieu qu'à une vibration insignifiante du corps, et peut néanmoins occasionner un écrasement local du métal dans la région frappée, où la limite d'élasticité se trouve dépassée, bien que la force vive Qh ait été dans l'espèce extrêmement faible.

Dans la pratique des constructions, on n'a guère affaire à des chocs absolus, c'est-à-dire à des transmissions instantanées de force vive. On peut toujours estimer que cette transmission s'effectue dans un temps très court, mais appréciable, ce qui suffit le plus souvent pour écarter l'éventualité des désagrégations locales. Dans ces conditions, on peut généralement, sans avoir à craindre de mécomptes sérieux, appliquer aux problèmes pratiques la solution approximative qui suppose infinie la vitesse de propagation.

Expériences de Woehler. — M. *Woehler* a fait, sur la résistance des métaux aux efforts répétés ou intermittents, de traction et de compression, de torsion, de flexion, des expériences fort intéressantes, qui ont été poursuivies ensuite par M. *Spangenberg*.

Ces expériences l'ont conduit à formuler des conclusions, que M. *Considère* a résumées comme il suit :

« La répétition des efforts est pour les métaux une
« cause spéciale d'altération, dont l'effet n'est nullement proportionnel à la valeur absolue du maximum
« de l'effort.

« Le cas le plus défavorable à la conservation du
« métal est celui où l'effort varie entre une tension et

« une pression d'égale intensité. La limite dangereuse
« de répétition est alors très inférieure à la limite d'é-
« lasticité *(déterminée par des essais de résistance aux*
« *efforts statiques)*, et probablement voisine de la moi-
« tié de cette quantité.

« Si l'effort varie de zéro à un maximum constant et
« toujours de même signe, la limite dangereuse de ré-
« pétition est voisine de la limite d'élasticité.

« Si l'effort varie d'un minimum à un maximum de
« même signe, la limite dangereuse s'élève et dépasse
« d'autant plus la limite d'élasticité, que le minimum
« est lui-même plus élevé.

« Au fur et à mesure que l'écart entre le minimum
« et le maximum diminue, la limite dangereuse se rap-
« proche de la limite de rupture fournie par les essais
« de résistance aux charges statiques. »

Il résulterait de ces conclusions qu'une pièce est susceptible de se rompre sous l'action de charges intermittentes, alors même qu'à aucun moment le travail n'aurait atteint la limite d'élasticité. Ce n'est pas notre avis.

M. Woehler calculait en effet le travail élastique déterminé par la charge intermittente en se servant de la
formule de résistance établie pour les efforts statiques.
Or il résulte des renseignements recueillis par M. *Considère (Annales des Ponts et Chaussées,* 1er semestre
1885) que l'appareil d'essai fonctionnait dans des conditions telles : 1° que le temps τ pendant lequel s'effec-
tuait l'application de la charge, croissant de zéro jusqu'à Q, ne devait pas être très supérieur à la durée T
d'une oscillation élastique de la barre éprouvée ; 2° que
le temps δ pendant lequel la charge conservait sa valeur
maximum Q était certainement inférieur à un douzième
de seconde ; 3° que le temps τ' pendant lequel la charge

décroissait de Q à zéro était du même ordre de grandeur que τ. Dans ces conditions, nous sommes convaincu que la pièce était en état de vibration, et que, par suite, le travail effectif était sensiblement supérieur à la valeur conventionnelle fournie par la formule de résistance, relative au calcul de l'effet produit par la charge statique Q.

Nous ne contestons donc pas les indications matérielles fournies par les expériences de M. Woehler, mais bien les conclusions qu'il en a tirées, en les interprétant au moyen de formules inapplicables à l'étude des pièces en état de vibration.

Notre avis est qu'il y aurait lieu de reprendre ces expériences, en définissant la fatigue du métal non par une valeur de travail élastique, qu'il semble impossible d'évaluer avec une exactitude suffisante, mais par la déformation de la pièce essayée. Il serait indispensable de compléter l'appareil d'essai par un enregistreur faisant connaître, à toutes les phases de l'expérience, les déplacements élastiques de deux points déterminés. Cela permettrait de reconnaître l'allongement élastique au delà duquel se manifeste la limite dangereuse des efforts répétés. Nous considérons comme probable qu'on serait conduit à reconnaître qu'un effort n'est dangereux que s'il détermine un allongement voisin de celui qui, dans les appareils d'essais statiques, correspond à la limite d'élasticité. Nous reconnaissons d'ailleurs que cette théorie n'a que le caractère d'une opinion personnelle, puisqu'elle ne peut être appuyée sur les renseignements expérimentaux fournis par MM. Woehler et Spangenberg. Mais nous pensons qu'il serait possible, avec les appareils enregistreurs dont on dispose aujourd'hui, de mesurer les déplacements élastiques à $\frac{1}{500}$ de millimètre près, ce qui suffirait sans doute pour donner aux conclusions déduites de l'expérience une exactitude des plus satisfaisantes.

APPENDICE

RENSEIGNEMENTS

SUR LES PROPRIÉTÉS PHYSIQUES & ÉLASTIQUES

DES

MATÉRIAUX DE CONSTRUCTION

APPENDICE

RENSEIGNEMENTS SUR LES PROPRIÉTÉS PHYSIQUES ET ÉLASTIQUES

DES

MATÉRIAUX DE CONSTRUCTION

I. Produits sidérurgiques.

Les produits sidérurgiques, ou composés ferreux, dont on fait usage dans les constructions, sont : la fonte, le fer, l'acier.

A. FONTES.

La fonte, fabriquée par voie de fusion dans les hauts fourneaux, renferme :

1° Comme éléments essentiels : du carbone, du silicium et du manganèse ;

2° Comme éléments accidentels ou spéciaux, introduits intentionnellement dans le métal : du chrome, du tungstène, du nickel, etc.

3° Comme éléments nuisibles ou impuretés : du soufre et du phosphore, ainsi que des scories, sels métalliques (silicates, sulfates, phosphates), dont la présence résulte d'une séparation imparfaite opérée entre le métal réduit et le laitier du haut fourneau (1).

Une partie du carbone est à l'état *incorporé*, c'est-à-dire combiné au fer : le carbure de fer est de couleur blanche, plus claire que le fer métallique.

Le reste du carbone est à l'état *isolé* ou graphiteux, sous forme de paillettes noirâtres disséminées dans le métal.

On classe les fontes d'après leur couleur, qui dépend de l'abondance plus ou moins grande du carbone graphiteux : fontes *blanches*, dépourvues de graphite, où tout le carbone est combiné au fer ; *truitées* (blanc taché de gris) ; à teinte gris clair ; à teinte gris foncé, très riches en graphite.

Dans les constructions, on emploie exclusivement, à l'état de moulages, la fonte grise, qui a un grain fin, offre peu de fragilité et est susceptible d'être laminée, limée, percée et même martelée. La croûte dure et compacte qui s'est constituée sur la périphérie, au contact des parois du moule, présente une texture plus serrée que le noyau, est plus résistante et semble moins attaquable par la rouille. La densité de la fonte grise varie de 6.800 à 7.400 kg., avec une valeur moyenne de 7.200 kg. La trempe en coquille durcit et blanchit la croûte des moulages.

La fonte blanche (densité variant de 7.300 à 7.700 kg.) est plus dure, plus tenace et plus résistante que la fonte grise, mais aigre, cassante, fragile et difficile à attaquer au burin ou à la lime. La cassure est cristalline et parfois lamelleuse, indice d'une cristallisation à grands

1. L'analyse chimique de la fonte, qui donne sa teneur en corps simples, ne permet pas d'apprécier avec exactitude la proportion de scorie, qui paraît varier de 0,13 à 2,5 p. 0/0, avec une moyenne de 0,75.

éléments. Elle ne convient pas pour les moulages, en raison des soufflures, gerçures et fentes qui se manifestent pendant le refroidissement.

Il semble que ce soit une conséquence de son passage presque instantané de l'état solide à l'état liquide, à la température d'environ 1200° (orangé clair).

La fonte grise change d'état avec une certaine lenteur, en devenant tout d'abord pâteuse, et n'est complètement solide qu'à 1100° (orangé foncé).

Les tableaux suivants renseignent sur la composition moyenne des fontes d'après l'emploi que l'on en fait.

Fontes de moulage. — En général grises, aussi pauvres que possible en soufre et en phosphore, qui nuisent à la qualité. La teneur en manganèse ne doit pas dépasser 1,5 p. 0/0, sous peine de rendre la fonte blanche.

Carbone : 3 à 4, et même 4.5 p. 0/0 ;
Silicium : de 1 à 4,5 p. 0/0 ;
Manganèse : de 0,3 à 1,5 p. 0/0 ;
Soufre : de 0,01 à 0,2 p. 0/0 ;
Phosphore : de 0,05 à 0,5 p. 0/0.

En forçant la dose de phosphore, jusqu'à 1 p. 0/0, on obtient un produit fragile, mais très fluide pendant la coulée, qui se prête par suite au moulage des pièces artistiques ou décoratives.

On doit tenir compte dans la préparation des moules de la contraction subie par la fonte quand elle passe de la température de solidification à la température ordinaire. On admet que le retrait linéaire peut varier de 0,0102 à 0,0105, et le retrait cubique de 0,0306 à 0,0315.

Les dimensions du moule doivent donc être amplifiées d'à peu près un centième.

Fontes d'affinage ou de puddlage, servant à la fabrication du fer. Ces fontes doivent être, autant que possible, dépourvues de silicium, de soufre et de phosphore, sous peine de fournir des fers fragiles et de mauvaise qualité.

L'abondance du manganèse facilite l'expulsion de la scorie, et donne un produit plus pur ; le silicium exerce une influence directement opposée.

Carbone : de 2 à 3,5 p. 0/0 ; Silicium : de 0,1 à 2 p. 0/0 ; Manganèse : de 0,10 à 3,5 p. 0/0 ; Soufre : de 0,02 à 0,6 p. 0/0 ; Phosphore : de 0,01 à 0,3 p. 0/0.

Fontes aciéreuses ordinaires, servant à la fabrication de l'acier par le traitement acide.

Ces fontes doivent être dépourvues de soufre et surtout de phosphore.

Carbone : de 2,5 à 4,5 p. 0/0 ; silicium : de 2 à 4,5 p. 0/0 ; Manganèse : de 2 à 4,5 p. 0/0 ; soufre : au plus 0,10 p. 0/0 ; Phosphore : au plus 0,10 p. 0/0.

Fontes aciéreuses de déphosphoration, servant à la fabrication de l'acier par le traitement basique.

Ces fontes doivent être peu silicieuses.

Carbone : de 2,4 à 3,5 p. 0/0 ; Silicium : de 0,10 à 1.2 p. 0/0 ; Manganèse : de 0,5 à 3 p. 0/0 ; Soufre : de 0,04 à 0,20 p. 0/0 ; Phosphore : de 1,6 à 2,5 p. 0/0.

On fait usage dans la fabrication des aciers de fontes spéciales qu'on ajoute dans les cornues, les fours ou les poches de coulée, en vue d'obtenir la pureté et la qualité souhaitées pour le produit :

Ferro-silicium, contenant jusqu'à 10 p. 0/0 de silicium ; fonte manganésée ou *spiegel* renfermant 4 à 10 p. 0/0 de manganèse ; *ferro-manganèse*, avec 25 à 80 p. 0/0 de manganèse ; *silico-spiegel*, avec 5 à 17 de silicium et 13 à 20 de manganèse, etc. Enfin les aciers au chrome, au tungstène, au nickel, s'obtiennent par l'addition de fontes spéciales renfermant jusqu'à 25 p. 0/0 de l'un de ces métaux.

Dans les calculs de résistance relatifs aux pièces en fonte, on peut faire usage des données numériques suivantes :

	FONTE GRISE			FONTE BLANCHE		
	Minimum	Moyenne	Maximum	Minimum	Moyenne	Maximum
Densité..............	6.800^k	7.200^k	7.400^k	7.400^k	7.500^k	7.700^k
Coefficient de dilatation linéaire ..... $\alpha = 10^{-7} \times$	106	112	115		115	
Coefficient d'élasticité longitudinale... $E = 10^9 \times$	8	9,5	11	11	13	15
Coefficient d'élasticité transversale..... $G = 10^9 \times$	3,4	4	4,5	4,5	5,2	5,8
Limite d'élasticité à l'extension ..... $N = 10^6 \times$		6			7	
Limite de rupture à l'extension ..... $C = 10^6 \times$	11	12		14	16	20
Allongement de rupture, en centièmes..............	0,25	0,70	0,90			
Limite de rupture à la compression.... $C' = 10^6 \times$	60	70	80	80	90	100

La rupture par traction des barrettes de fonte s'opère sans striction appréciable ; l'allongement de rupture est donc à peu près indépendant des dimensions de l'éprouvette.

La limite de rupture à la compression est un nombre conventionnel, qui vraisemblablement a été établi d'après des expériences d'écrasement effectuées sur des cubes.

On admet pour la fonte grise une limite de sécurité de 6 k. par millimètre carré à la compression : l'hétérogénéité de la matière, les défauts que présentent souvent les moulages massifs (cavités de retassement du métal, soufflures, fissures de retrait ou tapures), les actions moléculaires latentes qui résultent de son passage rapide de l'état liquide à l'état solide, sans transition appréciable par l'état pâteux, justifient la prudence excessive qui a présidé au choix de cette limite de sécurité, relativement faible par rapport à la limite de rupture conventionnelle ; avec l'acier laminé ou moulé, on accepte une limite de sécurité double, bien que la limite de rupture conventionnelle ne soit plus élevée que de 10 à 20 p. 0/0.

Dans le calcul des pièces chargées de bout, on peut admettre 0,002 pour la valeur minimum du facteur $\frac{N}{E}$, qui entre comme coefficient dans la formule de Rankine (en prenant $R = 6 \times 10^6$).

Le coefficient de résistance vive au choc $\frac{N}{E}$ peut être pris égal à 20.000 (art. 73).

On évite le plus possible de faire travailler la fonte à l'extension simple : à la rigueur, on admettra une limite de sécurité de 1 k. 50 par millimètre carré.

Pour les pièces à section rectangulaire travaillant à la flexion, on peut aller jusqu'à 2 k. 50 ; pour une section à double té, il est prudent de ne pas dépasser 2 kilos.

B. FERS.

On fabrique le fer dans les fours à puddler ou les foyers d'affinage, par décarburation de la fonte à une température inférieure à celle de fusion du fer (1700°). La majeure partie des corps étrangers s'oxyde avec une certaine quantité de fer, et passe dans la scorie fondue, qu'on expulse par le *cinglage* de la loupe de métal pâteux, épurée par martelage ou compression. Le fer retient toujours une petite partie du carbone, qu'il ne serait pas possible de faire disparaître entièrement sans donner lieu à une production notable d'oxyde de fer, infusible quand il n'est pas combiné à des acides ; cet oxyde demeurerait dans le produit et le rendrait impropre à tout usage (fer brûlé). Il reste toujours dans le fer une fraction des éléments étrangers de la fonte, silicium, manganèse, soufre, phosphore. Ces deux derniers métalloïdes nuisent particulièrement à la qualité du produit : le fer sulfureux est *rouverin*, c'est-à-dire cassant à une haute température, et ne peut être travaillé à chaud ; il est de plus fragile à froid, comme le fer phosphoreux, et ne résiste pas aux chocs.

Enfin l'opération du cinglage n'est jamais complète, et la loupe de fer pâteux retient une certaine quantité de scorie oxydée (silicates, phosphates, sulfates de fer et de manganèse ; de 0,15, pour les fers les plus purs, à 2,30 0/0 pour les qualités les plus communes). Cette scorie abaisse notablement la résistance aux efforts statiques ou dynamiques, mais elle donne au fer la propriété d'être soudable à chaud, parce que, étant très fusible, elle sert de fondant, et dissout ou entraîne la pellicule d'oxyde de fer qui se forme sur la surface des pièces de fer à réunir, pendant le réchauffage à la forge.

Le tableau suivant donne pour les fers du commerce un spécimen des classifications en usage dans les forges.

Classification de

QUALITÉ	COMPOSITION ÉLÉMENTAIRE					RÉSISTANCE A LA TRACTION				
						Tôles : épaisseurs moyennes de 5 à 20ᵐᵐ				
	C	Si	Mn	S	Ph	Sens	Limite d'élasticité	Limite de rupture	Allongement de rupture 0/ mesuré sur 200ᵐᵐ	Li de r
Commun ou n° 2.	0,08	0,21	0,08	0,04	0,30	Long	20	32	6	
						Travers	17	29	3,5	3
Ordinaire ou n° 3.	0,08	0,20	0,09	0,026	0,22	Long	21	33	9	
						Travers	18	30	5	3
Fort ou n° 4.	0,11	0,20	0,10	0,015	0,16	Long	21,5	33,5	13	
						Travers	19	31	8	3
Fort supérieur ou n° 5.						Long	22	34	16	
						Travers	20	32	12	
Fin ou n° 6.	0,12	0,14	0,09	0,012	0,105	Long	23	35	18	
						Travers	21	32	14	
Fin extra ou n° 7.	0,15	0,10	0,078	0,01	0,053	Long	24	36	21	
						Travers	22	34	16	

des fers.

DUCTILITÉ		EMPLOIS
Fers et profilés ; U, cornières, tés simples et doubles ; fers à barrots		
Limite de rupture	Allongement de rupture 0/0	
34	8	Fers communs pour boulonnerie et serrurerie, tire-fonds ; à l'état corroyé sert pour les rivets du commerce ; plaques tournantes, barreaux de grilles, arbres de machines, profilés du commerce, ponts, charpentes pour parquets, chaudières ordinaires du commerce, caisses de cémentation, brancards de wagons, réservoirs. Les tôles de cette qualité ne doivent subir qu'un forgeage simple et des efforts statiques.
35	12	Fers ordinaires pour maréchalerie et serrurerie, fers à cheval, profilés ordinaires des chemins de fer, tôles devant supporter un léger emboutissage au marteau, corps cylindriques, ponts métalliques. Qualité « commune Marine ».
36	15	Fers pour boulonnerie et serrurerie de qualité supérieure, fers à bœufs ; corroyé, fournit les rivets de bonne qualité pour ponts et charpentes de navires, profilés supérieurs, masses de mines, corps cylindriques, viroles, tôles avec bords tombés au marteau pour chaudières. Qualité « ordinaire Marine ».
		Fers forts, tôles et chaudières pour hautes pressions, embouties et bords tombés à la presse, plaques A B des boîtes à fumée. Qualité « supérieure Marine. »
		Fers pour pièces de machines, tiges de tiroirs, bielles à accouplement, essieux, arbres moteurs, fers profilés de qualité extra ayant à supporter un travail pénible, maillons de chaînes ; en corroyé, rivets de machines, tôles à chaudières de locomotives, foyers, plaques à tubes, plaques de boîtes à fumée, emboutis difficiles. Qualité « fine Marine ».
		Bielles motrices, tubes et tiges de pistons, essieux droits et coudés, taillanderie en général, pièces mécaniques très tourmentées, d'un travail difficile et soumises à de grands efforts, tôles de coup de feu, emboutis spéciaux, blindage des ponts de navire. Qualité « fine Marine », assimilable à la qualité au bois.

C. ACIERS.

On fabrique l'acier par décarburation de la fonte effectuée dans les cornues Bessemer ou les fours Martin-Siemens. Suivant que la fonte est ou non phosphoreuse, on recourt au traitement acide ou au traitement basique : ce dernier, qui permet l'élimination à peu près complète du phosphore, donne de préférence des aciers *doux*, c'est-à-dire faiblement carburés.

L'épuration du métal, par élimination de la scorie oxydée, s'opère d'une manière complète, la température étant, au moment de la coulée, suffisante (1800°) pour maintenir en fusion complète les deux éléments, qui se séparent comme deux liquides de densités différentes.

Il en résulte que l'acier, ne contenant pas d'impuretés comme le fer, est beaucoup plus homogène et plus résistant. Par contre, il se prête moins bien à la soudure, qui ne peut souvent s'effectuer qu'à la condition de saupoudrer d'un fondant (qui peut être simplement du sable siliceux ou du borax) les surfaces à réunir.

La teneur de l'acier en carbone varie de 0,12 (acier *extra-doux*), à 1 (*extra-dur*). Au fur et à mesure que la proportion de carbone s'élève, on voit croître la résistance, mesurée par la limite de rupture à l'extension, et diminuer la ductilité, définie par l'allongement de rupture : on dit alors que l'acier durcit.

Les aciers doux et très doux ne sont pas sujets à la trempe, dont l'effet, peu appréciable avec une teneur en carbone inférieure à 0,20, est d'autant plus sensible que la carburation est plus forte. La trempe augmente notablement la résistance à l'extension et la dureté superficielle ; elle diminue l'allongement de rupture et rend le métal aigre et fragile. On en atténue les effets par un recuit convenable.

Le silicium à haute dose rend l'acier rouverin, c'est-à-dire fragile à chaud, et de plus cassant à froid. A dose modérée, il donne un métal plus dur, présentant plus de résistance et moins d'allongement de rupture.

Sa présence à faible dose est une garantie contre l'existence dans la masse d'oxyde de fer, qui rend le métal rouverin (acier brûlé).

Le manganèse améliore la qualité de l'acier, en augmentant sa résistance, sans réduire l'allongement de rupture dans la même mesure que le silicium : il facilite l'épuration en rendant la scorie plus fluide (le silicate de manganèse est plus fusible que le silicate de fer), et augmente la soudabilité ; enfin il favorise les effets de la trempe. On fait usage d'acier manganésé pour les pièces qui ont à supporter des efforts considérables soit statiques (essieux, manivelles, pièces de machines), soit dynamiques (coupoles et plaques de blindage).

Le soufre et le phosphore sont nuisibles à l'acier comme au fer.

En ajoutant dans le bain de fusion des fontes spéciales au nickel, au chrome, au tungstène, on obtient des produits coûteux, pouvant rendre des services en raison de leur résistance très considérable, qui parfois n'est pas compensée par un abaissement notable de la ductilité. On se sert par exemple d'acier au chrome ou au tungstène pour fabriquer des outils capables d'entamer à froid les pièces en acier ordinaire, même trempé. Les aciers au nickel, qui possèdent parfois une résistance très élevée en même temps qu'une ductilité comparable à celle des aciers ordinaires doux, pourront dans l'avenir, malgré leur prix de revient élevé, jouer un rôle important dans les constructions.

Classification des aciers forgés en barrettes d'essai

ÉCHELLE de dureté	MODE de fabrication	COMPOSITION ÉLÉMENTAIRE					DEGRÉ de trempe	ÉTAT
		Carbone	Silicium	Manganèse	Soufre	Phosphore		
Très dur ...	Martin acide......	0.60	0.30	0.70	0.030	0.055	Trempe très fort	Non trempé / Trempé
Dur.......		0.50	0 25	0.60	0.030	0.055	Trempe très bien	Non trempé / Trempé
Mi-dur.....	Martin acide......	0.40	0.20	0.45	0.030	0.055	Trempe bien	Non trempé / Trempé
Mi-doux....		0.35	0.15	0.35	0.030	0.055	Trempe peu	Non trempé / Trempé
Doux	Martin acide...... / » basique ... / Bessemer basique.	0.28 / 0.19 / 0.16	0.10 / 0.030 / traces	0.25 / 0.55 / 0.35	0.030 / 0.025 / 0.025	0.055 / 0.045 / 0.045	Ne trempe pas ou à peine	Non trempé / Trempé
Très doux soudable ...							Ne trempe pas	Non trempé / Trempé
Extra-doux soudant....	Martin basique.... / Bessemer basique .	0.14 / 0.13	0.03 / traces	0.45 / 0.30	0.02 / 0.02	0.025 / 0.030	Ne trempe pas	Non trempé / Trempé

cylindriques de 0,02 de diamètre

Limite d'élasticité en kg. par mmq. de section	Limite de rupture en kg. par mmq. de section	Allongement de rupture pour cent mesuré sur 200 mm. de longueur	Striction (rapport de l'aire de la section de rupture à celle de la section primitive)	EMPLOIS
48-43	90-80	6-11	0,84-0,78	Ressorts, matrices, bouterolles, coutellerie, scies. pièces pour filature.
90-80	140-120	2-5	0,98-0,93	Poinçons, limes, aimants, couteaux de balances.
43-38	80-70	11-15	0,79-0,73	Ressorts, pièces d'armes, canons, masses, marteaux, rails, bandages, bêches.
80-68	120-105	5-7	0,93-0,87	Sonnettes, socs de charrues, étampes.
38-35	70-60	15-19	0,73-0,62	Fails, éclisses, pièces d'armes, canons, pelles, pioches, bêches, fourreaux de sabres, glissières, essieux, frettes, mandrins, clavettes.
68-60	105-90	7-11	0,87-0,72	
35-33	60-50	19-23	0,62-0,53	Pièces mécaniques, versoirs, pelles, étrilles, arbres de transmission, essieux de wagons, tire-fonds, tôles pour fermetures, scies à chaud, godets de dragues, fourches, vis, goujons, lunetterie.
60-50	90-70	11-16	0,72-0,58	
33-29	50-45	23-25	0,53-0,46	Tôles pour construction de navires et de ponts, profilés divers, affûts, boulons, pièces mécaniques, vis de bandages, constructions de toutes sortes.
50-40	70-55	16-19	0,58-0,50	
29-26	45-40	25-28	0,46-0,38	Tôles et profilés pour chaudières, rivets de chaudières, pièces cémentées, tôles pour pièces embouties, obus à mitraille, tubes, étuis sans soudure.
40-34	55-48	19-22	0,50-0,40	
29-26	40-35	28-32	0,38-0,34	Tréfilage, tôles minces embouties, qualité supérieure pour tôles à chaudières, foyers, viroles, communications soudées; remplace le fer de Suède; clous à cheval, bandages de roues, rivets, pièces cémentées, en général tôles très-façonnées, emboutis compliqués.
34-30	48-40	22-28	0,40 0,32	

Nous venons de donner un exemple des classifications en usage dans les aciéries : les chiffres indiqués sont des moyennes, ou plutôt des minima acceptés et *garantis* par les fabricants. On doit donc compter que les essais donneront des résultats sensiblement supérieurs.

Nous indiquerons encore les résultats d'essais effectués sur des tôles, plats et profilés, fabriqués avec les aciers doux, très doux et extra-doux, dont il a été question dans le tableau précédent.

| | TOLES | | | | | | PLATS ET PROFILÉS | | |
| | Acier doux | | Acier très doux | | Acier extra-doux | | | Acier doux | |
Epaisseurs en millimètres	Résistance de rupture	Allongement de rupture	Résistance de rupture	Allongement de rupture	Résistance de rupture	Allongement de rupture	Epaisseurs	Résistance de rupture	Allongement de rupture
2	48	13					2 à 4	48	15
3 à 5	47	17	46	21			4 à 6	46	18
5 à 7	46,2	20,5	45	23			6 à 8	45	21
7 à 9	45,5	22,5	44,3	24			8 et au-dessus	44	24
9 à 11	45	23,5	43,9	24,5	40	27			
11 à 13	44,5	24	43,6	25	39,7	27,8			
13 à 15	44,2	24,2	43,3	25,5	39,5	28,6			
15 à 17	44	24,3	43,2	26	39	29,4			
17 à 19	43,7	24,4	43,1	26,5	38,8	30,2			
19 à 21	43,5	24,5	43	27	38,2	31			

On voit que l'allongement de rupture diminue avec l'épaisseur, parce que l'étendue de la région de striction décroît. Il est donc très important de spécifier que l'allongement doit être mesuré sur une barrette d'essai de 0 m. 20 de longueur entre repères, dont la section transversale ait une aire à peu près équivalente à celle d'un cercle de 0,02 de diamètre. Par conséquent, si l'on éprouve une tôle de un centimètre d'épaisseur, il conviendra de donner à la barrette plate une largeur de 0 m. 03: en forçant la largeur, on trouverait un allongement plus fort ; en la diminuant, l'allongement serait réduit.

Voici, à titre d'exemple, les conditions exigées par la marine française pour les tôles d'acier de construction ou de chaudières : avec les faibles épaisseurs, l'allongement est très diminué, tandis que la résistance est accrue, parce que le laminage donne un produit plus homogène.

Epaisseur en millimètres	Tôles pour constructions		Tôles pour chaudières	
	C	λ	C	λ
1 1/2 à 2	47	10		
2 à 3	46	13		
3 à 4	45	16		
4 à 6	44	18	45	22
6 à 8	43	21	42	23
8 à 20	42	23	42	26
20 à 30	42	24	40	26

On préfère parfois adopter pour l'éprouvette cylindrique le diamètre de 0,016 ; la largeur correspondante de la barrette plate de un centimètre d'épaisseur est alors 0 m. 02, et non plus 0 m. 03.

Le tableau suivant permet d'apprécier l'influence du chrome sur l'acier.

Natures	Composition élémentaire				Limite d'élasticité		Limite de rupture		Allongem' de rupture	
	C	Si	Mn	Cr	Naturel coulé	Trempé et recuit	Naturel coulé	Trempé et recuit	Naturel coulé	Trempé et recuit
Acier ordinaire	0,450	0,280	0,750	0,00	25	30	42	56	3,5	16,9
Acier chromé	0,450	0,280	0,750	0,750	36,5	38,3	63	87,2	2 2	10

On a pu obtenir des aciers chromés qui, après laminage et forgeage, avaient des résistances de 72 kg. avec 35 0/0 d'allongement; et de 92 kg. avec 14,5 d'allongement.

Avec 4 à 7 0/0 de tungstène, le métal présente à l'état naturel une résistance de 72 à 126 kg., avec des allongements respectifs de 15 ou 7 ; après trempe, la résistance s'élève à 133 kg., et l'allongement tombe au-dessous de 6.

Avec 2 0/0 de manganèse et 0,56 de carbone, la résistance atteint 84 kg., avec 16 0/0 d'allongement.

Enfin le nickel, qu'on peut associer au fer dans une proportion s'élevant de 4 à 20 0/0, peut donner des aciers dont la résistance est voisine de 100 kg., sans que l'allongement tombe au-dessous des valeurs obtenues pour les aciers ordinaires doux.

Les aciers phosphoreux présentent parfois des résistances très élevées avec des allongements considérables, et par conséquent donnent de très bons résultats aux essais statique. Mais ils sont fragiles, et les essais au choc décèlent toujours leur mauvaise qualité.

Un acier n'est jamais sulfureux quand il a été fabriqué de façon convenable, quelle que soit la fonte employée.

Les aciers *au creuset*, c'est-à-dire qui ont été, après fabrication, refondus dans des creusets, présentent une pureté et une homogénéité qui leur assurent une grande supériorité au point de vue de la résistance et de la ductilité.

La Compagnie de Châtillon-Commentry fabrique avec de pareils aciers des fils métalliques, de diamètres compris entre 0,018 et 0,020, dont la résistance et la ductilité sont mises en relief par les essais relatés au tableau suivant.

Numéros des catégories	Résistance par millimètre carré		Moyenne admise dans les calculs	Pliages moyens entre mâchoires arrondies de 10^{mm} de rayon	
	Avant câblage	Après câblage		Diamètre du fil : 1^{mm}8	Diamètre du fil : 2^{mm}
I Métal doux	65—75	55 — 65	60	19	14
II Qualité ordinaire	85—95	75—85	80	19	14
III — à grande résist.	130 - 140	115—125	120	20	18
III — supérieure	150—160	135—145	140	24	21
IV — extra-supérieure	210 - 225	195—205	200	30	23

Au fur et à mesure que le diamètre augmente, la résistance du fil, pour une même qualité de métal, diminue, et son allongement de rupture augmente.

Nous jugeons intéressant de reproduire ci-après les résultats d'expériences faites par M. *Bauschinger* sur différentes variétés d'acier Bessemer.

Teneur en carbone en centièmes	Essais à la traction directe (1) Eprouvette représentée par la fig. 121					Essais à la compression directe (2)					
						Eprouvette représentée par la figure 122			Eprouvette représentée par la figure 123		
	Coefficient d'élasticité longitudinale $\frac{E}{10^7}$	Limite d'élasticité $\frac{N}{10^6}$	Limite de rupture $\frac{C}{10^6}$	Allongement de rupture sur 400 mm $\lambda \times 100$	Contraction dans la section de striction $\Gamma \times 100$	Coefficient d'élasticité longitudinale $\frac{E'}{10^7}$	Limite d'élasticité $\frac{N'}{10^6}$	Limite de rupture $\frac{C'}{10^6}$	Coefficient d'élasticité longitudinale $\frac{E'}{10^7}$	Limite d'élasticité $\frac{N'}{10^6}$	Limite de rupture $\frac{C'}{10^6}$
0,14	2.265	29,25	44,30	21,8	49,2	2.740	27,75	47,80	2.645	27,75	92,50
0,19	2.170	33,10	47,85	20,1	41,6	2.690	30,00	53,90	2.520	30,50	
0,46	2.255	34,50	53,30	18,1	30,5	2.360	34,40	63,30	2.250	34,40	111,00
0,51	2.210	34,05	56,00	14,3	23,1	2.270	32,20	70,00	2.300	32,80	125,00
0,54	2.165	34,90	55,60	17,8	32,8	2.510	34,40	61,10	2.570	34,40	114,00
0,55	2.220	33,00	56,50	17,6	27,8	2.260	34,40	61,70	2.480	35,50	127,50
0,57	2.160	33,10	56,05	18,4	30,6	2.330	34,40	63,50	2.170	34,40	122,00
0,66	2.280	37,45	62,95	13,7	19,7	2.430	37,75	63,50	2.590	37,75	124,00
0,78	2.360	37,50	64,70	11,4	19,1	2.280	35,50	68,30			
0,80	2.150	40,05	72,30	9,0	14,0	2.320	44,40	96,70	2.230	44,40	172,00
0,87	2.185	42,00	73,35	8,1	16,4	2.210	40,00	89,40	2.230	38,85	151,00
0,96	2.170	48,70	83,05	6,6	10,0	2.290	50,00	98,90	2.320	50,00	178,00

L'impossibilité d'obtenir des renseignements valables par les essais à la com-
tatée entre les résultats fournis par le même métal suivant la forme de l'échan-
de rupture C n'ont aucune espèce de signification ; le coefficient d'élasticité ne
la limite d'élasticité est peut-être constatée avec plus d'exactitude. Il n'existe
coefficient d'élasticité longitudinale, dont la valeur n'est pas en rapport avec la

Le rapport $\frac{G}{E}$ ne s'écarte guère de la valeur théorique indiquée par la théorie

$$= \frac{1}{2\left(1 + \frac{1}{4}\right)} = 0,40.$$

différentes variétés d'acier Bessemer.

Essais à la flexion (3)			Essais au cisaillement		Torsion			OBSERVATIONS
Coeffi-cient d'élas-ticité longi-tudinale	Limite conven-tion-nelle d'élas-ticité	Limite conven-tion-nelle de rupture	Limite rupture	Rapport de la limite de rupture à celle relative à la traction directe	Coeffi-cient d'élas-ticité trans-versale $\dfrac{G}{10^7}$	Limite d'élasti-cité	Rapport $\dfrac{G}{E}$	
2.000	37,50	(79.20)	34,10	0,77				
2.050	44,70	(96,00)	37,10	0,78	878	15,25	0,40	
2.060	40,30	83,40	35,85	0,67	853	14,70	0,38	
2 090	44,70	93,00	40,20	0,72				
2.030	40,30	85,50	39,30	0,71	856	15,00	0,40	
2.130	42,40	88,25	40,00	0,71				
2.060	44,50	96,00	36,45	0,65	837	15,83	0,39	
2.230	43,80	86,00	42,80	0,68	869	16,50	0,38	
2.120	46,50	87,50	41,40	0,64	834	17,50	0,36	
2.320	47,25	76,45	48,20	0,67	893	19,70	0,42	
2.140	47,00	76,50	50,00	0,68	850	20,30	0,39	
2.060	69,50	84,80	58,20	0,70	876	26,65	0,40	

(1) Éprouvette essayée à la traction directe.

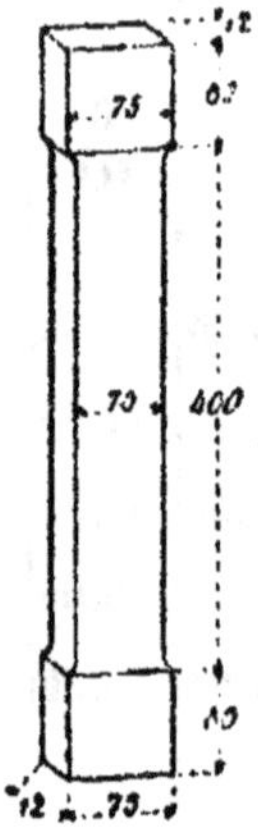

Fig. 121.

(2) Éprouvettes essayées à la compression directe.

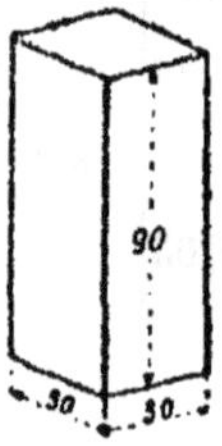

Fig. 122. 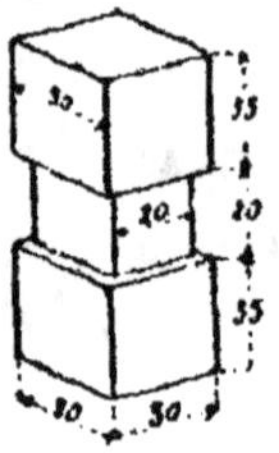   Fig. 123.

(3) Les barres essayées à la flexion étaient à section rectangulaire. Les échantillons à 0,14 et 0,19 de carbone n'ayant pas été rompus, les chiffres indiquant les efforts limites réalisés sans rupture ont été mis entre parenthèses.

pression directe est démontrée par la discordance cons-
tillon expérimenté : les valeurs obtenues pour le travail
s'obtient qu'avec une approximation des plus grossières ;
pas de relation nette entre la dureté d'un acier et son
teneur en carbone.

de l'élasticité pour les corps isotropes : $\dfrac{G}{E} = \dfrac{1}{2(1 + \eta)}$

On apprécie la qualité d'un acier en considérant à la fois sa résistance, définie par la charge de rupture, et sa ductilité, définie par l'allongement de rupture ou par la striction. On juge parfois convenable de réunir ces deux renseignements en un seul, et l'on qualifie de coefficient de *qualité* le total des nombres significatifs.

Le tableau suivant fournit, d'après cette méthode, les coefficients de qualité, évalués suivant différentes règles, pour les fers et les aciers mentionnés dans les tableaux des pages 468 et 469.

Nous donnons ensuite un tableau fournissant pour tous les produits sidérurgiques les renseignements utiles, que l'on a déduits des essais à la traction.

Désignation des produits		Limite d'élasticité N en kg par m.m.q.	Limite de rupture C en kg par m.m.q.	Allongement de rupture λ en centimes	Striction Σ	Contraction Γ = 100(1-Σ)	Coefficients de qualité			
							N+λ	N+Γ	C+λ	C+Γ
ACIERS										
Très dur	Naturel	48	90	6	0.84	16	54	64	96	106
	Trempé	90	140	2	0.98	2	92	92	142	142
Dur	Naturel	43	80	11	0.79	21	54	64	91	101
	Trempé	80	120	5	0.93	7	85	87	125	127
	Naturel	38	70	15	0.73	27	53	65	85	97
	Trempé	68	105	7	0.87	13	75	81	112	118
Mi-dur	Naturel	35	60	19	0.62	38	54	73	79	98
	Trempé	60	90	11	0.72	28	71	88	101	118
Mi-doux	Naturel	33	50	23	0.53	47	56	80	73	97
	Trempé	50	70	16	0 38	42	66	92	86	112
Doux	Naturel	29	45	25	0.46	54	54	83	70	99
	Trempé	40	55	19	0.50	50	59	90	74	105
Très doux soudable	Naturel	26	40	28	0.38	62	54	88	68	102
	Trempé	34	48	22	0.40	60	56	94	70	108
Extra-doux soudant	Naturel	29	40	28	0.38	62	57	91	68	102
	Trempé	34	48	22	0.40	60	56	94	70	108
	Naturel	26	35	32	0.31	69	58	95	67	104
	Trempé	30	40	28	0.32	68	58	90	68	108
FERS										
Commun	Long	20	32	6	»	»	26	»	38	»
	Travers	17	29	3.5	»	»	20.5	»	32.5	»
Ordinaire	Long	21	33	9	»	»	30	»	42	»
	Travers	18	30	5	»	»	23	»	35	»
Fort	Long	21.5	33.5	13	»	»	34.5	»	46.5	»
	Travers	19	31	8	»	»	27	»	38	»
Fort supérieur	Long	22	34	16	»	»	38	»	50	»
	Travers	20	32	12	»	»	32	»	44	»
Fin	Long	23	35	18	»	»	41	»	53	»
	Travers	21	32	14	»	»	35	»	46	»
Fin-extra	Long	24	36	21	»	»	45	»	57	»
	Travers	22	34	16	»	»	38	»	50	»

Résistance à l'extension.

Désignation des métaux		Limite d'élasticité usuelle N	Limite de rupture G	Allongement de rupture en centièmes λ	Striction $\Sigma = \frac{u}{A}$
Fonte grise..................		6	11 12 — 	0,25 0,70 0,90	»
Fonte blanche..............		7	15	»	»
Acier extra-dur exceptionnel...		>50	>90	<6	>0,86
id. très dur..............		45	85	9	0,82
id. dur...................		41	75	13	0,76
id. mi-dur...............		37	65	17	0,67
id. mi-doux.............		34	55	22	0,58
id. doux.................		31	47	24	0,50
id. très doux............		28	43	26	0,42
id. extra-doux...........		27	37	30	0,34
Fer commun	Long	20	32	6	0,82
	Travers ...	17	29	3,5	
Ordinaire	Long	21	33	9	0,75
	Travers...	18	30	5	
Fort	Long	21,5	33,5	13	0,65
	Travers...	19	31	8	
Fort supérieur	Long	22	34	16	0,55
	Travers...	20	32	12	
Fin	Long	23	35	18	0,50
	Travers...	21	32	14	
Fin extra	Long	24	36	21	0,40
	Travers...	22	34	16	
Fer spécial de Suède à rivets	Long	20	30	30	0,34
	Travers ...	19	28	28	

On admet, faute de mieux, que la limite d'élasticité à la compression est, pour les fers et les aciers, égale à la limite d'élasticité à la traction, sans que cette hypothèse nous paraisse bien justifiée par la théorie ou par l'expérience.

En ce qui touche le glissement, on adopte une limite de sécurité égale aux 4/5 de celle à la traction. Cette règle est justifiée par la théorie, ainsi que nous l'avons fait voir (art. 58).

D'autre part, on constate expérimentalement que la limite de rupture au cisaillement serait à peu près dans le même rapport, de 3/4 à 4/5, avec la limite de rupture à l'extension.

Coefficients d'élasticité. — Les coefficients d'élasticité qui interviennent dans les calculs de résistance ont été déterminés assez exactement. On peut se servir des valeurs suivantes.

	Densité	Coefficient de dilatation linéaire $\alpha \times 10^7$	Coefficient d'élasticité longitudinale $E \times 10^{-9}$	Coefficient d'élasticité transversale $G \times 10^{-9}$
Acier............	7.500	110	20	7,5
	7.800	115	21	8,4
	8.000	119	22	9,0
Fer..............	7.700	112	18	7,0
	7.800	117	19	7,6
	8.000	120	20	8,0

La trempe abaisse la densité de l'acier et relève son coefficient de dilatation, jusqu'à 125 et même 135×10^7, ainsi que le coefficient d'élasticité longitudinale, qui peut monter jusqu'à 27×10^9, et peut être plus.

L'*acier moulé* présente immédiatement à sa sortie du moule une structure nettement cristalline, et des propriétés élastiques très variables pour une qualité déterminée de métal. C'est un produit imparfait, qui ne saurait inspirer de confiance.

L'opération du recuit régularise ses propriétés, augmente sa résistance, mais l'améliore surtout au point de vue de la ductilité. Il présente alors une cassure à grain fin, analogue à celle de l'acier laminé, dont il a sensiblement la résistance, sans toutefois jamais donner autant d'allongement de rupture, pour une qualité déterminée de métal.

Le retrait linéaire de l'acier moulé est à peu près le double de celui de la fonte ; environ dix-huit millimètres par mètre. Cette différence s'explique par l'écart existant entre les températures de solidification des deux métaux : 1100° à 1200° pour la fonte ; 1500° à 1600° pour l'acier.

Le tableau suivant résume les résultats d'essais de traction effectuées sur quatre-vingt-six éprouvettes d'acier moulé, dont quarante-trois seulement avaient été soumises au recuit.

Essais de traction sur des éprouvettes d'acier moulé (1)

	Métal non recuit				Métal recuit			
	Minimum	Moyenne	Maximum	Écart entre la moyenne et le maximum 0/0	Minimum	Moyenne	Maximum	Écart entre la moyenne et le maximum 0/0
Limite d'élasticité en kilog. par mmq...	20	25,40	31,3	23,2	29,3	32,31	37	14,3
Limite de rupture en kilog. par mmq..	36,3	49,60	58,4	17,7	50,4	56,63	61,4	8,4
Allongement de rupture 0/0.........	2,5	7,85	14,5	84,7	9	18,88	23,5	24,5

Les chiffres de la quatrième colonne de chaque tableau ont été obtenus en multipliant par 100 le rapport à la moyenne de l'écart existant entre le maximum et la moyenne.

On voit que le métal recuit est beaucoup moins irrégulier que le métal non recuit, a un peu plus de résistance et beaucoup plus d'allongement.

Après laminage, le même métal serait encore plus régulier, aurait une résistance légèrement supérieure, et un allongement moyen d'au moins 21 0/0.

Les pièces de construction en acier moulé doivent toujours être soumises à l'opération du recuit. Quand elles sont massives, elles sont sujettes à des défauts, résultant d'une fabrication peu soignée ou de circonstances accidentelles, qui altèrent leur résistance et diminuent leur ductilité : cavités de retassement, soufflures, fêlures de retrait ou tapures.

(1) Diamètre de chaque éprouvette cylindrique : 0 m. 020.
Distance entre les coups de pointeau servant de repères : 0 m. 200.

Si l'on n'est pas certain de la parfaite exécution des pièces, il peut être prudent de réduire la limite de sécurité. L'examen de la masselotte, partie supérieure de la coulée que l'on détache de la pièce moulée, permet souvent d'apprécier la qualité du métal.

Nous ne parlerons pas de certains produits spéciaux: fonte *malléable*, ou décarburée superficiellement et transformée en fer malléable sur une faible épaisseur ; acier de *cémentation*, obtenu par la carburation directe du fer ; acier durci superficiellement par cémentation (procédé Harvey et procédés similaires).

Ces produits, utilisés surtout dans l'artillerie (plaques de blindage, coupoles, etc.), ne sont pas employés dans les constructions.

D. LIMITES DE SÉCURITÉ.

Les limites de sécurité sont des nombres conventionnels, dont la valeur ne saurait, pour un cas donné, être tirée d'une formule théorique, eu égard à la diversité des circonstances à envisager (art. 44). En conséquence, les renseignements que nous pourrons donner sont justifiés exclusivement par les indications de l'expérience et la routine des constructeurs.

Dans la plupart des pays, des circulaires administratives fixent les limites à ne pas dépasser pour les constructions.

En ce qui touche les pièces de machines, soumises à des actions dynamiques, c'est une question d'appréciation pour chaque cas à considérer.

En France, le règlement du 29 août 1891, qui émane du Ministère des Travaux Publics, a fixé comme il suit les limites à admettre dans la construction des ponts, et définit ensuite la nature et la qualité du métal, fer ou acier, auxquelles se rapportent ces limites.

RÈGLEMENT DU 29 AOUT 1891

Ponts de chemins de fer et ponts-routes.

Limites du travail du métal. — Art. 2. Les dimensions des différentes pièces des ponts seront calculées de telle sorte que, dans la position la plus défavorable des trains désignés à l'article 1ᵉʳ, et en tenant compte de la charge permanente ainsi que des efforts accessoires, tels que ceux qui peuvent être produits par les variations de température, le travail du métal par millimètre carré de section nette, c'est-à-dire déduction faite des trous de rivets ou de boulons, ne dépasse pas les limites indiquées ci-dessous :

I. — Pour la fonte supportant un effort d'extension directe. . . . . 1 k. 50

Pour la fonte travaillant à l'extension dans des pièces soumises à des efforts tendant à les faire fléchir (1).

. . . . 2 k. 50

(1) Nous avons critiqué précédemment la distinction établie entre les pièces de fonte simplement tendues et celles qui travaillent à la flexion. Il y a lieu toutefois de remarquer que, si une barre de fonte calculée en vue de résister à un effort d'extension directe est *encastrée* à l'une de ses extrémités sur un autre élément de la construction, elle subira *nécessairement* des efforts de flexion, qu'il n'est pas toujours permis de négliger : 1° par suite de défauts ou d'irrégularités dans les assemblages ; 2° par l'effet même de la charge et de la surcharge, qui produisent des moments de flexion *secondaires* ; 3° par l'effet des changements de température, qui entraînent des déformations discordantes dans les éléments de l'ouvrage. Il est donc prudent, pour obvier à ces actions perturbatrices, d'augmen-

Pour la fonte supportant un effort de compression.

. . . . 6 k. »

II. — Pour le fer et l'acier travaillant à l'extension, à la compression ou à la flexion, les limites exprimées en kilogrammes par millimètre carré de section seront fixées aux valeurs suivantes :

Pour le fer . . . . 6 k. 50

Pour l'acier. . . . . 8 k. 50

Toutefois ces limites. seront abaissées respectivement :

A 5 kilog. 50 pour le fer et à 7 kilogr. 50 pour l'acier. dans les pièces de pont, longerons et entretoises sous rails ;

A 4 kilogr. pour le fer et à 6 kilogr. pour l'acier, dans les barres de treillis et autres pièces exposées à des efforts alternatifs d'extension et de compression : ces dernières limites pourront, néanmoins, être rapprochées des précédentes pour les pièces qui seront soumises à de faibles variations de ces efforts.

Dans l'établissement du projet des ouvrages métalliques d'une ouverture supérieure à 30 mètres, les ingénieurs pourront appliquer au calcul des fermes principales des limites supérieures à celles qui ont été fixées plus haut, sans jamais dépasser :

ter sensiblement la marge de sécurité dont on dispose. Mais il nous paraîtrait préférable de se mettre complètement à l'abri de ces actions, qui peuvent aggraver le travail à l'extension dans une mesure difficile à évaluer à l'avance, en prescrivant d'une manière formelle que toute pièce de fonte, calculée en vue d'un effort de traction directe, devra *obligatoirement* être articulée à ses deux extrémités, de façon à ne pouvoir, en aucun cas, se trouver soumise à un travail de flexion. *Cette règle* étant admise d'une façon absolue, la distinction établie par la circulaire ne serait plus justifiée, d'autant qu'elle est basée sur les résultats d'expériences de rupture par flexion effectuées sur des barrettes à section rectangulaire, et non à section en double té, profil généralement adopté dans les éléments de construction.

Pour le fer :   8 k. 50
Pour l'acier :   11 k. 50

Ils devront justifier, dans chaque cas particulier, les diverses limites dont ils auront cru devoir faire usage.

Lorsque des fers laminés dans un seul sens seront soumis à des efforts de traction perpendiculaires au sens du laminage, les coefficients seront réduits d'un tiers dans les calculs relatifs à ces efforts.

Les coefficients concernant l'acier ne subiront pas cette réduction.

On appliquera aux efforts de cisaillement et de glissement longitudinal les mêmes limites qu'aux efforts d'extension et de compression, mais en leur faisant subir une réduction d'un cinquième, étant entendu que les pièces auront les dimensions nécessaires pour résister au voilement ; pour le fer laminé dans un seul sens, on fera subir à ces coefficients une réduction d'un tiers, lorsque l'effort tendra à séparer les fibres métalliques.

Le nombre et les dimensions des rivets seront calculés de telle sorte que le travail de cisaillement du métal ne dépasse pas les quatre cinquièmes de la limite qui aura été admise pour la plus faible des pièces à assembler, et que le travail d'arrachement des têtes, s'il s'en produit, ne dépasse pas 3 kilogrammes par millimètre carré, en sus de l'effort résultant du serrage (1).

_____

(1) Le sens qu'il convient d'attribuer à cette phrase ne se dégage peut-être pas du texte avec toute la clarté désirable. Il est bien entendu que le travail d'arrachement des têtes, dû à l'action des forces extérieures, ne vient pas s'ajouter au travail à l'extension simple qui s'est développé dans le corps du rivet pendant la pose, et détermine le serrage. Ce dernier travail reste invariable, mais l'effort d'arrachement, qui ne modifie en rien les conditions d'équilibre élastique du rivet, réduit la pression mutuelle,

III. — Les calculs justificatifs de la rivure seront toujours fournis à l'appui des projets en même temps que les calculs des dimensions des diverses pièces.

Il en sera de même des calculs des assemblages par boulons dans les ponts en fonte.

Qualités du fer et de l'acier auxquelles correspondent les limites de travail du métal fixées par l'article 2. — Article 3. — Les coefficients de travail du métal, fixés ci-dessus pour le fer et l'acier, correspondent aux qualités définies par les conditions suivantes :

Désignation		Allongement minimum de rupture par mm.q. mesuré sur des éprouvettes de 200 mm. de longueur	Résistance minimum à la traction par mm.q. mesurée sur des éprouvettes de 200 mm. de longueur
Fer laminé	Fer profilé et plat (dans le sens du laminage)	8 0/0	32 kg.
	Tôle dans le sens du laminage	8 0/0	32
	Tôle dans le sens perpendiculaire au laminage....	3,5 0/0	28
Acier laminé...............		22 0/0	42
Rivets en fer...............		16 0/0	36
Rivets en acier........... .		28 0/0	38

et par suite l'adhérence réciproque des tôles assemblées, et abaisse par là-même la résistance du rivet au cisaillement : le serrage de ces tôles est diminué de l'effort d'arrachement.

Pour éviter toute erreur d'interprétation, nous serions d'avis de libeller comme il suit la dernière ligne du paragraphe :

... 3 kilogrammes par millimètre carré, « *abstraction faite* » ou bien « *sans tenir compte* » (au lieu de « *en sus* ») de l'effort résultant du serrage.

Nous pensons même qu'il vaudrait mieux adopter la règle suivante, qui.

Les cahiers des charges fixeront pour l'acier le minimum et le maximum entre lesquels devra être compris le rapport de la limite pratique d'élasticité à la résistance à la rupture. Le minimum ne devra pas être inférieur à un demi, et le maximum ne devra pas dépasser deux tiers.

Des coefficients de travail plus élevés pourront être autorisés par l'Administration pour des métaux de qualités différentes, si des justifications suffisantes sont produites.

On ne tolérera, dans aucun cas, l'emploi d'aciers fragiles et l'on s'assurera fréquemment, pendant la construction, de la qualité du métal à ce point de vue, au moyen d'essais de trempe et d'expériences faites en pliant des barres percées de trous au poinçon. Les cahiers des charges devront renfermer des prescriptions détaillées à cet égard, sans préjudice des autres conditions relatives aux qualités du métal.

Dans tous les cas, lorsqu'on emploiera l'acier, les trous des rivets seront forés ou alésés après le percement, sur une épaisseur d'au moins un millimètre, et les bords des pièces coupées à la cisaille seront affranchis sur la même épaisseur.

Pièces travaillant à la compression. — Art. 6. —

partant du même principe, est plus nette et plus satisfaisante :

Soient S le travail au cisaillement du rivet, par millimètre carré de section ; C le travail d'arrachement exercé sur les têtes, sous l'influence des forces extérieures (abstraction faite du serrage déterminé par la pose) ; R la limite de sécurité à l'extension qui convient au métal constitutif du rivet; il y aura lieu, pour assurer la stabilité, de satisfaire à l'inégalité suivante :

$$S + 1,6C \leq \frac{4}{5}R,$$

ou

$$\frac{5}{4}S + 2C \leq R.$$

On s'assurera, autant que possible, que les pièces travaillant à la compression, soit d'une manière continue, soit d'une manière intermittente, ne sont pas exposées à flamber.

Calcul des efforts pendant le lançage. — Art. 8. — Lorsque la mise en place du tablier devra être faite au moyen d'un lançage, on devra justifier que le travail du métal, pendant cette opération, n'atteindra, dans aucune pièce, une limite dangereuse.

Ponts-canaux.

Limite du travail du métal. — Art. 21. — Les dimensions des différentes pièces des ponts-canaux seront calculées de manière que le travail du métal par millimètre carré de section nette, déduction faite des trous de rivets, ne dépasse nulle part 8 k. 50 pour le fer et 11 k. 50 pour l'acier.

INSTRUCTION ANNEXÉE AU RÉGLEMENT

Art. 2. — Les coefficients du travail de la fonte sont fixés surtout en vue de la vérification des efforts supportés par les ouvrages existants ; pour les constructions neuves, l'emploi de ce métal, lorsqu'il sera exposé à travailler à l'extension, ne devra être admis que dans des cas tout à fait exceptionnels.

Les règles fixées pour le fer et l'acier ont été établies de façon à réduire, d'une manière générale, les limites du travail du métal en raison des variations du sens et de la grandeur des efforts qu'il est appelé à supporter ; mais elles ne tiennent pas compte des différences qui peuvent se produire, à ce point de vue, entre les divers points des plates-bandes d'une même poutre, et qui, eu égard aux règles habituellement suivies pour les constructions métalliques, ne peuvent entraîner des inégalités de résistance inquiétantes.

Il appartiendra d'ailleurs aux ingénieurs, lorsqu'ils le jugeront utile, de déterminer ces différences par une analyse détaillée, et de faire varier en conséquence les limites du travail de métal. Pour fixer ces limites, ils pourront faire usage des formules suivantes, dont les résultats sont suffisamment d'accord avec les données de la pratique (1).

1° Lorsque les efforts, correspondant pour la même pièce aux différentes positions des surcharges, seront toujours de même sens (extension ou compression):

Pour le fer : $\qquad$ 6 k. $+ 3$ k. $\dfrac{A}{B}$;

Pour l'acier : $\qquad$ 8 k. $+ 4$ k. $\dfrac{A}{B}$;

(A représentant le plus petit et B le plus grand des efforts auxquels la pièce est exposée).

2° Lorsque le sens des efforts totaux, correspondant pour la même pièce aux différentes positions de la surcharge, variera selon ces positions (extension et compression alternatives) :

Pour le fer : $\qquad$ 6 k. $- 3$ k. $\dfrac{C}{B}$;

Pour l'acier : $\qquad$ 8 k. $- 4$ k. $\dfrac{C}{B}$;

(B représentant le plus grand en valeur absolue des efforts supportés par la pièce et C le plus grand des efforts en sens contraire).

(1) Se reporter aux observations formulées ci-après au sujet des lois de Wœhler.

Ces formules sont données à titre de simple indication et ne limitent en rien l'initiative des ingénieurs, qui pourront employer telle méthode qu'ils jugeront convenable.

Les coefficients, fixés à l'article 2, ne seront applicables aux pièces comprimées directement que lorsque celles-ci seront assez courtes pour qu'il n'y ait pas lieu de les renforcer, en vue d'éviter qu'elles puissent fléchir sous l'action de la charge. Dans le cas contraire, on devra tenir compte des prescriptions de l'article 6, et diminuer en conséquence le travail du métal.

Les ingénieurs ne perdront pas de vue les efforts supplémentaires qui pourraient résulter de la répartition dissymétrique des charges, notamment dans les ponts biais et dans ceux sur lesquels la voie est en courbe.

L'évaluation des sections nettes et, par suite, le calcul définitif des efforts supportés par les différentes pièces, doivent être faits seulement lorsque la position des joints des tôles a été arrêtée, et après la détermination du nombre, du diamètre et de la position des rivets.

Le soin de déterminer le rapport entre le diamètre des rivets et l'épaisseur des pièces à assembler est laissé aux ingénieurs, qui se guideront d'après les données de la pratique.

Art. 3. — Il n'a pas paru nécessaire de déterminer la qualité de la fonte à laquelle correspondent les coefficients fixés à l'article 2 ; cette détermination est, au contraire, indispensable pour l'acier dont les propriétés peuvent varier dans des limites très étendues, et même pour le fer dont la résistance, et surtout la ductilité, sont parfois insuffisantes pour inspirer une sécurité complète. Les qualités définies par le règlement sont celles des métaux dont l'emploi peut être considéré comme normal dans la construction des ponts ; *mais, notamment en ce qui concerne l'acier, le choix qui en a été fait, pour fixer les coefficients usuels, n'est pas un obstacle à l'emploi d'un métal de qualité différente, dans les cas où il sera justifié.* Dans l'état actuel de la métallurgie, il est possible d'élever jusqu'à 55 kilogrammes la résistance de l'acier avec un allongement de 19 p. 100, sans qu'il cesse de remplir les conditions nécessaires pour la construction des ponts, et l'augmentation de la résistance permet d'élever proportionnellement la limite des efforts normaux par m. m. q. Mais à mesure que la dureté de l'acier augmente, des précautions plus minutieuses sont nécessaires dans la fabrication pour que son emploi soit exempt de tout danger, et la rédaction des projets est d'autant plus délicate qu'on adopte des coefficients de travail plus élevés ; aussi l'Administration se réserve-t-elle de n'autoriser de dérogations à la règle générale que dans les cas où elles seront justifiées par l'importance de l'ouvrage, et lorsque les conditions dans lesquelles celui-ci devra être construit offriront des garanties suffisantes au point de vue de l'exécution.

Les cahiers des charges devront, dans tous les cas, renfermer l'énumération des conditions nécessaires pour assurer l'emploi de matériaux de bonne qualité et l'exécution des travaux selon les règles de l'art. Le but de l'article 3 est de définir les qualités du métal auxquelles correspondent les coefficients indiqués à l'article 2, et d'éviter les dangers que l'emploi de l'acier a quelquefois présentés ; ces prescriptions ne sauraient être considérées comme suffisantes pour empêcher les malfaçons, aussi bien dans la fabrication du métal que dans la mise en œuvre.

Art. 6. — Les vérifications relatives au flambage devront être faites pour la fonte comme pour le fer et l'acier.

Lorsqu'on aura recours à des formules de la forme R' = KR, dans lesquelles R' représente le coefficient de travail à adopter pour la pièce considérée, et R le travail correspondant à une longueur très petite, on prendra uniformément pour R, dans les pièces soumises à des efforts de sens variables, 6 kg. pour le fer et 8 kg. pour l'acier ; on substituera la valeur ainsi trouvée pour R' au coefficient calculé au moyen des règles fixées à l'article 2, s'il en résulte une augmentation de la section de la pièce considérée, à moins que l'on ne modifie la forme des pièces ou leurs dispositions de manière à accroître la résistance au flambage (1).

Art. 8. — La limite des efforts que les tabliers métalliques peuvent subir sans danger pendant le lançage est laissée à l'appréciation des ingénieurs ; cette limite peut, en effet, varier selon la constitution des ouvrages et selon les conditions dans lesquelles ils seront mis en place. La présence de montants verticaux, dans les poutres à treillis ou à croix de St-André, les moyens employés pour consolider les parties faibles, la durée du lançage, etc., sont autant d'éléments dont il y a lieu de tenir compte, et que les ingénieurs auront à examiner avant d'arrêter leurs propositions.

Art. 21. — Dans le cas où certaines pièces seraient, par leur position, exposées particulièrement à être oxy-

(1) Nous avons exposé précédemment qu'il est préférable, à notre avis, de maintenir invariable le coefficient de travail R, sauf à majorer, par une règle que nous avons indiquée, le travail à la compression simple fourni par le rapport $\frac{F}{\Omega}$ de l'effort normal à l'aire de la section.

dées, leur épaisseur devrait être augmentée en conséquence.

———————

A supposer que l'on ait affaire à des métaux ne répondant pas aux définitions qui précèdent, on pourrait
admettre que, pour le fer, le travail à l'extension ou à
la compression pourra varier de 5 k. à 8 k., suivant
qu'il s'agira d'un produit de mauvaise qualité, ou travaillant dans le sens perpendiculaire aux fibres, ou
bien d'un fer supérieur travaillant en long.

Pour les aciers laminés ou forgés, ou bien moulés et
recuits, on admettra, suivant la marge que l'on désirera se réserver, que la limite de sécurité pourra varier
entre le tiers et la moitié de la limite d'élasticité à l'extension, avec une moyenne de quatre dixièmes.

Pour les pièces comprimées de très faible hauteur,
plaques d'appui en acier moulé, peut-être pourrait-on
dépasser, sans inconvénient, la moitié de la limite d'é-
lasticité à la compression.

Il est de règle que la limite de sécurité au glissement
doit être égale aux 3/4, tout au plus aux 4/5 de la limite
à la traction.

Le coefficient $\frac{N}{E}$, qui figure dans la formule de Rankine complétée par nous, se déduit sans difficulté de la
limite connue N d'élasticité à l'extension.

Règles de Woehler. — Les expériences de Woehler
ont conduit un certain nombre de constructeurs à pro-
poser des règles tenant compte, pour la fixation de la
limite de sécurité, de la variation que peut subir le
travail élastique de l'élément de pièce considéré. Soient :
R la limite de sécurité convenue pour le cas où le tra-

vail élastique reste constant ; T et T' les limites entre lesquelles peut varier le travail dans un même élément.

T et T' peuvent être de même signe, ou de signes opposés (compression et extension).

On a proposé de vérifier la stabilité des constructions à l'aide de l'une des formules suivantes, où l'on admet que T est plus grand *en valeur absolue* que T'.

$$(1) \quad R > T \left(\frac{1 - n \frac{T'}{T}}{1 - n} \right), \text{ ou } T < R \left(\frac{1 - n}{1 - n \frac{T'}{T}} \right);$$

$$(2) \quad R > T \left(\frac{1 + m}{1 + m \frac{T'}{T}} \right), \text{ ou } T < R \left(\frac{1 + m \frac{T'}{T}}{1 + m} \right).$$

Le rapport $\frac{T'}{T}$ se calcule *en tenant compte des signes respectifs de T' et T.*

Pour $T = T'$, on retombe sur la condition : $T \leqq R$.

Les facteurs m et n sont des coefficients numériques déduits des expériences de Woehler, et généralement compris entre les limites 1/3 et 1/2.

La formule de M. *Séjourné* s'obtient en posant $n = 0,4$:

$$T > R \left(\frac{0,6}{1 - 0,4 \frac{T'}{T}} \right).$$

La circulaire précitée du Ministre des Travaux Publics, en date du 21 août 1891, recommande pour le fer et l'acier employés dans la construction des ponts, les formules suivantes, obtenues en posant $m = 0,5$:

Fer : $T \left(\frac{1,5}{1 + \frac{T'}{2T}} \right) < 9$ (9 k. *par millimètre carré*),

ou $T < 6 + 3 \frac{T'}{T};$

Acier : $T\left(\dfrac{1,5}{1 + \dfrac{T'}{2T}}\right) < 12$ (12 k. *par millimètre carré*),

ou $\qquad\qquad T < 8 + 4\dfrac{T'}{T}.$

Nous avons exposé (art. 73) les motifs qui nous portent à croire que les résultats des expériences de Woehler sont inapplicables à l'étude des constructions non soumises à des actions dynamiques. Nous croyons donc qu'il n'y a pas lieu d'abaisser la limite de sécurité quand la variation du travail élastique s'effectue avec lenteur, sous l'influence de circonstances agissant de façon progressive, sans déterminer un état de mouvement de la pièce considérée (par exemple charge de neige ; changement de température, etc.). Par contre, toutes les fois que la variation des forces extérieures se produit avec assez de rapidité pour déterminer des mouvements oscillatoires dans la construction, la réduction de la limite de sécurité serait motivée : effets des rafales de vent, des charges mobiles dont la vitesse est considérable, des chocs, etc.

Il serait rationnel en pareil cas de majorer la valeur du travail fournie par des calculs supposant la construction en repos, dans une position d'équilibre statique. Le coefficient de majoration s'établirait en ajoutant à l'unité le rapport existant entre l'amplitude de la vibration u et le déplacement élastique y évalué pour un point. Le travail calculé T devrait donc être multiplié par le coefficient $\left(1 + \dfrac{u}{y}\right)$. Cela reviendrait au bout du compte à augmenter dans une certaine proportion les intensités des forces extérieures, lorsque celles-ci agissent d'une manière presqu'instantanée.

Notre avis est donc que la règle rationnelle consiste-

rait à calculer toutes les constructions métalliques
comme si elles n'avaient à résister qu'à des efforts statiques, mais en multipliant par un coefficient de majoration compris entre 1 et 2 (cas de la force instantanée)
les poids ou pressions correspondant aux forces à variation rapide.

Par exemple le poids du train d'essai passant à grande
vitesse sur un pont pourrait être augmenté de moitié ;
la pression du vent, dans l'hypothèse d'un ouragan,
serait multipliée par 2. Quant aux efforts produits par
une force constante ou à variation peu rapide (charge
permanente ou poids propre de l'ouvrage, changements
de température, charges de neige), ils ne seraient l'objet d'aucune majoration.

Nous reviendrons sur cette question à propos de la
construction des ponts métalliques. Pour les pièces de
machines, le coefficient de majoration pourrait être
pris supérieur à 2, s'il s'agissait d'efforts intermittents
se succédant à des intervalles de temps très courts, et
susceptibles de déterminer des oscillations dont l'amplitude irait en croissant avec le temps. Il nous est impossible de préciser cette indication vague, ne disposant
sur ce sujet d'aucun résultat d'expérience.

II. Métaux divers.

Le tableau suivant fournit divers renseignements
relatifs à certains métaux que l'on emploie parfois dans
les constructions. Les limites d'élasticité et de rupture
sont indiquées en kilogrammes par millimètre carré
de section.

Désignation des métaux	Poids du mètre cube Δ	Coefficient de dilatation linéaire $\alpha \times 10^7$	Coefficient d'élasticité longitudinale $E \times 10^{-9}$	Coefficient d'élasticité transversale $N \times 10^{-9}$	Limite d'élasticité à l'extension $N \times 10^{-6}$	Limite de rupture à l'extension $C \times 10^{-6}$	Limite de rupture à la compression $C' \times 10^{-6}$	Limite de rupture ou cisaillement $C'' \times 10^{-6}$
Cuivre fondu...........	8.600 — 8.900	172	»	»	»	13 — 18	40	3 — 5
id. laminé...........	8.800 — 9.000	172	10 — 11	4,4	4 — 8	21 — 26	40 — 50	»
id. étiré en fils (non rectit)...	»	172	12	»	8 — 13	40 — 70	»	»
Laiton fondu...........	8.400 — 8.700	192 — 210	»	»	»	12 — 15	»	»
id. laminé	»	»	6,5 — 10	3 — 4	4 — 5	20 — 25	70 — 90	10 — 20
id. en fils...........	»	»	10	»	»	35 — 85	»	»
Bronze...........	8.400 — 9.200	180 — 190	7 — 10	3 — 4	»	11 — 25	»	»
Zinc...........	6.800 — 7.200	295 — 311	9 — 10	»	1,5 — 2	4 — 6	»	»
Plomb...........	11.300 — 11.400	280 — 290	0,5 — 0,8	»	0.5	1 — 1,50	5	3
Etain...........	7.100 — 7.500	195 — 230	3 — 4	»	0,9	3 — 3,5	11	6

Nous ne garantissons pas l'exactitude de ces renseignements, extraits de diverses publications, dont les
indications sont souvent discordantes et parfois con-
tradictoires.

III. Bois.

Dans le tableau suivant, on a pris comme unité de
surface, pour l'évaluation des résistances, le centimètre
carré au lieu du millimètre carré en usage pour les
métaux.. C'est une habitude prise, à laquelle nous jugeons inutile de déroger. Les nombres inscrits dans
les quatre dernières colonnes doivent être divisés par
100, pour devenir comparables aux renseignements
correspondants fournis pour les métaux.

On ne se préoccupe guère pour les bois des phénomènes de contraction et de dilatation dus aux changements de température, pour les motifs suivants : lecoef-
ficient de dilatation linéaire est beaucoup plus petit que
pour les métaux, ét, d'autre part, les bois, très mauvais
conducteurs de la chaleur et employés en pièces massives, ne suivent pas de près, comme les métaux, les
changements éprouvés par la température extérieure ;
enfin les bois, substances très hygrométriques, se con-
tractent par la dessication et se dilatent en se chargeant
d'eau, et les changements de volume éprouvés de ce chef,
suivant que l'air est sec ou humide, masquent presque
complètement les effets dus aux variations thermo-
métriques (1).

Les résistances indiquées sont celles du bois *sec*. La
résistance du bois *vert* est très inférieure, quelquefois
de moitié : il ne saurait d'ailleurs être employé dans

---

(1) Retrait, ou contraction linéaire, éprouvé par les bois pendant leur

les constructions, parce qu'il est sujet à la pourriture et ne se conserve pas. Aussi procède-t-on à l'abattage des arbres en hiver, saison où la sève est très peu abondante; de plus on facilite le départ de la sève et la dessiccation du bois par une exposition suffisamment longue à l'air libre, ou par l'immersion dans l'eau, souvent aussi à l'aide de différents procédés d'injection qui augmentent sa durée. Il est donc complètement inutile, au point de vue des applications, d'être renseigné sur la résistance des bois verts, qui ne doivent jamais être employés dans la confection des charpentes.

Le bois est le type du corps doué de l'isotropie transversale. Les nombres inscrits dans le tableau de la page 502 supposent expressément que l'axe longitudinal est parallèle à la direction des fibres du bois. L'effort normal, de compression ou de traction, est donc parallèle à cette même direction, laquelle est contenue dans le plan du moment fléchissant; l'effort tranchant, ou l'ef-

dessiccation (d'après le journal *Engineering*). Le retrait est exprimé en centièmes.

Désignation des bois	Dans la direction des fibres	Dans la direction radiale au tronc	Dans la direction tangentielle à la circonférence
Chêne......................	0,00	2,65	4,13
Frêne......................	0,26	5,35	6,90
Hêtre......................	0,20	0,60	7,65
Pin........................	0,00	2,49	2,87
Sapin rouge...............	0,00	2,08	2,62
Tilleul....................	0,10	5,73	7,17

La discordance entre les retraits éprouvés dans la direction radiale au tronc et dans la direction tangentielle à la circonférence, expliquent l'apparition des fentes radiales de retrait qui se manifestent dans la section transversale d'une pièce pendant sa dessiccation : la réduction de longueur est plus grande sur la circonférence que sur le rayon.

fort de cisaillement, agit perpendiculairement à la direction des fibres.

Les éléments des charpentes en bois travaillent presque toujours dans ces conditions ; ce n'est que très exceptionnellement que l'on peut avoir à employer une pièce dont l'axe longitudinal soit perpendiculaire à la direction des fibres : cales, appuis des rails de chemins de fer sur les traverses, chapeaux de pieux, etc. Mais alors la résistance du bois se trouve considérablement réduite, aussi bien pour les efforts de compression ou de traction dont les directions sont *perpendiculaires* aux fibres, que pour les efforts de cisaillement, qui sont *parallèles* aux fibres. Nous donnerons ci-après quelques renseignements sur la résistance *transversale* des bois, qui permettent d'apprécier l'importance de la réduction subie par la stabilité, quand on fait travailler le bois de façon anormale, avec un axe longitudinal perpendiculaire à la direction des fibres. On constate également que le coefficient d'élasticité longitudinale est considérablement diminué.

Propriétés élastiques des bois dans une direction perpendiculaire aux fibres.

Désignation des bois	Coefficient d'élasticité longitudinale $E \times 10^{-9}$	Limite de rupture à l'extension $C \times 10^{4}$	Limite de rupture à la compression $C' \times 10^{-4}$	Limite de rupture au cisaillement $C'' \times 10^{-4}$
Aulne.........	0,06 — 0,10	30 — 60	»	»
Bouleau	0,08 — 0,16	80 — 110	»	»
Chêne.........	0,13 — 0,20	80 — 160	108	90
Érable.........	0,07 — 0,16	40 — 80	»	»
Faux Acacia..	0,15 — 0,17	130	»	»
Frêne.........	0,10 — 0,12	40 — 60	»	70
Sapin	•	»	70	»

Les renseignements contenus dans le tableau de la page 502, extraits de différents ouvrages, ne méritent qu'une confiance limitée. Mais ils donnent une idée d'ensemble des propriétés élastiques de cette catégorie de matériaux.

Il est généralement admis par les constructeurs que la limite de sécurité peut être fixée pour les bois au dixième de la limite de rupture correspondante. On déduira donc facilement des tableaux qui précèdent les valeurs pratiques de travail à admettre pour ces différentes essences : par exemple, 90 k. à la traction, 170 k. à la compression pour le chêne. Quand le bois travaille dans une direction perpendiculaire à celle de ses fibres, il conviendrait de prendre une limite de sécurité sept à huit fois moins élevée. On ne peut pas toujours le faire. On s'explique de cette façon que les cales en bois s'affaissent et s'émiettent sous des charges relativement peu considérables : c'est pourquoi on recommande toujours de les faire en bois dur, tels que le chêne, et jamais en bois tendre, comme le sapin ou le peuplier. Les poteaux de support pénètrent par leurs abouts dans les semelles qui les supportent ou les chapeaux qui les coiffent. Les traverses de chemins de fer s'affaissent et se cisaillent sous les rails. Dans les charpentes soignées, on évite autant que possible de faire supporter aux bois un travail transversal de compression ou d'extension supérieur à 10 ou 12 kilog. par *centimètre carré*.

Le coefficient $\frac{N}{E}$, qui figure dans la formule servant à calculer la charge admissible pour un poteau exposé au flambement pourra être pris égal à 0.002.

Propriétés élastiques des bois

Désignation des bois	Poids du mètre cube Δ		Coefficient de dilatation linéaire $\alpha \times 10^7$	Coefficient d'élasticité longitudinale $E \times 10^{-9}$
	Vert	Sec		
Aulne.............	870	550	»	1,10 — 1,20
Bouleau..........	990	650	»	1,00 — 1,10
Buis..............	»	910	»	»
Charme..........	»	610	»	1,10
Chêne............	970 —1.070	650 — 710	»	0,90 — 1,20
Erable...........	»	674	»	1,00
Faux Acacia (Robinier)...........	820	620	»	1,26
Frêne............	900	550	»	1,12
Hêtre............	980	640	»	0,95 — 1,00
Noyer............	900	550	»	0,70
Orme............	990	550	»	0,90 — 1,17
Peuplier..........	800	450	»	0,52
Pin..............	910	550	»	0,60 — 1,3
Sapin............	800	480	35 — 50	0,80 — 1,1
Sycomore.........	»	550	»	0,70
Tilleul..........	»	580	»	0,90
Tremble..........	»	540	»	1,10
Acajou...........	560 — 860		»	0,90
Bambou..........	»		»	»
Ebénier..........	1.100 — 1.200		»	»
Gaïac...........	1.330		»	1,20
Teak............	800		»	1,10 — (1,60)

dans la direction des fibres.

Coefficient d'élasticité transversale $G \times 10^{-0}$	Limite d'élasticité à l'extension $N \times 10^{-6}$	Limite de rupture à l'extension $C \times 10^{-6}$	Limite de rupture à la compression $C' \times 10^{-6}$	Limite de rupture au cisaillement $C'' \times 10^{-6}$
»	110 — 180	300 — 450	450 — 500	»
»	160	400 — 600	450 — 600	»
»	»	1.400	750	»
»	130	»	500	»
0,40 — 0,60	235	608 — 900	500 — 700	160 — 250
»	107	700	»	»
»	»	»	»	»
0,50	125 — 200	700 — 1.200	630 — 660	125
»	200 — 230	800	660	»
»	»	»	400 — 500	»
0,50	184	600 — 1.000	730	»
»	101	200	250 — 360	»
0,40 — 0,70	163	800 — 1.000	350 — 530	200
0,40 — 0,60	215	800 — 900	450 — 520	200
»	114	»	500	»
»	»	»	»	»
»	110 — 200	600 — 750	»	»
»	»	600 — (1.500)	600	»
»	»	440	»	»
»	»	»	1.300	»
»	»	830	700	»
»	»	1.100	550	»

IV. Câbles et cordages.

La limite de rupture du cuir de bœuf peut varier entre 2 k.° et 3 k. par millimètre carré. Son coefficient d'élasticité est d'environ 17×10^6.

Un cordage neuf en chanvre de bonne qualité se rompt sous un effort de traction représentant environ 9 k. 5 par millimètre carré de section transversale brute ; cette résistance s'abaisse pour une vieille corde à 4 k. par millimètre carré.

Un cordage neuf en chanvre goudronné de bonne qualité se rompt sous un effort de 6 k. 30 par millimè· tre carré de section ; cette résistance peut s'abaisser à 3 k. 5 avec le temps.

Il peut paraître plus commode de calculer la résistance d'un câble en fonction de son poids. — Un cordage neuf en chanvre se rompt sous une charge de 6000 à 8000 fois son poids par mètre courant π ; avec le temps, cette limite de rupture s'abaisse de près de moitié.

La résistance des câbles fabriqués par la Compagnie de Châtillon-Commentry avec les fils d'acier, au sujet desquels nous avons donné quelques renseignements à la page 473, peut être évaluée comme il suit.

En tordant en hélice un certain nombre de fils, avec ou sans âme centrale en chanvre, on obtient un *toron*. Plusieurs torons enroulés en hélice autour d'une âme en chanvre donnent une *aussière*. Les câbles plats s'obtiennent en tressant plusieurs aussières, qui s'entrelacent de façon à être solidaires les unes des autres. On fabrique les câbles ronds en enroulant en hélice les aussières autour d'une âme centrale en chanvre.

Soit π le poids par mètre courant d'un câble fabriqué avec des torons sans âme de chanvre. La charge de rupture peut être évaluée en fonction de ce poids π.

Qualité des fils d'acier employés	Charge de rupture Câbles plats	Câbles ronds
1re *qualité*. Métal doux............	6000π à 7000π	5000π à 6000π
2o *qualité*. Qualité ordinaire......	8000π à 9000π	7000π à 8000π
3e *qualité*. Grande résistance......	12000π à 13000π	10000π à 12000π
4o *qualité*. Résistance supérieure...	14000π à 15000π	12000π à 13000π
5o *qualité*.Résistance extra-supérieure	19000π à 20000π	16000π à 18000π

Quand les torons ont une âme de chanvre, la charge de rupture, rapportée au poids par mètre courant, peut être abaissée de 20 à 40 0/0.

On peut sans danger faire supporter temporairement à un câble neuf le quart de sa charge de rupture. Mais pour un service continu, comme celui des puits de mines, il convient de se limiter au $\frac{1}{10}$, ou tout au plus au $\frac{1}{8}$ de cette charge. Il faut, dans cette question toute d'appréciation, faire entrer en ligne de compte les difficultés que peuvent présenter la visite fréquente et le remplacement du câble, ses chances d'usure et d'avarie, enfin la nature et l'importance de l'accident qu'entraînerait une rupture.

V. Maçonneries.

En ce qui touche les matériaux, pierres et mortiers, qui entrent dans la confection des maçonneries, on est assez bien documenté sur la limite de rupture à l'extension, et sur la limite *conventionnelle* de rupture à la compression, déduite d'essais pratiqués sur des échantillons cubiques.

Mais on n'a que des renseignements très incertains sur

les limites d'élasticité à l'extension ou à la compression. Il semble que l'on puisse admettre que le rapport de cette limite à celle correspondante de rupture est toujours supérieur à $\frac{1}{2}$, ne dépasse pas $\frac{2}{3}$ pour les mortiers, et se rapproche peut-être de l'unité pour les pierres très résistantes.

On est également fort peu documenté sur le coefficient d'élasticité longitudinale E, et pas du tout sur le coefficient d'élasticité transversale. Cependant des expériences très nombreuses et très précises faites récemment en France au Dépôt des Phares, conduisent à cette conclusion que pour le ciment à prise lente employé en coulis, sans mélange de sable, le coefficient d'élasticité longitudinale est toujours compris entre les limites $1,8 \times 10^9$ et 3×10^9. On peut admettre la moyenne 2×10^9 comme ne devant jamais s'écarter beaucoup de la réalité. Il semble probable que ce coefficient doit avoir une valeur numérique plus élevée pour les matériaux compacts et très résistants que pour ceux à texture lâche et à faible ténacité.

Le coefficient de dilatation linéaire ne présente pas beaucoup d'intérêt au point de vue de la stabilité des constructions, parce que le pouvoir conducteur des pierres (12 à 25 suivant leur nature) est très inférieur à celui des métaux (300 pour le fer et l'acier ; 500 pour la fonte ; 180 pour le plomb). Comme d'autre part les dimensions transversales des ouvrages en maçonnerie sont toujours considérables, ils sont par ces deux motifs soustraits à l'effet des variations de la température extérieure, qui n'exercent sur leurs conditions de stabilité qu'une influence toujours très faible, et le plus souvent négligeable sans inconvénient.

Quand une pierre est employée isolément (sommier d'appui d'un ouvrage métallique, corbeau d'un balcon), on peut admettre sans crainte une limite de sécurité égale ou même supérieure au dixième de la limite de résistance à la rupture, soit à la compression, soit à la traction. Mais lorsqu'il s'agit de maçonnerie, produit hétérogène composé de pierres ou briques agglomérées avec du mortier, la limite de sécurité à admettre dépend de tant de circonstances diverses qu'il est absolument impossible de formuler aucune règle générale et précise à ce sujet.

Il est admis qu'on ne doit pas compter sur la résistance des maçonneries à l'extension, bien que l'adhérence du plâtre ou du mortier sur les pierres ou briques atteigne, en général, au bout de deux mois, 1 k. à 3 k. par centimètre carré et quelquefois davantage (5 à 6 k.). Mais il convient d'ajouter qu'avec des pierres malpropres ou employées par des maçons négligents, cette adhérence peut tomber à zéro. Elle va d'ailleurs en croissant lentement pendant une longue période de temps : on a constaté une adhérence de 10 k. dans une maçonnerie de trois ans, formée de calcaire dur et de ciment à prise lente. Les vieilles maçonneries ont des résistances à l'extension très considérables, qui atteignent peut-être le double ou le triple du chiffre précédent.

En ce qui touche la compression, nous renverrons aux ouvrages spéciaux relatifs aux constructions en maçonnerie, en raison de la diversité des considérations à faire valoir en chaque cas. Nous dirons seulement que les maçonneries les plus médiocres peuvent toujours supporter sans danger une pression de 3 à 4 k. par centimètre carré.

Désignation des matériaux	Poids du mètre cube		
	Minimum	Moyen	Maximum
PIERRES			
Calcaires.			
Crayeux...............................	1.300	1.450	1.600
Tendres...............................	1.380	1.600	1.750
Mi-durs...............................	1.650	1.750	2.000
Durs grossiers et coquilliers............	1.800	2.150	2.450
Durs compactes........................	2.100	2.300	2.600
Exceptionnellement compactes (Pierres marbres)...............................	2.500	2.600	2.700
Siliceuses.			
Meulières.............................	1.200	1.400	1.600
Grès dur..............................	2.100	2.200	2.300
Eruptives.			
Laves................................	2.000	2.200	2.600
Granits à gros grains...................	2.500	2.650	2.800
Granits à grains fins et porphyres........	2.600	2.700	2.900
Quartz-brèche.........................	»	»	2.700
Basalte..............................	»	»	2.950
BRIQUES			
Crues................................	»	1.550	»
Peu cuites............................	1.650	1.700	1.750
Bien cuites...........................	1.750	1.850	2.000
PLATRES, CHAUX ET CIMENTS			
Plâtre (deux mois après l'emploi)........	1.300	1.400	1.500
Plâtre de chaux grasse (âgé d'un an)......	»	»	»
— chaux hydraulique (trois mois)......	»	»	»
— ciment à prise rapide (six mois).....	»	»	»
— ciment à prise lente (six mois)......	»	»	»
Mortiers âgés d'un an.			
Chaux grasse..........................	»	»	»
Chaux moyennement hydraulique..........			
Chaux hydraulique ordinaire.............	1.800	1.900	2.000
Chaux éminemment hydraulique..........			
Ciment à prise rapide..................	»	2.100	»
Ciment à prise lente...................	2.100	2.200	2.300

Limite de rupture à la compression en kilog. par cent. carré $C' \times 10^{-4}$			Limite de rupture à l'extension $C \times 10^{-4}$	Coefficient d'élasticité longitudinale $E \times 10^{-6}$	Coefficient de dilatation linéaire $\alpha \times 10^{7}$
Minimum	Moyenne	Maximum			
18	25	35	»		
25	60	80	4		
60	100	160	8		
80	280	500	14	1,7 — 5,6	50 — 140
150	350	800	20		
680	850	1.050	40		
20	50	80	»		
280	400	700	22	0,5 — 3,7	»/100
230	400	600	40		
400	700	1.000	40		
800	1.000	1.500	60	1,2 — 5	90 — 110
»	»	1.800	»		
»	»	2.000	80		
»	30				
40	90	110	6 — 14	»	50
110	125	150	14 — 21	»	»
40	60	80	2 — 12	»	170
20	»	50	2 — 4	»	»
»	30	90	6 — 12	»	»
80	120	200	10 — 20	»	140
100	250	450	20 — 40	1,8 — 2 — 3	120
19	30	»	1 — 4	»	»
30	»	50	2 — 5	»	»
40	50	75	8 — 12	»	»
80	100	140	10 — 17	»	»
»	100	150	8 — 15	»	»
60	150	250	10 — 15 — 30	»	»

Dans les ouvrages soignés, comme choix et emploi de matériaux, on admet sans crainte des pressions de 16 k. Dans la construction des voûtes de ponts, on va jusqu'à 30 et 40 k. et, pour l'arche d'expérience de *Souppes*, on a certainement dépassé 80 k.

Le *ciment armé* ou *sidéro-ciment*, constitué par une carcasse métallique d'acier ou de fer laminé empâtée dans un mortier riche de ciment à prise lente, présente une résistance considérable à l'extension, qui permet de l'employer à la confection de poutres fléchies. Mais cette innovation est entrée depuis trop peu de temps dans le domaine de la pratique pour qu'on puisse dès à présent formuler aucune indication justifiée sur les limites de sécurité à admettre dans les ouvrages de ce genre.

FIN.

TABLE ANALYTIQUE DES MATIÈRES

CHAPITRE DEUXIÈME

PRINCIPES GÉNÉRAUX DE LA THÉORIE MATHÉMATIQUE DE L'ÉLASTICITÉ.

CHAPITRE TROISIÈME

CLASSIFICATION ET PROPRIÉTÉS ÉLASTIQUES DES MATÉRIAUX. — RÉSISTANCE
DES MATÉRIAUX.

§ 1er. — *Classification et propriétés élastiques des matériaux de
construction.*

APPENDICE

RENSEIGNEMENTS SUR LES PROPRIÉTÉS PHYSIQUES ET ÉLASTIQUES DES MATÉRIAUX DE CONSTRUCTION.

ERRATA

Page 19, ligne 13, *au lieu de* : $\dfrac{\sin^2\alpha}{2}$, *lire* : $\dfrac{\sin 2\alpha}{2}$.

    20, ligne 2 en montant, *au lieu de* : les angles α et α, *lire* : les angles α et α'.

    21, ligne 14, *au lieu de* : $\sin^3\alpha$, *lire* : $\sin^2\alpha$.

    56, figure 25 : remplacer la lettre w par la lettre v.

    61, ligne 18, *au lieu de* : $\displaystyle\int_0^x dx \int_0^v \dfrac{\varphi(x)}{\psi(x)}$, *lire* : $\displaystyle\int_0^v dx \int_0^x \dfrac{\varphi(x)}{\psi(x)}\,dx$.

    93, ligne 5 en montant, *au lieu de* : 28, *lire* : 23.

    99, ligne 11 en montant, *au lieu de* : xoy, *lire* : xoz.

    114, ligne 4, *au lieu de* : $v = \dfrac{dy'}{dz}$, *lire* : $v = \dfrac{dy'}{dy}$.

    131, ligne 7, *au lieu de* : $x = o,\ y = m$, *lire* : $x = m,\ y = o$.

    139, ligne 14, *au lieu de* : $(Ty - S'x)$, *lire* : $(Ty - S.x)$.

    211, ligne 1, *au lieu de* : $\dfrac{dX_z}{dx}\,dx = Vy$, *lire* : $\dfrac{dX_z}{dx}\,dx = Vy\,dx$.

    ligne 2, *au lieu de* : $\dfrac{dX_y}{dx}\,dx = Vz$, *lire* : $\dfrac{dX_y}{dx}\,dx = Vz\,dx$.

    236, ligne 5, *au lieu de* : $\dfrac{Xv}{I}$, *lire* : $\dfrac{Xv}{EI}$.

    ligne 6, *au lieu de* : $\dfrac{X}{I}$, *lire* : $\dfrac{X}{EI}$.

    241, ligne 3 : pour que la formule soit applicable, il suffit que le solide soit d'*égale résistance*, le travail $\dfrac{F}{\Omega}$ étant constant, alors même que les quantités F et Ω seraient variables.

    242, ligne 12, *au lieu de* : '... très petite, et *négligeable*.... *lire* : très petite, et *son carré* négligeable.....

    244, ligne 5, *au lieu de* : $\dfrac{v}{EI}\displaystyle\int_0^x Xdx$, *lire* : $\dfrac{x}{EI}\displaystyle\int_0^x Xdx$.

Page 253, ligne 7, *au lieu de* : *tarif*, lire : *travail*.

     265, ligne 15, *au lieu de* : $\dfrac{3}{2} - \dfrac{V}{ab'}$, lire : $\dfrac{3}{2} \times \dfrac{V}{ab'}$.

     266, ligne 1, en montant, *au lieu de* : $\dfrac{dx'}{dy} = A$. lire : $\dfrac{dy}{dx} = A$.

       ligne 11, en montant, *au lieu de* : $\dfrac{dx'}{dy}$, lire $\dfrac{dy'}{dx}$.

     278, ligne 1, *au lieu de* : 56, *lire* : 57.

     283, ligne 4 en montant, *au lieu de* : S, *lire* S'.

     285, figure 73, la lettre φ désigne l'angle AGB.

     360, ligne 1, *au lieu de* : $x = o$, lire : $y = o$.

     380, ligne 11, *au lieu de* : en substituant à la limite d'élasticité N la limite de sécurité R, *lire* : en substituant *dans le numérateur* à la limite d'élasticité N la limite de sécurité R.

     380, 381, 382 et 383 : substituer dans toutes les formules, équations ou inégalités, le facteur $\dfrac{Nl^4}{s^2\pi^2Er^2}$ au facteur erroné $\dfrac{Rl^4}{s^2\pi^2Er^2}$.

     388, ligne 4 en montant; *au lieu de* : $\int (v+d)^2\,R u\,dr = X$, *lire* :

$$\int (rd + d)\,R u\,dr = X.$$

Laval. — Imp. L. BARNÉOUD et Cie, rue Ricordaine, 8.

www.ingramcontent.com/pod-product-compliance
Lightning Source LLC
Chambersburg PA
CBHW060913220326
41599CB00020B/2954